MANUEL

DU

DRAINAGE

PAR J.-A. BARRAL

Ancien Élève et Répétiteur de Chimie de l'École Polytechnique,
Directeur du *Journal d'Agriculture pratique*.

PARIS

DUSACQ, LIBRAIRIE AGRICOLE DE LA MAISON RUSTIQUE

RUE JACOB, N. 23,

Et chez tous les Libraires de la France et de l'Étranger.

MANUEL

DU

DRAINAGE

DES TERRES ARABLES.

Paris. — Typographie de Firmin Didot frères, rue Jacob, 56.

MANUEL

DU

DRAINAGE

DES TERRES ARABLES

PAR J.-A. BARRAL,

Directeur du Journal d'Agriculture Pratique,
Ancien élève et répétiteur de l'École Polytechnique,
Membre de la Société Philomathique, du Conseil d'administration
de la Société d'Encouragement pour l'Industrie nationale,
des Sociétés d'Agriculture ou Académies de Clermont, Florence,
Luxembourg, Meaux, Metz, Rouen, etc.

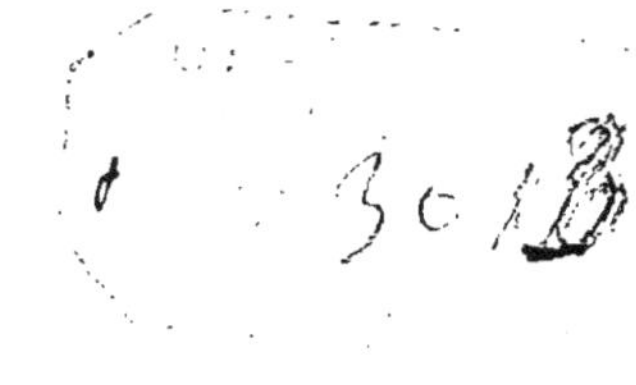

PARIS,

LIBRAIRIE AGRICOLE DE LA MAISON RUSTIQUE,

DUSACQ, RUE JACOB N° 26;

Et chez tous les Libraires de la France et de l'étranger.

1854

Ce travail a paru dans le *Journal d'A-griculture pratique*. En le publiant à part, avec quelques corrections et additions, nous avons pour but de mettre davantage à la portée des cultivateurs et des propriétaires, des connaissances élémentaires sur une opération agricole extrêmement utile.

Dans les conditions actuelles de l'agriculture, il faut faire produire à la terre des récoltes de plus en plus abondantes, qui compensent, par la quantité et la beauté, le bas prix des denrées.

Les fermiers ne peuvent arriver à payer la location du sol et à faire les bénéfices qui doivent rémunérer tout travail qu'en ayant recours à de nouveaux procédés de culture.

Les propriétaires ne seront assurés de toucher leurs rentes qu'autant qu'ils auront aidé les exploitants de leurs domaines à augmenter la fécondité de la terre.

On multiplie en vain les fumures, lorsque le sol a acquis un degré maximum de richesse. On ne parvient pas alors à lui faire produire davantage, à moins de changer ses conditions physiques. Un des moyens les plus faciles de résoudre ce problème est d'employer le drainage, qu'on ne saurait trop recommander, selon nous, aux amis de l'agriculture.

MANUEL

DU

DRAINAGE

DES TERRES ARABLES.

CHAPITRE I.

Définition du drainage.

Le titre que nous donnons à ce travail est imité de l'anglais. Les expressions *drainage of land*, *agricultural drainage*, sont usitées de l'autre côté du détroit, pour désigner un assainissement du sol arable exécuté par des procédés différents de ceux dont on s'est servi de toute antiquité pour égoutter les terres trop humides. Le mot *drainage*, employé tout seul en anglais, ne signifie pas autre chose que les tranchées ou fossés d'écoulement partout pratiqués de temps pour ainsi dire immémorial. On a passé, il est vrai, de l'ancienne méthode d'asséchement à l'aide de fossés découverts ou bien couverts, au nouveau mode d'assainissement, par des transitions lentes qui expliquent pourquoi beaucoup de personnes s'écrient, en entendant décrire le nouveau drainage : Mais cela n'est pas nouveau ! cela était pratiqué par nos pères ! — Ces personnes ont bien raison ; car rien n'est absolument nouveau sous le soleil. Mais, au moins dans les sciences et dans les arts, tout se perfectionne singulièrement dans notre siècle, à tel point souvent que l'on ne reconnaît plus le point de départ.

C'est bien ce qui est arrivé pour le drainage actuellement usité, et qui consiste à permettre l'écoulement des eaux en excès dans le sol arable par des tuyaux de poterie, longs de quelques décimètres seulement, et placés sous terre tout simplement bout à bout, suivant une pente faible.

Mais comment peut se faire cet écoulement? C'est une question qui nous a été plus d'une fois adressée. Tout récemment encore, un habile cultivateur de Clermont-Ferrand, M. Doniol, nous écrivait: « Les mots nouveaux employés par la science mettent bien souvent dans l'embarras la plupart de ceux qui lisent. Quand vous avez indiqué, dans le *Journal d'Agriculture pratique*, le *drainage* comme un puissant moyen d'assainir les terres trop humides ; lorsque vous avez préconisé les avantages qu'on en retirait en Angleterre et en Belgique, vous avez piqué ma curiosité, tout en préoccupant grandement mon esprit. Étant parvenu à savoir que le drainage n'était autre chose que ce que nous exécutons en Auvergne de père en fils, et que nous nommons, avec Olivier de Serres, *chaussées souterraines*, j'ai éprouvé un certain mouvement de satisfaction ; je me suis dit : Passons ! — Mais ne voilà-t-il pas que vous annoncez comme le moyen le plus efficace et le moins dispendieux l'emploi, à cette fin, de tuyaux d'argile. J'ai vainement cherché à m'expliquer comment l'eau qui est en excédant sur toute une surface pouvait pénétrer dans ces tuyaux ; je n'y suis pas parvenu. Sans doute, ai-je pensé, si cette eau croît sur un seul point, et, faute d'écoulement, se répand sur toute l'étendue du champ, il est facile, après l'avoir recueillie par un travail fontainier, de l'introduire dans les tuyaux et de la conduire sur un point inférieur. Mais, s'il en est autrement ; si, au lieu d'une seule source à emmener, on en a plusieurs à combattre ; si l'excédant d'eau, après la saturation normale du sol, n'est que le résultat produit par des pluies trop abondantes, pendant certaines années et dans certains cantons, comment, encore une fois, les petites sources multipliées pourront-elles pénétrer et trouver un écoulement à travers la ligne des tuyaux ? En supposant que les bouts de tuyaux ne soient pas bien contigus, et qu'il y ait d'abord possibilité que les eaux s'infiltrent par les faibles ouvertures laissées lors de l'établissement du drainage, la terre ne s'introduira-t-elle pas aussi dans les tuyaux, ou bien ne bouchera-t-elle pas les joints? Dans les deux cas, on aura fait une œuvre dispendieuse et inutile. »

De tels doutes émis par un cultivateur très-instruit, nous prouvent qu'il y a beaucoup à dire encore pour convaincre nos agriculteurs de l'utilité du drainage, pour leur faire bien comprendre ses effets. D'un autre côté, on nous adresse d'innombrables questions sur la manière de faire les tuyaux, sur le choix des terres à poterie, sur la meilleure des machines à employer pour mouler les tuyaux, sur leur degré de cuisson, sur les prix de revient, sur les résultats à attendre, etc., etc. Ce ne sont pas les travaux de placement des drains qui paraissent en général les plus difficiles à comprendre et à exécuter. Les nombreux écrits qui ont déjà paru sur ce sujet, beaucoup d'articles qui ont été insérés dans le *Journal d'Agriculture pratique*, ont édifié la plupart des cultivateurs. Mais un grand nombre de points d'exécution restent encore à expliquer, et on nous impose le devoir de traiter la question dans son ensemble, en nous aidant de toutes les publications faites jusqu'à ce jour et de l'expérience acquise par les praticiens.

Nous ne laisserons pas de côté la partie historique du sujet, quoique bien souvent déjà on ait raconté l'origine du drainage. Il y a à cet égard plus d'une injustice à réparer. Nous devons rendre à chacun ce qui lui appartient, tirer de l'oubli des dévouements ignorés pour les signaler à l'attention du public et du pouvoir, qui se sont parfois égarés en donnant de la renommée ou en décernant des récompenses à des inventeurs ou à des importateurs de seconde main.

Il n'est guère qu'une question sur laquelle nous n'aurons pas besoin de revenir : c'est celle de l'utilité du drainage. Cette utilité a été mise en évidence d'une manière saisissante en quelques mots, dans les colonnes du *Journal d'Agriculture pratique*, par M. Martinelli, président du Comice de Nérac, qui s'est exprimé ainsi [1] : « Prenez ce pot de fleurs; pourquoi ce petit trou au fond? Je vous demande cela parce qu'il y a toute une révolution agricole dans ce petit trou. — Il permet le renouvellement de l'eau, l'évacuant à mesure. — Et pourquoi renouveler l'eau? — Parce qu'elle donne la vie ou la mort : la vie, lorsqu'elle ne

____

(1) Voir 3ᵉ série, t. I, p. 98.

fait que traverser la couche de terre, car d'abord elle lui abandonne les principes fécondants qu'elle porte avec elle, ensuite elle rend solubles les aliments destinés à nourrir la plante; la mort, au contraire, lorsqu'elle séjourne dans le pot, car elle ne tarde pas à se corrompre et à pourrir les racines, et puis elle empêche l'eau nouvelle d'y pénétrer. » — Le drainage n'est que ce petit trou du pot de fleurs ménagé dans tous les champs.

CHAPITRE II.

Histoire du drainage.

Le drainage consiste essentiellement dans l'emploi des rigoles couvertes ; nous n'avons donc pas à parler des rigoles ouvertes, mode d'assainissement par lequel on a d'abord débarrassé les terres de leur humidité excédante.

L'idée de ne point rendre inutile pour la production agricole le terrain occupé par les surfaces de fossés béants se perd dans la nuit des temps. Les Romains connaissaient l'art d'assécher les terres par ce procédé, et peut-être ils l'avaient appris de peuples plus anciennement civilisés. Cependant, parmi leurs auteurs agricoles, le premier qui parle des rigoles souterraines est Columelle, vivant sous le règne d'Auguste et de Tibère. Caton, Varron, Virgile, conseillent uniquement les tranchées ouvertes. Voici comment s'exprime Columelle[1] : « Si le

(1) Lib. II, cap. II. — Si humidus erit, abundantia uliginis ante siccetur fossis. Earum duo genera cogno-

sol est humide, il faudra faire des fossés pour le dessécher, et donner de l'écoulement aux eaux. On connaît deux sortes de fossés : ceux qui sont cachés et ceux qui sont larges et ouverts... On fera pour les fossés cachés des tranchées de trois pieds de profondeur que l'on remplira jusqu'à moitié de petites pierres ou de gravier pur, et l'on recouvrira le tout avec la terre tirée du fossé. Si l'on n'a ni pierre ni gravier, on formera, au moyen de branches liées ensemble, des fascines auxquelles on donnera la grosseur et la capacité du fond de la tranchée, et qu'on disposera de manière à remplir ce vide. Lorsque les fascines seront bien enfoncées dans le fond du canal, on les recouvrira de feuilles de cyprès, de pin, ou de tout autre

vimus, cæcarum et patentium... Opertæ rursus obcæcari debebunt, sulcis in altitudinem tripedaneam depressis : qui cum parte dimidia lapides minutos vel nudam glaream receperint, æquentur superjecta terra, quæ fuerat effossa. Vel si nec lapis erit nec glarea, sarmentis connexus velut funis informabitur in eam crassitudinem, quam solum fossæ possit anguste quasi accommodatam coarctatamque capere. Tum per imum contendetur, ut super calcatis cupressinis, vel pineis aut, si eæ non erunt, aliis frondibus terra contegatur; in principio atque exitu fossæ more ponticulorum binis saxis tantummodo pilarum vice constitutis, et singulis superpositis, ut ejusmodi constructio ripam sustineat, ne præcludatur humoris illapsus atque exitus.

arbre, qu'on comprimera fortement, après
avoir couvert le tout avec la terre tirée des
fossés ; aux deux extrémités, on posera, en
forme de contre-forts, comme cela se pratique
pour les petits ponts, deux grosses pierres qui
en porteront une troisième, le tout pour con-
solider les bords du fossé, et favoriser l'entrée
et l'écoulement des eaux. »

Palladius, venu assez longtemps après Columelle, décrit ainsi les fossés souterrains :
« Si les terres sont humides, dit-il, on les des-
séchera en y creusant partout des fossés. Il
n'y a personne qui ne connaisse les fosses
apparentes; mais voici la manière de s'y prendre pour faire des fosses cachées. On creuse à
travers le champ des tranchées de trois pieds
de profondeur, que l'on remplit ensuite jusqu'à moitié de petites pierres ou de gravier ;
après quoi, on les remplit par-dessus avec la
terre que l'on avait enlevée par la fouille.
Mais l'extrémité de ces tranchées doit aboutir
en pente à un fossé ouvert, dans lequel toute
l'humidité se rendra, sans entraîner avec elle
la terre du champ. Si l'on n'a pas de pierres,
on étendra au fond de ces fossés des sarments
ou de la paille, ou des broussailles, de quelque nature qu'elles soient [1]. »

(1) Si humidus erit, fossarum ductibus ex omni parte

Ainsi, le drainage à l'aide de fossés couverts et dans lesquels l'écoulement de l'eau était assuré à l'aide de matériaux perméables, tels que des pierres ou des branchages, est une invention que nul auteur moderne ne peut revendiquer. Quoique le drainage, tel que le décrivent Columelle et Palladius, soit employé dans un grand nombre de localités en France, l'Angleterre a voulu attribuer au capitaine Walter Bligh l'idée de tranchées profondes. Walter Bligh ne nous semble avoir eu que le mérite de reproduire des préceptes appliqués avant lui et parfaitement exposés par notre plus ancien agronome français, Olivier de Serres.

On lit dans l'ouvrage de Walter Bligh [1],

siccetur. Sed apertæ fossæ notæ sunt, cæcæ vero hoc genere fiunt. Imprimuntur sulci per agrum transversi altitudine pedum trium : postea usque ad medietatem lapidibus minutis replentur aut glarea, et super terra, quam egesseramus, æquatur. Sed fossarum capita unam patentem fossam petant, ad quam declives decurrant : ita et humor deducetur, et agri spatia non peribunt. Si defuerint lapides, sarmentis vel stramine subjecto cooperiantur vel quibuscunque virgultis. Lib. VI, cap III.

(1) *The english improver improved, or the Survey of Husbandry surveyed* (L'Améliorateur anglais amélioré, ou Traité d'agriculture perfectionnée ; ouvrage contenant une préface adressée à Cromwell).

dont la 3ᵉ édition a été imprimée en 1652 :
« Quant à la tranchée de drainage, tu dois la
faire assez profonde pour qu'elle aille au fond
de l'eau froide qui suinte et qui croupit. —
Un yard, ou quatre pieds de profondeur, si tu
veux drainer à ta satisfaction. Et, de nouveau,
arrivé au fond où repose la source suintante,
tu dois aller plus profond d'un fer de bêche,
quelque profond que tu sois déjà, si tu veux
drainer ta terre à souhait... Mais pour les
tranchées ordinaires, que l'on fait souvent à
un pied ou deux, je dis que c'est une grande
folie et du travail perdu que je désire éviter
au lecteur. »

Certainement ces préceptes sont justes, et ils
peuvent encore servir de guide aujourd'hui ;
mais on ne doit pas néanmoins en conclure,
comme on l'a fait dans quelques écrits récents,
que, attendu qu'aucun auteur agricole français
ne s'est occupé de ce sujet tout spécialement et
avec des détails suffisants, tout le mérite de la
propagation des rigoles couvertes appartient à
l'Angleterre. Olivier de Serres, qui vivait avant
Walter Bligh, et dont le *Théâtre d'agriculture* a été imprimé en 1600, donne une description très-complète des tranchées souterraines, et en recommande vivement l'emploi.
Non-seulement il s'occupe de la construction
des tranchées isolées, comme l'a fait Colu-

melle, mais il fait plus : il les considère dans leur ensemble, et il a soin de décrire le fossé-mère, également couvert, et toutes les précautions à prendre pour que l'assainissement soit efficace. Comme dans l'histoire du drainage, Olivier de Serres a été laissé tout à fait en oubli, et qu'on a attribué à plusieurs auteurs les idées qu'il a très-bien expliquées, nous croyons devoir reproduire ici dans son entier le passage de l'immortel livre de notre grand agronome[1].

« Pour descharger les terres des eaux nuisibles, dit Olivier de Serres, le plus commun remède est, qu'on les vuide par fossés ouverts, principalement ès plaines et lieux bas; servans aussi ces fossés, à clorre les possessions. On fossoyera donc les terres à l'entour, donnant telle largeur et profondeur aux fossés, qu'ils soyent propres à ces deux usages. On les nettoyera une fois, de deux en deux ans, peu de temps devant l'ensemencement des terres, dans lesquelles sera jettée la graisse qu'on prendra au fonds des fossés pour servir d'autant d'amendement. Mais s'il avient que le champ soit par le dedans occupé de fontaines et sources sous-terraines crouppissantes, les seuls

(1) Second lieu du *Théâtre d'agriculture*, t. 1, p. 97.

fossés aux bords des terres ne suffisent, ains
sera besoin d'autre remède plus particulier,
comme sera monstré, pour desgager le milieu
de la terre de ces incommodités. Et d'autant
que le vice du trop d'eau, excède en malice, et
celui des ombrages, et celui des pierres, ainsi
qu'a esté dict ; plus qu'à ceux-ci faut-il aussi
employer de labeur pour y remédier : dont
finalement le profit, pour récompense, en sort
plus grand que de nulle autre réparation qu'on
puisse faire à la terre, tant fructueuse est celle
qui la despestre des eaux malignes : car non-
seulement par là, les terres trop humides sont
amendées, ains les marécages et palus, sont
convertis en exquis labourages. Les exemples
nous servent de bons maistres, à faire nos be-
songnes. Qui est le mesnager considérant les
beaux blés que produisent les estangs desséchés, ne désire, par émulation, d'imiter tel
profitable mesnage ? La cause de cela provient
de l'eau, qui a engardé la terre estant sous
elle, de travailler aucunement de plusieurs
années, au bout desquelles, se treuvant repo-
sée, et par telle oisiveté avoir fait amas de
fertilité, la rapporte avec admiration et profit. Et combien plus d'espérance aurés vous de
ceste-ci, qui par l'antique importunité des
sources, n'a jamais rien peu faire ; dont vous
la treuverés toute neufve et remplie de graisse,

par telle découverte? Outre lequel revenu, l'apparence est grande, que des eaux nuisibles, esparses par-ci par-là en vostre terre, ramassées en un lieu, s'en pourra former une source de fontaine, selon les lieux, tellement grande et abondante en eau, qu'elle suffira pour l'arrousement des prairies, que ferés à telle occasion, au dessous des quartiers desséchés : voire pour y dresser des moulins, si l'assiete et autres qualités requises sont favorables.

« Est nécessaire le fonds que voulés dessécher, avoir pente, petite ou grande, sans laquelle les eaux n'en pourroient vuider. Cela présupposé, un grand fossé sera faict depuis un bout du lieu jusques à l'autre, de long en long, commenceant tous-jours par le plus bas endroit, et par où remarquerés des sources et humidités : dans lequel fossé, plusieurs autres, mais petits, pendans en plume, des deux costés se joindront, pour y descharger leurs eaux, qu'ils ramasseront de toutes les parties du terroir : par ce moyen, en contribuant chacun sa portion au grand fossé, icelui les recueillant toutes, les rapportera assemblées à son issue. Le grand fossé, à telle cause est appellé mère, et tous ensemble, pied-de-géline, pour la conformité qu'ils ont, ainsi disposés, à la figure du pied de cest animal, dont les griffes tendent au tronc de la jambe. La contenue et l'assiete du lieu, donnent la forme aux fossés : car tant plus longs et larges les convient faire, que plus grande et plus platte est la terre que voulés dessécher : et au contraire, est requis demeurer plus courts et plus estroits, tant plus elle est petite et pendante. D'autant qu'en un petit lieu, communément, ne se ramasse tant d'eau qu'en un grand; et qu'autant ou plus en vuide un fossé estroit, fort pendant, qu'un large, ayant petite pente. *De la profondeur des fossés n'est pas ainsi, pour qu'en quelque part qu'on les creuse, faut y aller jusques à quatre pieds ou environ, pour bien coupper les racines des sources, but de ce négoce.* Aussi est du naturel du lieu, que la disposition des fossés.

« S'il est en vallon enfoncé, y ayant terrain eslevé des deux costés, la mèrese fera au milieu et plus enfoncé du champ, de long en long, comme a esté dict, dans laquelle tumberont les autres fossés des deux mains, dressés en plume. Mais n'ayant à dessécher qu'une pente de coustau seulement, en ce quartier-là y aura des petits fossés se rendans à la mère, disposés selon qu'on avisera pour le mieux, l'ouvrage guidant l'ouvrier : comme aussi la longueur de tous les fossés dépend de l'œuvre qui en faict l'ordonnance, selon l'assiete et le plan du lieu. Ayant le plan, raisonnable pente et estendue, raisonnablement larges seront aussi les petits fossés, de trois pieds, et la mère de cinq, moyennant laquelle mesure, satisferont à vostre intention. Et à ce qu'on ne se déçoive, faut faire tant de fossés, en tant d'endroits, si longs et si amples, sans crainte d'excéder en cest endroit, que source et fontenelle aucune ne soit oubliée, afin de parfaictement bien dessécher le terroir, par le général ramas des eaux d'icelui. *Ces fossés, et grands et petits, seront à demi-remplis de menues pierres, et le demeurant achevé de combler de la terre qui en aura esté tirée auparavant, dont on le réunira par le dessus avec le plan, si bien, que la trace mesme n'y paroisse, pour la commodité du labourage :* lequel s'y fera très-bien, y treuvant le soc de terre à suffisance, avant que toucher aux pierres, à travers desquelles, ayant l'eau son libre passage, s'escoulera au lieu que lui aurés destiné, laissant la superficie de la terre vuide de toute nuisible humidité, pour n'estre rendue propre à porter gaiement toutes sortes de blés. Mesnage communicable à toutes possessions, vignobles, prairies, vergers, et autres, par n'y avoir fruict aucun, ne haïr le trop d'humeur. Si n'avés sur les lieux que de grandes pierres plates pour la fourniture de vos fossés, avant que les y mettre les ferés bri-

ser pour les rendre plus propres à ce service,
les posans au fossé de bout et non de plat, et
autrement, les agenceans si dextrement que,
pour ne s'entre-toucher elles n'empeschent le
chemin de l'eau. Et à ce que la besongne s'a-
chève bien, il la faut bien commencer; c'est-à-
dire, artistement et par ordre, dont à l'aise
et sans confusion, en viendrés très-bien à
bout. Pour première main, sera facile la trace
de tous vos fossés, remarquant curieusement
les endroits par où ils doivent passer : puis
commencerés à les faire creuser, par les plus
bas endroits et issues, jettant la terre qui en
sortira, toute d'un costé, et au dessous du
fossé; laissant l'autre costé libre, pour y pouvoir aisément porter les pierres, lesquelles
tout aussi-tost y seront jettées, de peur que
tardant, le fosssé ne se recomblast de lui-
même, par les vents, par le passage des
bestes, et autres événements.

«Ainsi vostre entreprinse s'achevera par l'un
des bouts, à mesure qu'on la commencera; en
la continuant jusques au plus haut endroit du
lieu. Cependant l'eau prendra son cours, voire
dès-aussitost que l'ouverture de son chemin
en aura esté faicte : ce qui n'adviendroit,
commenceant la besongne par le plus haut endroit, à faute de n'avoir l'eau, quelque issue:
mesme détourneroit-elle l'œuvre, en s'y des-

chargeant. Aviserés aussi que les issues de l'eau soyent si bien accommodées, qu'elles ne se puissent boucher par le temps, de peur qu'à faute de passage, l'eau rétrogradant, rendist inutile vostre peine. A cela sera pourveu, avec de bonnes pierres maçonnées de bonne main et à profit, pour durer longuement : principalement en l'endroit auquel la mère ou grand-fossé, réceptacle des autres, rend les eaux pour y servir, ou engarder de nuire. Finalement serés avertis que les extrémités et bouts de vos petits fossés ès parties plus hautes, de nécessité ne doivent estre si larges qu'ès basses : par n'estre contraints recueillir là, tant d'eau, qu'en bas ; demeurant, néantmoins, cela à vostre discrétion ; car trop larges ne pourroient-ils estre en aucun endroit pour recevoir non-seulement les eaux naissantes au fonds, ains les survenantes des pluies, ce qui est nécessaire de prévoir. Ceste réparation a plusieurs usages, puis qu'à la fois et les eaux et les pierres importunes d'un terroir sont ostées : et ces eaux-là, de nuisibles converties en serviables : pour prairies, pour moulins, mesme pour fontaines, leur naturel le voulant. Pour lesquelles utilités, elle se rend recommandable : aussi telles réparations sont recherchables de tous mesnagers. D'ailleurs, en ce mesnage rien ne se perd : car par estre les fossés remplis de terre en leur superficie, toute leur terre se met en évidence, pour servir en labourage, jusques à un pouce, ce qu'on ne peut dire des fossés demeurans ouverts, qui occupent beaucoup de place, et pour les postposer à ceux-là, sont sujets à réparer de temps à autre, comme a esté dict.

« S'il avient que pour le remplage des fossés la pierre défaille, ne vous mettés en peine d'en faire porter de loin avec grands frais : mais en lieu d'icelle, servés-vous de la paille ; ce que pourrés utilement faire en ceste sorte. La paille pour la force, sera plustost choisie de seigle que d'autre espèce, et à son défaut sera employée celle de froment. *On en fera un plancher dans le fossé, pour, suspendu, causer un vuide en bas, pour le passage de l'eau, et au-dessus d'icelui plancher, y estre mise deux pieds de terre.* Le vuide sera d'un pied de haut, l'espesseur du plancher d'un autre pied, et les deux autres de terre, feront les quatre donnés à la profondeur des fossés. De deux pieds et demi, sera leur largeur, plus estroits de demi-pied que les précédents, pour la sujection de la paille : de peur de boucher le vuide en bas, par s'affaisser : à cause de la pesanteur de la terre, mise au-dessus. La mère, réceptacle des eaux, n'excédera telle mesure, attendu la considération de la paille :

2

mais pour pourvoir à ce dont est question,
au lieu d'une mère, deux en seront faictes
ou une seule si profonde, qu'elle suffise à recueillir toutes les eaux qu'on lui adressera. La
paille s'accommodera en faisseaux, longs de
deux pieds et demi, espès d'un pied, liés de
la mesme matière, en trois divers endroits,
équidistamment. Pour lesquels faire tenir,
où, et comme il appartient, faudra à cela as-
sujétir le fossé, en le façonnant plus estroit
par bas, que par haut, non en pente et talus-
sant, ains à plomb et droicte ligne, se ré-
tractant en quarré, en l'endroit que poserés
le plancher, pour, comme sur des murailles,
demeurer ferme et asseuré. Le rétractement
de chacun costé, sera de demi-pied, par-ainsi
restera en bas, et au lieu plus estroit du fossé,
un pied et demi, et en haut au plus large, les
deux et demi susdits. Si doutés de la peti-
tesse de vos fossés et vuidanges, le remède
est, non d'en augmenter la largeur, attendu
la sujection de la paille, ains le nombre; car,
comme j'ai dict, ne pouvés excéder en tel article, par trop bien ne se pouvoir vuider l'eau
d'un terroir marescageux ou inondé. Par quoi
aviserés d'en faire à suffisance, et si bien,
qu'ils se deschargent les uns sur les autres
par branches, s'entretenans ensemble, pour
rendre toute l'eau du terroir à la mère, afin

de la vuider au lieu destiné. La paille ainsi
employée servira longuement : car on tient,
comme cabale, qu'enfermée dans terre sans
sentir l'aer, demeure saine plus de cent ans.
Je suis témoin oculaire, de certaine paille
treuvée saine et entière, au milieu d'une
vieille mazure, et si marquoit la muraille estre ouvrage de plusieurs siècles. Parquoi
sans scrupule, servés-vous-en, à la charge
qu'estant pourrie, au bout de cent ans, ceux
qui viendront après la renouvelleront, si bon
leur semble. »

A l'occasion de cet emploi de la paille pour
former le fond des tranchées que conseille
Olivier de Serres, M. Victor Yvart dit, dans
une note de l'édition des œuvres de l'illustre
agronome, publiée par la Société d'Agriculture du département de la Seine en 1804 :
« Il serait plus prudent et plus économique,
dans le cas dont il est ici question, d'employer des bourrées d'aune, qui se conservent
très-bien dans l'eau ; et, à leur défaut, d'autres branchages, qui, placés au fond du fossé,
laissent, par leur entrelacement, un libre cours
à l'eau, et ont tous les avantages de la paille
sans avoir aucun de ses inconvénients. »

On voit bien, par l'importante citation que
nous venons de faire, que l'invention des rigoles souterraines pour l'assainissement des

terres arables ne peut plus être regardée comme appartenant à un auteur anglais, pas plus à Walter Bligh qu'à Elkington. Ce dernier était un fermier du Warwickshire, doué d'un bon esprit d'observation et d'une grande persévérance, qui s'occupa, à la fin du siècle dernier, du drainage de terrains infestés de sources, et obtint des succès qui attirèrent sur lui l'attention du Parlement et lui firent décerner de nombreuses récompenses. Mais la méthode qu'il a suivie ne diffère pas sensiblement du procédé d'empierrement décrit par Olivier de Serres. Seulement, dans la méthode d'Elkington, on ne conduit pas les eaux à l'aide des fossés-mères en dehors des champs, de manière à les utiliser à divers usages. Dans cette méthode on opère de trois manières :

1° Ou bien on en perd les eaux dans des couches perméables inférieures à l'aide d'un puits rempli de pierres sèches (fig. 1) ;

Fig. 1.

2° Ou bien, lorsque la profondeur du puits devrait excéder 4^m ou 4^m.5, on le remplace par un simple forage exécuté avec la sonde à la main, comme le représente la figure 2, et s'enfonçant jusqu'au terrain absorbant ;

3° Ou bien on laisse les eaux remonter, comme font les eaux jaillissantes des fontaines artésiennes, à l'aide de sondages ou de puits convenablement placés, et ou les conduit dans des tuyaux de décharge.

Cette méthode, dite d'Elkington, qui consiste dans l'emploi simultané des fossés couverts et des puits, exige qu'on prenne des dispositions spéciales auxquelles on ne peut se décider que d'après la configuration du terrain. Elle est une combinaison des drains empierrés, des boitouts et des puits artésiens. Nous n'y voyons pas encore le drainage tel que nous l'avons défini, et tel qu'il nous semble qu'on doit le considérer aujourd'hui.

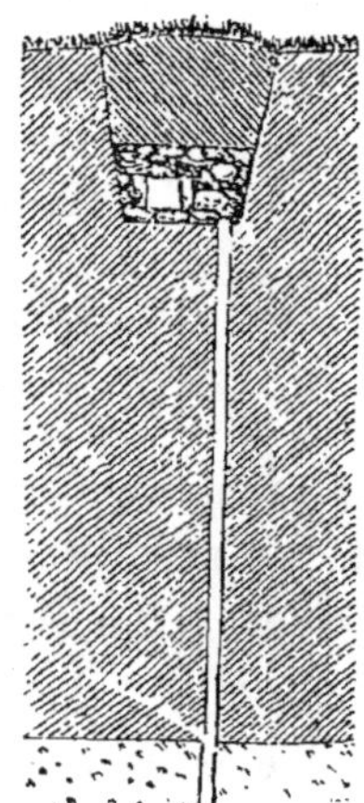

Fig. 2.

Ce n'est que vers 1810 qu'on a songé à remplacer les anciens matériaux employés dans les tranchées souterraines, d'abord par des tuiles plates et creuses, en anglais, *tile*. Le *tile-drainage* paraît avoir été exécuté pour la première fois à Netherby, dans le Cumberland, sur la propriété de sir James Graham. « Une tuile creuse et une tuile plate pour semelle (fig. 3), avec une petite quantité de

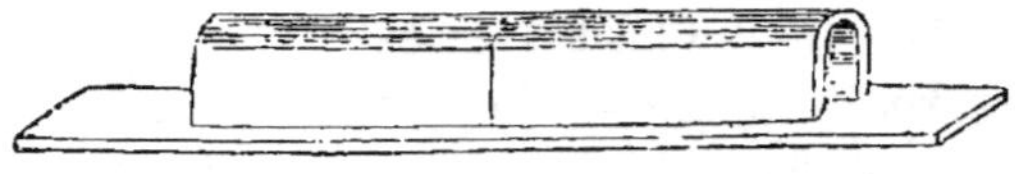

Fig. 3.

pierres, voilà le *nec plus ultrà du drainage*, » lisons-nous encore dans un Mémoire publié en 1841 dans le *Journal de la Société d'Agriculture d'Angleterre* [1]. On voit par là qu'au bout de trente ans, on ne pensait pas qu'on pût faire faire un pas à la méthode du drainage inaugurée en 1810. Mais durant cet intervalle de temps, les travaux de drainage prirent une extension vraiment remarquable. Cela fut dû en grande partie à M. Smith, de Deanston, dans le Stirlingshire, en Écosse. M. Smith, mécanicien distingué, directeur d'une filature de coton, étonné de l'infertilité d'un terrain annexé à cette usine, parvint, après une étude attentive, à reconnaître que sa trop grande humidité en était la cause, et, sans être au courant des travaux des anciens cultivateurs, il imagina des fossés couverts pour assainir le sol arable. Son succès eut un grand

(1) T. II, p. 293.

retentissement dans le voisinage, et il le publia en 1833 dans une brochure intitulée : *Smith's Remarks on thorough draining;* et quoiqu'il ne fût réellement pas le premier inventeur de son procédé, il rendit à l'Angleterre et à l'Écosse le service de faire adopter une méthode d'assainissement qui augmente dans une forte proportion le rendement des terres de la Grande-Bretagne. Il faut ajouter d'ailleurs, à l'honneur de ce pays, que ses grands propriétaires, que ses gouvernants, se hâtèrent de donner l'exemple. Nous citerons notamment sir Robert Peel, qui, en 1840, fit drainer par M. Smith une partie de sa propriété à Drayton, dans le Straffordshire[1].

Les premières tuiles à drainer furent faites à la main : on pense bien que le génie des Anglais, si inventif en mécanique, ne put pas laisser longtemps la question à ce point. Dès que le drainage se répandait, les machines devaient venir remplacer la main des hommes dans la fabrication des tuiles. La première machine moulant à la fois les tuiles creuses et les tuiles plates ensemble, fut inventée par Irving en 1842[2]. Immédiatement après, le

(1) *Journal of the royal agricultural Society of Englang*, t. III, p. 18.
(2) *Ibid.*, p. 398.

marquis de Tweeddale, M. Ransome, puis
M. Etheredge, imaginèrent d'autres machines
ayant le même objet[1]. Mais faire les tuyaux
souterrains de deux pièces, c'était évidemment
s'imposer un double soin inutile. Substituer
aux tuiles des tuyaux cylindriques, fut une
idée qui, au même moment, vint à M. John
Read. Ce fabricant, par conséquent, a ajouté
aux anciens procédés de drainage le dernier
perfectionnement qui donne à cette méthode
d'assainissement des terres son cachet actuel.
C'est au concours de la Société d'Agriculture,
tenu à Derby en 1843, que se montrèrent les
premières machines de ce genre ; elles donnèrent lieu à un rapport détaillé de M. Josiah
Parkes, qui comprit toute leur importance et
leur fit décerner des médailles d'argent. Depuis cette époque, il n'est pas d'année qui n'apporte d'heureuses modifications dans leur construction. Nous aurons à examiner les principes
de ces machines, à étudier leur emploi.

Mais tout ce mouvement qui se produit en
Angleterre à propos du drainage ; la polémi-
que ardente qui a lieu entre M. Smith et
M. Parkes à propos de la profondeur à donner aux fossés d'écoulement ; les votes du Parlement qui accordent des centaines de mil-

(1) *Journal of the royal*, etc., t. IV, p. 370 (1843).

lions d'encouragement aux travaux de drainage, n'auront-ils aucun retentissement en France? — Il faut bien l'avouer, notre agriculture demeura plusieurs années indifférente à tout le bruit qui se faisait de l'autre côté du détroit. On restait en défiance parmi nous contre ce qu'on appelait les excentricités anglaises, et des dépenses de quelques centaines de francs par hectare que coûtaient les premiers travaux de drainage, paraissaient un luxe que pouvaient seuls se permettre de riches milords possédés de la manie de jeter leur argent par les fenêtres. Le mot drainage, employé pour définir la nouvelle opération, était lui-même une difficulté, parce qu'il ne fut pas tout d'abord bien compris. Enfin, nos agriculteurs lisaient bien peu, il y a dix ans, et les publications en langue étrangère ne parvenaient que lentement et rarement aux hommes les plus avides de nouveautés à l'aide de lambeaux de traductions. C'est ainsi qu'on peut expliquer comment il est arrivé qu'il n'ait guère été question du drainage, en France, que vers 1846.

Cependant, en 1841, en rendant compte du voyage agricole qu'il avait exécuté durant l'année précédente, en Angleterre et en Écosse, M. de Gourcy avait parlé avec beaucoup de détails des importants travaux d'assainissement que pratiquaient grand nombre d'agriculteurs écossais. M. de Gourcy ne prononça pas du reste alors le mot anglais drainage ; il le traduisit par assainissement à l'aide de saignées couvertes, au fond desquelles on plaçait du gazon, des tuiles, des pierres, de petites planches de pin, du foin, de la tourbe, etc., pour y maintenir des rigoles [1].

Le *Journal d'Agriculture pratique* n'a publié son premier article sur le drainage qu'en mai 1846 ; cet article est dû à M. Jules Naville, de Genève. Depuis le commencement de l'année, on se préoccupait dans le public agricole de quelques essais qui se faisaient non loin de Paris, sur la propriété de M. du Manoir, à Forges, près de Montereau (Seine-et-Marne). Ces essais de drainage, comme l'a déclaré M. du Manoir, ont eu lieu sous l'inspiration de M. Thackeray, qui a mis une grande persévérance à faire connaître, en France, les meilleurs procédés adoptés en Angleterre pour exécuter les travaux de drainage. En mars 1846, un champ de prés de 3 hectares était drainé à l'aide de 6,000 tuyaux que M. Thackeray avait fait venir d'Angle-

___

(1) Relation d'une excursion agronomique en Angleterre et en Écosse, in-8°, Lyon, 1841 ; p. 78, 87, 113, 171, 183, 224, 229, 233, 252, 263.

terre, à ses frais, le mois précédent. En outre, au mois de juin de la même année, M. Thackeray importa encore une machine dite d'*Ainslie*, pour la fabrication des tuyaux, et cette machine fut exposée au concours du Comice de Seine-et-Marne.

Ainsi donc M. du Manoir est le premier propriétaire qui ait fait en France un essai de drainage par les nouveaux procédés dont M. Thackeray a été l'importateur. Mais au même moment, dans le clos, M. Lupin introduisait de son côté une machine d'Ainslie et pratiquait en grand le drainage sur sa propriété.

Nous ajouterons que M. Thackeray a publié plusieurs brochures et un grand nombre d'articles de journaux pour vulgariser l'assainissement des terres à l'aide des tuyaux souterrains ; la première de ces brochures a paru en 1846.

Nous avons voulu, dans cet historique, rendre une complète justice à M. Thackeray, parce que, peut-être, sans lui le drainage eût mis beaucoup plus de temps à être connu en France ; parce que, en outre, beaucoup de personnes qui se sont mises à la tête du mouvement qui a lieu aujourd'hui pour pousser au drainage des terres, ont été mises au courant de la question par ses communications, ses conseils, ses exemples. Nous ne sommes pas, du reste, le premier à exprimer cette opinion ; M. Moll, dans son Rapport au jury de l'exposition des produits de l'industrie nationale en 1849, a été non moins explicite que nous ; voici comment il s'est exprimé :

« M. Thackeray, Anglais de naissance, mais habitant la France depuis vingt-sept ans, a voulu, suivant ses expressions, payer la bonne et cordiale hospitalité qu'il a reçue dans notre pays, en faisant tourner ses connaissances agricoles et les relations qu'il a conservées avec l'Angleterre au profit de notre agriculture.

« Des renseignements sur des procédés nouveaux, des machines aratoires, des semences de variétés perfectionnées de plantes ont été successivement importés par lui et communiqués avec la plus grande libéralité à beaucoup d'agriculteurs distingués avec lesquels il s'était mis en rapport. Chose singulière, dont il ne faut, sans doute, accuser que les circonstances, jamais il n'a eu la moindre part aux éloges et aux récompenses auxquels ont souvent donné lieu ses importations. Un des premiers, il a fait connaître en France les immenses avantages que retirait l'Angleterre de l'emploi de la méthode d'asséchement des terrains humides connue sous le nom de *drai-*

nage, méthode pratiquée d'une manière imparfaite, il est vrai, dans certaines localités de notre pays (dans les départements de l'Isère et des Hautes-Alpes), mais inconnue ailleurs. Non content de faire connaître cette méthode par des articles de journaux et de nombreuses brochures, il fit venir de Londres, en 1846, à ses frais, six mille tuyaux de drainage et deux ouvriers, pour faire une expérience d'assainissement dans le domaine de Forges, près Montereau, appartenant à M. du Manoir. Inutile d'ajouter que cette expérience eut un plein succès; c'est à la suite de cette expérience qu'il importa la machine d'Ainslie pour fabriquer des tuyaux, et les plans et le modèle du four qui sert à les cuire économiquement.

« Cette machine a figuré à l'exposition, où elle a fonctionné de la manière la plus satisfaisante sous les yeux de la Commission. »

Les brochures qu'a publiées M. Thackeray n'ont pas peu, à leur tour, contribué à faire connaître le drainage et ses bons effets. La principale, publiée en 1849, est intitulée : *Philosophie et art du drainage.* Seulement, comme nous voulons rendre une exacte justice à chacun, nous ajouterons que M. Thackeray n'est pas l'auteur de cette publication; il en est le traducteur. L'auteur est M. Josiah Parkes, ingénieur de mérite qui a exécuté un très-grand nombre de drainages en Angleterre. M. Parkes a inséré son travail dans le journal de la Société d'Agriculture d'Angleterre, en 1844, t. V, p. 119, et en 1846, t. VII, p. 249. M. Thackeray n'a pas cité cette particularité, mais nous devons rendre à M. Parkes ce qui lui appartient.

M. Parkes a, en 1848, réuni les deux parties de son travail en une brochure intitulée : *Essays on the philosophy and art of land-drainage.* Cette brochure est divisée en deux parties : dans la première, l'auteur traite de l'influence de l'eau sur la température du sol, et dans la seconde, il rend compte des procédés usités en Angleterre pour pratiquer le drainage.

M. Parkes attribue au drainage non-seulement l'action d'enlever au sol un excès d'humidité nuisible au développement des végétaux, mais encore celle de permettre au soleil de donner aux plantes la quantité de chaleur nécessaire à l'accomplissement des diverses phases de la végétation; puis celle de favoriser la pulvérisation du sol, de se laisser pénétrer par les racines et par l'air, et de retenir juste la quantité d'humidité nécessaire au développement des plantes. Dans la suite de ce travail, nous reviendrons sur toutes ces questions, qui, sans être complétement neuves en France, n'avaient pas cependant été ainsi agitées, surtout de manière à arriver à des améliorations du sol aussi importantes que celles que donne le drainage.

Aujourd'hui, les opérations de drainage sont devenues presque usuelles en France ; MM. Lupin, Gareau, de Rougé, de Cauville, Dufour, et beaucoup d'autres propriétaires ou fermiers, ont exécuté des travaux de drainage qui peuvent servir de modèles. Bientôt il y aura assez d'hommes en France au courant des opérations de drainage pour qu'on n'ait plus besoin de recourir à des indications puisées à l'étranger.

En résumé, nous pouvons conclure des détails historiques dans lesquels nous avons cru devoir entrer :

1° L'emploi des fossés couverts ayant un fond empierré ou formé de branchages, était connu des Romains ;

2° La réunion d'un grand nombre de fossés couverts assainissant une vaste étendue de terrains et se rendant dans un fossé-mère, a été décrite par Olivier de Serres, et employée en France avant que l'Angleterre s'en occupât ;

3° La substitution des tuiles et ensuite des tuyaux aux matériaux anciennement employés

pour remplir le fond des fossés d'assainissement, est une invention capitale qui doit être
à bon droit revendiquée par l'Angleterre;

4° Cette substitution et l'emploi de machines à fabriquer les tuyaux ainsi que d'outils
convenables pour ouvrir les tranchées et y
placer ces tuyaux, ont assuré le succès
du drainage, en permettant de l'accomplir
avec promptitude et à peu de frais, comparativement au prix de revient des anciens procédés.

CHAPITRE III.

Des canaux souterrains chez les Grecs.

Nous avons dit que l'assainissement des
terres par des canaux souterrains empierrés
était déjà connu des Romains. Nous n'en avons
pas fait remonter l'idée à une civilisation plus
ancienne, parce que nous ne regardons pas
comme un simple assainissement des terres
les canaux souterrains que la Grèce avait construits pour faire écouler des masses énormes
d'eau qui eussent submergé de vastes étendues de pays. Voici dans quels termes M. Jau-
bert de Passa, dans ses *Recherches sur les
arrosages chez les peuples anciens*, parle de
ces grands travaux hydrauliques des Grecs [1] :
« Était-ce l'ouvrage des hommes ou un ca-
price de la nature que l'issue mystérieuse du
lac Stymphalide vers les côtes d'Argos [2] ?
On sait que les eaux du lac s'écoulaient dans
deux gouffres situés à l'extrémité du bas-

[1] Tome IV, p. 36.
[2] Strabon, VI, cap. III, § 9, et VIII, cap. IX, § 4.

sin ; lorsque ces ouvertures s'obstruaient, les eaux couvraient un espace de plus de 400 stades ou 53 kilomètres. Le fleuve Stymphale, que les habitants de l'Argolide appelaient *Erasinus*, n'était pas le seul dont le cours fût en partie souterrain : l'Alphée, après avoir disparu plusieurs fois sous terre [1], plongeait dans la mer, selon les traditions mythologiques, pour aller jusqu'en Sicile, mêler ses eaux à celles de la fontaine Aréthuse. La plaine d'Orchomènes devenait marécageuse lorsqu'on négligeait le curage des conduits souterrains qui donnaient aux eaux du mont Trachys un écoulement régulier. La plaine de Caphyes était quelquefois inondée par les eaux d'Orchomènes. Pour abriter d'une manière permanente la ville et le terroir, les magistrats de Caphyes firent élever une chaussée le long du canal d'écoulement ; les sources qui jaillissaient en arrière de la chaussée formaient plus loin le fleuve [2].

« La plaine de Phénée, voisine des précédentes, resta longtemps inondée. A une époque inconnue, mais reculée, un tremblement de terre, selon les uns, un prince bienfaisant, selon les autres, fit ouvrir deux gouffres ou *zerethra*

(1) Pausanias, VIII, 44, 54.
(2) Pausanias, VIII, 23.

qui évacuèrent les eaux et assainirent le pays[1] ;
enfin le bassin d'Artemisium, situé près de
Mantinée et surnommé *Argos*, à cause de sa
stérilité, devenait marécageux toutes les fois
que les eaux obstruaient l'usine ou le gouffre
qui servait à leur écoulement. Ce conduit souterrain se prolongeait jusqu'à Genethlium,
ville située en tête du lac Diné[2] »

Certes, ces immenses travaux souterrains
des Grecs avaient pour but l'assainissement
de vastes contrées entrepris au point de vue
de l'hygiène publique, et non pas dans le but
de donner plus de fertilité aux terres arables.
C'est ce dernier but que poursuit le drainage
tel que nous l'entendons.

(1) Pausanias, VIII, 14, 19.
(2) Pausanias, VIII, 7, 20, 21, 25.

CHAPITRE IV.

Emploi des tuyaux de drainage en France dès 1620.

Nous avons dit que l'invention de l'emploi des tuyaux appartenait aux Anglais. Nous avons émis cette opinion en consultant les anciens auteurs ; mais ce n'est pas seulement en s'appuyant sur les livres que l'on doit écrire l'histoire ; les monuments authentiques font également foi. D'après la lettre suivante, que nous écrit M. Hamoir, nous devrions modifier les conclusions que nous avons adoptées, et dire simplement : Les Anglais ont montré l'importance de l'emploi des tuyaux souterrains pour l'assainissement des terres, mais cette invention est d'origine française.

Saultain, 25 juillet 1852.

Monsieur,

Je viens de lire dans votre journal le commencement d'un travail que vous y publiez sur le drainage, travail déjà plein d'intérêt, et qui nous promet devoir être plus intéressant encore, quand vous aborderez avec votre science la discussion des effets que produit sur le sol, les engrais, etc., ce mode si important de fertilisation.

Dans le résumé de votre article sur l'histoire de cet art de l'assainissement des terres si anciennement connu, vous lui donnez trois échelons bien distincts, qui sont les trois ères de progrès qu'il a accomplies pour arriver jusqu'à nous.

La première, la naissance peut-être, c'était la pratique des Romains, décrite par Columelle et Palladius;

La deuxième, dont vous réclamez la priorité sur l'Angleterre, en faveur de notre savant et aimable Olivier de Serres;

La troisième enfin, dont vous abandonnez la conquête tout entière à nos voisins, et qui consiste dans la substitution des tuiles et tuyaux aux anciens matériaux employés.

Ce dernier échelon est certes le plus important : avant cela, c'étaient les limbes; aujourd'hui, c'est une science. C'est cet important perfectionnement qui a fait sortir le drainage d'un travail agricole ordinaire, qui l'a lancé dans la sphère industrielle, qui a appelé à lui les hommes de génie, qui a intéressé les esprits les plus étrangers aux travaux de la terre, enfin, qui a attiré sur son développement l'action si puissante d'un Gouvernement éclairé et jaloux des intérêts de son sol.

Cette heureuse innovation, ce point de départ pour ainsi dire, je ne viens pas en disputer la découverte à l'Angleterre, cela me paraîtrait de mauvais goût; nous avons déjà suffisamment l'habitude de revendiquer sur nos voisins d'outre-Manche la priorité d'une idée qu'ils ont appliquée avec génie, et dont nous n'avons point su faire notre profit; je viens seulement vous dire que cette idée était réalisée en France, et qu'elle l'était depuis l'an 1620, à peu près à l'époque où Olivier de Serres faisait imprimer ses ouvrages.

Dans la petite ville de Maubeuge, à quelques lieues d'ici, existait un couvent de moines oratoriens; la date de sa fondation je ne vous la dirai pas; elle serait facile à trouver au besoin; ce que j'en sais, c'est que sa chapelle, que j'ai vue encore entière il y a quelques mois, est d'un très-pur style gothique. 93 passa sur le couvent, lui fit changer de face et d'hôtes, mais respecta son bel et vaste jardin; était-ce à cause de sa réputation? Personne ne le sait; mais le fait est que, de temps immémorial, il était reconnu pour sa fécondité, pour la précocité et la bonté de ses légumes, pour la beauté de ses fruits, pour la friabilité de son sol.

Cette propriété changea de mains l'année dernière ; les bâtiments furent restaurés, et du prosaïque jardin légumier, aux chemins droits et alignés, aux vieilles charmilles en berceau, on fit un parc à l'anglaise, avec mouvements de terre, pièce d'eau, chemin de voitures, etc. C'est dans cette transformation que l'on découvrit la raison de sa merveilleuse réputation.

Deux drainages complets et réguliers, faits au moyen de tuyaux, s'étendaient sous toute la surface du jardin à une profondeur de 1^m.20.

Dans le premier de ces ouvrages, tous les drains convergeaient à un puits perdu situé au centre ; dans l'autre, tous parallèles, ils aboutissaient à un drain collecteur qui débouchait dans une cave, soit pour que l'eau put servir aux besoins du couvent, soit en raison de la pente, pour qu'elle put s'écouler par la ville.

Les tuyaux qui composaient ces drains, dont je dois deux exemplaires à l'obligeance du propriétaire, ces tuyaux, dis-je, ont une longueur de 275 millimètres sur une largeur prise extérieurement de 80 millim.; l'épaisseur de la matière étant de 8 millim., cela représente en creux 64 millim. de diamètre ; les deux extrémités sont terminées en cône, l'une rétrécie jusqu'à 55 millim., l'autre évasée jusqu'à 90 millim., ce qui permet en les plaçant un emboîtement de 20 millimètres.

Leur forme est représentée par la figure 4.

! Fig. 4.

Ils sont faits à la main sur le tour de potier ; ils sont d'une composition argilo-siliceuse
comme beaucoup d'ustensiles de ménage, qui
se font chez nous, et que l'on nomme grès ;
cette poterie commune est très-dure, et prend
à la cuisson un vernis fort solide qui la rend
presque inaltérable ; aussi les tuyaux retrouvés
sont-ils, aux coups de pioche près, dans un
état de conservation parfait.

Quant à la date de ce drainage, elle ne peut
être assignée d'une manière absolue, aucune
marque particulière ne la constate (il sera curieux de faire des recherches sur ce point dans
les écrits laissés par les moines) ; dans tous les
cas, elle ne peut être postérieure à celle de
1620, que je vous ai signalée d'abord ; des en-
terrements datant de cette époque, et qui
n'ont pu être faits qu'après l'établissement
des drains, en sont une preuve suffisante.

Pour ceux qui douteraient, je dirai que ce
travail est dû aux moines, parce que, informations prises, on sait qu'il n'a pas été fait

depuis 93 ; or, à cette époque, l'art du drainage n'était pas plus avancé qu'en 1620, et les moines n'étaient pas meilleurs horticulteurs qu'alors ; il n'y aurait donc rien de merveilleux à ce que cette date fût réelle.

Voilà donc, monsieur, un drainage fait de main de maître, dans toutes les dimensions les plus usitées aujourd'hui, tant comme profondeur des drains que comme forme de tuyaux, et réalisé avant 1620.

Ce fait est curieux et intéressant pour les personnes qui s'occupent des questions agricoles ; et la publication de votre travail aidant, je me suis décidé à vous demander place pour ces détails dans les colonnes du *Journal d'Agriculture pratique*, bien persuadé que, lorsque vous en connaîtrez l'origine qui est si proche de moi, vous ne douterez pas un instant de leur valeur [1].

Agréez, monsieur le rédacteur, etc.

Gustave HAMOIR,

Cultivateur à Saultain, membre de la Chambre
consultative d'agriculture du Nord.

(1) Je tiens le petit historique que je viens de vous tracer de la bouche même du propriétaire, M. le sénateur Marchant, les fouilles ont été faites sous les yeux de mon frère, son gendre ; l'un, horticulteur distingué, l'autre ayant fait ses preuves dans la grande culture.

CHAPITRE V.

De l'importance de l'emploi des tuyaux.

L'invention de l'assainissement des terres arables par des fossés couverts n'appartient pas, comme on vient de le voir, à notre époque. Si ce mode d'amélioration du sol cultivé doit prendre, avec raison, aujourd'hui une grande faveur parmi les agriculteurs, ce ne peut être qu'à cause de la découverte des moyens d'amener une grande diminution dans les frais qu'il nécessite. Cette diminution provient, en partie, de la substitution des tuyaux à tous les autres matériaux, pierres, fagots, tuiles, etc., employés autrefois ; en partie aussi de l'usage d'instruments spéciaux qui permettent de faire des tranchées étroites avec une grande économie. Aussi nous croyons qu'il ne faut plus appeler spécialement l'attention, dans toutes les Notices qu'on rédigera pour propager l'usage du drainage, que sur les travaux de ce genre effectués avec des tuyaux. Mais comment fabriquer de bons tuyaux de la manière la moins coûteuse ? C'est là une question qui n'a pas encore été traitée avec détails jusqu'à ce jour. Nous croyons donc qu'on nous saura gré d'entrer dans quelques developpements :

1° Sur le choix, la préparation, le mélange des terres propres à former les tuyaux ;

2° Sur les machines à fabriquer les tuyaux avec les terres appropriées ;

3° Sur la dessiccation et la cuisson des tuyaux.

CHAPITRE VI.

Choix des matériaux destinés à la fabrication des tuyaux.

Il s'agit d'obtenir une véritable poterie, qui présente assez de résistance pour subir des transports dans les champs, être maniée sans trop de soins, et ensuite être abandonnée durant des siècles à l'action de l'eau. Pour remplir ces conditions, il faut nécessairement avoir recours à une terre cuite qui soit moins poreuse, plus imperméable et d'un grain plus fin que les briques de qualité commune, mais qui soit analogue aux tuiles employées pour la couverture des toits de nos habitations. On peut donc poser en principe que les terres propres à faire des tuiles seront aussi convenables pour la fabrication des tuyaux de drainage, et que la préparation des matières premières doit être à peu près la même dans les deux cas. Cependant on ne doit pas perdre de vue que la fabrication des tuiles plates ou courbes a lieu à peu près exclusivement à la main, tandis que jusqu'à ce jour on trouve plus économique et plus rapide de faire les tuyaux à l'aide de machines. La pâte employée doit avoir en conséquence une ductilité et une fermeté qui ne sont pas exigées au même point pour la pâte des tuiles, surtout des tuiles plates. D'un autre côté, on doit faire les tuyaux sur les lieux mêmes de leur emploi, afin d'éviter des frais de transport trop considérables, si on veut arriver à rendre générale l'application du drainage. Les matériaux employés doivent donc être tels qu'on puisse toujours, en les corrigeant les uns par les autres, arriver à obtenir économiquement de bons tuyaux en quelque endroit qu'on se trouve.

Comme dans toute espèce de poterie, il faut faire une distinction essentielle entre les matériaux employés à la préparation de la pâte et les éléments qui constitueront la pâte faite ou cuite.

Dans la pâte en préparation, des corps complexes, étrangers les uns aux autres, sont rapprochés physiquement, mais non pas combinés chimiquement. Ces corps complexes sont les matériaux de la fabrication ; l'eau peut encore les désunir.

Dans la pâte cuite, il s'est formé, entre tous les éléments des matériaux primitifs, des combinaisons nouvelles sur lesquelles l'eau n'a plus d'action ; ce sont des silicates multiples, c'est-à-dire des combinaisons d'acide silicique et de diverses bases, savoir : en très-grande partie de l'alumine, ensuite de la chaux; puis, secondairement et en petites proportions, de l'oxyde de fer, de la magnésie, de la potasse, de la soude, de l'oxyde de manganèse. Le feu, c'est-à-dire la cuisson, est le seul moyen que l'on ait d'obtenir ces combinaisons fixes, inaltérables par l'eau, par les acides, et d'autant plus inaltérables que le silicate sera plus exactement formé de ses éléments constitutifs sans le mélange d'éléments étrangers.

Les éléments essentiels sont seulement l'acide silicique et l'alumine; alors on a une poterie réfractaire, c'est-à-dire infusible aux feux les plus forts de nos forges et de nos hauts fourneaux. L'alumine, seulement, est quelquefois remplacée en partie par de la magnésie. Les proportions de ces éléments indispensables sont les suivantes :

Silice............ 55 à 75 pour 100.
Alumine............ 35 à 25   —

Quand il y a de la magnésie, ce n'est, en général, que de 1 à 5 pour 100; mais il pourrait y en avoir de 35 à 25.

Les principes accessoires sont plus variables encore en proportions que les précédents; ce sont :

Chaux.............. 0 à 19 pour 100.
Potasse............. 0 à 5   —
Protoxyde de fer... 0 à 19   —

Ces éléments accessoires donnent à la poterie de la fusibilité, et permettent en conséquence à ses principes constituants de se combiner de manière à former plus facilement un tout résistant, et cela à une température d'autant moins élevée qu'ils sont plus abondants. Dans quelques pâtes cuites, il y a de l'acide carbonique (0 à 16) lorsque la chaux s'y trouve en assez forte proportion. Quant à l'eau, elle est presque toujours complétement chassée des pâtes par la chaleur; elle n'existe que dans la pâte en préparation; mais là, elle joue un rôle essentiel en servant : à mêler entre eux les divers matériaux naturels qui apporteront dans la poterie les éléments que nous venons de signaler; à leur donner la mollesse nécessaire; à les doter d'une certaine force adhésive; à en développer les qualités plastiques.

On entend par *plasticité*, la faculté qu'ont certaines matières molles de prendre, sous la main de l'ouvrier, toutes les formes qu'il veut produire. On appelle *pâtes longues* celles qui jouissent au plus haut degré de cette faculté; et *pâtes courtes* celles qui, au contraire, ne la possèdent que faiblement.

La plasticité n'est pas absolument indispensable au façonnage des pâtes céramiques;
on peut mouler par pression des matières à
l'état de poussière. Mais une substance plastique se prête mieux au façonnage le plus
facile et le plus ordinaire des pâtes, et, en conséquence, elle est très-recherchée. La plasticité est donnée aux pâtes des poteries par des
matériaux naturels, qui sont les argiles, les
marnes argileuses, la magnésite.

Si la plasticité est une condition de première importance pour faciliter le façonnage
des pâtes, elle a de graves inconvénients lorsqu'elle est portée à un trop haut degré. Une
pâte trop plastique sèche difficilement et inégalement. Les pièces qui en sont faites éprouvent, par la dessiccation, une déformation
considérable; elles sont très-sujettes à se fen-
dre, tant pendant la dessiccation que pendant
la cuisson. On corrige l'excès de plasticité par
des matières *arides* ou *dégraissantes*, qui
sont ou naturelles ou artificielles.

Les matières dégraissantes naturelles sont
les sables. Tous les sables sont composés
d'acide silicique ou silice, et de quelques substances étrangères, depuis 1 jusqu'à 9 pour
100; ces matières étrangères sont de l'alumine, de la chaux, de la magnésie, de l'oxyde
de fer, un peu de potasse, etc.

Les matières dégraissantes artificielles sont : 1° des pâtes déjà cuites et ensuite pulvérisées, auxquelles on donne improprement le nom de *ciment*; 2° des escarbilles, ou scories de forges; 3° quelquefois de la sciure de bois.

Au point de vue de la fabrication des tuyaux de drainage, que nous considérons uniquement dans cet écrit, il n'y a pas lieu de tenir compte d'autres matériaux, qui fournissent les éléments de la composition de quelques autres poteries.

Tout sable qu'on rencontrera pourra être employé pour la fabrication des tuyaux de drainage, pourvu qu'il ne contienne pas de cailloux dont la grosseur approche de l'épaisseur des parois des tuyaux.

Quant aux matières plastiques, si elles peuvent toutes servir, leurs qualités ont besoin d'être appréciées pour savoir comment on les mélangera entre elles, et quelles proportions de matière dégraissante, c'est-à-dire de sable, on leur ajoutera. Il pourrait se faire qu'on trouvât une terre susceptible d'être employée sans aucun mélange. Commençons donc par indiquer les propriétés dont une pareille terre devrait jouir.

1° La terre, à laquelle on a ajouté une quantité convenable d'eau, doit être assez visqueuse pour prendre toutes les formes qu'on veut lui donner; assez ferme pour conserver ces formes; composée de parties assez adhérentes pour qu'en passant à travers les filières des machines, celles-ci ne les séparent jamais;

2° La terre ne doit contenir aucune partie de craie pure, de la grosseur même de 1 millimètre, car la cuisson produirait alors de la chaux, et, plus tard, en contact avec l'eau, cette chaux, en fusant, ferait éclater le tuyau; il ne doit s'y trouver non plus aucune parcelle de pyrite ou sulfure de fer, qui produirait le même accident;

3° Il faut qu'elle sèche facilement et également;

4° Que la dessiccation nécessaire pour permettre de s'échapper à l'eau qui a servi à donner de l'adhérence aux parties, s'effectue sans que des fentes se produisent, sans qu'aucune déformation apparaisse, sans que les tuyaux gauchissent.

Cela posé, nous pouvons faire apprécier les diverses matières plastiques à employer dans la fabrication des tuyaux de drainage.

Les matières plastiques naturelles sont les argiles et les marnes.

L'argile est, pour les potiers, une terre qui fait pâte avec l'eau, qui se façonne aisément, et qui durcit au feu.

L'argile est dite *plastique* quand elle ne contient, pour ainsi dire, que de la silice et de l'alumine. Cette variété d'argile, qui porte souvent le nom de terre glaise, se laisse, en raison de sa ténacité, aussi difficilement pénétrer par l'eau que priver de ce liquide lorsqu'elle en est imbibée.

L'argile est dite *figuline* lorsqu'elle contient un peu de chaux, dans la proportion maximum de 5 à 6 pour 100, en partie à l'état de carbonate, en partie peut-être à l'état de silicate. Cette argile est encore liante, mais elle est un peu moins tenace que la précédente. Elle donne une légère effervescence avec les acides, mais cette effervescence, provenant d'un dégagement d'acide carbonique, cesse bientôt.

Ces deux espèces d'argile peuvent être souillées par de l'oxyde de fer et quelquefois par un peu de gypse ou sulfate de chaux.

La première argile, quand elle n'est pas souillée par ces deux corps, est tout à fait réfractaire, c'est-à-dire ne fond à aucune température de nos fourneaux ; on la dégraisse, pour l'employer, par du sable formé de silice pure, si on veut lui conserver ses qualités réfractaires. Pour les tuyaux de drainage, ces deux argiles doivent être dégraissées, mais par des matières communes.

Au point de vue spécial qui nous occupe

uniquement dans ce travail, les argiles plastique et figuline ne seront que des matériaux employés pour donner de la plasticité à d'autres matériaux dont nous allons maintenant parler. Ces matériaux sont les marnes.

Les marnes sont composées d'argile, de carbonate de chaux ou calcaire, et de sable, dans des proportions très-variables.

La marne est *argileuse*, si l'argile domine; elle est *limoneuse*, si le sable y est en plus forte proportion; elle est *calcaire*, si c'est le carbonate de chaux qui en forme la plus grande partie. La marne calcaire seule doit être exclue de la fabrication des tuyaux de drainage. Les deux autres marnes, au contraire, doivent former la masse la plus considérable de leur pâte. On reconnaît que la marne est argileuse quand elle est assez liante avec l'eau, et donne une pâte un peu lourde; elle fournit une vive effervescence avec les acides et laisse de l'argile. La marne limoneuse donne une pâte légère, friable, et en faisant effervescence avec les acides elle laisse un dépôt sableux.

Ce qu'on appelle vulgairement *terre franche*, ou encore *rougette*, n'est autre chose que de la terre végétale commune, jaunâtre ou rougeâtre, et qui est, ou bien de la marne argileuse, ou bien de la marne limoneuse. Dans le premier cas, on dégraisse par du sable ; dans le second cas, on doit rendre plus plastique la pâte par une addition d'argile. Quelquefois, on fait à la fois ces deux opérations. Ainsi, dans la fabrique de tuyaux de drainage de M. de Rotschild, à Ferrières (Seine-et-Marne), on emploie :

Terre franche (marne argileuse)............... 2/3
Argile verte (argile figuline un peu sableuse).. 1/3
Sable.. 1/8

Dans la fabrique de M. Vincent, située à côté de Lagny (Seine-et-Marne, également), on emploie :

Rougette (marne limoneuse)................... 2/3
Terre argileuse (argile plastique un peu sableuse)...................................... 2/3

On voit que, quand la marne est plus argileuse, on ajoute moins d'argile et un peu de sable ; et que, quand la marne est limoneuse, c'est-à-dire sableuse, la proportion d'argile ajoutée augmente.

On donne aussi quelquefois le nom de terre forte ou de terre franche à une argile sableuse ferrugineuse, ne contenant pas de calcaire, ne faisant aucune effervescence avec les acides ; on dégraisse alors par une marne limoneuse très-sableuse.

4

M. Thackeray fait ses tuyaux avec un mélange d'argile figuline et de sable siliceux.

M. de Rougé, au Charmel (Aisne) emploie :

Argile figuline............ 2/3
Terre franche............. 1/3

Dans la fabrique fondée par M. Gareau et dirigée actuellement par M. Lauret, géomètre draineur, à la Chapelle-Gauthier (Seine-et-Marne), on emploie une marne argilo-sableuse qui ne demande aucune addition d'autres éléments, et qui sert directement à la fabrication après une simple épuration que donne la machine de Clayton, comme nous l'expliquerons plus loin.

M. Vitard, secrétaire de l'Association de drainage du département de l'Oise, fait les tuyaux avec une argile ferrugineuse à laquelle il ajoute seulement 2 pour 100 de sable.

Avec les définitions que nous venons de fournir, en se souvenant surtout que le limon des bords des rivières est une matière première qui peut-être très-convenablement employée avec un peu d'argile ou terre glaise, ou terre forte, en chaque lieu on arrivera facilement à faire le mélange propre à l'obtention de bons tuyaux.

CHAPITRE VII.

*Préparation des terres propres à fabriquer les
tuyaux.*

Les moyens employés jusqu'à ce jour, dans l'art du potier pour la préparation des pâtes, ont toujours augmenté d'une manière notable le prix de la fabrication. On broie les matières sous des meules, et on les délaie dans l'eau à l'état de bouillie très-claire. On les fait ensuite passer à travers des tamis métalliques, qui ne permettent le passage qu'aux parties|les plus fines, et on les amène dans des bassins peu profonds d'où on laisse écouler l'eau, quand la terre s'est précipitée. On recueille le dépôt, et on le fait sécher sous des hangars, pour le mélanger plus tard, quand il sera bien raffermi, avec les divers matériaux des pâtes, tous bien préparés par des procédés analogues qui se résument en ces quatre mots : broyage, lavage, tamisage et décantage. Ces procédés de préparation doivent être repoussés d'une fabrication qui ne doit donner que des objets à très-bon marché, et ne pouvant, par conséquent, supporter que très-peu de main-d'œuvre.

Lorsque les terres ont été extraites, on doit seulement les laisser au contact de l'air assez

longtemps pour qu'elles s'émiettent facilement. La gelée les divise très-bien, et elles
peuvent être alors passées, après avoir été
piochées, à travers des claies. Si on ne peut
attendre longtemps, il faut battre les argiles
sur une aire avec des battes. On pourrait aussi
employer un procédé pratiqué à la manufacture de faïence de M. Villeroy, à Vaudrevange.
Ce procédé consiste à placer les mottes d'argile
à diviser sur une aire dure légèrement concave
(fig. 5), où deux rouleaux de pierre A sont pous-

Fig. 5. — Rouleaux pour malaxer les terres (élévation).

sés et ramenés chacun par un ouvrier (fig. 22),
à l'aide d'un long manche.

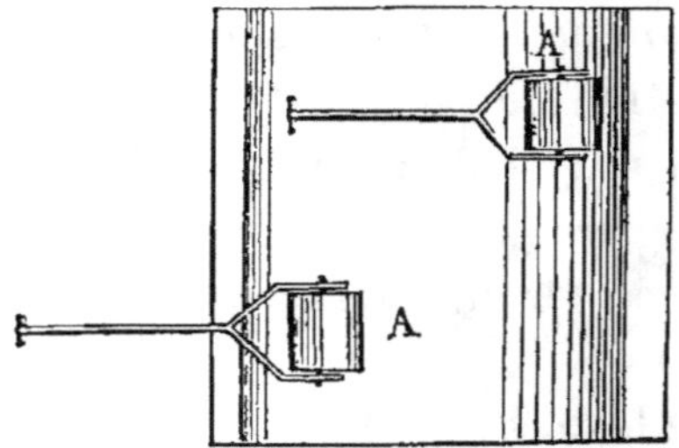

Fig. 6. — Rouleaux pour malaxer les terres (plan).

Chez M. de Rougé, au Charmel (Aisne), les terres sont broyées entre deux cylindres ; c'est une méthode que conseille aussi l'anglais Clayton, comme on verra plus loin.

Le procédé le plus usité en Angleterre consiste à faire délayer l'argile dans un bassin creusé en terre, comme s'Il s'agissait d'éteindre de la chaux ; à remuer la boue obtenue pour la bien mélanger, et à la faire passer ensuite au travers d'une grille, dans un bassin inférieur où elle arrivera purgée de corps étrangers. Il n'y a plus qu'à laisser évaporer la masse dans ce second bassin, et quand la terre est arrivée à l'état de pâte assez ferme, elle est propre à être employée.

Elle exige tout au plus alors une trituration à la main, ou plus économiquement un passage dans un tonneau sans fond, au centre duquel est placé un arbre vertical armé de lames transversales et mu par un cheval attelé à un bras de levier, comme cela est décrit plus loin.

Les terres divisées (argiles, marnes argileuses ou limoneuses, terres franches, rougettes, etc.) peuvent être mises aussi tout simplement à détremper dans des bassins, où on leur ajoute le cinquième ou le quart de leur volume d'eau.

Lorsque ce détrempage est assez fait, ce qui

se reconnaît à ce que l'on peut former des mottes sans qu'elles présentent de difficulté pour être séparées, on peut procéder au mélange dans les proportions convenables, selon les principes que nous avons donnés plus haut, de la terre franche avec l'argile ou avec le sable.

Ces divers matériaux sont placés par couches alternatives dans des cuves ou bassins quelconques où on les laisse séjourner. Dans la tuilerie de M. de Rotschild, à Ferrières, il y a quatre bassins, ayant chacun 5 mètres cubes de capacité. Le mélange des trois matériaux indiqué plus haut y séjourne 12 heures. On y apporte les terres et le sable dans de petits tombereaux mobiles sur un petit chemin de fer, dans la proportion suivante : 3 tombebereaux d'argile verte, 6 de terre franche, et 1 de sable, le tout formant 1 mètre cube ; de telle sorte qu'on fait cinq fois ce chargement pour remplir un bassin.

Des bassins, la terre sort pour être intimement mélangée, malaxée et corroyée. A Ferrières, la machine à corroyer se compose d'une sorte de laminoir, entre les cylindres duquel la terre, tirée des bassins par un ouvrier travaillant à la pelle, est menée par une toile sans fin. Au sortir des cylindres, la terre, qui constitue dès lors une pâte, est refoulée dans une

machine de Hatcher ou dans une machine de
M. Thackeray, fonctionnant seulement comme
épurateurs. Les filières à tuyaux sont, dans ce
but, remplacées par des grilles ou mieux par
des plaques percées de trous. L'écartement des
barreaux des grilles, ou le diamètre des trous
des plaques, sont plus petits que l'épaisseur des
parois qu'auront les tuyaux de drainage. Il en
résulte que les cailloux, les petites pierres ou
autres corps étrangers, ne peuvent pas passer,
et que la pâte en est purifiée. L'ensemble de ce
système est mis en mouvement par un manége, auquel huit chevaux étaient attelés lors
de notre visite à Ferrières.

Ce moyen de corroyage n'est pas susceptible d'être employé pour une fabrication qui
serait moins considérable que celle de M. de
Rotschild. On peut imaginer quelque chose de
plus simple et de tout aussi satisfaisant. La tine
à malaxer, aujourd'hui bien connue, ou le tonneau broyeur à mortier, sont des appareils qui
exécutent un bon travail plus économiquement que le marchage avec les pieds, usité dans
beaucoup de fabriques de poteries, ou que le
battage à l'aide de battes en bois à long manche, qui est employé par M. Vincent, à Lagny;
nous allons décrire ces appareils.

Dans la fabrique dirigée par M. Vitard, à
Beauvais (Oise), on se contente de jeter la

terre extraite antérieurement à l'hiver précédent, dans une fosse pavée, où elle est retournée à la pelle avec addition d'un peu d'eau et de 2 pour 100 de sable; on la relève ensuite sur les bords de cette fosse, et de là on la transporte dans un lieu clos où elle est pilonnée jusqu'à ce qu'on la trouve assez homogène et assez liante pour être employée. Dans la fabrique de M. Lauret, à la Chapelle-Gauthier (Seine et-Marne), la terre extraite avant l'hiver, est mise en tas devant la fabrique où elle passe les mois les plus froids. La terre bonifiée par la gelée est ensuite directement portée dans l'épurateur au moment de la fabrication.

On comprend l'effet de la gelée sur les argiles. L'eau qu'elles contiennent toujours prenant, en se congelant, un plus grand volume que celui qu'elle occupe à l'état liquide, il arrive alors que les pores des argiles ne présentent plus un volume suffisant pour loger la glace, et que nécessairement les terres s'émiettent par la rupture de l'adhérence des divers molécules.

Nous donnerons, d'après le *Traité des arts céramiques* de Brongniart, la description de la tine à malaxer employée à la manufacture de porcelaine de Sèvres; elle pourrait très-bien être appliquée à corroyer les terres des tuyaux de drainage.

La figure 7 représente l'élévation verticale de la tine ; *a* est un arbre vertical en fer portant les couteaux qui doivent malaxer la pâte ; S est la petite porte par laquelle s'échappe la

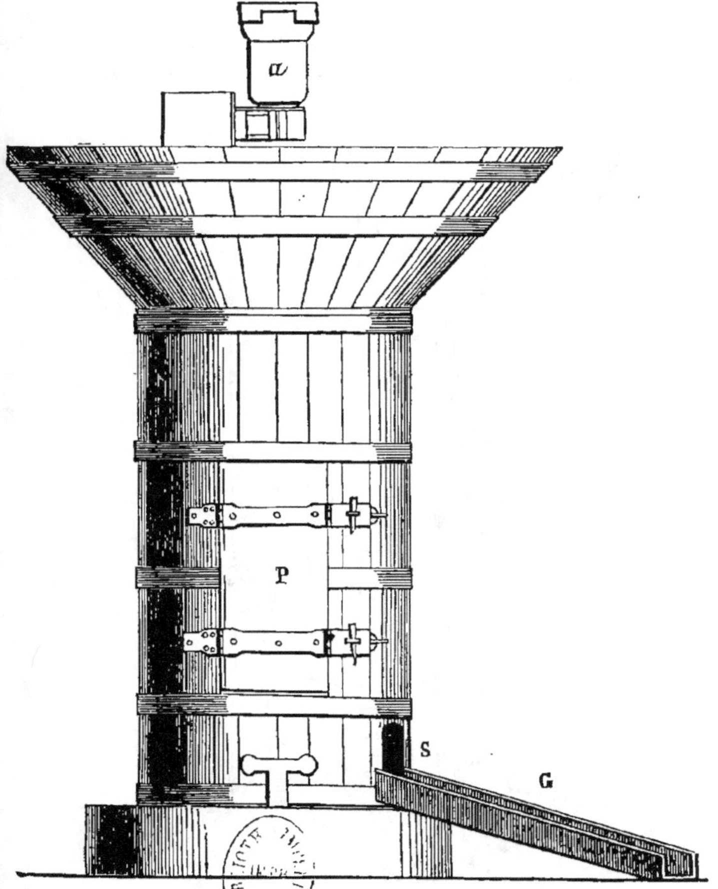

Fig. 7. — Tine à moulures (élévation).

pâte au fur et à mesure de son broyage ; G représente la rigole en bois par laquelle la pâte s'écoule ; P est la porte que l'on ouvre pour nettoyer l'intérieur de la tine ou faire quelques réparations.

La figure 8 donne une coupe verticale de la tine passant par l'axe ; on voit en *c* les cou-

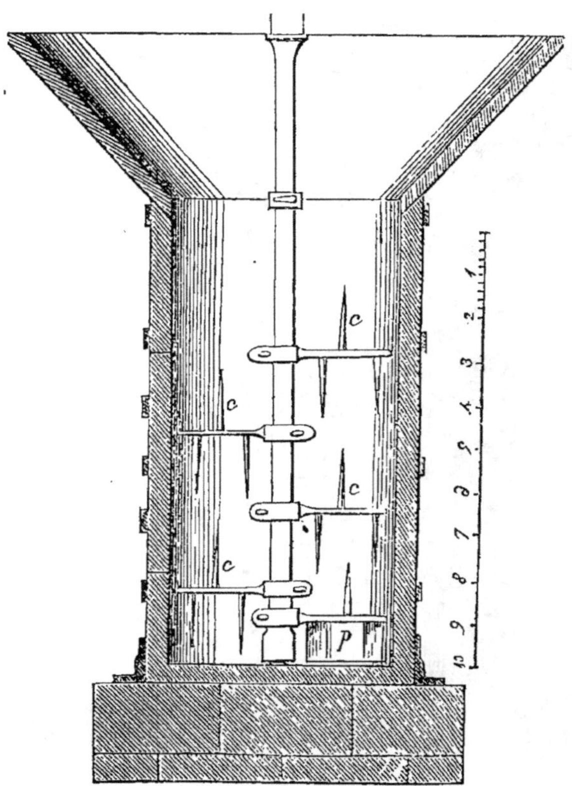

Fig. 8. — Tine à malaxer (coupe).

teaux effilés en carrelet destinés à diviser la pâte, et en p un couteau inférieur destiné à râcler le fond de la tine et à empêcher la pâte d'y séjourner.

Les deux dessins (fig. 9 et 10) sont desti-

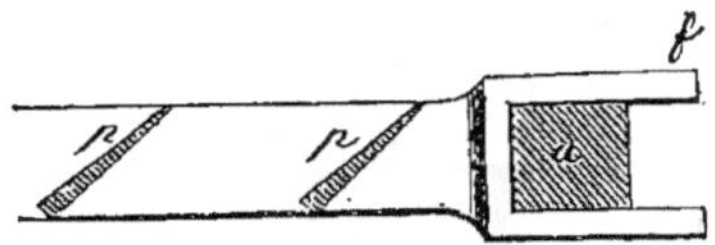

Fig. 9. — Couteau râcleur (plan).

nés à montrer le détail de l'agencement du couteau râcleur inférieur p sur l'arbre carré a

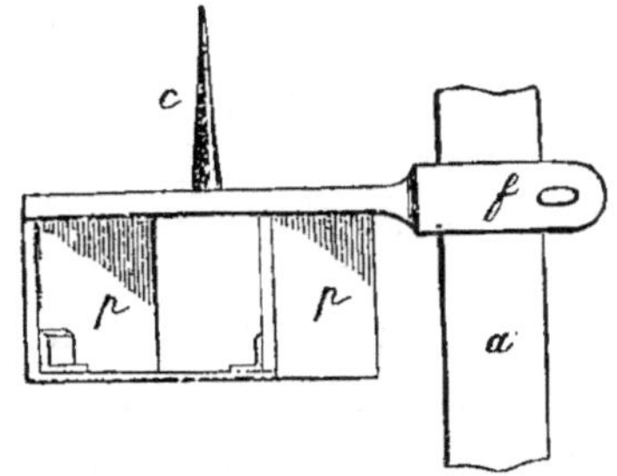

Fig. 10. — Couteau râcleur (élévation).

au moyen de l'étreinte f, d'une vis, et de deux écrous.

Les figures 11, 12 et 13 donnent les détails de l'agencement des couteaux en carrelet supérieurs c sur l'axe a au moyen de l'étreinte f.

L'échelle de l'appareil est placée sur le côté

de la figure 8 ; les dessins des détails des
figures 9, 10, 11, 12 et 13 sont au dixième
de la grandeur naturelle.

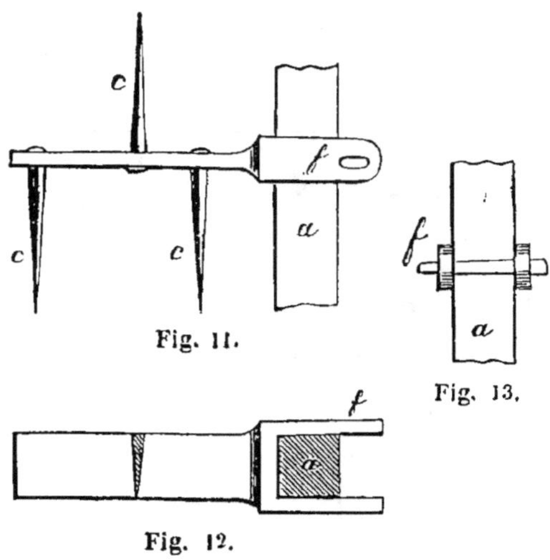

Fig. 11.

Fig. 13.

Fig. 12.

Les couteaux c sont agencés de telle sorte
qu'un couteau ayant la pointe en haut se meut
toujours entre deux couteaux ayant la pointe
en bas ; en outre, les couteaux p font le vide
derrière eux en se mouvant sur le fond de la
tine ; il en résulte que le système agit à peu
près comme une vis pour pousser la pâte de
haut en bas, et la faire sortir par la porte S
(fig. 7).

Si on armait cette porte S d'une grille ou
d'une plaque perforée de petits trous, la tine

pourrait en même temps servir d'épurateur.

Au lieu de la tine à malaxer, on pourrait employer avec succès, pour la préparation et le mélange des terres destinées aux tuyaux de drainage, des tonneaux dont on se sert pour la confection du mortier. La figure 14 représente

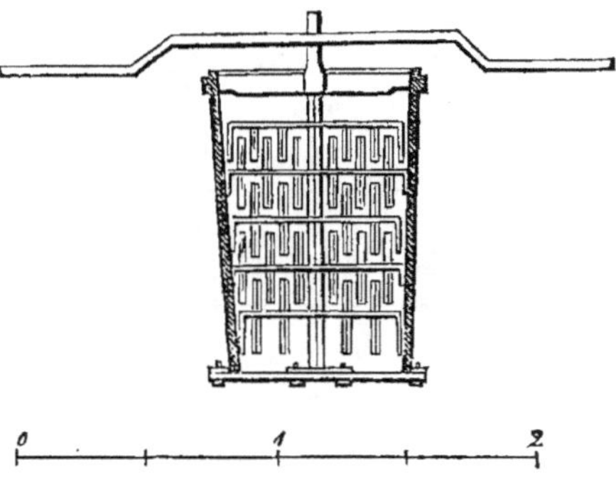

Fig. 14. — Tonneau malaxeur.

un tonneau à bras, employé à la construction du pont de Lorient; des râteaux sont fixés sur un arbre vertical, et s'engrènent en quelque sorte dans les dents de râteaux fixes qui sont attachés aux parois du tonneau. Ces râteaux couperaient et recouperaient la pâte en la comprimant de haut en bas, de manière à la faire sortir à travers des grilles posées sur le fond; cette compression serait aussi efficace pour la bonne confection de la pâte, qu'elle est convenable pour l'obtention d'un bon mortier.

Les dispositions à adopter dans des appa-

reils de ce genre pourraient beaucoup varier ;
elles pourraient être semblables, par exemple, à celles du tonneau broyeur à mortier de
M. Roger, représenté en élévation (fig. 15),

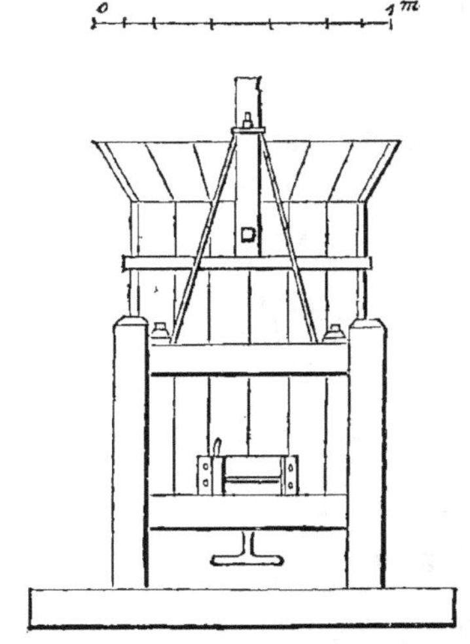

Fig. 15. — Tonneau broyeur (élévation).

en coupe (fig. 16). Ce tonneau se compose
d'une forte enveloppe en douves de chêne,
cerclées en fer. Un arbre vertical, également
en fer, porte à sa partie supérieure un arbre
horizontal (fig. 16), auquel des chevaux sont
attelés. De distance en distance, sur la hauteur, se trouve agencée une série de râteaux
dont l'un est représenté (fig. 17). L'arbre est
armé, à sa partie inférieure, d'une pièce de
fonte (fig. 18) qui broie les matières sur le

fond du tonneau. Ce fond (fig. 19) est percé

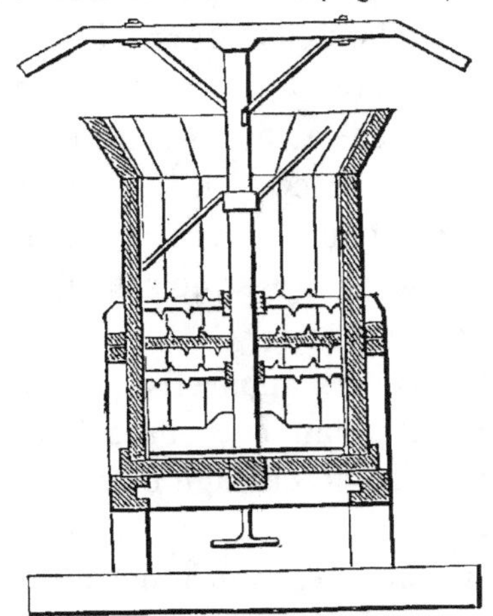

Fig. 16. — Tonneau broyeur (coupe).

Fig. 17. — Rateau du ton-
neau broyeur.

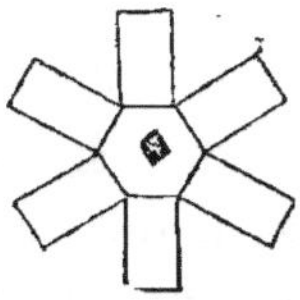

Fig. 18. — Broyeur inférieur
du tonneau broyeur.

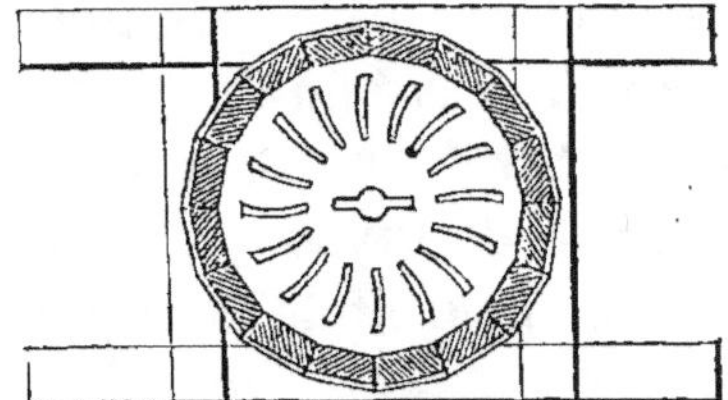

Fig. 19. — Fond du tonneau broyeur.

d'ouvertures à travers lesquelles s'écoulerait
la pâte qui pourrait aussi sortir par la porte

latérale pratiquée au bas du tonneau (fig. 16).
Une vis, sur laquelle tourne l'arbre en fer,
permet de l'élever ou de l'abaisser plus ou
moins, et, par suite, de faire varier l'énergie
de la pression exercée par le disque en fonte
sur le fond du tonneau. A la partie supérieure,
il y a un évasement destiné à faciliter l'introduction des matières.

La pâte, par ces appareils, serait à la fois
suffisamment mélangée, comprimée et corroyée. Du reste, le passage entre deux cylindres broyeurs peut être avantageusement employé si la machine à fabriquer les tuyaux ne
se charge pas d'effectuer une très-forte compression.

La terre, au sortir du corroyage et des
épurateurs, est mise en mottes que l'ouvrier
malaxe encore au moment de la placer dans
des machines que nous décrirons plus loin.
Les machines à faire les tuyaux sont du reste
munies d'une plaque percée de trous que l'on
substitue aux filières afin de pouvoir convenablement nettoyer les pâtes avant de leur
donner la forme de tuyaux. C'est une opération que recommandent de faire tous les bons
draineurs.

CHAPITRE VIII.

Des formes à donner aux tuyaux.

Nous avons dit que c'est vers 1843 que
M. John Read eut l'idée d'employer des machines pour fabriquer des tuyaux qui seraient
destinés à remplacer tous les autres matériaux
dont on s'était servi jusqu'alors en France et
en Angleterre pour placer au fond des fossés
de drainage. Les machines à faire les tuyaux
ne furent pas du reste alors une invention nouvelle. Il ne faut pas croire qu'on doive à toute
force, pour réussir, aller chercher des modèles
en Angleterre et recourir à des machines nou-
vellement brevetées. Tout en décrivant toutes
ces machines, afin d'éclairer, autant qu'il est
en nous, les agriculteurs qui voudront drainer
leurs champs, nous insisterons sur ce fait
qu'on doit chercher à fabriquer les tuyaux
par les procédés les plus faciles et les moins
coûteux. Or, des appareils très-simples pourraient être employés à la fabrication des tuyaux
de drainage ; les grandes machines ne sont
nécessaires que dans les fabriques où on se
propose de faire des quantités de tuyaux tres-
considérables.

Le principe commun de toutes les machines
à faire les tuyaux consiste à faire passer la
terre, par une forte pression, à travers un

trou pratiqué dans une plaque ; au centre du trou se trouve maintenu, laissant un espace annulaire vide, un noyau ; la terre se loge entre ce noyau et les parois du trou, et elle en sort en se moulant selon la forme qu'on désire lui donner. On a beaucoup discuté à cet égard. On est tombé d'accord sur l'usage de donner à tous les tuyaux environ $0^m.33$ de longueur mais on avait cru d'abord que la forme cylindrique (fig. 20) ne pouvait convenir que pour

Fig. 20. — Tuyau cylindrique.

des tuyaux de petite dimension, n'ayant que 25 ou 30 millimètres de diamètre intérieur, et environ 50 millimètres à l'extérieur.

Dès que les dimensions devaient être plus considérables, on prétendait que la forme ovoïde (fig. 21) ou à section elliptique serait

Fig. 21. — Tuyau à section elliptique.

bien préférable. Les raisons alléguées en sa faveur consistaient en ce que l'on prétendait que l'eau s'y rassemblerait moins que dans les tuyaux cylindriques et qu'elle y conserverait, même lorsqu'elle ne serait qu'en petite quan-

tité, une vitesse suffisante pour s'opposer à la
formation de dépôts dans l'intérieur des conduits. Une difficulté seulement se présentait,
c'est que ces tuyaux ayant peu d'assiette au
fond de la tranchée et se dérangeant facilement, la pose ne s'en effectuerait pas commodément. Pour éviter cet inconvénient, on a proposé de conserver la section elliptique à l'intérieur du tuyau, mais de ménager un empâtement à l'extérieur. Dans les tuyaux moyens,
ayant 60 millimètres de diamètre intérieur et
80 millimètres de diamètre extérieur, l'empâtement consistait en un rebord destiné à
augmenter l'assise (fig. 22). Dans les gros

Fig. 22. — Tuyau avec empâtement.

tuyaux ayant 80 millimètres de diamètre intérieur et 110 millimètres de diamètre extérieur, l'épaisseur de la poterie est assez grande
pour qu'il suffise de terminer en plan la partie
inférieure (fig. 23).

Fig. 23. — Gros tuyau ayant une base plane.

Mais toutes ces formes doivent être reléguées parmi les inventions inutiles. Les travaux de drainage ne comportent aucune complication. C'est pourquoi nous repoussons aussi l'idée, pour le plus grand nombre de cas, d'engager les extrémités des tuyaux dans des colliers ou manchons en terre cuite ainsi que cela est représenté (fig. 24), au lieu

Fig. 24. — Tuyaux réunis par un mamelon ou collier.

de les placer simplement bout à bout. Ces colliers, qui ont été employés dans un certain nombre de grands drainages, ont de 0^m.07 à 0^m.10 de longueur, et un diamètre intérieur un peu supérieur au diamètre extérieur des tuyaux qu'ils sont destinés à embrasser, afin que ceux-ci y entrent facilement.

Pour éviter l'emploi des colliers, et afin de faire en sorte que les tuyaux placés bout à bout ne se dérangent pas et qu'ils restent plus solidaires les uns des autres, on a aussi proposé de terminer leurs extrémités par des lignes courbes s'enchevêtrant les unes dans les autres (fig. 25). Ces sections en lignes courbes

Fig. 25. — Tuyaux s'enchevêtrant par sections à diverses courbures.

peuvent s'obtenir facilement par une modification légère dans les appareils qui sont destinés à couper les tubes de longueur et que nous verrons plus loin. Mais nous ne regardons cette invention que comme une complication inutile lors de la pose des tuyaux, à cause de l'attention qu'elle exige des ouvriers.

L'emploi de tuyaux garnis de languettes, ou bien l'usage de tuyaux côniques comme ceux que M. Hamoir nous a appris avoir été découverts aux environs de Maubeuge [1], ne nous semblent pas non plus présenter d'avantages. Nous n'attachons également aucune importance à l'idée de se servir de colliers criblés de trous pour rendre plus facile l'introduction dans les tuyaux de l'eau dont il s'agit de se débarrasser. L'expérience a démontré que l'eau trouve assez d'issues entre les joints toujours imparfaits des tuyaux. Nous ne croyons donc pas qu'il y ait lieu de recommander d'autres tuyaux que les tuyaux cylindriques, de dimensions variant suivant les besoins et placés bout à bout. Les filières à travers lesquelles on fera passer la terre pour mouler les tuyaux de drainage ne devront donc être que rondes et analogues à celles employées depuis longues années déjà dans la fabrication des tuyaux de conduite d'eau.

(1) Voir p. 48.

5.

CHAPITRE IX.

Des machines à fabriquer les tuyaux de drainage.

Presque toutes les machines à fabriquer ou mouler les tuyaux de drainage ont leur origine dans les anciennes presses employées en France, en Allemagne, et ailleurs, pour faire les tuyaux de grès qui sont usités en beaucoup de lieux pour conduire les eaux potables et le gaz. Alexandre Brongniart, dans son *Traité des arts céramiques* [1], en donne une description que nous allons reproduire. On verra que les inventeurs de machines à faire les tuyaux de drainage n'ont pas réellement eu à faire de grands efforts d'imagination.

« Je prends pour exemple, dit l'illustre ancien directeur de la manufacture nationale de Sèvres, la presse de Voisinlieu, à Beauvais, dont M. Ziegler me permit de prendre le dessin en 1842. Elle diffère peu de celle de M. Boch-Buchmann, de Mettlach (Meurthe), que j'avais vue et dessinée en 1835.

« Elle est représentée en coupe (fig. 26) et en plan (fig. 27). Elle consiste en une boîte cylindrique en fonte c, dans laquelle on met l'argile p. Un piston ou plateau circulaire, également en fonte d, est abaissé dans cette

[1] T. II, p. 241 (1844).

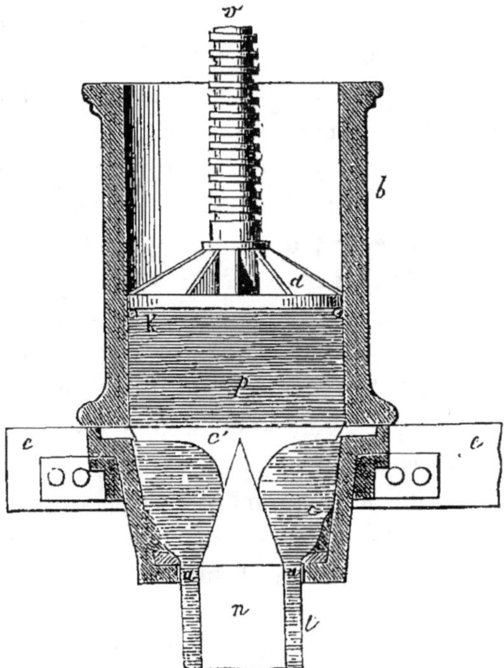

Fig. 26. — Presse à faire les tuyaux de grès (coupe).

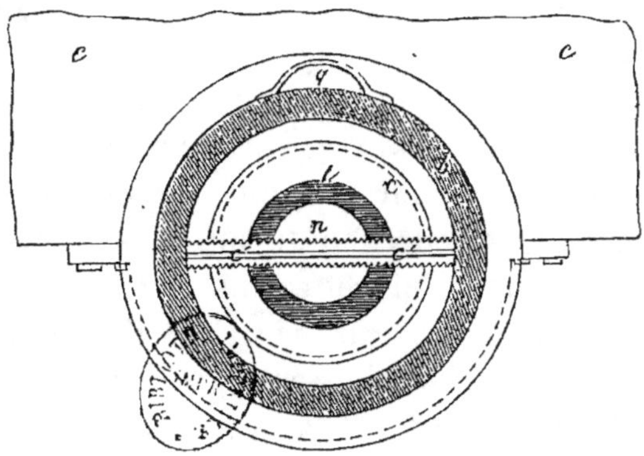

Fig. 27. — Presse à faire les tuyaux (plan).

boîte par la vis v, et, comprimant fortement l'argile, il la force de sortir par l'espace c allant en se rétrécissant, et ensuite par l'espace annulaire a laissé entre les parois de la boîte et le noyau n. Ce noyau est tenu dans l'axe de la boîte au moyen d'une traverse en couteau à lame dentelée c', qui coupe la masse d'argile descendante ; mais les deux parties, d'abord séparées, se rapprochent par suite de la pression, et, se réunissant d'une manière très-intime, elles forment un tuyau cylindrique t, qui peut avoir une longueur indéfinie.

« Dans beaucoup de ces presses, lorsque la boîte est vide, il faut remonter le piston assez haut pour qu'on puisse charger la boîte d'argile par-dessus son bord supérieur sans être gêné par le piston. Ici, à l'aide de la poignée postérieure q (fig. 27), on la glisse sur la table c, on la charge à l'aise, et on la repousse exactement à sa place, au moyen de repères qui l'empêchent de se déranger.

« Les tuyaux de grès frais, et par conséquent flexibles, sont reçus dans une gouttière de bois demi-cylindrique, qui est assez inclinée pour permettre au tuyau de s'avancer sans tiraillement ni frottement. Si on le laissait descendre verticalement, il s'allongerait aux dépens de son épaisseur et se romprait.

« Ces mêmes procédés et ces mêmes précau-

tions sont suivies dans la fabrique de M. Rie-
chenecker, à Ottweiler (Haut-Rhin), si ce
n'est que l'argile éprouve, pour sortir de la
boîte, une très-forte compression par une
presse hydraulique qui la comprime et la
pousse. En outre, il y a deux boîtes à argile
fixées sur un même chariot, qui peut aller et
venir latéralement et faire sortir successivement chaque boîte vide de dessous le piston,
tantôt d'un côté, tantôt de l'autre; en sorte
que quand la boîte en service A est vide, on
la pousse à droite au moyen du chariot qui
amène celle de gauche B pleine d'argile, sous
le piston, pour être vidée à son tour. Pendant
ce temps, l'ouvrier remplit la boîte vide A de
droite, et la poussant sous le piston, il repousse à gauche, pour la remplir, la boîte B
qui vient de se vider, et ainsi de suite. Ainsi,
le temps du remplissage n'est pas perdu.

« On place sur l'argile, au-dessous du bord
d'application du piston contre les parois de la
boîte, une petite corde de chanvre à peine tor-
due, qu'on voit en coupe en k (fig. 26), pour
empêcher l'argile de remonter entre ce bord
et ces parois; cela permet de ne pas donner
au piston une justesse précise, qui augmente-
rait d'autant plus les frottements, qu'il serait
bien difficile d'empêcher un peu d'argile de
s'introduire entre les deux pièces.

« Le diamètre des tuyaux faits ainsi peut s'étendre de 75 millimètres à 3 décimètres. Leur longueur serait indéfinie, mais on ne donne ordinairement aux bouts que depuis 1 mètre jusqu'à 2 mètres....... Ces tuyaux sont cuits, situés verticalement dans un four carré à voûte percée de carneaux. Il y a dans ce four plusieurs petits planchers qui permettent d'en placer plusieurs rangées les unes au-dessus des autres. »

Cette description peut s'appliquer, presque sans en changer un mot, à plusieurs des machines à mouler les tuyaux de drainage, dont l'importation d'Angleterre en France a fait grand bruit. Mais ce n'est pas seulement dans le but peu important de revendiquer pour l'industrie nationale les principes de la construction des machines à faire les tuyaux de drainage, que nous avons reprodüit le passage précédent du *Traité des arts céramiques.* Nous avons surtout voulu faire comprendre qu'il n'est pas nécessaire, pour exécuter les travaux de drainage, de faire venir d'Angleterre des modèles de machines; de montrer que les Comices ou les Sociétés d'agriculture pourraient, au lieu de consacrer leurs fonds à l'achat de machines étrangères, s'adresser aux fabriques de poteries de leurs localités et obtenir d'excellents tuyaux. En Lorraine, en

Alsace, dans le Nivernais, dans le Sud-Ouest,
à Toulouse, etc., il existe des manufactures
où l'on fait des tuyaux de grès pour la conduite des eaux ; à plus forte raison pourrait-
on y fabriquer des tuyaux de drainage, qui
exigent beaucoup moins de soins. Les subventions du Gouvernement en faveur du drainage seraient mieux placées, selon nous, si on
les appliquait à récompenser l'exécution de
travaux modèles plutôt qu'à acheter ou à dis-
tribuer des machines qui existent en beaucoup
de lieux sans qu'on s'en doute. On a fait une
espèce d'obscurité autour de la question du
drainage ; on a, comme à plaisir, exagéré les
difficultés ; on a fait croire à quelque chose de
tout nouveau, exigeant des ouvriers, des matériaux, des instruments, un outillage tout à
fait spéciaux. Nous croyons rendre service en
dépouillant la question de tout son prestige ;
en montrant qu'il s'agit seulement de quelques
perfectionnements dans des opérations dont
nos pères avaient compris toute l'importance,
puisqu'il n'y a pour ainsi dire pas de localité
où on ne retrouve des fossés d'assainissement
couverts. Seulement le mérite de l'époque actuelle est d'avoir rendu ces opérations moins
coûteuses. Les frais peuvent encore diminuer,
si on cherche à réduire l'outillage à sa plus
simple expression. Avant d'entrer dans la des-

cription des principales machines dont il a été question jusqu'à ce jour, nous dirons donc encore, que l'on doit conseiller avant tout une machine peu coûteuse; car il faut songer que les travaux de drainage achevés, ces machines deviendront complétement inutiles, à moins qu'on ne les utilise à la fabrication des briques.

Ces préliminaires posés, on peut diviser les machines à fabriquer les tuyaux de drainage en trois classes :

a. Les machines à piston;

b. Les machines à cylindres lamineurs;

c. Les machines à pétrin.

a. — Machines à piston.

Le principe commun de toutes les machines à piston consiste à faire avancer, à l'aide d'une crémaillère mue par un engrenage convenable, un piston dans l'intérieur d'une boîte dont la face opposée à ce piston est munie de moules ou filières.

Ces machines à piston paraissent l'emporter de beaucoup en Angleterre sur toutes les autres. Ce sont d'ailleurs les plus anciennement employées. Elles sont fondées exactement sur les principes de la presse à fabriquer les tuyaux dont nous avons rapporté la description plus haut. En voyant plus loin la machine de Clayton, qui est la première de ces machines qui ait été introduite en France, il ne restera aucun doute à cet égard dans l'esprit du lecteur. Toutefois, il paraît aujourd'hui que les machines de Scragg et de Whitehead lui disputent avec succès le premier rang. Voici, en effet, ce que nous lisons dans le Rapport adressé par M. Pusey au Président du jury de l'exposition universelle de Londres, au nom de la section chargée de l'examen des instruments d'agriculture [1] : « La dernière classe des machines que nous avons à examiminer, laquelle concerne les travaux de drainage, devrait peut-être occuper le premier rang, parce que le drainage est le seul moyen de faire une bonne culture sur les champs qui restent humides. Mais beaucoup de terrains ne réclament pas le drainage, et d'ailleurs il ne doit pas constituer un travail régulier de la part du fermier; c'est plutôt une opération que doit faire une fois pour toutes le propriétaire.

« Il y a douze ans que les rigoles de drainage étaient faites avec des tuiles courbes et des soles plates, fabriquées à la main, et coûtant respectivement 62 fr. 50 et 31 fr. 25 le mille. On y a substitué des conduits fabriqués par des machines poussant, en la comprimant, l'argile à travers des orifices circu-

____

(1) *The journal of the Royal agricultural Society of England,* t. XII, p. 638.

laires, exactement comme on fait le macaroni
à Naples ; le prix de ces tuyaux varie de 15 à
25 fr. le mille. L'ancien prix était presque de
nature à faire proscrire l'exécution du drainage sur une vaste échelle, excepté cependant pour le cas où on trouvait des pierres
sous sa main.

La nouvelle invention a réduit les frais de
cette amélioration du sol, entreprise en grand,
au taux de 185 à 250 fr. l'hectare, ce qui
n'excède pas le prix d'une bonne fumure
donnée à une simple récolte de turneps dans
plusieurs districts bien cultivés. Ce résultat a
été obtenu par l'émulation de nos mécaniciens,
émulation si ardente que, en 1848, il n'y avait
pas moins de 34 machines différentes au
meeting de York. Depuis lors, la lutte s'est
restreinte dans la pratique à trois seulement,
sur lesquelles je vous soumettrai le présent
Rapport de M. A. Hamond.

« *Essai des machines à fabriquer les tuyaux.*

« Je recommande spécialement à l'attention
du jury les machines à faire les tuyaux et les
briques de M. Clayton, de M. Scragg et de
M. Whitehead.
« J'ai commencé d'abord par éprouver leur

qualité à bien épurer la terre. Le résultat de l'expérience a été que, en cinq minutes,

kil.

La machine de Clayton a épuré 148.4 avec 2 hommes.
                                                     et un enfant.
La machine de Whitehead —   163.8 avec 2 hommes.
Le machine de Scragg   —   91.6 avec 2 hommes.

« Je préfère l'épuration par la machine de M. Clayton, en ce que la portion extraite consiste presque exclusivement en petites pierres, tandis que, dans la partie séparée par les machines de M. Whitehead et de M. Scragg, il restait une forte proportion d'argile.

« Dans la fabrication de larges tuyaux ayant $0^m.229$ de diamètre, à l'aide d'une décharge horizontale et d'un cylindre, la machine de M. Whitehead s'est montrée excellente.

« M. Scragg a beaucoup simplifié la disposition intérieure de sa machine par la substitution d'une chaîne à la roue et à son pignon ; les tuyaux de cette machine ne peuvent pas être surpassés par l'uniformité et la régularité de la forme.

« Après un examen attentif du travail de ces machines, nous recommandons la décharge *horizontale* de M. Scragg et de M. Whitehead, de préférence à la décharge *verticale* de M. Clayton ; mais nous appelons spécialement votre attention sur le moule patenté de

Robert, pour faire les briques creuses et à assemblage dont est munie la machine de M. Clayton.   A. HAMOND. »

La remarque qui termine cette citation prouve qu'en Angleterre on se préoccupe, avec raison, de la nécessité d'employer aussi les machines à faire les tuyaux de drainage à la fabrication des tuiles et des briques. Nous reviendrons plus loin sur ce point.

Dans la première partie de cette même citation de l'autorité la plus récente et la plus impartiale de l'Angleterre en fait de machines à faire les tuyaux de drainage, on voit aussi que chaque machine doit, selon les ingénieurs anglais, pouvoir épurer sa terre ; c'est une condition dont on se préoccupe aussi en France, puisque nous avons vu, comme nous l'avons dit précédemment [1], la machine de M. Thackeray servir à cet usage dans la fabrique de M. de Rotschild à Ferrières.

On a essayé dans plusieurs machines de nettoyer la terre en même temps qu'on fabriquait les tuyaux. Pour cela faire, on a imaginé de placer une grille derrière le moule ou filière, de manière à arrêter toutes les petites pierres et à ne les laisser arriver à la filière qu'avec terre très-propre. Mais cette opération retarde la marche et le produit de la ma-

[1] Voir page 67.

chine. Il y a économie de temps et de main-
d'œuvre et exécution de meilleurs produits,
quand on sépare les deux opérations, et que
d'abord on épure pour fabriquer ensuite.

Dans la machine première de M. Clayton
(fig. 28), un piston, mu à bras d'homme par

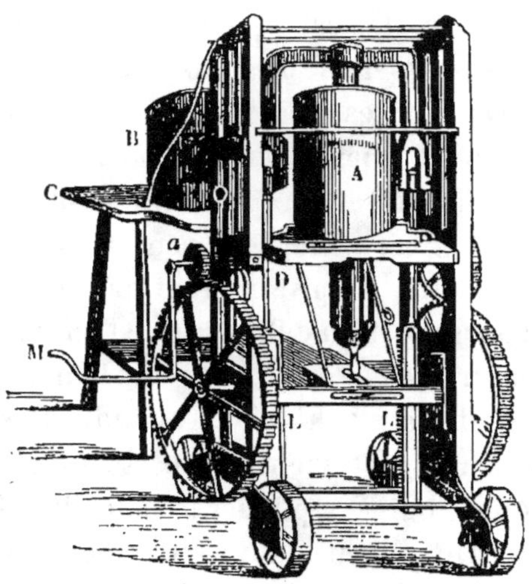

Fig. 28. — Machine verticale de Clayton, à
décharge également verticale.

une manivelle et un engrenage, s'abaisse dans
un cylindre plein de la pâte à faire les tuyaux,
et comprimant cette pâte la force à traverser
la filière placée à la partie inférieure. Les
tuyaux sortent ainsi verticalement, et on les
coupe de longueur en les recevant sur un petit
plateau, qui sert à les transporter au séchoir,
et en faisant mouvoir horizontalement un fil

de fer qui est tendu entre deux guides placés au-dessus de la filière.

Pendant que le piston s'abaisse dans ce premier cylindre, on remplit de terre un second cylindre que l'on voit sur l'arrière du dessin, afin de pouvoir le mettre en place aussitôt le premier vidé. De cette façon, on ne perd pas de temps dans la fabrication. Pour faire ce remplacement des cylindres, on relève le piston qui s'est abaissé en ouvrant une petite soupape placée vers la partie inférieure de ces cylindres. L'air extérieur peut ainsi rentrer sans difficulté. Le piston étant arrivé au haut de sa course sort du cylindre que l'on fait tourner autour d'un axe vertical pour l'amener sur l'arrière de la machine ; ce cylindre laisse en place la filière et vient se poser sur un fond pour qu'on puisse y piloner la nouvelle charge de pâte. Un gâteau tout formé reste sur la surface de la filière, et la terre garnit toujours celle-ci, de sorte que l'opération marche très-régulièrement. Cette machine, non compris les moules, coûte 625 fr.

M. Clayton a placé plus tard les filières ou moules, non plus sur le fond des cylindres, mais bien latéralement, de telle sorte que les tuyaux pussent se décharger horizontalement (fig. 29), en glissant sur une table où des couteaux formés simplement par

des arcs dont la corde est en fil de fer, s'a-
baissent et se relèvent pour couper de longueur. Cette nouvelle machine ne peut être employée sans inconvénient que pour les tuyaux
d'un petit diamètre. Sans les moules, elle coûte
en Angleterre 750 fr. Elle donne jusqu'à 1,000

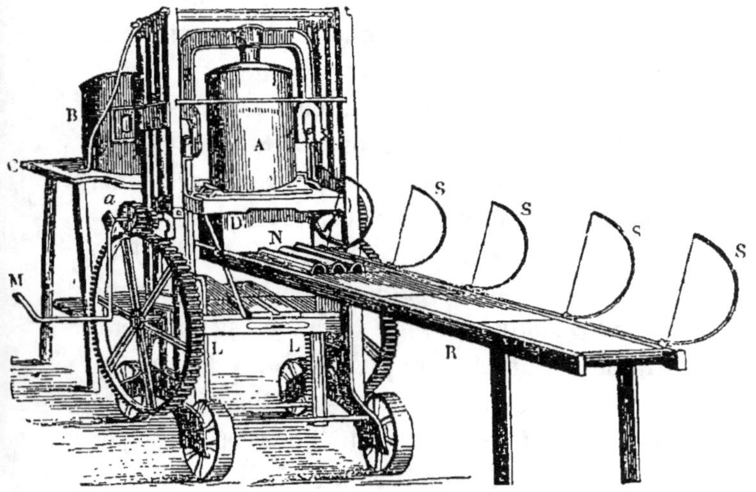

Fig. 29. — Machine verticale de Clayton à décharge horizontale.

tuyaux à l'heure, mais elle exige cinq ouvriers.

En Belgique, à la fabrique de Haine-Saint-
Pierre, la machine complète, avec la table pour
charger les cylindres, la table à rouleaux pour
couper les tuyaux, les mandrins pour les recevoir, 8 moules et la plaque en fer pour épurer
la terre, est du prix de 1,050 fr. Son poids est
de 1,250 kilogr.

Nous entrerons pour les machines Clayton, à cause de leur importance, dans quelques détails destinés à faire disparaître toute obscurité que pourrait laisser le simple énoncé de leur principe.

Les cylindres A et B (fig. 28 et 29) sont ouverts par les deux bouts et reliés chacun par des oreilles à douille à une tige verticale, autour de laquelle ils peuvent tourner. Un levier, mû par une pédale inférieure, agit sur les douilles qui glissent le long de la tige, et permet de soulever chaque cylindre séparément. Ces cylindres servent alternativement au travail : l'un repose sur une table C fixée à l'arrière de la machine, tandis que l'autre s'appuie sur une plaque d'assise D, et y est maintenu au moyen de petits taquets mobiles. La tige du piston qui presse la terre est reliée en haut à une pièce H, dont les branches verticales sont terminées en crémaillières L, L. Sur celles-ci agissent des pignons auxquels le mouvement de la manivelle est transmis.

Une caisse en fonte N est établie au-dessous de la plaque d'assise du cylindre, et sa face d'avant reçoit le moule dans la machine à décharge horizontale (fig. 29). La table R, formée d'une toile sans fin, tendue sur des rouleaux en bois, supporte les tuyaux qui sont coupés à la longueur voulue par les archets S.

Quand on emploie la décharge verticale (fig. 28), la caisse en fonte n'existe pas ; le moule est appliqué directement sur la table D au fond du cylindre.

Pendant que l'ouvrier fait descendre le piston en tournant la manivelle, un second ouvrier, placé sur le marchepied d'arrière, remplit le cylindre B (fig. 28 et 29) avec de l'argile qu'il tasse fortement ; il place sur la partie supérieure de celle-ci un disque en bois d'un diamètre un peu plus petit que celui du cylindre. Quand le piston est arrivé au bas de sa course, l'ouvrier qui fait mouvoir la machine, après avoir découvert une petite ouverture percée vers le bas dans la paroi du cylindre pour permettre l'entrée de l'air, tire l'axe de la manivelle dans le sens de sa longueur ; de manière à désengrener le pignon a, et à engrener un second pignon à une contre-roue, située du côté opposé de la machine, et calculée de manière à ce que l'on puisse ramener le piston au haut de sa course en un temps court, au moyen de quatre tours de manivelle seulement.

L'ouvrier placé à l'arrière agit alors sur la pédale, soulève un peu le cylindre A, l'attire à lui, l'amène sur une table dans la même position que le cylindre B, et enlève le disque en bois qui est resté sur le haut de la caisse.

6

Posant ensuite le pied sur la seconde pédale, il soulève le deuxième cylindre B, le pousse au-dessus de la plaque d'assise, le laisse descendre et l'y assujettit à la place de A. Pendant que l'on fait de nouveau descendre le piston, l'ouvrier remplit le cylindre arrivé sur l'arrière pour le substituer de nouveau à celui qui est sur le devant, et ainsi de suite. Des aides, en nombre suffisant, manœuvrent l'appareil à couper les tuyaux, enlèvent ceux-ci et les transportent au séchoir.

Le travail marche presque sans interruption ; car il ne faut qu'un temps très-court pour relever le piston et pour changer les cylindres. Dans les autres machines, il y a au contraire un temps d'arrêt considérable, nécessité par le remplissage de la caisse à argile.

M. Gareau, membre du Conseil général de Seine-et-Marne, a importé en France, dès 1848, les machines verticales de M. Clayton ; cet agriculteur distingué, qui a fait faire un grand nombre de tuyaux et qui a une grande habitude des travaux de drainage, préfère, pour les tuyaux cylindriques, les seuls que l'on doive conseiller aujourd'hui, la décharge verticale. Ce mode de décharge a, selon lui, l'avantage de ne pas déformer les tuyaux et de ne pas exiger, par la suite, autant de main-d'œuvre pour les rebattre ou rouler. Nous

devons dire que le plus grand nombre de draineurs n'adoptent pas cette manière de voir,
et que presque partout on se sert de décharges
horizontales. Les raisons de M. Gareau en faveur de la décharge verticale nous ont paru
déterminantes pour la facilité de l'épuration.
Sur ce point, l'opinion des autres draineurs
nous semble ne pas être aussi bien motivée ;
nous y reviendrons plus loin.

MM. Cottam et Hallem, de Londres, ont
exposé à l'exposition universelle de toutes les
nations, en 1851, une petite machine du genre
des machines à piston et à cylindre vertical de
M. Clayton. Le mérite de cette nouvelle machine consiste surtout dans sa légèreté et dans
son plus faible prix. Elle ressemble beaucoup
à la presse à faire des tuyaux dont nous avons
donné la description (fig. 26 et 27). Nous
croyons qu'on s'occupe de construire en France
sur ce modèle des machines qui seraient appelées à y avoir du succès. Deux montants
verticaux supportent deux paires d'engrenages qui font monter ou descendre un piston
de 0^{m}.20 environ de diamètre, comme cela a
lieu pour les machines Clayton. Le cylindre
qui contient la terre est en tôle mince ; il repose sur un coffre carré, à l'un des côtés duquel s'adapte la filière ou moule d'où sortent
les tuyaux, reçus sur une table à rouleaux.

Tout cet appareil est monté sur une forte brouette. Le cylindre porte deux oreilles au moyen desquelles on peut le soulever. Quand il est vide, et que le piston est relevé, on le remplace par un second cylindre que l'on a rempli pendant que le piston fonctionnait dans le premier.

Le défaut de déformation des tuyaux dans les machines à décharge horizontale, semble provenir surtout de la fixité de la table sur laquelle les tuyaux doivent glisser à leur sortie des filières ou moules. Cette difficulté a été vaincue en partie et en premier lieu par M. Hatcher, de Beneden, duché de Kent. La machine de ce fabricant est représentée par la figure 30 ; elle a été inventée en 1846, c'est-à-dire à peu près à la même époque que celle de M. Clayton. On voit qu'une toile sans fin vient aider le glissement des tuyaux à la sortie des filières. Cette machine a eu un succès mérité dans quelques contrées de l'Angleterre, à cause de la rapidité de sa production. Elle a été importée en France par M. de Rothschild. Elle donne par heure :

1,100 tuyaux de	$0^m.025$ de diamètre.	
800 —	$0^m.031$	—
580 —	$0^m.044$	—
320 —	$0^m.064$	—

Au lieu de laisser le cylindre vertical, ainsi

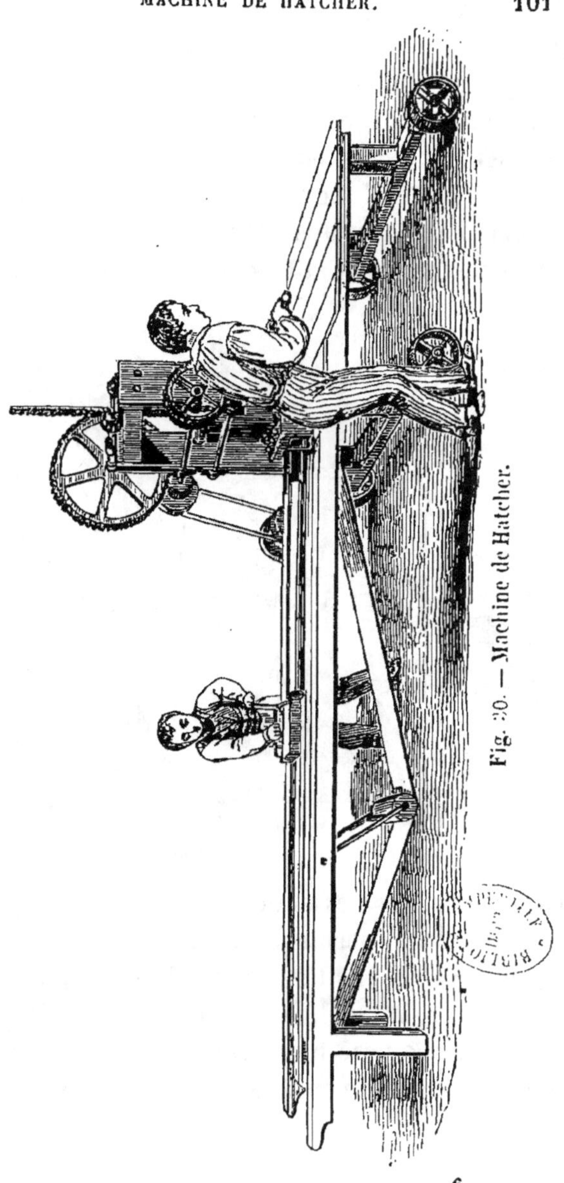

Fig. 20. — Machine de Hatcher.

que cela a lieu dans la machine de M. Clayton, ce qui fait que le piston descend verticalement, tandis que les tuyaux sortent horizontalement, on a eu l'idée de rendre le cylindre horizontal. Cette idée est réalisée d'une
manière heureuse dans la machine de M. Webster ; la figure 31 en fait facilement comprendre

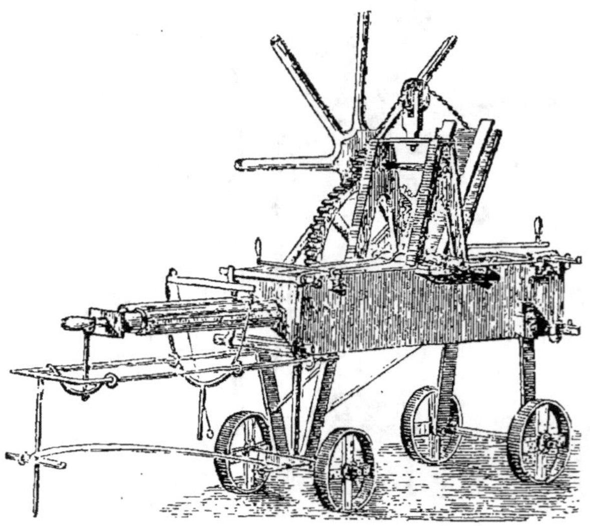

Fig. 31. — Machine de Webster.

les dispositions essentielles. L'emploi d'une
roue à levier a permis de réduire un peu les
engrenages. Cependant son poids est trop considérable; comme elle est entièrement en fonte
et en fer, elle pèse huit tonnes, ce qui ferait
qu'en France son prix serait assez élevé.

La même disposition d'une boîte destinée à
recevoir la terre placée horizontalement est
adoptée dans la machine de M. Williams, de
Bedford (fig. 32). La boîte qui contient l'argile
a une capacité de 24 litres; elle est rectangulaire, et fermée par un couvercle que l'on
maintient à l'aide d'un levier qu'on aperçoit
sur le dessin; le piston est poussé par une cré-

Fig. 32. — Machine de Williams.

maillère, et les tubes chassés par la crémaillère
glissent à leur sortie du moule sur une table
formée par des cylindres de bois roulant sur
leur axe. Des fils de fer, mobiles comme dans
la machine de Clayton, coupent les tuyaux de
longueur. Un ouvrier et un enfant suffisent
pour la faire manœuvrer, et elle produit 250 à

300 tuyaux à l'heure. Cette machine ne coûte, avec un seul moule, que 310 fr. en Angleterre. D'après un Rapport officiel de M. Lefour, inspecteur général de l'agriculture, elle se fabrique en Belgique moyennant 250 à 300 fr. Dans le catalogue de la fabrique belge de Haine-Saint-Pierre, elle est cotée 600 fr., avec douze moules pour tuyaux et manchons, sa table à rouleaux, une table à trois couteaux pour couper à moitié épaisseur les tuyaux qui doivent former les manchons. Son poids est de 650 kil. En France, M. Laurent ne peut la livrer qu'au prix de 700 fr.

Pour donner une idée exacte du mode de travail des machines à caisses rectangulaires avec piston se mouvant horizontalement, nous placerons ici (fig. 33) une coupe de la machine Williams représentée en perspective (fig. 32).

On voit en A la caisse à argile; elle est fermée à la partie supérieure par un couvercle. Un piston B s'y meut horizontalement. La paroi qui est en avant de la caisse est fermée par une plaque en fonte qui compose le moule et que l'on peut changer à volonté selon les tuyaux que l'on doit fabriquer. Le piston est attaché à une crémaillère R mise en mouvement par un pignon H dont l'axe porte un second pignon mis en relation avec un système de roues et de pignons disposé pour grandir

l'effort de l'ouvrier qui travaille sur la manivelle K. Un ressort T prévient cet ouvrier que
le piston est au bout de sa course, par le bruit

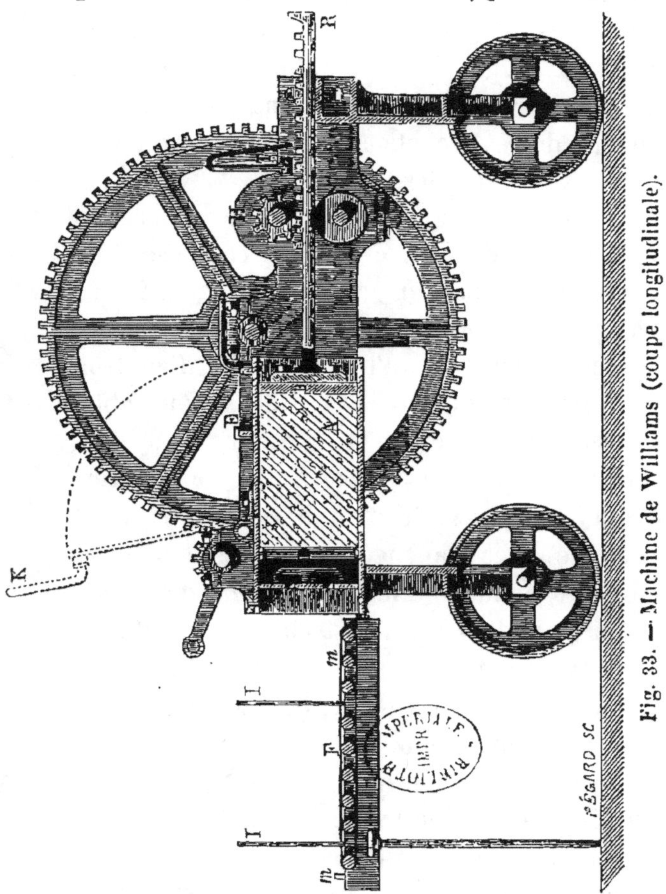

Fig. 33. — Machine de Williams (coupe longitudinale).

qu'il fait en passant au-dessus de l'une des
dents R plus élevée que les autres.

A l'avant de la caisse est une table F composée d'une toile sans fin, que portent de petits rouleaux en bois bien mobiles, et sur laquelle les tuyaux se placent d'eux-mêmes, au sortir du moule. En I, I, sont des archets reliés à une charnière placée le long de la table ; chacun de ces archets a un fil de cuivre tendu qui sert à couper les tuyaux.

Dans la caisse A, un peu en arrière du moule, est fixé un crible D, composé d'un cadre rempli par un grillage en forts fils de fer qui se croisent à angle droit et qui ne laissent entre eux qu'un intervalle d'environ 4 millimètres de côté. Ce crible a pour objet de retenir les pierres et les racines que l'argile peut renfermer, c'est-à-dire de l'épurer.

La terre, divisée en minces feuillets, est projetée avec violence, puis tassée dans la caisse A, de façon à laisser le moins d'air possible. Quand la caisse est pleine, on referme le couvercle et on l'assujettit au moyen d'une barre en fer E. La terre, poussée par le piston, sort en se moulant à travers la filière. Les tuyaux ainsi formés sont coupés et emportés de dessus la toile sans fin F. Quand la caisse est vide, on imprime au piston un mouvement rétrograde, en tournant la manivelle en sens inverse ; on soulève le couvercle, on en nettoie le dessous, on enlève les pierres restées devant le crible, et recharge à nouveau pour continuer indéfiniment les mêmes manœuvres.

La machine de M. Whitehead, de Preston (fig. 34), ne coûte en Angleterre que 525 fr. lorsqu'elle est à simple action. Cette machine est estimée; M. Josiah Parkes l'a conseillée longtemps comme la meilleure. Le dessin que nous donnons, la représente fonctionnant dans les deux sens à l'aide de deux caisses à argile opposées et de deux pistons reliés l'un à l'antre par deux crémaillères. Celles-ci sont commandées par deux pignons et deux couples d'engrenages. Les caisses à argile ou coffres ont $0.^{m}20$ de profondeur et $0.^{m}40$ de largeur. Il y a un mécanisme analogue à celui des machines à planer les métaux, au moyen duquel chaque piston, arrivé à l'extrémité de sa course, prend un mouvement en sens inverse et rétrograde. Les couvercles sont maintenus à l'aide de rochets à ressort, et sont attachés par des charnières sur le côté de la machine. C'est un moteur quelconque, manége, machine hydraulique ou machine à vapeur, qui lui donne le mouvement à l'aide d'une courroie qu'on aperçoit sur la figure.

La machine à simple action est souvent employée; elle consiste alors uniquement en une boîte rectangulaire en fonte, fermée par un couvercle à la partie supérieure. En arrière est un piston que fait marcher un double

Fig. 34. — Machine de Whitehead.

engrenage, communiquant le mouvement à une crémaillère horizontale. Le piston chasse la terre renfermée dans la boîte, à travers les filières placées en avant. Cette machine simple ne coûte en Angleterre que 525 fr. Quand la machine est double, ainsi que le représente la figure 34, la même crémaillère mène deux pistons, dont l'un se retire d'une boîte tandis qu'il entre dans l'autre; on remplit de terre l'une des boîtes, tandis que l'autre fournit des tuyaux. De cette façon, le travail est continu au lieu d'être intermittent; les tuyaux glissent sur une table munie de rouleaux.

La machine à simple action de Whitehead a été introduite en France par la Société d'a-griculture de Bourges. On en fabrique maintenant à Fourchambault et chez M. Jullien, serrurier-mécanicien à Henrichemont (Cher).

Les Sociétés d'agriculture de Nevers, Orléans, Nancy, ont acheté cette machine. M. Jullien, qui a vendu 810 fr., rendue à Orléans, la machine achetée par la Société d'agriculture de cette ville, dit qu'il pourrait la livrer maintenant pour 650 fr. Cette machine, à Orléans du moins, ne travaille pas rapidement, car elle ne fait que 200 tuyaux par heure, servie par 3 ouvriers, l'un pour tourner la manivelle, le second pour mettre la terre préparée dans la boîte, le troisième pour enlever les tuyaux.

MM. Borie frères, les seuls fabricants français qui aient envoyé une machine à faire les tuyaux de drainage à l'exposition universelle de Londres en 1851, nous ont paru avoir pris pour type la machine de Whithead, en la simplifiant, mais en la faisant moins soignée. Une seule personne fait aisément mouvoir la machine de MM. Borie, destinée aussi à faire des briques creuses. La course du piston n'ayant que $0^m.30$ d'amplitude, les temps d'arrêt sont nombreux, ce qui nuit à la rapidité du travail.

La figure 35 donne une idée de la forme générale de la machine de M. Scragg, de Tarporley, qui est fort estimée. En ce moment, M. Laurent, rue de Lancry, à Paris, en construit plusieurs, d'après les conseils de M. le général Morin, directeur du Conservatoire des arts et métiers ; il les établit pour le prix de 1,000 fr. ; elles ne coûtent en Angleterre que 750 fr. La machine est montée sur un banc où sont placées deux boîtes rectangulaires, ayant chacune $0^m.25$ de profondeur, sur $0^m.50$ de profondeur et $0^m.30$ de largeur, soit $37^{lit}.05$ de capacité. Elles sont toutes deux fermées à leur partie supérieure par un couvercle à charnière, comme dans la machine de M. Williams ; mais ces couvercles sont simplement maintenus par de forts taquets. Deux pistons rectangulaires en fonte

sont attachés aux deux bouts d'une même crémaillère horizontale, conduite par un pignon a
de vingt dents monté sur le même arbre qu'une

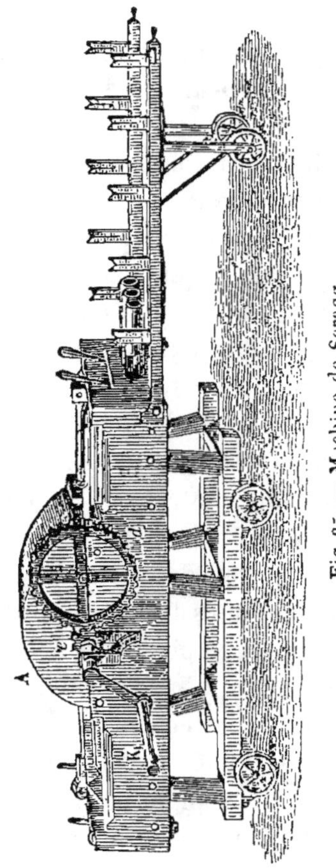

Fig. 35. — Machine de Scragg.

roue b de quatre-vingts dents. Cette roue, de
son côté, est conduite par un pignon c de

douze dents. Cette roue b, la crémaillère et les deux pignons a et c, sont cachés par une boîte en bois mince A qui recouvre ces parties de la machine.

Le pignon c est monté sur l'arbre de la grande roue extérieure d de quatre-vingts dents que montre le dessin. Cette roue d est enfin conduite par un pignon e de quinze dents que montre aussi le dessin, et qui est mu directement par la manivelle k. Lorsque la manivelle tourne dans un sens, elle entraîne le pignon e, qui à son tour fait tourner dans le même sens la roue extérieure d; en conséquence, le pignon c tourne encore dans le même sens et fait mouvoir la roue b qui, en tournant, entraîne le pignon a. La crémaillère est donc entraînée, et enfonce un piston dans l'une des boîtes, tandis qu'elle retire le second piston de l'autre boîte.

Dans quelques-unes des machines de Scragg, la crémaillère est remplacée par deux chaînes qui s'enroulent sur un arbre placé au milieu de la machine et s'attachent à chacun des pistons. Cet arbre est encore commandé par deux engrenages et deux pignons. Lorsque l'arbre tourne dans un sens, il enroule une chaine et fait dérouler l'autre. De cette façon, un piston rétrograde en appuyant sur une tige en fer horizontale qui pousse l'autre piston comprimant alors la terre. Ces dispositions ne nous semblent présenter aucun avantage.

On met de l'argile dans l'une des boîtes, tandis que le moule de l'autre débite des tuyaux qui glissent sur une table à rouleaux de bois, où ils sont coupés de longueur par des fils de fer. La seconde boîte est chargée et prête à fournir des tuyaux juste au moment où la première est vidée, et on n'a plus alors qu'à faire tourner la manivelle en sens contraire. Le dessin ne montre que l'une des deux tables sur lesquelles glissent les tuyaux. On fait maintenant, dit-on, avec cette machine 2,000 tuyaux à l'heure, et il suffit pour la manœuvrer d'un homme pour tourner la manivelle, d'un enfant pour remplir l'une des boîtes, et d'un second enfant pour couper et enlever les tuyaux que débite l'autre boîte.

Les trois machines de Clayton, Scragg et Whitehead ont eu chacune une *prize-médaille* à l'exposition universelle de Londres en 1851. Cette année, c'est la machine de Scragg qui a remporté le prix à Lewes, au concours de la Société d'agriculture d'Angleterre.

On sera frappé de la grande analogie qui existe entre les machines que nous venons de décrire. Chaque fabricant emploie des engrenages un peu différents, mais sans s'appuyer sur de nouveaux principes. Si d'Angleterre nous passions en Écosse, nous verrions les noms des machines changer, sans apercevoir de grandes modifications dans leur construction. C'est ainsi que M. Payen, dans son Rapport sur le drainage, Rapport fait après une mission officielle remplie dans la Grande-Bretagne, a pu conseiller la machine de Brodie, construite par John Dovie, à Glascow. « Cette machine, dit M. Payen, est à double effet et à pistons rectangulaires, alternativement poussés vers chacune des deux plaques à matrices ; en sorte que l'on peut facilement charger l'une des caisses horizontales pendant que l'autre se vide, sans qu'il y ait d'interruption dans le travail. » On voit, par ce peu de mots, qu'il y a la plus grande analogie entre cette machine et celle de Scragg. Toutefois, nous trouvons les dispositions adoptées par M. Brody fort inférieures à celles auxquelles on s'est arrêté dans la machine de Scragg.

Les deux coffres à argile en effet sont à côté l'un de l'autre, comme les deux corps de pompe des machines pneumatiques. Les pistons sont commandés par un axe coudé dont les deux coudes sont opposés. L'un des tourillons de l'axe porte un engrenage dirigé par un pignon dont l'arbre reçoit aussi une roue dentée commandée par un pignon que fait tourner une manivelle. En donnant à la ma-

nivelle un mouvement de rotation toujours
dans le même sens, on obtient un mouvement
alternatif de va et vient pour chaque piston ,
car l'un des coudes fait avancer l'un tandis
que l'autre coude fait reculer l'autre. Afin
d'éviter de remplir les coffres trop souvent, le
constructeur a été obligé de faire des coudes
trop prononcés ; il en résulte que lorsque ces
coudes sont dans le plan vertical, la résistance,
agissant sur un très-long bras de levier, est considérable. Pour obvier autant que possible à
cet inconvénient, le constructeur a placé sur
l'arbre de la manivelle un engrenage qui, par
l'intermédiaire d'un pignon, fait tourner un
petit volant chargé de conserver la vitesse acquise et de faire franchir les *points morts*.
Mais toutes ces dispositions ne font que compliquer l'appareil, et elles ne lèvent pas la difficulté que l'on rencontre à remplir les coffres
à temps pour qu'ils ne travaillent pas à demi-
charge. Cette machine ne nous paraît donc
pas devoir être recommadée. Elle a été importée pour être placée dans la galerie de l'Institut agronomique de Versailles. Lors de la
destruction de cet établissement, on l'a trans-
férée à l'école régionale de la Saulsaie.

Un autre fabricant écossais, M. Dean, de
Wishaw, fait une machine à deux coffres,
dont les deux pistons sont attachés l'un à

l'autre par une vis. L'écrou de cette vis est placé à égale distance des deux coffres, et il ne peut que tourner sans changer de position. Il reçoit son mouvement de rotation d'un engrenage d'angle, et, en tournant, il fait avancer la vis longitudinalement, de façon à ce que l'un des pistons rétrograde quand l'autre avance.

Les tuyaux ne sont pas coupés perpendiculairement à leur axe, dans la machine de M. Dean, mais en escalier, pour rendre plus facile leur juxtaposition et éviter l'emploi des manchons.

Dans ce but, un cadre plus large que la table à rouleaux porte plusieurs fils en cuivre pour couper les tuyaux. Ce cadre est équilibré par des contrepoids agissant sur des leviers dont les petits bras le soutiennent, et il peut recevoir un mouvement vertical combiné avec un mouvement longitudinal. En dehors du châssis est une barre de fer, à peu près verticale, qui est calée sur un axe transversal, aux deux extrémités duquel sont deux petits leviers égaux ; cet axe est supporté par un bâti fixe qui est sous le cadre. Les petits leviers commandent chacun une bielle, dont l'extrémité, sur laquelle le cadre s'appuie, est obligée de suivre une entaille, en forme d'escalier, pratiquée dans une garniture en tôle ; il en résulte que l'ouvrier, en agissant sur la barre de fer, force la tête de la bielle d'avancer, de s'élever ou de s'abaisser, puis d'avancer encore. Le cadre, en suivant ces mouvements, coupe la pièce d'après la forme donnée à l'entaille qui guide la bielle.

Ces combinaisons sont fort ingénieuses ; mais nous croyons qu'elles sont trop compliquées, et que les machines les plus simples sont celles qui doivent être préférées.

En Belgique, on a adopté plus particulièrement la machine de Williams, que nous avons décrite plus haut (fig. 32) ; d'après le Rapport de M. Lefour, il y en avait à la fin de 1850 dans toutes les provinces de ce pays, à l'exception du Luxembourg ; le Hainaut en possédait 4, la Flandre occidentale 2, le Brabant 2. M. de Maisons, agriculteur à Batilly par Écouché (Orne), a introduit dans son département la machine Williams ; il l'a achetée en 1851 à la fabrique de Haine-Saint-Pierre.

On s'est aussi préoccupé en France de la nécessité d'avoir une machine d'un prix peu élevé et peu pesante, de manière à pouvoir la faire adopter dans tous nos départements. M. Calla fils, fondeur à la Chapelle, près Paris, 20 rue de Chabrol, s'est chargé de résoudre la question. M. Calla a choisi pour modèle la

plus simple des machines anglaises, celle ima-
ginée en dernier lieu par **M.** Henry Clayton,
qui s'est mis aussi à fabriquer des machines à
pistons mûs horizontalement. La petite machine que fait **M.** Calla est très-simple (fig. 36).
Une manivelle *s* fait mouvoir un pignon *p*;
celui-ci entraîne une grande roue dentée *g*
sur l'axe de laquelle est un pignon *k* se mouvant en même temps. Ce pignon *k* entraîne
enfin une roue dentée *r*, qui mène une crémaillère horizontale. Cette crémaillère pousse
un piston, qui pénètre dans une boîte carrée
pleine de terre. La terre, poussée par le piston,
sort à travers une filière contenant un nombre
de trous *plus* ou *moins* grand, selon que le
diamètre des tuyaux doit être *moins* ou *plus*
grand. Pour recevoir les tuyaux, on attache
près de la filière une table horizontale portée
de l'autre côté par deux pieds; la table est
placée juste de façon à ce que les tuyaux n'aient
qu'à glisser sans s'infléchir. Quatre toiles sans
fin tournent sur des rouleaux pour éviter un
frottement qui déformerait les tuyaux. Ceux-ci
sont coupés de longueur par des fils de fer attachés à une barre horizontale que l'on fait
tourner sur deux charnières, de manière à la
porter, tantôt à droite, tantôt à gauche. Lorsque
la boîte est vide, on fait mouvoir la manivelle
en sens contraire, et faisant tourner autour

1.M^{tre}.

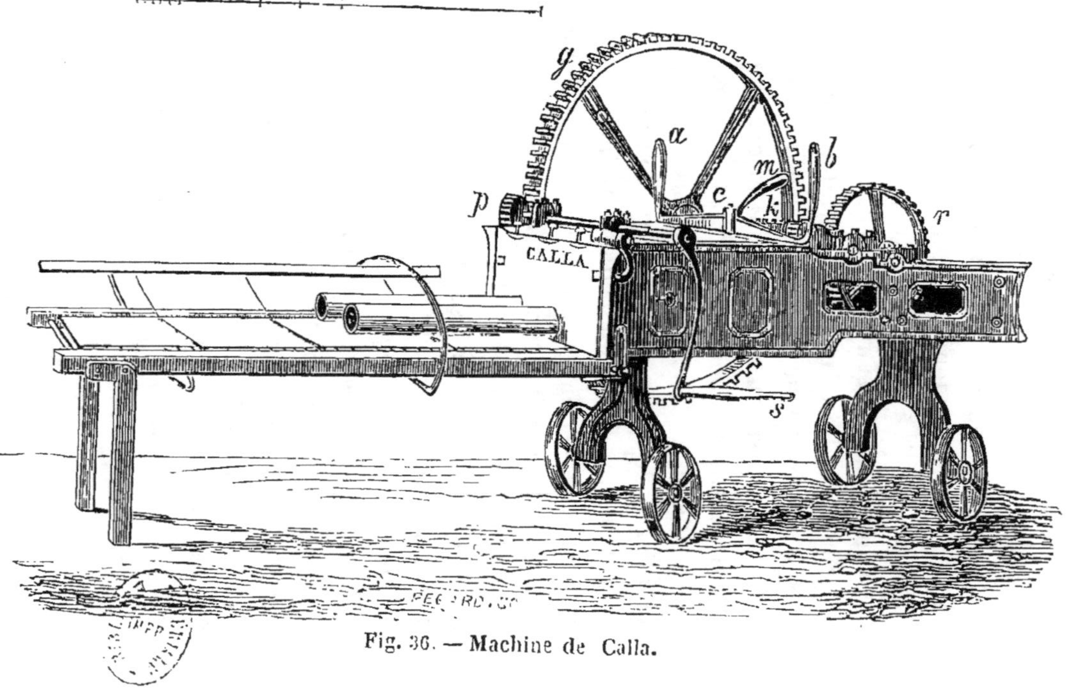

Fig. 36. — Machine de Calla.

du point c un double levier a et b, qui fermait le couvercle de la boîte, on soulève ce couvercle par le manche m, et on peut remplir la boîte de terre. La longueur totale de la machine est de $2^m.50$, et sa hauteur de $1^m.25$; l'échelle du dessin est de $0^m.045$ pour 1 mètre.

La boîte à glaise, de forme parallélipipédique, a une longueur de $0^m.49$, ce qui représente la course du piston ; une largeur de $0^m.31$ et une profondeur de $0^m.24$. Sa capacité est de $36.^{lit}5$. Remplie, la caisse contient 41 kilogr. de terre. Cette charge fournit de 27 à 29 tuyaux de $0^m.03$ de diamètre intérieur à l'état frais. Il faut autant de temps pour réouvrir et remplir à nouveau la caisse, que pour étirer ce nombre de tuyaux. Le travail est donc à intermittences. On fait par heure 450 à 500 tuyaux de $0^m.030$ de diamètre intérieur et $0^m.33$ de longueur.

La machine ne coûte que 450 fr. , y compris un crible en fer forgé, deux filières à tuyaux, un pilon, deux mandrins, une truelle en fer et une curette. Déjà M. Calla en a livré une quarantaine.

La curette (fig. 37) sert à nettoyer toutes

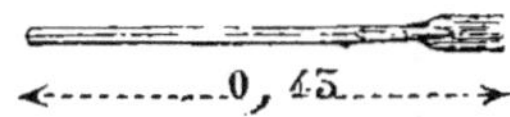

Fig. 37. — Curette pour nettoyer les machines.

les parties de la machine de la terre adhérente, surtout afin de bien pouvoir fermer la boîte à glaise. Le pilon (fig. 38), est nécessaire pour

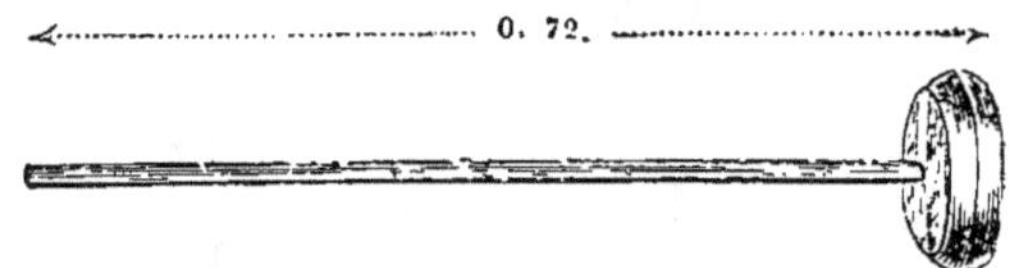

Fig. 38. — Pilon pour tasser la terre dans les machines.

bien tasser la terre dans la boîte, afin d'éviter autant que possible d'y laisser de l'air.

Pour ôter les tuyaux de dessus la table, on se sert de mandrins ou *peignes* (fig. 39),

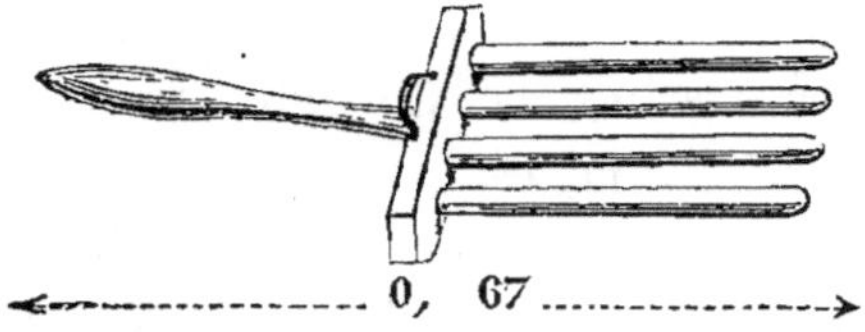

Fig. 39. — Mandrins pour saisir les tuyaux.

sortes de manches qui présentent, attachés à une traverse, autant de cylindres de bois que la filière peut fournir de tuyaux sur un même plan horizontal. Ces cylindres de bois pénètrent dans les tuyaux qu'on porte alors, sans les déformer, sur les claies que nous décrivons plus loin.

La filière est une plaque de fer que l'on visse en avant de la boîte à glaise. Cette plaque est percée d'autant de trous que l'on fera

à la fois de lignes de tuyaux ; ces trous circulaires ont le diamètre extérieur des tuyaux ;
ils ont leur centre sur une même droite horizontale (fig. 40). Au centre de chaque trou se

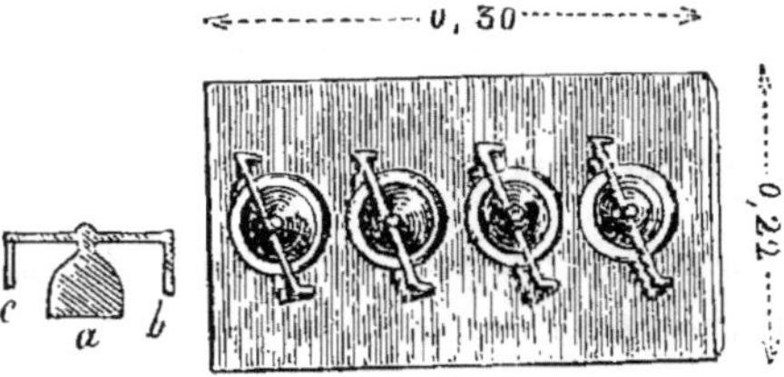

Fig. 41. — Noyau   Fig. 40. — Filière pour mouler
des filières.   les tuyaux.

présente un petit cylindre ayant le diamètre
intérieur des tuyaux. Ce cylindre de fer ou
noyau a (fig. 41), est porté par une traverse
horizontale et deux montants verticaux b et
c, faisant corps avec la plaque. De cette façon,
il reste un vide annulaire à travers lequel la
terre sort en se moulant en tuyaux.

On reproche aux machines à piston de
donner lieu à un déchet dans la fabrication
des tuyaux, à cause de l'air qui, compris dans
les boîtes, est comprimé par le piston et sort
ensuite en bulles au milieu de la terre constituant les tuyaux. Les bulles d'air comprimé
éclatent, et les tuyaux ont alors des trous. Ces
tuyaux sont réformés ; on compte ainsi avec
la machine Calla un déchet de 5 à 6 pour 100,

ce qui est peu de chose, car la terre étant encore fraîche, on prend les tuyaux troués et on les remet en mottes. Le principal inconvénient des machines qui ne broient pas fortement la terre, est d'y laisser de petites pierres qui, après la cuisson, donnent lieu à la cassure des tuyaux. Cet inconvénient disparaît, quand on peut laver l'argile et procéder par décantage. Ce procédé est suivi dans quelques fabriques anglaises; M. Valentin, tuilier à Orléans, veut l'employer. Il est à craindre que ce ne soit trop coûteux. M. Clayton a cherché à lever la difficulté, par l'invention de plaques de fer forgé percées de petits trous ; on met ces plaques, dites *épurateurs*, à la place des filières, et on fait ainsi filtrer la terre à l'état de fils analogues à du gros vermicelle ou du macaroni ; les petites pierres restent dans la boîte. Cette épuration ne dispense pas complétement de bien écraser l'argile, et M. Clayton y a pourvu en imaginant de la faire passer entre deux cylindres broyeurs, et de la mettre ensuite dans un tonneau malaxeur. La pression des cylindres broyeurs est réglée par des poids. Les deux appareils sont rendus solidaires par un engrenage, et le tout est mû par un manége à un cheval (fig. 42). Le système est établi par M. Clayton pour 875 à 1,125 fr. Le tonneau malaxeur est muni de couteaux qui décrivent une sorte d'hélice ou spirale

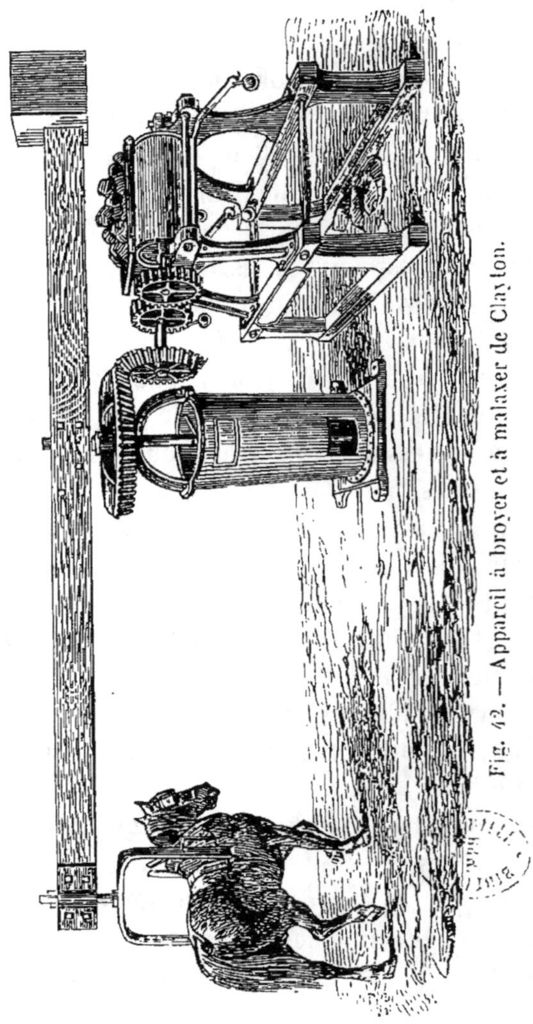

Fig. 42. — Appareil à broyer et à malaxer de Clayton.

dans la rotation de l'arbre ; pour cette raison, M. Clayton l'appelle tonneau d'Archimède.

Les cylindres broyeurs sont en fonte, et ont $0^m.50$ de diamètre ; ils sont établis horizontalement l'un à côté de l'autre, et ils ne laissent entre eux qu'un intervalle d'environ $0^m.03$. Au-dessus de ces deux cylindres sont assujettis deux couteaux en fer dont le tranchant affleure leur surface, de manière à en détacher la terre qui y adhère. Une trémie en bois surmonte l'appareil et reçoit la terre qu'on y apporte. Celle-ci, sortant des cylindres en minces feuillets, est jetée dans le pétrin qui la corroie, la malaxe de manière à ce qu'elle devienne bien homogène, bien dense. Ce pétrin est un tonneau de $1^m.30$ de hauteur et $0^m.75$ de diamètre. Il est élevé de $0^m.30$ au-dessus du sol. Au centre du tonneau est un arbre en fer carré de $0^m.08$ de côté, mobile sur un pivot inférieur à l'aide du manége. Des couteaux y sont fixés en étages, de manière à former une sorte de surface hélicoïdale, dont l'angle avec l'axe vertical est de 20 degrés vers le bas du tonneau.

b. — Machines à cylindres lamineurs.

La seconde espèce de machines dont nous avons à parler a pour type la machine de M. Ainslie, d'Alperton, la première qui ait été

importée en France. Elle est la plus anciennement connue chez nous, où elle a figuré à
toutes nos expositions ; elle a pris ainsi une
grande réputation, que ne lui accordent cependant pas les draineurs anglais. M. Lupin
l'a fait venir en 1846 pour commencer ses
travaux de drainage ; mais il l'a remplacée
depuis par la machine de Whitehead, à cause
des réparations fréquentes qu'elle nécessitait.
M. Thackeray, de son côté, a aussi importé
cette machine, et à la date du 16 mai 1849, il
s'est fait breveter pour divers perfectionnements qu'il pense lui avoir donnés. Cette machine est parfaitement bien construite par
M. Laurent, avec les perfectionnements que
lui a apportés M. Thackeray.

La figure 43 représente la coupe de la machine d'Ainslie. On aperçoit une grande roue
portant une manivelle ; cette roue, en tournant,
entraîne un pignon concentrique avec elle ; ce
pignon fait mouvoir à son tour une grande
roue d'engrenage concentrique d'une part avec
le cylindre lamineur inférieur qui tourne dans
le même sens que la roue d'engrenage. Sur le
bord opposé, ce cylindre inférieur porte une
roue dentée qui s'engrène avec une autre roue
dentée concentrique avec le cylindre lamineur
inférieur ; celui-ci alors marche en sens contraire. Il en résulte que de l'argile placée sur

une toile sans fin formant un plan incliné
que l'on voit à la gauche du dessin, est entraînée par le laminoir, puis comprimée et poussée dans une boîte carrée. Cette boîte est cons-

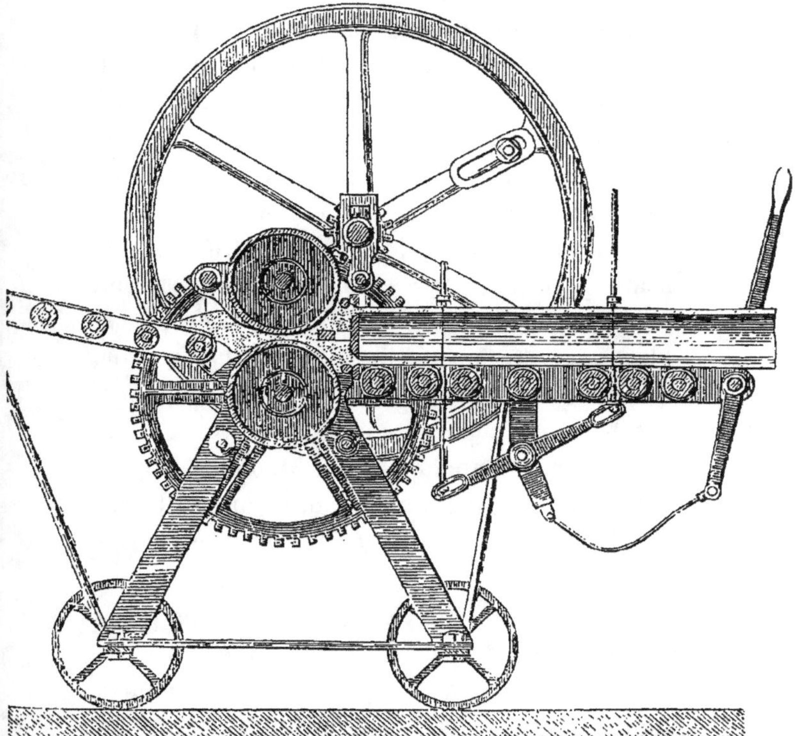

Fig. 43. — Machine d'Ainslie.

tituée latéralement par deux plans verticaux
fixes faisant partie de la machine : en haut et
en bas, par les surfaces des cylindres; en avant,

par la filière ; en arrière , par la terre elle-
même. Bientôt la boîte est remplie, et à mesure qu'une nouvelle quantité de terre arrive,
il faut bien que la même quantité s'en aille
par la filière ou moule. L'argile prend la forme
de tuyaux qui glissent, sans se déformer, sur
une toile sans fin très-mobile, parce qu'elle est
soutenue par des rouleaux. Pour couper les
tuyaux de longueur , on emploie deux fils de
laiton horizontaux portés par un châssis. Une
manivelle, que l'on voit à la droite du dessin,
fait monter l'un des fils et descendre l'autre ,
selon qu'on le pousse en avant ou en arrière.
Le moule peut avoir de un à six trous , tous
placés sur une même ligne horizontale ; pour
les tuyaux de plus grand diamètre, le nombre
des trous est nécessairement moindre.

Les perfectionnements que M. Thackeray a
fait breveter consistent : 1° dans une sorte de
cannelure, dont il dit que peuvent être armés
les cylindres, pour mordre sur certaines argiles ; 2° dans un nouveau découpoir, composé
de quatre montants , dont deux fixés au bâti
antérieur et deux au bâti postérieur ; ces montants servent de guide à un cadre tenu en
équilibre par un contre-poids, et dont les différentes parties sont disposées comme les arêtes
d'un cube. Les tiges verticales du cadre glissent dans les guides, et montent ou descendent

de façon à faire couper les tuyaux par des fils de cuivre quand on agit par la main sur le cadre. L'écartement des fils coupeurs est réglé à volonté par l'allongement ou le raccourcissement du cadre.

M. Thackeray fait construire par M. Laurent deux modèles de sa machine. Le petit modèle, avec deux moules, coûte net 600 fr., et chaque moule en plus coûte 12 fr. ; il fait par heure de 400 à 500 tuyaux, selon les dimensions ; il exige un ouvrier et deux enfants (fig. 44). Le grand modèle de la machine de M. Thackeray coûte net 1,000 fr., avec un moule; chaque moule de plus coûte 15 fr. Il fait de 700 à 1,500 tuyaux par heure, selon les dimensions. Il exige au moins un homme et trois enfants (fig. 45). Mais dans le cas d'une grande fabrication, un seul homme ne pourrait pas tourner la manivelle sans une fatigue extrême; il faudrait au moins deux ouvriers pour cette besogne, et en outre un ouvrier en plus pour apprêter la terre; ce qui porterait à six le nombre des ouvriers desservant la machine. Déjà M. Thackeray a livré en France plus de trente machines, dont quatre pour l'Association agricole de drainage de Seine-et-Oise, dont M. Vitard est l'agent zélé, et dont nous aurons à parler par la suite.

Le principal avantage que l'on a vanté dans

les machines à cylindres lamineurs de la
forme de la machine d'Ainslie, est la continuité de leur action. En effet, dans les machi-

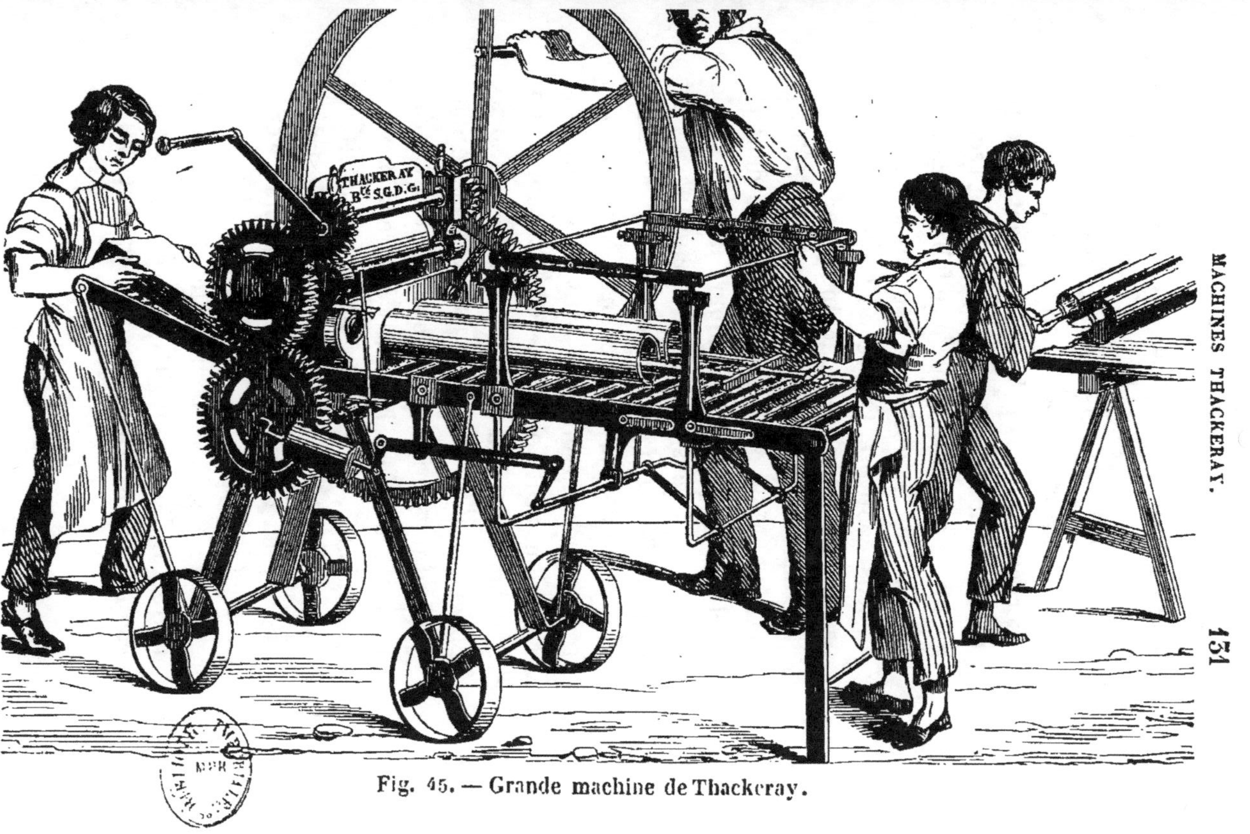

Fig. 45. — Grande machine de Thackeray.

nes à piston que nous avons décrites précédemment, on est obligé de rendre le travail intermittent, c'est-à-dire que chaque fois que le piston est arrivé à l'extrémité de l'un des réservoirs contenant l'argile, il faut qu'il retourne à l'autre extrémité avant de recommencer à agir. Pour lui faire faire ce contre-chemin, on est obligé de tourner la manivelle en sens contraire. Ce second travail n'est pas perdu dans toutes les machines, par exemple dans celles de Scragg, de Whitehead, de Brodie, etc. Mais un manége ordinaire dans lequel le moteur tourne toujours dans le même sens, n'est pas propre à l'effectuer. Aucune difficulté ne se présente, au contraire, dans l'emploi de la machine d'Ainslie, où le travail peut avoir lieu sans intermittence. Ainsi l'on peut voir (fig. 46) un manége mu à volonté par un cheval ou bien par deux chevaux qui, par deux communications de mouvement très-simples, fait fonctionner d'un côté la machine de M. Thackeray à faire les tuyaux de drainage, et de l'autre un moulin à triturer l'argile. Cette même figure montre le séchoir des tuyaux et les fours destinés à en opérer la cuisson.

Mais nous devons nous hâter de dire qu'aujourd'hui l'on connaît en mécanique beaucoup de transformations de mouvement d'un

Fig. 46. — Atelier complet d'une fabrique de tuyaux de drainage par M. Thackeray.

mouvement circulaire continu en mouvement rectiligne de va et vient, comme celui que demande, par exemple, la machine de Scragg. Un déclic suffit pour obtenir instantanément

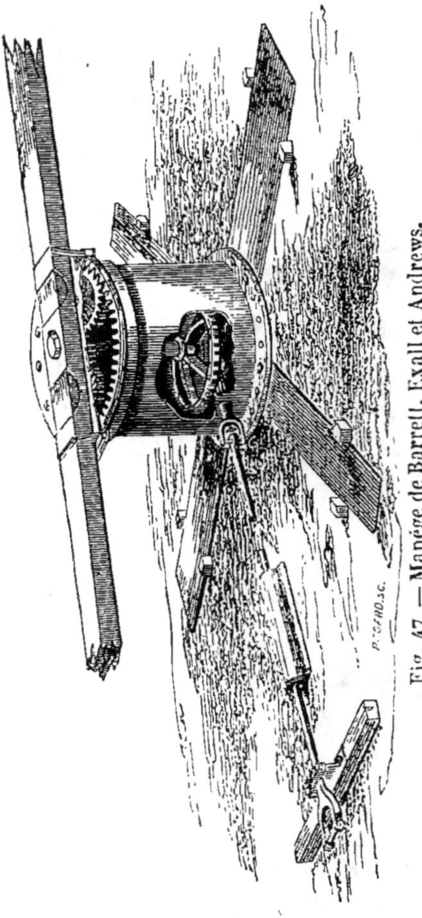

Fig. 47. — Manége de Barrett, Exall et Andrews.

un arrêt du mouvement dans la machine, sans
avoir besoin de faire arrêter les chevaux ou
les bœufs du manége, ou l'introduction de la
vapeur dans une machine à feu. Quant au
manége que M. Thackeray indique dans la
figure 46, ce n'est autre chose que celui de
MM. Barrett, Exall et Andrews, de Reading,
que la figure 47 fait facilement comprendre.
On voit que les bras de levier auxquels les
chevaux sont attachés donnent le mouvement
à un couvercle placé sur un cylindre vertical
et qui fait mouvoir trois petites roues dentées
horizontales également distantes du centre
commun du cylindre et d'un axe intérieur
muni d'un pignon. Les trois petites roues reçoivent leur rotation des dents dont est armée
la circonférence intérieure du couvercle. Le
pignon central étant mis en mouvement, l'arbre vertical tourne et entraîne la grande roue
horizontale inférieure, dont les dents, placées
en dessous, font mouvoir le pignon de l'arbre
de couche, qui donne le mouvement à tous
les appareils qu'on veut faire marcher, et cela
avec telle vitesse que l'on puisse désirer, en
calculant convenablement les nombres des
dents des trois petites roues supérieures, du
pignon de l'arbre vertical, de la roue inférieure et du pignon de l'arbre de couche.
Le cylindre enveloppant a pour but de pro-

téger tous les engrenages contre les injures du temps; il est assujetti sur quatre traverses gisant sur le sol ou cachées dans une cavité.

Les trois roues supérieures qui donnent le mouvement à la roue motrice supérieure, peuvent très-facilement être abaissées par une pression exercée contre le plan qui supporte leurs coussinets. Il en résulte qu'alors les chevaux n'exercent plus aucun effort de traction, que le mouvement de la machine s'amortit lentement, et qu'on peut les faire marcher en sens contraire, l'attache ayant lieu (fig. 48)

Fig. 48. — Manége à quatre chevaux de Barrett et Compagnie.

de telle sorte, que la rotation du manége s'effectue à volonté à droite ou à gauche. Un jeune garçon conduit l'attelage assis dans un siége sur le cylindre.

Des dispositions analogues, à part toutefois le déclic, qui permet de suspendre l'effort de traction des chevaux sur le manége même, se retrouvent dans le manége de Crosskill (fig. 49), ou bien encore dans celui de Gar-

Fig. 49. — Manége de Crosskill.

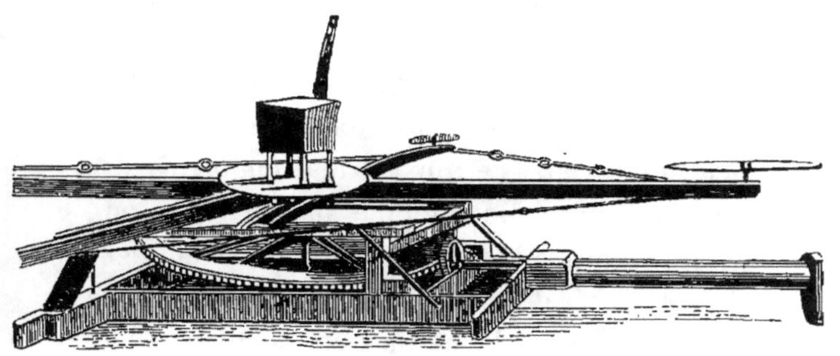

Fig. 50. — Manége de Garrett.

rett (fig. 50). Ce dernier manége, extrêmement simple, a sur celui de Crosskill l'avantage d'être muni en plus d'une roue dentée et d'un pignon, qui permettent d'augmenter de beaucoup la vitesse de rotation de l'arbre de couche. Ces manéges coûtent de 300 à 900 fr., selon qu'ils doivent fonctionner avec 2, 4 ou 6 chevaux.

Ce n'est qu'accessoirement, du reste, que nous parlons de la question des manéges. Nous avons seulement voulu profiter de l'occasion pour indiquer les idées mises à exécution en Angleterre, et dont pourraient tirer bon parti nos constructeurs, dont les manéges laissent en général beaucoup à désirer.

Nous avons vu au Charmel (Aisne), dans la propriété de M. de Rougé, un manége à deux chevaux très-bien installé. Ce manége, du genre de celui de Garrett, conduit deux cylindres broyeurs, un tonneau malaxeur et une petite machine Thackeray. M. de Rougé se loue de l'emploi de cette machine. Les cylindres broyeurs sont placés au-dessus du tonneau malaxeur, ce qui est une meilleure disposition que celle adoptée par M. Clayton, et que nous avons indiquée précédemment (fig. 42). M. de Rougé fait faire sa pâte avec deux tiers d'argile et un tiers de terre franche ; le tout est humecté de la quantité d'eau nécessaire, et est ensuite versé dans une trémie placée au-dessus des cylindres ; de là, la pâte tombe dans le tonneau malaxeur, à la sortie duquel un ouvrier la prend pour la placer sur le plan incliné de la machine de M. Thackeray. C'est certainement à la bonne préparation qu'il a su faire donner à sa pâte que M. de Rougé doit d'avoir pu faire d'une manière continue de bons tuyaux avec la machine de M. Thackeray. L'établissement du manége, des cylindres broyeurs, du tonneau malaxeur et de tous les organes nécessaires pour les faire marcher ensemble, en même temps que la machine, par les mêmes moteurs, n'a coûté à M. de Rougé que 2,300 fr.

Le brevet pris par M. Ainslie pour sa machine, a empêché les inventeurs de machines à faire les tuyaux de drainage de le suivre dans la voie qu'il a ouverte. Aussi les autres machines à action continue, qu'il nous reste à passer en revue, sont-elles à pétrin, c'est-à-dire qu'elles fonctionnent ou comme les anciennes machines à faire les briques, ou bien comme les tines à malaxer ou les tonneaux broyeurs que nous avons décrits précédemment; mais au lieu d'être poussée dans des moules à briques ou dans de simples récipients, l'argile est forcée de pénétrer dans des filières ou moules à tuyaux.

c. — Machines à pétrin.

Les machines à pétrin pétrissent, malaxent la terre en même temps qu'ils la moulent. C'est cette idée que l'on trouve appliquée dans les premières machines à faire des tuyaux de drainage, de Read et Twedale; c'est elle aussi qui a été mise à profit d'une manière heureuse dans une machine (fig. 51 et 52), inventée dès 1846 par un fabricant français, aujourd'hui décédé, M. Champion,

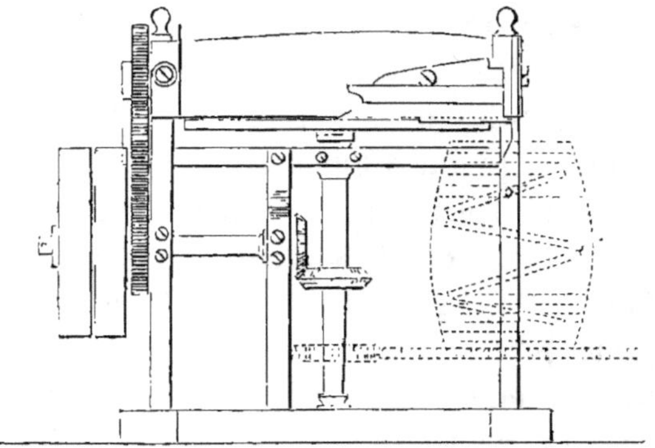

Fig. 51. — Projection verticale de la machine Champion.

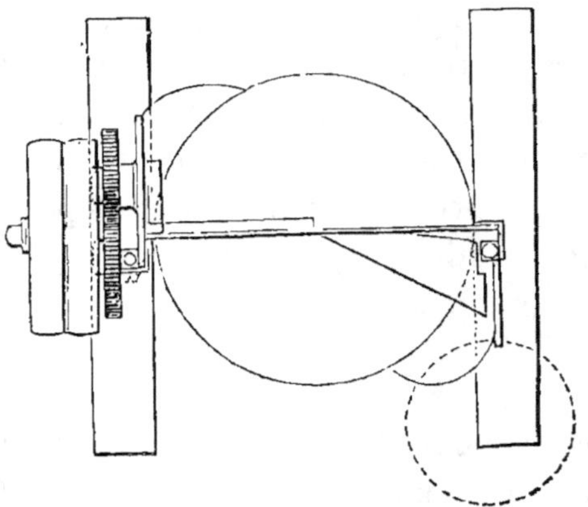

Fig. 52.—Projection horizontale de la machine Champion.

L'argile est déposée sur un disque horizontal en fonte, de 1^m.20 à 1^m.50 de diamètre.
Ce disque est porté par un arbre vertical,
qui reçoit son mouvement d'engrenages convenables mus par un manége à un cheval. Le
disque tourne ainsi avec une assez grande vitesse et entraîne l'argile dans une boîte fixe
placée au-dessus. Cette boîte n'a pas de fond
inférieur ; une de ses parois verticales, dirigée
à peu près suivant un rayon du disque, laisse
entre sa base inférieure et la surface du disque un intervalle de quelques millimètres,
tandis que le disque, en tournant, affleure toutes les autres parois verticales de la boîte.
C'est par cet intervalle que l'argile s'introduit
en se pétrissant, et s'accumule dans cette sorte
de réservoir, d'où elle ne peut sortir qu'à travers des filières convenablement disposées
pour la fabrication des tuyaux. Le manége
donne en même temps le mouvement à un
tonneau broyeur que laisse apercevoir la figure 50. Le prix de cette machine est de
700 fr. M. de Villeneuve, rapporteur du jury
des instruments pour le concours national de
Versailles en 1850, la juge ainsi : « Rien de
plus simple que l'établissement de cette ingénieuse machine, qui n'est pas entravée même
par des pierres mêlées à l'argile, ces pierres
se trouvant arrêtées au passage étroit qui pré-

cède la matrice du tuyau. Mais le perfectionnement de l'idée conçue par M. Champion a
été suspendu par sa mort. Il faut une argile
malléable ; un ouvrier doit toujours être occupé à garnir d'argile la partie la plus voisine
de la filière, et le frottement énorme ne permet qu'une marche assez lente. Serait-il possible de perfectionner le jeu de l'appareil sans
le compliquer ? C'est une discussion que la
Commission ne peut aborder.

« Mais une construction aussi simple, qui
semble réduire à des proportions si modestes
l'établissement d'un fabricant de tuyaux, ne
dût-elle utiliser qu'imparfaitement les mo-
ments perdus de nos paysans, pourra être
considérée comme une précieuse conquête ; et,
si les difficultés de la cuisson venaient à être
diminuées pour la confection des tuyaux en ciment, il y aurait, par cette machine française,
un genre de fabrication de drains s'adaptant
merveilleusement aux petits domaines qui mor-
cellent la superficie du sol de notre patrie...
M. Léger, maître ouvrier chez madame veuve
Champion, à Jouars-Pontchartrain (Seine-et-
Oise), bien loin de délaisser l'atelier de la veuve,
loin de chercher à s'approprier les secrets
auxquels son maître l'avait initié, a offert le
concours de ses efforts dévoués à celle qui
héritait d'une pensée qu'elle ne pouvait per-

sonnellement exploiter. » Tout le monde doit désirer que cette machine reçoive les perfectionnements qui la rendraient utile dans la pratique.

Parmi les machines à pétrin employées en Angleterre, nous citerons d'abord la machine de M. Exall, qui est représentée par la fig. 53. Elle se compose de deux cylindres où l'argile est successivement comprimée par un piston descendant ou remontant par une crémaillère que fait mouvoir un pignon concentrique avec une grande roue dentée verticale qui, à son tour, est mise en mouvement par un pignon concentrique avec une roue à leviers sur lesquels un ouvrier agit par les bras et les pieds. Les tuyaux sortent verticalement à travers une filière. On dit qu'on peut faire de 300 à 400 tuyaux par heure, avec trois hommes et un enfant, à l'aide de cette machine coûtant 625 fr. Elle est à action intermittente.

Fig. 53. — Machine d'Exall.

Il n'en est pas de même des appareils de M. Franklin et de M. Etheredge.

La machine de M. Franklin consiste en un tonneau broyeur, dans lequel un axe vertical fait tourner des couteaux héliçoïdaux ; deux filières sont disposées latéralement au tonneau aux extrémités d'un même diamètre ; les tuyaux en sortent horizontalement sur des tables disposées à cet effet, et où on les coupe de longueur. Un cheval, un ouvrier, ayant six enfants servants, suffisent pour une fabrication de 1,500 tuyaux à l'heure. Le prix de la machine est en Angleterre de 875 fr.

La machine de M. Etheredge ne diffère pas notablement de la précédente. Dans les premiers modèles établis par ce constructeur, les filières étaient placées dans le fond même du tonneau, élevé convenablement au-dessus du sol, et les tuyaux en sortaient verticalement. Dans les nouvelles machines, quatre filières sont établies sur les faces latérales du tonneau, aux extrémités de deux diamètres perpendiculaires, et les tuyaux sortent horizontalement. Un cheval, deux ouvriers et six ou sept enfants, suffisent à une fabrication de 2,000 tuyaux à l'heure. Le prix de la machine est de 1,050 francs.

Les différents matériaux dont se compose la pâte des tuyaux étant mélangés et malaxés

au moment même de la fabrication des tuyaux,
ces machines donnent peut-être des produits
de qualité un peu inférieure. Mais il est évident que, dans une très-grande fabrication,
rien ne serait plus convenable. Il est aussi très-
facile d'obtenir économiquement des briques
de diverses formes avec de pareilles machines.

A l'exposition universelle de Londres, il y
avait encore une machine de ce genre fort
remarquable, dont nous donnerons la description. Elle a été construite par MM. Randell et
Saunders, de Bath ; elle était exposée sous le
titre de presse à vis et à couteau et action continue pour fabriquer les briques, les tuiles,
les tuyaux de drainage, etc. Les constructeurs
se sont proposé de remplir deux conditions :
d'avoir une presse qui forçât l'argile à s'engager et à s'avancer constamment à travers une
filière, tant qu'on fournit de la matière à l'appareil, et d'avoir un couteau coupant cette argile sans l'intervention de la main à mesure
que l'argile est moulée et qu'elle chemine.

La figure 54 représente une vue en élévation de la machine suivant sa longueur, et en
partie en coupe, pour montrer l'effet des vis
dans le cylindre à pétrir.

La figure 55 donne le plan correspondant
dans son entier.

' La figure 56 donne l'élévation de la machine vue par devant et sans l'appareil continu de coupage.

La figure 57 représente la section verticale

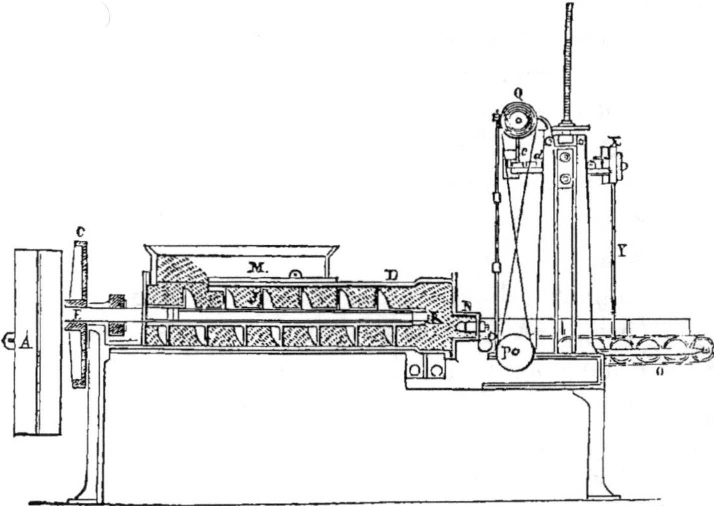

Fig. 54. — Élévation de la machine de Randell et Saunders dans le sens de sa longueur.

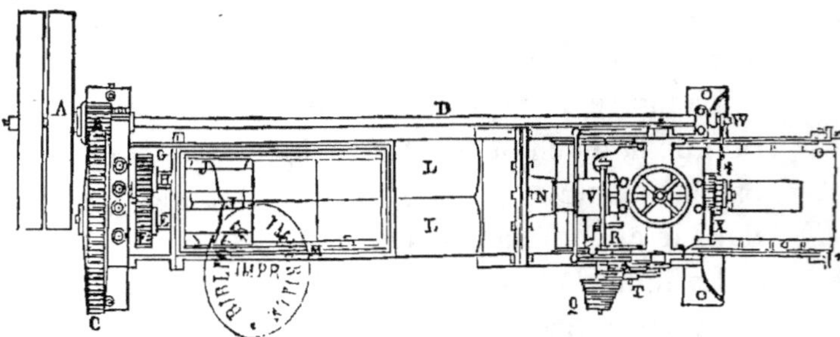

Fig. 55. — Plan de la machine de Randell et Saunders dans le sens de la longueur.

et transversale du cylindre à pétrir avec les engrenages moteurs et la boîte.

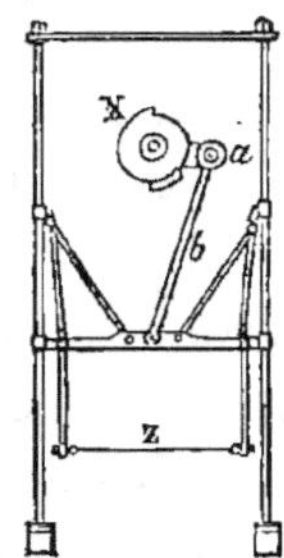

Fig. 56. — Élévation de la machine de Randell et Saunders vue par devant.

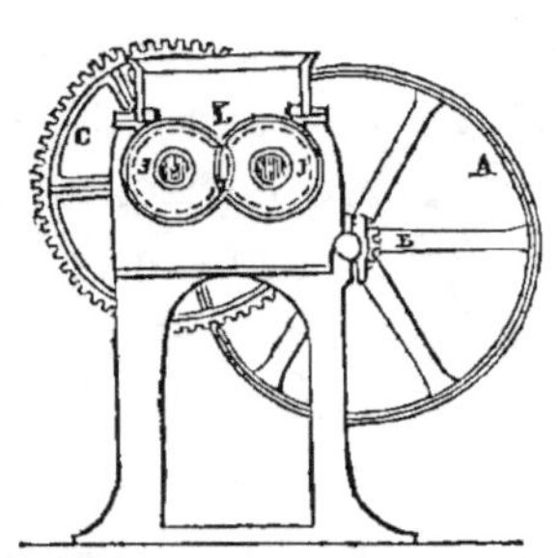

Fig. 57. — Section du cylindre à pétrir de la machine de Randell et Saunders.

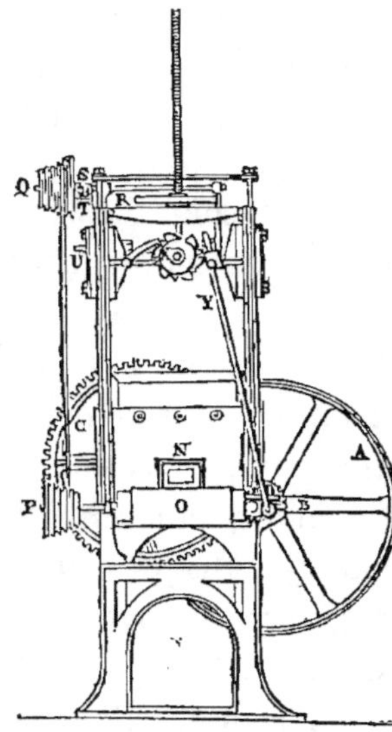

Fig. 58. — Élévation complète de la machine de Randell et Saunders du côté du moule.

Enfin, la figure 58 donne l'élévation complète de la machine du côté du moule.

Le moteur communique le mouvement à la machine par une poulie A (fig. 54). Quand on veut arrêter le mouvement, on fait passer la courroie sur une poulie folle placée à côté. La poulie A est montée sur le même axe qu'un pignon B (fig. 55), qui commande une grande roue dentée C ; l'arbre du pignon se prolongeant tout le long de la machine, comme on le voit en D, jusqu'à son extrémité opposée pour faire marcher l'appareil de coupage. La roue C est calée sur un long arbre horizontal E, qui porte aussi un pignon F; ce dernier conduit un autre pignon semblable G, établi sur un second arbre H, parallèle au premier. Les arbres E et H portent chacun une vis J, J, qui sert à pétrir et à faire cheminer en avant l'argile; le filet de chaque vis, d'une hauteur convenable, a été coulé d'une seule pièce sur un noyau ou manchon creux qu'on enfile sur les arbres moteurs. Ces arbres reposent à leurs extrémités opposées sur des appuis fixes K (fig. 54) à l'intérieur des cylindres. Les filets des vis courent, l'un à droite et l'autre à gauche, et sont disposés pour se pénétrer l'un l'autre presque jusqu'au noyau, comme on le voit fig. 55.

La chambre L, sur les parois de laquelle les deux filets de vis s'adaptent exactement, peut être considérée comme composée de deux cylindres qui se coupent réciproquement. Elle est formée de deux portions cylindriques moulées d'un seul jet et d'un couvercle correspondant boulonné sur les côtés. On jette la terre dans une trémie M (fig. 54); de là elle descend par une ouverture percée dans la paroi supérieure de la chambre L, et elle est alors charriée en avant dans les cylindres par l'action combinée des vis à droite et à gauche, jusqu'au moment où elle en sort en filet continu par la filière ou buse N, qui lui donne la forme convenable.

Le filet continu d'argile sortant de la filière passe sur une toile sans fin tendue sur les rouleaux O qui se mettent à tourner sous la seule pression de l'argile. On met à profit ce mouvement pour gouverner le mécanisme du coupage par le cône des poulies P (fig. 54) monté sur l'axe du premier de ces rouleaux. De ce cône part une corde sans fin croisée qui s'élève sur un cône de poulies Q placé au-dessus et porté par un bout d'arbre horizontal R (fig. 58). Cet arbre est armé d'un levier S pour relever à certains intervalles le marteau T articulé librement sur ce même bout d'arbre. Lorsque le levier a franchi ce marteau, celui-ci tombe et vient frapper le levier U, en rendant libre le barillet V (fig. 55). Ce barillet renferme un ressort spiral maintenu constamment bandé par l'action du levier à manivelle W, placé à l'extrémité du prolongement du premier arbre moteur D, et par l'action de la roue à rochet X, que fait marcher un cliquet à l'extrémité supérieure de la bielle Y.

On aperçoit le fil coupeur en Z (fig. 56), attaché à son châssis guide vertical. Lorsque le barillet à ressort V est rendu libre, il exécute un demi-tour, et le levier a, ainsi que la bielle b, contraignent ce fil à descendre et à couper la longueur de tuyau sortie de la filière. La roue à rochet motrice X peut être divisée en un nombre quelconque de parties, dont l'une doit être plus longue que les autres, et la bielle Y agit sur cette roue pour remonter le ressort, jusqu'à ce que la longue division se présente ; sur cette division, le cliquet n'a pas de prise. La roue à rochet et le ressort, qui sont montés sur le même arbre, attendent donc jusqu'à ce que le barillet V ait exécuté une demi-révolution.

Dans ce mouvement, ce barillet pousse en avant au moyen du doigt c un bras d monté sur le même arbre que la roue à rochet. C'est par ce moyen que le cliquet est poussé en avant et que le levier passe sur la longue division et met la roue à rochet Z en mouvement comme auparavant. En déplaçant la corde sans fin sur les cônes de poulie, l'argile moulée à tuyaux ou briques peut être coupée de diverses longueurs.

Lorsqu'on veut donner aux extrémités des tuyaux une forme cannelée, on attache un couteau de cette forme au barillet à ressort, et ce couteau, en tournant avec le barillet, pénètre dans la pâte, à laquelle il donne dans sa section la forme voulue. La machine est ainsi entièrement automotrice, et les ouvriers n'ont rien à faire qu'à lui fournir la terre et à enlever les pièces moulées.

Quand cette machine fonctionne avec une force de deux chevaux, elle produit 1,800 tuyaux de 5 centimètres de diamètre par heure. La terre est, du reste, employée assez sèche, ce qui offre une économie dans la cuisson. Mais il faut ajouter qu'en Angleterre son prix est de près de 2,000 francs. Cette machine ne saurait donc être employée que dans une très-grande fabrication.

Nous avons ainsi terminé la description succincte des machines à fabriquer les tuyaux de drainage; il nous reste à comparer leurs produits, et à nous occuper du séchage et de la cuisson des tuyaux avant de décrire les travaux de pose à effectuer sur le terrain.

CHAPITRE X.

De l'époque de la fabrication des tuyaux.

A l'encontre de tous les auteurs qui ont écrit avant nous sur le drainage, nous faisons précéder la description des travaux à effectuer dans les champs de celle de la fabrication des tuyaux. Nous croyons avoir pour excuse une excellente raison. Les principales difficultés que l'on rencontre, lorsqu'on a résolu de faire drainer un champ, ne viennent pas du nivellement du terrain, du parti à prendre pour l'espacement des drains ordinaires, et pour la position des drains collecteurs secondaires ou principaux, de l'écoulement définitif de toutes les eaux recueillies, du percement des tranchées et de la pose des drains. Les propriétaires ou les cultivateurs qui ont déjà effectué des travaux de drainage, et qui ont pris dans la pratique de l'opération l'expérience des soucis qu'elle donne, des soins dont on doit se préoccuper, savent qu'ils ne sont en général arrêtés que parce qu'ils ne peuvent pas fabriquer, ou bien trouver à acheter un nombre suffisant de tuyaux.

La fabrication de tuyaux en quantité telle

qu'on puisse effectuer une opération de drainage de quelque importance, exige qu'on s'y prenne au moins huit mois à l'avance. Dès décembre ou janvier, il faut s'occuper de choisir la terre dont on devra se servir, de l'extraire et de la disposer en tas qu'on laissera exposés à la pénétration de l'air, à l'action du froid de l'hiver, à celle des changements de température, aux alternatives d'humidité et de sécheresse du printemps. Ces influences diverses, mais surtout les gelées et dégels, la bonifieront en amenant peu à peu la division des parties les plus compactes, réunies par la plus grande force adhésive. Ce n'est qu'au bout d'une exposition à l'air de 3 à 4 mois, de décembre à mars ou avril, que les argiles plastiques ou figulines, les marnes argileuses ou limoneuses, les terres franches, seront en état d'être triturées, malaxées avec succès. Quant au mélange de toutes ces matières, s'il y a lieu de l'effectuer et même d'employer du sable, il vaut mieux qu'on le fasse avant l'hiver. Nous avons donné précédemment tous les détails nécessaires pour que ces opérations s'effectuent dans de bonnes conditions, et selon des règles qui mènent à de bons résultats.

Lorsque les terres seront prêtes, on pourra procéder à la fabrication à l'aide de l'une des machines que nous avons décrites, et dont on aura fait choix d'après les considérations dans lesquelles nous entrerons tout à l'heure. La machine, commençant à fabriquer en mars ou avril, fournira des tuyaux qu'on devra laisser sécher durant deux mois environ avant de songer à les faire cuire dans un four convenable. Les premiers tuyaux qu'on obtiendra ne seront ainsi terminés que vers le mois de juillet. En septembre ou octobre, on en aura assez pour exécuter alors seulement les travaux d'ouverture des tranchées et de pose des drains dans les champs dépouillés de leurs récoltes, et qu'on mettra en état de recevoir les semailles de l'arrière-saison ou du commencement du printemps suivant. Ainsi, fabrication des tuyaux durant l'été, pose durant l'hiver, telle est la marche à suivre dans l'exécution des travaux de drainage. La fabrication des tuyaux ne peut ni être entreprise ni se poursuivre en hiver, avec chance de succès, à moins de temps bien exceptionnels, comme un hiver sans gelée. En effet, la gelée, saisissant les tuyaux sortant de la machine, les fait éclater et cause un dommage irrémédiable. Cela est arrivé à l'Association de drainage du département de l'Oise, à Beauvais, vers la fin de 1851. Un pareil accident n'a pas rebuté M. Vitard, qui met tant de zèle à faire adopter le drainage dans son département ; mais il eût été

de nature à bien nuire ailleurs à la vulgarisa-
tion du nouveau système d'assainissement.

Mais on a présenté une objection dont il
est nécessaire de dire quelques mots. Pourquoi, a-t-on écrit récemment, se servir de
tuyaux pour lesquels il faut monter une fabrication toute spéciale? Pourquoi ne pas employer des pierres, comme faisaient nos ancê-
tres dans leurs travaux d'assainissement des
sols humides à l'aide de fossés couverts dont
le fond était rempli de pierres? Souvent les
pierres sont en très-grande quantité à la surface du champ ou dans le sous-sol; on est
obligé de les enlever à grands frais. Pourquoi
ne pas les employer au lieu de tuyaux? Pourquoi aussi ne pas se servir de matériaux qu'on
trouve en certains pays presque pour rien, de
laitiers des hauts fourneaux par exemple?

Un des principaux avantages du drainage,
tel qu'on l'exécute à l'aide des tuyaux, consiste
surtout dans la diminution du prix de revient
de cette opération. Le prix est descendu à 200
ou 250 francs l'hectare en moyenne, au lieu de
700 ou 800 francs que coûtaient les travaux
d'assainissement exécutés selon les anciens er-
rements. Un pareil résultat est dû surtout à
l'emploi de tuyaux qui n'exigent que des tranchées très-étroites, exécutées avec un déblai
minimum. On se sert, dans ce but, d'instru-

ments spéciaux, dus aux draineurs anglais, et qui abaissent considérablement le prix de revient de la fouille du sol. Nous ne croyons pas qu'avec d'autres matériaux que les tuyaux, on pourrait se contenter de tranchées aussi étroites que celles que l'on fait dans le système que nous défendons.

Certainement les instruments nouveaux pourraient aussi servir à creuser les drains destinés à être empierrés, mais il ne nous paraît pas démontré que les pierres mises à la place des tuyaux au fond des tranchées dussent produire un effet aussi durable et surtout aussi général. Dans la méthode actuelle de drainage, on a en vue un assainissement uniforme de tout un terrain, et on obtient ce résultat par la dépendance que l'on établit entre toutes les lignes de tuyaux parallèles et les lignes de tuyaux collecteurs qui ramassent les eaux partielles. Les tuyaux bien établis ne se bouchent jamais, et pour avoir un ensemble aussi parfait avec des drains empierrés, dont l'obstruction fût impossible, il serait nécessaire de faire des frais de pose bien plus coûteux que ceux d'achat et ensuite de placement des tuyaux. Les pierres, en effet, devraient être placées de manière à laisser un canal toujours bien ouvert, et la pratique démontre que, dans ce cas, le prix minimum d'un

drainage avec des pierres est encore le prix
maximum d'un drainage avec tuyaux dans les
cas les plus difficiles. Dans tous les cas, on ne
devrait employer les pierres qu'après les avoir
laissées durant plusieurs mois exposées aux in-
tempéries et à l'action de l'air; sans cette précaution elles conservent à leur surface une
couche de glaise qui fait que les drains empierrés avec des pierres fraîches s'obstruent
avec une grande facilité.

CHAPITRE XI.

Des encouragements au drainage.

D'après les considérations dans lesquelles nous venons d'entrer, on doit reconnaître que des drainages véritables ne peuvent être exécutés qu'à l'aide de tuyaux. Les potiers, tuiliers, briquetiers, ne pouvant pas entreprendre la fabrication de tuyaux dont le placement ne leur serait pas garanti, et d'un autre côté, comme nous avons essayé de le faire voir, tout projet de drainage exigeant l'assurance qu'on pourrait trouver un nombre suffisant de tuyaux, on était, en France, dans une sorte d'impasse. Qui prendrait l'initiative de l'établissement de fabriques de tuyaux ? Il fallait que le Gouvernement intervînt pour décider le mouvement ; il a eu la sagesse de lever, avec les moyens bornés que le budget des encouragements à l'agriculture met entre ses mains, la principale difficulté qui se présentait. L'administration de l'agriculture a donné aux Sociétés ou Comices agricoles l'argent nécessaire pour l'achat de machines à fabriquer les tuyaux ou d'autres instruments de drainage. Une somme qui s'élevait, au 1er janvier 1853, à 55,708 fr. 80 c., a été répartie dans ce but entre 40 de nos départements.

Tableau des sommes allouées pour encouragement au drainage jusqu'au 1ᵉʳ janvier 1853.

Départements.	Dates des allocations.	Associations ou personnes subventionnées.	Montant des allocations. fr.
Allier.	3 mars 1852.	Société d'Agriculture de Moulins	1,200
Bas-Rhin.	12 janvier 1852,	Comice de Saverne.	1,200
Calvados.	3 mars 1852.	Comice de Pont-l'Évêque	1,200
—	—	Comice de Bayeux.	1,200
—	—	Association normande.	1,200
Charente-Inférieure.	—	Société d'Agriculture de Rochefort.	1,200
Cher.	14 mai 1850.	Société d'Agriculture du département.	2,500
Côtes-du-Nord.	14 avril 1850.	Comice de Guingamp	200
Eure.	3 mars 1852.	Société d'Agriculture du département.	1,200
Finistère.	—	Société d'Agriculture de Morlaix.	1,200
Gard.	12 janvier 1852.	Au département	1,200
Haute-Garonne.	18 février 1852.	Société d'Agriculture de Toulouse.	1,200
Haute-Loire.	3 mars 1852.	Société d'Agriculture du Puy	1,200
Haute-Marne.	—	Comice de Langres.	1,200
Hérault.	—	Société d'Agriculture de Montpellier.	1,200
Indre.	12 janvier 1852.	Au département	1,200
—	23 janvier 1852.	Ferme-école de Ville-Chaise.	1,200
		A reporter	20,700

Tableau des sommes allouées pour encouragement au drainage jusqu'au 1er janvier 1853.

Départements.	Dates des allocations.	Associations ou personnes subventionnées.	Montant des allocations.
			fr.
Isère.	12 janvier 1852.	Au département. *Report*	20,700
—	18 février 1852.	Au département.	1,200
Loire.	29 novembre 1851.	Ferme-école de Saint-Robert.	1,200
Loire-Inférieure.	3 mars 1852.	Ferme-école de la Corée.	1,000
Loiret.	12 janvier 1852.	Comice de Nantes.	1,200
—	3 mars 1852.	Au département.	1,200
Lot-et-Garonne.	12 janvier 1852.	Comice d'Orléans.	1,200
Maine-et-Loire.	3 mars 1852.	Au département.	1,200
Manche.	—	Comice de Chollet.	1,200
Marne.	15 mars 1851.	Société d'Agriculture d'Avranches.	1,200
—	3 mars 1852.	Comice de Châlons.	400
Mayenne.	5 avril 1850.	Id.	1,200
Meurthe.	3 mars 1852.	Comice de Laval et Ferme-école du Camp.	5,000
Nièvre.	20 septembre 1850.	Société d'Agriculture de Nancy.	1,200
Nord.	13 juillet 1849.	Société d'Agriculture du département.	500
—	15 mars 1851.	Société d'Agriculture de Lille.	800
—	—	Id.	300
—	—	Société d'Agriculture de Douai.	250
—	—	Société d'Agriculture de Maubeuge.	1,200
		A reporter	42,150

Tableau des sommes allouées pour encouragement au drainage jusqu'au 1er janvier 1853.

Départements.	Dates des allocations.	Associations ou personnes subventionnées.	Montant des allocations.
			fr.
		Report	42,150
Oise	19 janvier 1852.	Association du drainage	1,200
Orne	3 mars 1852.	Société d'Agriculture de Putanges	1,200
Pas-de-Calais	15 mars 1851.	Société d'Agriculture de Boulogne	200
Puy-de-Dôme	21 janvier 1852.	Comice d'Ambert	1,200
Pyrénées-Orientales	15 mars 1852.	Société d'Agriculture de Perpignan	400
Sarthe	16 avril 1852.	Au département	1,200
Seine	11 juillet 1851.	M. Anglès, à Paris, pour achat d'une machine.	600
Seine-Inférieure	5 avril 1851.	Frais de transport d'une machine de Glascow à Rouen	131.80
Seine-et-Oise	20 juillet 1851.	M. Gareau (travaux de drainage à l'Institut agronomique de Versailles).	2,227
Tarn-et-Garonne	12 janvier 1852.	Au département	1,200
Vaucluse	21 janvier 1852.	Ferme-école de Saint-Privat	1,200
Vendée	15 mars 1851.	Comice de Sainte-Hermine	200
—	12 janvier 1852.	Au département	1,200
Vosges	18 février 1852.	Comice de Saint-Dié	1,200
Yonne	15 mars 1851.	Comice de Saint-Fargeau	200
		Total	55,708.80

Le premier encouragement date du 13 juillet 1849 ; il a été appliqué à la Société d'agriculture de Lille.

Parmi les encouragements qu'ont reçus les travaux de drainage, il y a lieu de noter les deux décorations de la Légion d'honneur décernées à MM. Gareau et de Rougé pour leur utile initiative.

Nous n'avons pas compté une mission donnée à M. de Hansy, ancien répétiteur du cours de génie rural à l'Institut agronomique de Versailles, pour aller en Angleterre étudier les méthodes de drainage usitées dans le Royaume-Uni. Cette mission donnera lieu sans doute à un curieux Rapport sur ce qui se fait de l'autre côté du détroit, et qu'il sera intéressant de rapprocher de celui de M. Payen ; mais elle ne peut être considérée comme un encouragement à des travaux de drainage exécutés en France.

Outre les encouragements donnés sur les fonds de l'État, quelques Conseils généraux ont aussi voté des allocations, payées sur les fonds départementaux, mais dont la quotité ne présente qu'un total assez faible.

Les sommes précédentes ont concouru à l'achat d'environ cinquante machines dont beaucoup malheureusement sont encore inoccupées, les Sociétés d'agriculture ou Comices n'ayant pas trouvé d'entrepreneurs qui consentent à fabriquer les tuyaux. Toutefois, on peut porter à 90 le nombre des machines actuellement répandues en France, savoir : 40 machines Calla, 30 machines Thackeray, 6 machines Whithead, 4 machines Clayton, 10 machines diverses de Hatcher, Scragg, Brodie, Champion, Williams, etc. Mais le nombre des fabriques est beaucoup plus restreint ; nous ne croyons pas, d'après l'ensemble des nombreux renseignements qui nous ont été communiqués, que jusqu'à présent il y en ait eu plus de 20 en activité, ayant séchoir et four. Sur ce nombre, la moitié seulement est en état de travailler dès le printemps prochain ; ces fabriques pourront fournir en 1853 environ 1,500,000 tuyaux, ce qui correspond à la possibilité de drainer 450 hectares. Telle est la situation actuelle du drainage en France. Nous sommes cependant arrivés à l'époque où cette importante amélioration foncière va prendre l'extension que comportent les besoins de notre agriculture. Nous sommes en retard pour ce progrès, comme nous l'avons été longtemps pour l'établissement des chemins de fer ; mais nous reprendrons, il faut l'espérer, le rang qui nous appartient.

En Belgique, le gouvernement est intervenu dans les encouragements à donner au drainage, par le dépôt de machines entre les mains de fabricants, et par des expériences de drainage exécutées dans un grand nombre de localités, pour convaincre les cultivateurs de l'importance de l'opération. A la fin de 1851, d'après le rapport de M. Leclerc, ingénieur des ponts et chaussées chargé de ce service, il y avait en Belgique 20 fabriques de tuyaux dont 18 avaient été établies avec le concours de l'État, qui leur a prêté des machines. Il avait été fait en outre, à titre d'essai, entre les travaux des particuliers, 61 opérations de drainage sur une petite échelle, en général sur un demi-hectare environ; ces opérations avaient eu lieu dans 43 des 116 districts agricoles que contient la Belgique. Le Gouvernement y avait concouru par le don des tuyaux, le prêt des outils, et l'envoi des agents-directeurs ou surveillants du drainage; les propriétaires, par le payement de la main-d'œuvre pour la confection des tranchées et pour une partie du transport. En 1851, les 20 fabriques avaient livré 2,000,000 de tuyaux, ce qui correspond au drainage de 590 hectares environ.

En Prusse, il existait, en 1851, 72 machines à fabriquer les tuyaux, dont 18 avaient été données par le Gouvernement; ces machines se répartissaient ainsi entre les 8 provinces que contient cet État: Province de Prusse, 8;

Poméranie, 19 ; Silésie, 19 ; Posen, 6 ; Brandenbourg, 6 ; Saxe, 8 ; Westphalie, 3 ; Prusse rhénane, 3. Le drainage, encore à l'état d'essai, commençait à prendre de l'extension.

Il y a bien loin de ces encouragements, de ces essais timides, à l'exemple hardi que nous a donné l'Angleterre. Nous ne saurions supputer ni le nombre de machines ni le nombre de fabriques qu'on y a installées ; mais un seul chiffre suffit pour faire apprécier la grandeur du travail qui a été exécuté dans la Grande-Bretagne. Par des actes du Parlement, dont le premier a été rendu en 1847, une somme de plus de 200,000,000 de francs a été prêtée aux propriétaires des trois royaumes, qui ont pris l'engagement d'employer, en cinq ans, l'argent que le Gouvernement leur avancerait, à drainer leurs terres humides ou à défricher leurs terres incultes ; argent dont ils ont à payer 6 1/2 pour 100 d'intérêt pendant vingt-deux ans, ce qui amortira, au bout de ce temps, le capital emprunté. Cette somme, à raison de 250 francs l'hectare, correspond à 800,000 hectares assainis aujourd'hui. Sous cette énergique impulsion, des instruments perfectionnés ont été inventés, des méthodes plus économiques ont été imaginées. Les Sociétés d'agriculture ont activé le mouvement: de nombreux prix ont été décernés dans tous les concours aux meilleures machines, aux instruments les plus commodes, depuis 1842; et c'est ainsi que toute l'agriculture européenne est douée en ce moment de procédés de drainage qu'on peut regarder comme arrivés presque à la perfection. Il ne s'agit plus que de les faire appliquer dans ceux de nos cantons ruraux qui ont besoin d'être assainis et qui sont en nombre beaucoup plus considérable qu'on ne l'admet généralement. Les différences des climats, des mœurs des habitants, de la constitution de la propriété, doivent cependant entraîner des modifications dans la pratique du drainage lorsqu'on entrera largement dans son exécution.

Les encouragements que nous avons cités dans le tableau précédent datent du mois de juillet 1851 et s'arrêtent au 31 décembre 1852; jusqu'à cette dernière date le gouvernement français avait distribué, à titre d'encouragement au drainage, une somme totale de 55,708 fr. 80 c.

Persistant dans la voie que nous avons indiquée, l'administration de l'agriculture vient en outre (avril 1853) d'accorder quatorze subventions de 1,200 fr. chacune, sur les fonds des encouragements pour 1853, à diverses fermes-écoles et associations agricoles, suivant l'état suivant :

		fr.
Comice agricole de Saint-Quentin (Aisne)		1,200
— de Montluçon (Allier)		1,200
— de Nogent-le-Rotrou (Eure-et-Loir)		1,200
— de Gien (Loiret)		1,200
Ferme-école de Martinvast (Manche)		1,200
— du Mesnil Saint-Firmin (Oise)		1,200
Société de drainage du département de l'Oise		1,200
Société d'agriculture de Béthune (Pas-de-Calais)		1,200
— de Clermont (Puy-de-Dôme)		1,200
— de la Haute-Saône		1,200
— de Mâcon (Saône-et-Loire)		1,200
— de Rouen (Seine-Inférieure)		1,200
— de Melun (Seine-et-Marne)		1,200
Ferme-école de Lahayevaux (Vosges)		1,200
	Total	16,800

Chacune de ces allocations est destinée, selon l'arrêté ministériel qui les accorde, « à servir à l'achat de machines à fabriquer les drains et à encourager la pratique du drainage. »

La somme totale des encouragements donnés au drainage par le Gouvernement français monte donc jusqu'à ce jour à 72,508 fr. 80 c.

Jusqu'au 31 décembre 1852, quarante départements avaient seuls reçu des allocations. Les cinq départements de l'Aisne, d'Eure-et-Loir, de la Haute-Saône, de Saône-et-Loire et de Seine-et-Marne doivent être ajoutés à la liste que nous avons donnée. Les départements de l'Allier, de la Manche, du Pas-de-Calais, du Puy-de-Dôme, de la Seine-Inférieure et des Vosges en sont à leur second encouragement; les départements du Loiret et de l'Oise en sont à leur troisième.

Nous ne pouvons qu'applaudir à tout nouvel encouragement donné à une pratique dont les progrès accroîtraient d'une façon si remarquable la fertilité de nos champs. Les sommes accordées sont sans doute bien faibles en comparaison des besoins; mais elles ne sont destinées qu'à poser un germe qui fructifiera par le dévouement des amis de l'agriculture. Les Comices, les Sociétés agricoles doivent lutter de zèle pour montrer l'utilité de l'assainissement des terres marécageuses et humides à l'aide de travaux qui ne gênent en rien l'exploitation, qui ne demandent aucune réparation, et qui constituent une amélioration foncière immédiatement sensible et toujours persistante.

Dès aujourd'hui l'exemple a été donné par plusieurs agriculteurs qui ont pris l'initiative en diverses régions, et il est suivi avec dévouement par un grand nombre de propriétaires et de fermiers intelligents. Nous ne pouvons être assez bien informé pour prétendre n'oublier personne, mais déjà la liste des essais de drainage effectués est assez nombreuse; nous la donnons dans un autre chapitre.

CHAPITRE XII.

Du choix de la machine.

Les machines entre lesquelles on a à choisir lorsqu'on veut établir une fabrique de tuyaux sont assez nombreuses, comme on l'a vu par la description que nous en avons donnée. Cependant elles peuvent se partager en groupes distincts qui permettent de se décider assez rapidement sur le parti à prendre.

Au point de vue du principe de leur construction, les machines sanctionnées par la pratique se divisent, 1° en machines à action dite continue ; 2° en machines à piston.

Les premières, dont le type est la machine d'Ainslie, importée par M. Thackeray, fournissent d'assez bons tuyaux, quand la terre a été convenablement préparée, et que les cylindres de l'espèce de laminoir qui sert à pousser cette terre à travers les filières peuvent agir efficacement. Cette condition n'est pas toujours remplie : certaines terres, trop courtes, trop douces ou trop molles, échappent à cette action des cylindres et refusent de se laisser entraîner malgré les rainures dont M. Thackeray a armé les surfaces de ces cylindres. En outre, l'acheteur n'aura pas à se mouvoir entre de bien larges limites, car son

choix se trouvera restreint entre la petite et
la grande machine de M. Thackeray, et toutes deux sont d'un prix assez élevé, tant par
elles-mêmes que par leurs accessoires [1]. Mais,
d'un autre côté, leurs tuyaux, faits avec une
terre bien préparée, purgée de toute espèce
de matières étrangères, ayant une consistance
suffisamment ferme, ont peut-être l'avantage
de sécher plus facilement sans donner lieu à
autant de déchet, par suite des fissures causées par l'évaporation d'une forte proportion
d'eau.

Les machines de la seconde espèce, c'est-à-
dire à piston, peuvent travailler avec toute
sorte de terre, courte, longue, douce, rugueuse,
molle ou ferme; elles ne fournissent certes pas,
dans tous les cas, des produits d'une égale qualité; mais le fabricant sera sûr de ne pas être
arrêté dans son travail. Ces machines sont extrêmement nombreuses, comme nous l'avons
vu, et il s'en trouve de presque tous les prix,
à partir de 250 fr.; nous avons même l'espoir
qu'on en imaginera de plus simples encore,
coûtant de 50 à 100 fr. Ce serait un véritable service à rendre; car si l'on ne peut pas
engager beaucoup de personnes à dépenser
1,200 fr. pour une machine et les accessoires,
sans compter les séchoirs et fours, on arrive-

(1) Voir précédemment, p. 130 et 131.

rait à faire placer chez tous les tuiliers ou briquetiers de petites machines où la fabrication se ferait par un seul homme. Dans beaucoup de nos cantons ruraux, le drainage ne pourra pas s'exécuter économiquement par d'autres moyens ; car il importe que non-seulement les tuyaux reviennent à très-bas prix, mais encore qu'ils soient faits, pour ainsi dire, sur le terrain même, afin de restreindre autant que possible les frais de transport.

Pour bien apprécier les machines, il faut considérer aussi le mode de décharge des tuyaux. La direction de cette décharge est ou verticale ou horizontale. Dans la plupart des machines anglaises, et notamment dans les plus estimées, qu'elles soient à pistons ou à cylindres, la décharge est horizontale ; cela n'a aucun inconvénient pour les tuyaux de très-petites dimensions. En outre, cette disposition permet, en armant les machines de filières convenables, de fabriquer des briques de diverses formes, ce qui est un mérite fort estimé en Angleterre, où toutes les constructions sont en briques. C'est ainsi que les machines à fabriquer les tuyaux pourront être utilisées, lorsque les travaux de drainage seront terminés dans une contrée, pour la fabrication des briques creuses. En Angleterre, un ingénieur, M. Robert, a pris un brevet pour cette invention. En France, MM. Borie frères ont fait breveter des filières tout à fait analogues aux filières anglaises de M. Robert, et produisant de bonnes briques creuses quand on en munit toute espèce de machine à décharge horizontale ; les moules de MM. Borie ont peut-être l'avantage de se prêter plus facilement que les moules de M. Robert à une bonne répartition de la matière et à l'obtention de briques plus solides. Du reste, l'idée de la fabrication de briques creuses à l'aide de machines est déjà ancienne en France ; il nous a paru qu'elle appartenait à M. Collas, si connu pour l'invention des procédés de réduction des statues et des bustes.

M. le général Morin, membre de la Société centrale d'agriculture, a montré tous les avantages que les briques creuses présentent dans les constructions par leur légèreté et par la présence de conduits dans lesquels on peut faire circuler l'air extérieur de manière à assécher des murailles placées dans des lieux humides.

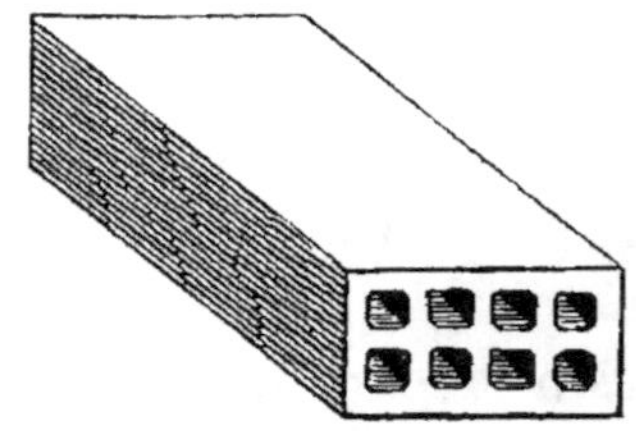

Fig. 59. — Brique tubulaire ordinaire.

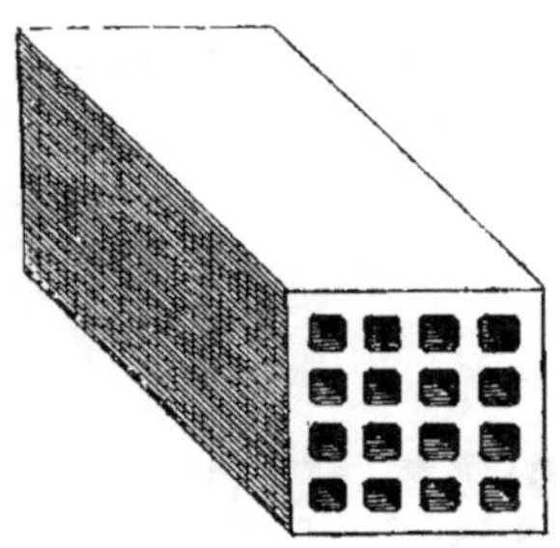

Fig. 60. — Brique tubulaire dite *carreau*.

La figure 59 représente une brique creuse ordinaire ayant $0^m.108$ de largeur, $0^m.065$ de hauteur, et $0^m.220$ de longueur ; ces briques ont huit conduits creux carrés de $0^m.020$ de côté chacun.

Dans la figure 60, on voit une brique double, dite *carreau*, ayant même longueur que la précédente, mais une section carrée de $0^m.105$ de côté ; on y aperçoit 16 conduits tubulaires.

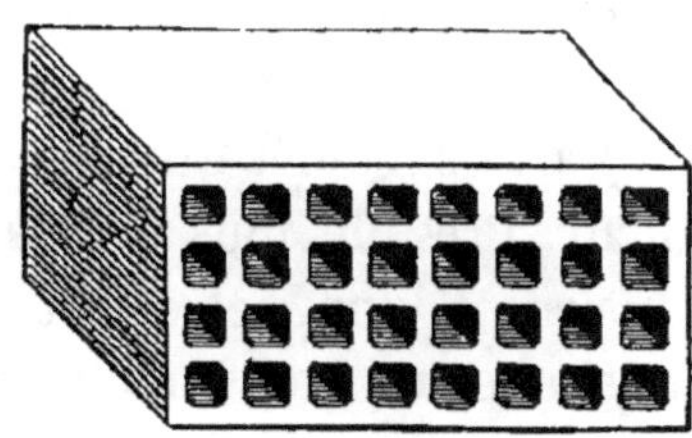

Fig. 61. — Brique tubulaire dite *boutisse*.

La figure 61 représente une quadruple brique, dite *boutisse*, provenant de la réunion de deux briques de la forme précédente, et ayant $0^m.220$ de longueur, $0^m.210$ de largeur, et $0^m.105$ de hauteur. On y aperçoit 32 conduits tubulaires.

10.

Enfin, la figure 62 donne le dessin d'une au-

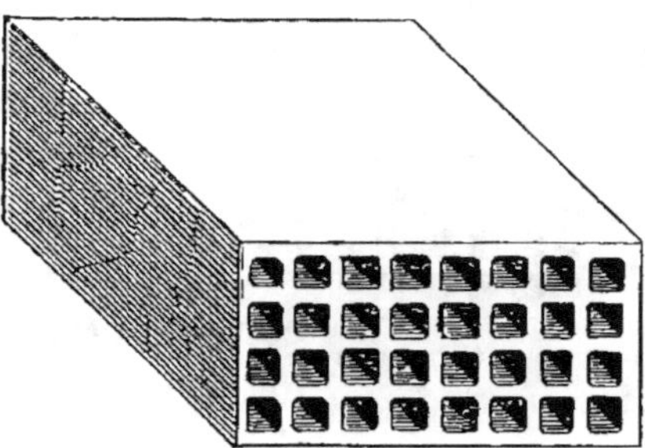

Fig. 62. — Brique tubulaire dite de soutenement.

tre brique octuple, dite de soutenement, et
ayant même section que la dernière, avec 32
conduits tubulaires, mais d'une longueur double, $0^m.440$.

On conçoit que l'on puisse donner aux filières les formes les plus compliquées, et en
outre couper l'argile moulée qui s'en échappe à
toute longueur. Presque tous les modes d'assemblage pourront donc être obtenus, par
cette méthode, avec un poids moindre de 40 à
50 pour 100 que par l'emploi de briques
pleines.

Chaque fois qu'il y a ainsi une large base sur
laquelle l'argile moulée puisse reposer, la décharge horizontale des machines est excellente.
Mais lorsqu'il s'agit de fabriquer des tuyaux
cylindriques, il arrive qu'ils s'aplatissent en
glissant sur les toiles sans fin de la décharge;
ils se déforment alors d'une façon d'autant

plus sensible que leur diamètre est plus grand. Quoique cet inconvénient puisse disparaître en partie pour les tuyaux petits et moyens, en employant la méthode de M. Vincent, de Lagny, dont nous parlerons par la suite, il est indispensable de se servir de la décharge verticale de M. Clayton [1] pour obtenir des tuyaux bien cylindriques et ayant un diamètre de 10 à 20 centimètres ou plus. On objecte à cette machine son prix trop élevé; mais elle peut être simplifiée, comme l'ont fait récemment MM. Cottam et Hallen de Londres. On a importé en France leur modèle, sur lequel on construit quelques machines qui pourront encore sans doute revenir à un prix moins élevé.

En employant la décharge verticale, on n'a pas à redouter les effets de l'air comprimé sous le piston. Cet air, en arrivant, entouré d'argile, au contact de l'atmosphère, fait éclater les parois de sa prison. Il en résulte un trou et un tuyau perdu dans les machines à décharge horizontale. Dans les machines à décharge verticale, au contraire, comme le mandrin est placé à l'avance dans le tuyau, l'ouvrier appuie avec le doigt et bouche immédiatement le trou formé lorsqu'une bulle d'air comprimé vient à éclater.

(1) Voir p. 93.

CHAPITRE XIII.

Épuration de la terre.

Une qualité essentielle que l'on doit fortement estimer dans une machine, c'est qu'elle
puisse épurer elle-même la terre de toute matière étrangère, cailloux, pierres, etc. Les
machines à piston de M. Clayton, dans lesquelles le cylindre s'enlève quand la terre a
été chassée par le piston, en se séparant facilement alors de la filière, permettent seules
une épuration facile. Dans les meilleures machines à boîte rectangulaire, de Calla, de Whitehead, de Scragg, de Williams, etc., l'épuration n'est réellement pas possible. En effet,
soit qu'on mette une plaque percée de trous
en avant de la filière pour épurer en même
temps qu'on fabrique, soit qu'on remplace la
filière par cette plaque pour épurer avant de
fabriquer, une difficulté se présente : comment
enlever le gâteau qui reste contre la plaque
épuratrice et en bouche les trous? On ne pourrait y arriver qu'en démontant la plaque, et
en nettoyant ensuite avec la curette[1]. Cette

(1) Voir p.120.

opération demanderait un temps extrêmement long. Au contraire, dans les machines de Clayton, le cylindre vide s'enlève sans aucune difficulté, pour céder la place au cylindre qu'on

Fig. 63. — Pétrissage de la terre épurée.

a rempli de terre pendant qu'on épurait une charge de terre, et la curette nettoie immédiatement la plaque épuratrice restée en place. La terre épurée sort en filets analogues à du macaroni ; l'ouvrier prend ces filets, en fait une motte de terre en pétrissant avec ses mains, et il donne ensuite à la motte une densité suffisante en la jetant de haut sur une table solide (fig. 63), où il finit par en faire une sorte de pain prêt à être placé dans la machine lorsqu'on fabriquera. La table doit toujours être tenue entièrement propre, afin qu'il ne se mélange jamais à la terre aucune partie dure qui lui ôterait de l'homogénéité. Dans la fabrique fondée par M. Gareau, et dirigée actuellement par M. Lauret, à la Chapelle-Gauthier (Seine-et-Marne), on épure la terre avec beaucoup de soin, et il en résulte des tuyaux qui ne donnent qu'un déchet presque insignifiant, par rapport à celui que nous avons constaté dans les ateliers où on n'épure pas. Qu'en résulte-t-il, outre ce premier avantage important ? C'est que, dans une journée de travail, les deux tiers du temps sont employés à l'épuration et le tiers seulement à la fabrication. Eh bien ! la fabrication est alors si rapide, qu'on fait dans un tiers de journée autant de tuyaux que dans les autres fabriques pendant la journée entière.

Si donc on avait trois machines, deux pour épurer la terre et une seule pour étirer les tuyaux, on fabriquerait en un jour une quantité de tuyaux égale à celle que donnent les machines qui marchent avec un manége et un broyeur.

Ainsi, nous résumons cette discussion en disant :

1° Qu'on doit préférer une machine à piston, à décharge verticale, du genre de celle de Clayton, afin d'épurer la terre ;

2° Que, si on n'épure pas, toute machine à piston pourra être employée, et qu'il faudra préférer celle qui au bon marché joindra une solidité suffisante, du genre de celle fabriquée par M. Calla, où certaines pièces de fonte, telles que la crémaillère et les pignons seraient en fer forgé.

CHAPITRE XIV.

De l'achat de machines et de l'importation des machines étrangères.

Nous avons déjà nommé les principaux fabricants de machines à faire les tuyaux de drainage. Cependant, comme nous avons pour but d'être directement utile à tous ceux qui voudraient faire l'essai de ce mode si efficace d'asséchement des sols humides, nous ne nous conformerons pas à nos habitudes ordinaires ; nous donnerons les adresses mêmes des fabricants de machines que nous connaissons ; les voici :

M. Calla, rue Chabrol, n° 20, à la Chapelle, près Paris ;

M. Laurent, rue de Lancry, n° 22, à Paris ;

M. Julien, à Henrichemont (Cher) ;

M. Rouillier, à Chelles (Seine-et-Marne) ;

L'usine de Fourchambault (Nièvre) ;

L'école des arts et métiers d'Angers.

Nous nous empresserons de publier les noms et adresses d'autres fabricants, si nos lecteurs nous en font connaître.

On nous a demandé quels seraient les droits d'entrée de machines importées de l'étranger. Nous pouvons répondre à cette question par un fait. Un agriculteur ayant voulu introduire une machine Clayton, à décharge verticale, avec une collection d'outils, le tout d'une valeur de 900 fr., et pesant environ 1,000 kilogr., a dû payer à la douane 435 fr. Peut-être eût-il été bien alors que le Gouvernement, dans le but d'encourager le drainage, déchargeât de ce surcroît de dépenses un homme qui, par son initiative, allait faire entrer l'agriculture française dans une voie où l'agriculture anglaise avait trouvé tant de bénéfices. Il n'en a rien été ; au contraire, il a été dit alors qu'il n'y avait rien de nouveau dans l'idée de faire des tuyaux de poterie en poussant la terre à travers des moules avec un piston. Telle est trop souvent la mesure de l'intelligence des bureaux des administrations publiques en France ! On y prend des mesures contraires à l'intérêt général, aux intentions mêmes de l'autorité supérieure, afin de se conformer à des règlements rédigés pour des circonstances qui ne sont plus.

CHAPITRE XV.

Description d'une fabrique de tuyaux.

D'après ce que nous avons vu précédemment, la terre destinée à être transformée en tuyaux est apportée près de la machine qui doit la mouler. A ce moment même il est bon qu'elle soit épurée. L'épuration ne peut pas être faite à l'avance, parce que la terre sécherait inégalement, et que, placée ensuite dans la machine, elle fournirait des tuyaux qui se briseraient à coup sûr. Lorsque les tuyaux sortent de la machine, ils viennent d'être coupés à l'aide d'un fil de cuivre qui a agi perpendiculairement à leur longueur, et qui, par conséquent a déchiré la pâte en produisant des aspérités intérieures, des espèces de barbes qui s'opposeraient à l'écoulement de l'eau. En outre, la terre a trop peu de consistance pour que l'on n'ait pas à craindre que les tuyaux ne cessent pas d'être parfaitement cylindriques, ne s'affaissent pas sur eux-mêmes en prenant une section plus ou moins elliptique. Pour éviter ces inconvénients, on procède à un *roulage* ou *rebattage,* quand une première dessiccation a eu lieu et a donné des produits suffisamment

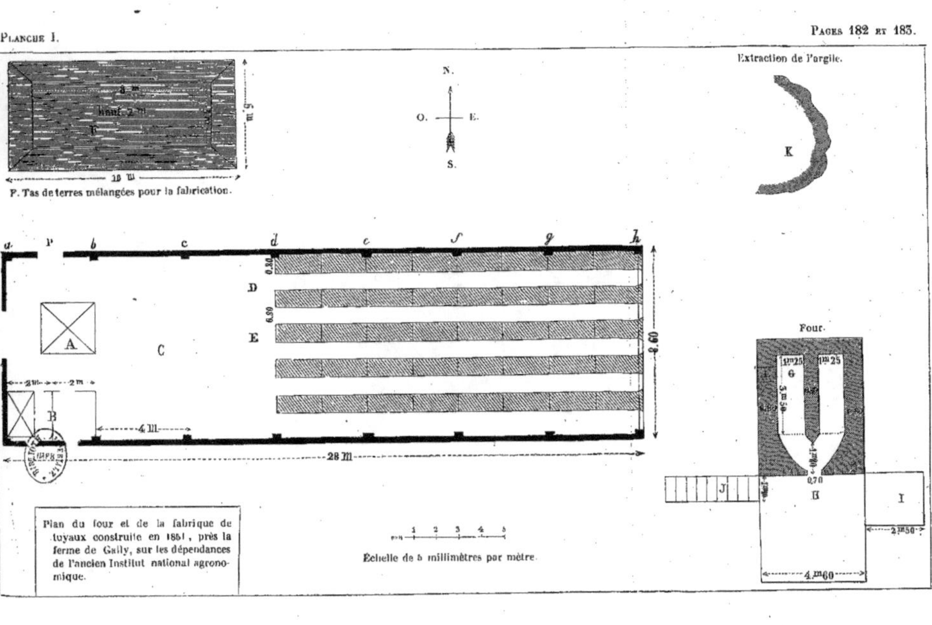
Extraction de l'argile.
K
N.
O.   E.
S.
P. Tas de terres mélangées pour la fabrication.
A
B
C
D
E
a   P   b   c   d   e   f   g   h
2 m   2 m
4 m
28 m
Four.
1m25   1m25
G
3m50
H
I
J
0,70
2m50
4m60
Plan du four et de la fabrique de
tuyaux construite en 1851, près la
ferme de Gally, sur les dépendances
de l'ancien Institut national agrono-
mique.
Échelle de 5 millimètres par mètre.
1   2   3   4   5

résistants. Les tuyaux, après cette opération,
peuvent être empilés pour achever de sécher,
car on ne craint plus que des poids assez considérables les écrasent. Quand ils sont suffisamment secs, on les porte au four pour les
transformer en une véritable poterie. Après le
défournement, on peut les empiler dans toute
espèce d'endroit couvert.

Une fabrique de tuyaux de drainage se com-
posera donc, outre l'atelier des mélanges,
quand ces mélanges seront nécessaires, de
l'atelier de fabrication, du premier séchoir où
on effectuera le roulage, du second séchoir, du
four. Il est important que ces diverses parties
de la fabrique soient convenablement disposées les unes par rapport aux autres, de telle
sorte que les diverses manipulations s'effectuent facilement, sans perte de temps, sans
transports et sans main-d'œuvre inutiles.

Nous ne donnerons pas comme exemple une
fabrique très-considérable telle que celle de
M. de Rotschild à Ferrières, où des chemins
de fer, un manége puissant, des fours dispendieux, ont été établis à des prix très-élevés ;
nous ne conseillons à personne de tenter la fondation d'une telle usine.

La planche I représente le plan de la fabrique de tuyaux qui avait été construite à l'Institut agronomique de Versailles, lorsqu'on

comptait que cet établissement vivrait et que ses élèves devraient y apprendre la pratique du drainage, en même temps que la contrée y trouverait un exemple et pourrait y acheter des tuyaux. Cette fabrique était encore établie sur des proportions plus vastes qu'il n'est désirable peut-être d'en voir exécuter. Nous n'en avons pas le devis très-détaillé, mais nous savons qu'elle avait coûté en masse la somme de 8,598 fr. 65 c. ainsi répartie :

	fr.
Travaux de terrassement..	1,105.41
Maçonnerie...............	3,353.31
Charpente...............	3,141.51
Serrurerie..............	360.49
Menuiserie.............	404.86
Zinc...................	82.10
Peinture..............	150.97
Total............	8,598.65

M. Lauret, géomètre-draineur à la Chapelle-Gauthier (Seine-et-Marne), est l'auteur du plan sur lequel la construction du four et de la fabrique a été exécutée.

Le bâtiment a, h se compose de 7 travées de 4^m de longueur chacune; il a ainsi une longueur totale de 28^m; sa largeur est de $8^m.60$. Il est construit en bois sur poteaux a, b, c, d, e, f, g, h, couvert en planches et clos en planches à claires voies. Dans la première travée se trouvent l'atelier, contenant la machine A pour étirer les tuyaux, et 2 cabinets B pour coucher le contre-maître et serrer les outils et objets divers. Viennent ensuite deux travées libres C disposées pour ranger les claies chargées de tuyaux sortant de l'étirage, et dans les 4 travées suivantes sont des casiers ou rayons E de $0^m.80$ de large pour recevoir deux rangs de tuyaux.

Ces casiers ont 2^m de long sur 2^m de haut; ils présentent ainsi un volume de $2 \times 2 \times 0^m.80 = 3.20$ mètres cubes, où on peut loger 2,400 petits tuyaux. Comme il y a 40 casiers semblables, on voit que le nombre total des tuyaux que peut recevoir le séchoir s'élève à 96,000; ce nombre est porté jusqu'à 115,000, parce que l'on empile les tuyaux secs vers les extrémités. Les 5 rangs de casiers E sont séparés d'ailleurs par 5 corridors D, larges de $0^m.80$, pour que les ouvriers puissent facilement empiler les tuyaux dans les cases et les conduire au four quand ils sont secs.

Le travail s'effectue progressivement de l'entrée de la fabrique en avançant vers la sortie située du côté du four. En P se trouve une porte par laquelle entre la terre mise en tas en F devant la porte. Cette terre, composée à Versailles de 3 parties d'argile verte et de 1 partie de terre franche, devait être mélangée avant l'hiver pour servir au printemps après avoir été améliorée par les gelées.

Les tuyaux secs sont portés au four, dont on aperçoit le plan de l'autre côté de la fabrique, non loin de l'endroit K où s'extrait l'argile verte. En G on voit l'intérieur du four pris sous les arceaux et la bombarde; on descend par un escalier J en pierre dans la chambre H ayant 2^m.60 de profondeur, afin d'alimenter le foyer; durant l'entretien en grand feu, les ouvriers se tiennent dans l'endroit voûté I. On charge et décharge le four par la porte L située en face du séchoir. Le four a les dimensions suivantes : 3^m.50 de long sur 3^m.20 de large et 3^m.80 de hauteur; la capacité est de 3.50 $\times$ 3.20 $\times$ 3.80 = 42.56 mètres cubes; il peut contenir 32,000 petits tuyaux. Dans les angles, les tuyaux ne cuisent pas suffisamment; on bouche ces angles par des briques placées en travers.

On peut, bien entendu, adopter des dispositions un peu différentes de celles que nous venons d'expliquer et que représente la planche I. Nous donnerons comme exemple la fabrique de l'ingénieur anglais Clayton. La planche II représente le plan de l'usine. En avant se trouve l'atelier A de fabrication des tuyaux; plus loin on voit le séchoir, qui se compose de deux parties ou chambrées distinctes B et C.

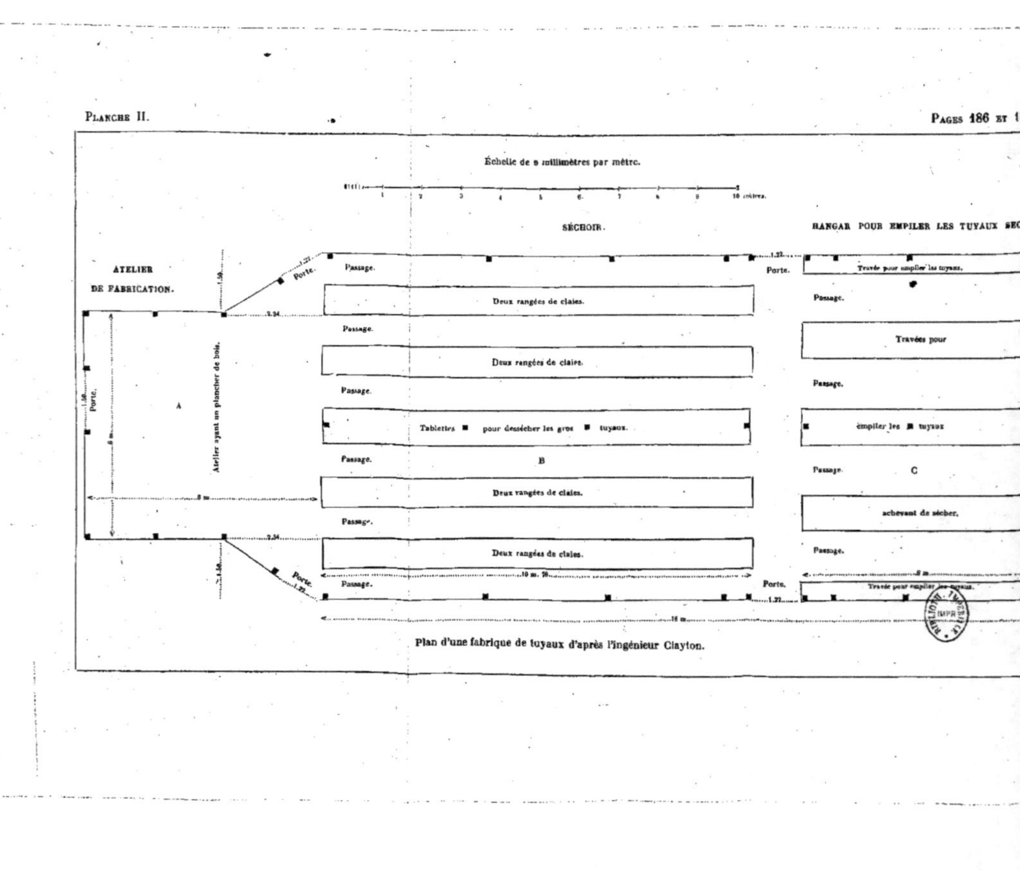

Plan d'une fabrique de tuyaux d'après l'ingénieur Clayton.

La première chambrée B reçoit les claies chargées de tuyaux. Ces claies en bois blanc telles que les emploient **M.** Clayton, en Angleterre, et **M.** Lauret en France, ont la forme que représente la fig. 64. Elles proviennent de l'as-

Fig. 64. — Claie pour placer les tuyaux.

semblage de 4 tringles en bois non rabotées et clouées aux deux poignées; elles peuvent s'établir à 1 fr. chaque. Leur longueur est de 1^m et leur largeur de $0^m.37$; la hauteur de chacune des deux poignées est de $0^m.16$; l'épaisseur des tringles est de $0^m.03$. Quand on fabrique à l'aide de la machine verticale de Clayton, on enlève six tuyaux avec le mandrin, et on dépose sur les claies deux rangs horizontaux de tuyaux; chaque rang en reçoit 16, ce qui fait 32 tuyaux par claie. On place les claies les unes sur les autres au nombre de 7, ce qui fait une hauteur de $1^m.13$.

On voit cette disposition représentée dans la fig. *a* de la planche III, qui donne une coupe du séchoir perpendiculairement à la longueur, et fait connaître les dispositions adoptées pour l'établissement des fermes en charpente. Ces fermes, posées à une hauteur de 1^m.82 sur les piliers pour soutenir la toiture, sont à des distances de 3^m.60. Des poteaux placés au milieu soutiennent le *tirant*; le poinçon a 2^m.28 de haut. Les arbalétriers sont formés par de simples chevrons soutenus par des contre-fiches, et ayant 5^m.50 de long.

Le nombre des claies qui peut tenir dans la longueur du séchoir (10^m.88) est de 10 sur 4 doubles rangées, ce qui fait, à 7 de hauteur, un total de 560 claies, pouvant porter 17,920 petits tuyaux. Des couloirs ayant 0^m.90 de largeur séparent les rangées de claies chargées de tuyaux. Dans le milieu se trouvent placées des tablettes ou casiers à poste fixe pour faire sécher les tuyaux de plus grande dimension, ainsi que le montrent la planche II et la figure *a* de la planche III.

On voit, d'après ces dispositions, que le travail consistera à faire passer les tuyaux, aussitôt après leur étirage par la machine, de l'atelier dans le séchoir. L'atelier a une largeur un peu moindre, mais une hauteur sous la charpente plus grande que le séchoir. C'est ce que

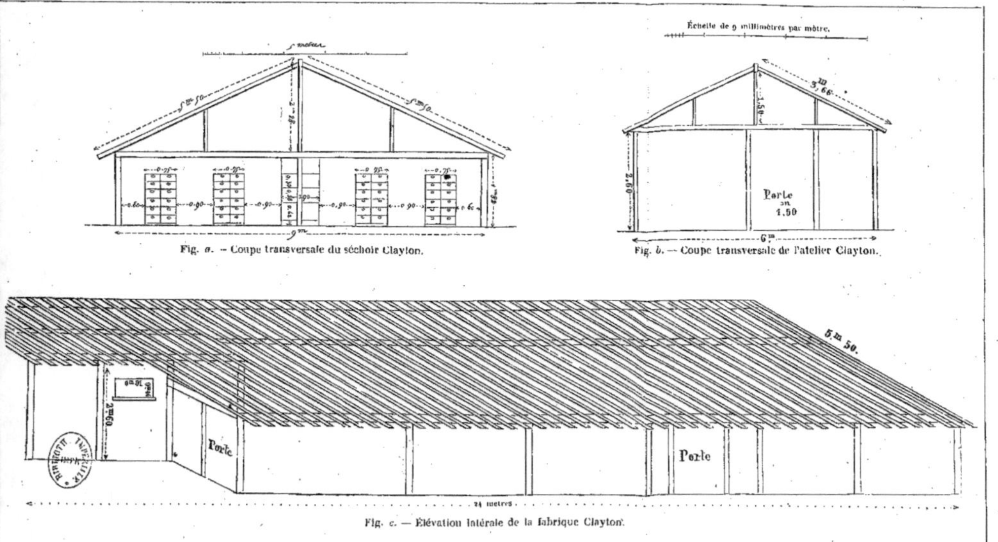

Fig. a. — Coupe transversale du séchoir Clayton.

Fig. b. — Coupe transversale de l'atelier Clayton.

Fig. c. — Élévation latérale de la fabrique Clayton.

montre la fig. *b* de la planche III, donnant une coupe de l'atelier perpendiculairement à la longueur du bâtiment, et représentant par conséquent une ferme de charpente pour soutenir la toiture. On voit que la hauteur des piliers ou poteaux dans l'atelier est de 2^m.60, celle du tirant 1^m.50. La hauteur totale de l'atelier est du reste 4^m.10, c'est-à-dire la même que celle du séchoir. La largeur seule est moindre, 6^m au lieu de 9^m, ce qui dispense des poteaux du milieu.

La fig. *c* de la planche III, représentant une élévation latérale de toute l'usine, achève d'en donner une idée exacte et suffisante pour qu'on puisse la construire d'après les 4 dessins des planches II et III. On voit que le séchoir est suivi d'une seconde chambrée C. Comme cela est indiqué sur le plan (planche III), cette chambrée est destinée à empiler les uns sur les autres les tuyaux dont la pâte s'est déjà assez raffermie pour que l'on n'ait plus à craindre la déformation des tuyaux inférieurs par le poids des supérieurs, mais qui ne sont pas encore assez secs pour être portés au four. On les dispose comme cela est indiqué par la fig. 65, en les appuyant contre des planches montantes constituant des sortes de casiers. D'après les dimensions des travées que dans le plan de l'usine (pl. II) on a disposées

11.

à cet effet, on a un volume de 6 × 4 × 0.92 × 1.82 = 40.19 mètres cubes pouvant, à 750 par mètre cube, contenir 30,000 tuyaux. Ce n'est pas toujours suffisant pour la fabrication d'une machine de M. Clayton; aussi cet ingénieur fait-il maintenant porter à 12 mètres, au lieu de 6, la longueur de la seconde chambrée destinée à empiler les tuyaux déjà raffermis, sans changer la chambrée destinée aux claies.

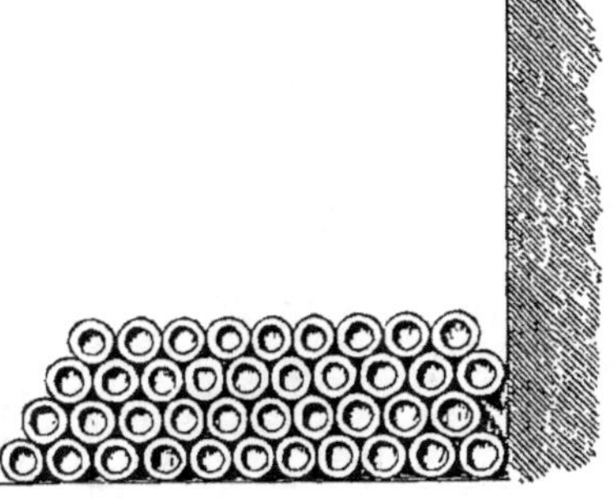

Fig. 65. — Tuyaux empilés en masse achevant de sécher.

Un corridor K assez large de 1ᵐ.22 sépare les deux chambrées B et C et coupe transversalement les corridors longitudinaux qui séparent les piles de claies ou de tuyaux. Tous ces passages sont nécessaires pour les mouvements des ouvriers, qui ont à soumettre les tuyaux à diverses manipulations dont nous allons parler. Peut-être dans le plan du séchoir de Versailles (pl. 1), les corridors, réduits à 0ᵐ.80, sont-ils

un peu étroits ; mais ils ont été établis sur ces
dimensions pour ménager l'espace, qui n'est
jamais trop considérable pour placer les tuyaux.

Il faut que dans les deux parties du séchoir
l'air puisse facilement circuler ; nous avons dit
que, dans ce but, on pouvait clore par des planches à claires voies. Au lieu d'employer des
planches, on peut donner plus de solidité à l'é-
difice en se servant de briques assemblées avec
du plâtre de manière à laisser des jours, comme
le représente la fig. 66. Cette disposition est

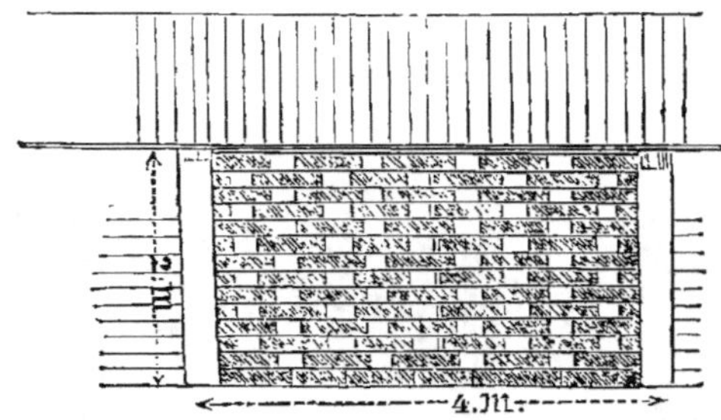

Fig. 66. — Vue latérale d'une travée de séchoir close avec
des briques à jour.

excellente ; mais il y a plusieurs manières de
la remplir, et il est bon de l'exécuter au plus
bas prix de revient possible.

D'après les détails qui nous ont été fournis
par M. Lauret, de la Chapelle-Gauthier, en
employant des briques ayant $0^m.21$ de longueur, $0^m.11$ de hauteur et $0^m.45$ d'épaisseur,
de la fabrique de M. Gareau, il faut, par mètre

carré, les briques étant posées de champ, 9 briques comme hauteur et 4 briques comme base (fig. 67), en tout 36 briques. Le nombre

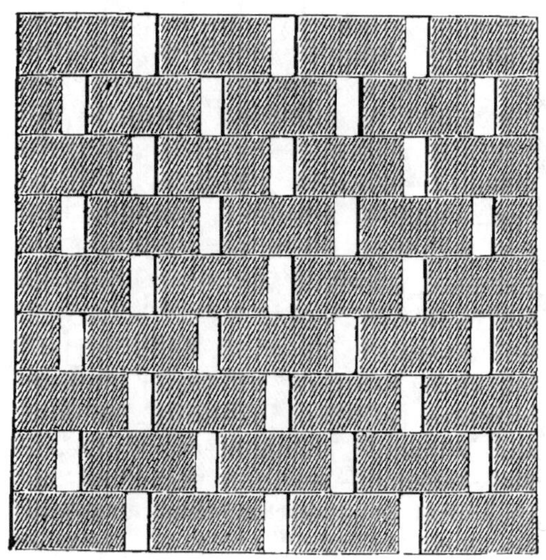

Fig. 67. — Mur à jour pour séchoir avec briques à section de rectangle.

des jours est alors de 31, ayant chacun $0.03 \times 0.11 = 0.0033$ mètre carré, ce qui donne, pour le passage de l'air à travers la muraille du nord vers le midi, une surface de 0.1023 mètre carré. Le prix du mètre superficiel de ce mur s'établit ainsi :

	fr.
36 briques à 40 fr. le mille..	1.44
Plâtre et main-d'œuvre.....	0.51
Total.........	1.95

En employant des briques à section carrée,

de la même fabrique de M. Gareau, on arrive
aux résultats que représente la figure 68. Ces

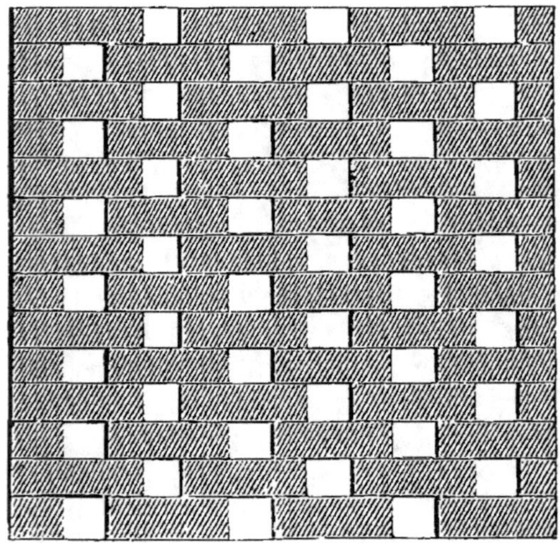

Fig. 68. — Mur à jour pour séchoir avec briques à section
carrée.

briques ont $0^m.21$ de longueur, $0^m.07$ de hauteur et d'épaisseur. Il faut alors, par mètre
superficiel, 3 briques et demie comme base et
14 briques en hauteur, c'est-à-dire en tout
49 briques. Le nombre des jours est de 42,
ayant chacun une surface de 0.088×0.07
$= 0.0062$ mètre carré, ce qui donne, pour le
passage de l'air à travers la muraille du nord
vers le midi, une surface de $0.0062 \times 42 =$
0.2604 mètre carré, ou le double de ce que
donnent les briques précédentes. Le prix du
mètre superficiel s'établit ainsi :

fr.

49 briques à 50 fr. le mille..   2.45
Plâtre et main-d'œuvre......   0.60

Total.........   3.05

Ce prix n'est que d'un tiers plus élevé que le précédent, et donne un écoulement d'air qui s'élève au double.

Nous ajouterons, en terminant ce qui concerne l'établissement général d'une fabrique de tuyaux de drainage, qu'il n'est pas indispensable de faire la dépense d'un atelier aussi complet que celui que nous venons de décrire. On peut se contenter des premiers hangars venus et s'installer d'une façon tout à fait simple, s'il ne s'agit pas de procéder à une fabrication de plusieurs millions de bouts de tuyaux. Nous donnerons plus loin quelques détails à cet égard.

CHAPITRE XVI.

Étirage des tuyaux.

Les nombreux détails dans lesquels nous sommes entré sur les diverses machines à fabriquer les tuyaux nous dispensent de revenir sur ce sujet. Nous dirons seulement que la terre bien malaxée, et mieux encore bien épurée, étant mise en pains, préparés autant que possible le jour même de l'étirage, doit être posée sur des aires extrêmement propres. Un ouvrier coupe les pains en tranches minces, à l'aide d'un fil de laiton tenu aux deux extrémités par deux poignées (fig. 69). On tasse en—

Fig. 69. — Fil de laiton pour couper la terre.

suite la terre à l'aide d'un pilon (fig. 70) dans

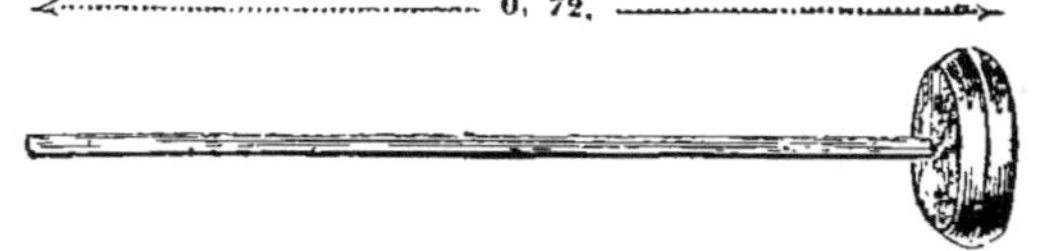

Fig. 70. — Pilon pour tasser la terre dans les machines.

la boîte qui doit la recevoir avant qu'un piston ou tout autre procédé la force à passer à travers

les moules. On nettoie toujours soigneusement
la boîte de la machine avec la curette (fig. 71),

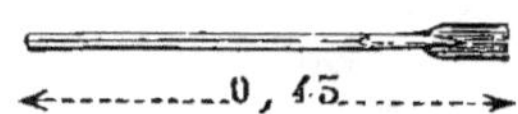

Fig. 71. — Curette pour nettoyer les machines.

à chaque fois qu'on la remplit. Les tuyaux
sortant des moules ou filières sont coupés à
l'aide d'un fil de cuivre qui fait partie de la
machine, à une longueur convenable. Le même
ouvrier coupeur saisit les tuyaux sur la toile
sans fin des machines à décharge horizontale à
l'aide des mandrins (fig. 72), qui ont autant

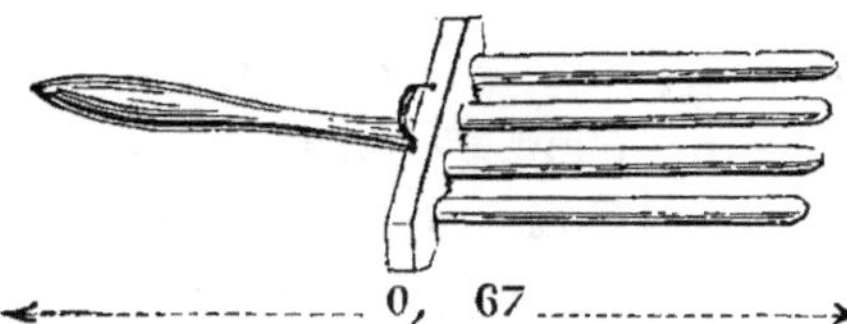

Fig. 72. — Mandrins ou peigne pour saisir les tuyaux.

de dents que l'on fait de tuyaux à la fois ; dans
les machines à décharge verticale, l'ouvrier
coupeur met les mandrins dans les orifices des
moules, avant de couper à la longueur voulue.
Il place les tuyaux engagés dans les mandrins
sur les claies mises à sa portée, et retire les
mandrins pour saisir de nouveaux tuyaux.

Les claies remplies sont enlevées par un autre ouvrier, qui est le plus souvent un enfant ou une femme. Il faut compter, en général, un ouvrier chargeur, un ouvrier tournant la manivelle, un ouvrier coupeur, un ou deux enfants ou femmes pour porter les claies. Dans la machine verticale de Clayton, chez M. Lauret, il faut six hommes pour l'épuration et cinq hommes pour l'étirage et le rangement sur les claies. L'épuration, comme nous l'avons déjà dit, dure les deux tiers de la journée, et l'étirage l'autre tiers; on fait 2,500 à 3,000 tuyaux en moyenne. Ce nombre correspondrait à une fabrication de 7,500 à 9,000 pour une journée totale, si la terre était épurée par une seconde machine, c'est-à-dire de 1,250 à 1,500 par ouvrier. Or, il y a des opérations préliminaires qui remplacent l'épuration, opérations dont on n'a pas besoin avec la machine Clayton, telles que: écrasage, corroyage et malaxage. On peut regarder ces manipulations comme équivalentes de l'épuration, pour le prix de revient. Il en résulte que la machine Clayton donne un rendement excellent.

En effet, avec les machines Calla et Thackeray, travaillant toute la journée, on doit regarder comme un *maximum*, d'après ce que nous a déclaré M. Vincent, de Lagny, qui se sert de ces deux machines, une fabrication de

1,000 bouts de tuyaux par jour et par homme.
Dans ces rapprochements, il est bien entendu
qu'on compte tous les ouvriers, et non pas seulement ceux qui tournent la manivelle et char-
gent la machine de terre ; autrement on arrive
aux conséquences les plus erronées. Il faut
aussi avoir bien soin de ne comparer le travail des machines qu'indépendamment de la
préparation de la terre. Dans des prospectus
de marchands ou fabricants de machines, afin
de favoriser certaines machines, on lit des
comparaisons où on ne tient compte que des
hommes qui tournent la manivelle; tandis que,
pour les machines mises en regard, on a soin
de supputer tous les ouvriers. Nous notons le
fait, pour que nos lecteurs se tiennent en garde
contre des promesses peu véridiques.

CHAPITRE XVII.

*Comparaison des diverses machines à étirer
les tuyaux.*

Pour comparer des machines à faire les
tuyaux de drainage, il faut s'enquérir :

1° De la manière dont elles épurent la terre ;

2° De la quantité des tuyaux qu'elles fournissent dans le même temps ;

3° De la force motrice employée ;

4° Du prix des machines.

Aux differents concours de la Société d'a-
griculture d'Angleterre, concours qui exercent
de l'autre côté du détroit une si haute influence
sur les progrès de la culture, sur le perfectionnement des instruments et sur l'amélioration des races d'animaux domestiques, les ju-
rys ont eu soin de tenir compte de ces divers
éléments de tout bon jugement. Nous allons
rapporter succinctement les résultats de ces
examens consciencieux ; ils pourront servir en
France, car nous sommes à l'époque où le
drainage va prendre chez nous une véritable
extension : c'est au moins ce que nous espérons.

Au concours de Norwich, tenu en 1849,
l'essai devant le jury a donné les résultats
suivants pour un travail fait pendant 5 minu-

tes avec la même terre que les fabricants avaient reçue à l'avance pour la préparer selon leur convenance [1] :

Noms [2].	Longueur des tuyaux.	Nombre de tuyaux étirés ayant 0m.05 de diam.	Hommes.	Enfants.	Cheval.	Prix.
	m.					fr.
Whitehead.........	0.343	185	2	1	»	375
Scragg.............	0.330	154	2	»	»	550
Clayton...........	0.340	110	2	1	»	758
Williams..........	0.330	54	1	1	»	541
Ainslie (Thackeray).	0.381	40	1	2	»	873
Franklin..	0.330	24	1	2	1	628

Le prix, consistant en 20 livres sterling, ou 500 fr., fut décerné à la machine de White-head.

Au concours tenu à Exeter, en 1850 [3], après un premier examen de toutes les machines exposées, ainsi que cela a toujours lieu dans les concours, le jury désigna pour l'essai les cinq machines de Whitehead, Clayton, Scragg, Williams et Ainslie. Mais une première condition du concours était que les machines épureraient la terre ; la machine d'Ainslie, n'ayant aucun appareil destiné à cet usage, dut être repoussée.

(1) *Journal of the Royal agricultural Society of England*, t. X, p. 548.

(2) Voir la description de toutes ces machines, p. 93 à 99, 103 à 109, 111 à 113, 126 à 139, 144.

(3) *Journal of the Royal agricultural Society of England*, t. XI, p. 476.

Dans un essai dont la durée fut de 5 minutes, on obtint, pour l'épuration, les résultats
suivants ; les ouvertures de la grille épuratrice
de Clayton étaient circulaires ; les grilles des
autres machines étaient formées de barreaux
en fer rond parallèles :

Noms.	Surface totale des orifices des grilles épuratrices. mètre carré.	Terre épurée. kil.	Hommes.	Enfants.	Qualité du travail.
Clayton....	0 0273	324.6	2	2	très-bon
Scragg.....	0.0546	268.3	2	»	id.
Whitehead.	0 0449	234.7	2	1	id.
Williams...	0.0588	127.6	1	1	passable.

La machine Clayton s'est encore montrée
supérieure à toutes les autres pour l'épuration
des terres, lors de l'exposition universelle de
Londres, en 1851, ainsi que nous l'avons précédemment rapporté [1].

Ces machines furent admises ensuite à faire,
durant 10 minutes, des tuyaux de $0^m.038$ de
diamètre ; elles donnèrent les résultats suivants :

Noms.	Longueur des tuyaux. m.	Diamètre des tuyaux. m.	Nombre des tuyaux étirés.	Hommes.	Enfants.	Qualité du travail.
Whitehead.	0.343	0.038	721	2	2	excellent.
Clayton....	0.353	0.038	839	2	2	bon.
Scragg	0.343	0.042	550	2	»	bon.
Williams...	0.317	0.038	180	1	1	passable.

Les machines furent appelées à faire des

(1) Voir p. 89.

tuyaux d'un diamètre considérable, $0^{m}.229$; on obtint en 5 minutes :

Noms.	Diamètre des tuyaux.	Longueur totale étirée.	Hommes.	Enfants.	Qualité du travail.
	m.	m.			
Clayton....	0.216	3.94	2	1	bon.
Whitehead.	0.211	2.69	1	1	assez bon.
Scragg.....	0.229	1.98	2	»	bon.

Comme la précédente machine de Whitehead n'était pas munie d'un appareil convenable pour couper des tuyaux aussi larges que ceux fabriqués, on soumit à un nouvel essai comparatif une petite machine de Whitehead et la machine verticale de Clayton. On obtint en dix minutes les résultats suivants :

Noms.	Longueur des tuyaux.	Diamètre des tuyaux.	Nombre des tuyaux étirés.	Hommes.	Enfants.	Qualité du travail.
	m.	m.				
Clayton.....	0.545	0.085	195	2	1	très-bon.
Whitehead..	0.545	0.076	170	1	1	Id.

Enfin, pour se rendre compte de la force motrice exigée par chaque machine, on fit, avec le dynamomètre, deux essais qui donnèrent les résultats suivants :

Premier essai.

Noms.	Diamètre des tuyaux.	Longueur des tuyaux.	Tours de la manivelle.	Efforts sur la manivelle à charge pleine.	Efforts sur la manivelle à vide.	Qualité du travail.
	m.	m.		kil.	kil.	
Whitehead.	0.038	22.56	52	11.8	1.7	très-bon.
Clayton....	0.038	17.42	20	8.6	1.6	bon.
Scragg.....	0.042	21.87	37	10.4	1.7	très-bon

Deuxième essai.

Noms.	Diamètre des tuyaux.	Longueur des tuyaux.	Tours de la manivelle.	Efforts sur la manivelle à charge pleine.	Efforts sur la manivelle à vide.	Qualité du travail.
Whitehead.	0.076	7.54	52.5	10.0	1.7	très-bon.
Clayton....	0.085	6.86	21	8.6	1.9	id.
Scragg.....	0.086	6.55	56	8.2	1.7	id.

De ces résultats on conclut, pour le travail moteur nécessaire dans ces trois machines pour faire 1,000 bouts de tuyaux ayant $0^m.343$ de longueur, et environ pour diamètre $0^m.038$, les nombres suivants :

	Diamètre des tuyaux.	Travail moteur pour étirer 1,000 tuyaux. Kilogrammètres.	Prix des machines. fr.
Clayton. . . .	0.038	3,404	725
Whitehead..	0.038	5,814	700
Scragg..	0.042	6,067	875

On comprend qu'après la constatation de pareils résultats, le prix, consistant en 500 fr., a dû être décerné à la machine Clayton.

Nous ajouterons qu'il résulte, d'expériences dynamométriques faites au Conservatoire des Arts et Métiers de Paris sur la machine Thackeray (importation de la machine Ainslie), que cette machine exige un travail moteur de 186 kilogrammètres pour produire 1 mètre de tuyau ayant $0^m.030$ de diamètre intérieur et $0^m.045$ de diamètre extérieur. Ces chiffres correspondent à un travail moteur de 6,380 kilogrammètres pour l'étirage de 1,000 bouts de tuyaux ayant chacun une longueur de $0^m.343$. La machine Thackeray se place donc la dernière parmi les quatre machines essayées au dynamomètre.

CHAPITRE XVIII.

Séchage des tuyaux.

Les tuyaux étirés et coupés sont placés, comme nous l'avons dit, sur des claies en bois à claires-voies. La figure 64 précédemment décrite[1] donne la représentation exacte des claies imaginées en Angleterre par M. Clayton, importées en France par M. Gareau et employées à la Chapelle-Gauthier par M. Lauret. Le prix de ces claies est de 1 franc. M. Gastelier, qui, en collaboration avec M. Armitage, avait commencé à fabriquer à Paris des tuyaux de drainage, il y a quatre ans, lorsque ce mode d'assainissement des terres n'était pas encore assez connu pour qu'un fabricant trouvât à vendre des tuyaux, et qui depuis a malheureusement renoncé à cette industrie, faisait ses claies d'une façon plus économique ; leur prix n'était que 0 fr. 25 c. La figure 73 en représente le plan ; la longueur est de $0^m.60$, la largeur de $0^m.36$. Deux tringles de $0^m.06$ de large et $0^m.03$ d'épaisseur sont sur les deux côtés ; deux tringles de $0^m.03$ en largeur et $0^m.015$ en épaisseur sont au milieu. Deux tringles de

(1) Voir p. 187.

0^m.36 de long, 0^m.06 de haut et 0^m.03 d'épaisseur forment les poignées. Cette disposition

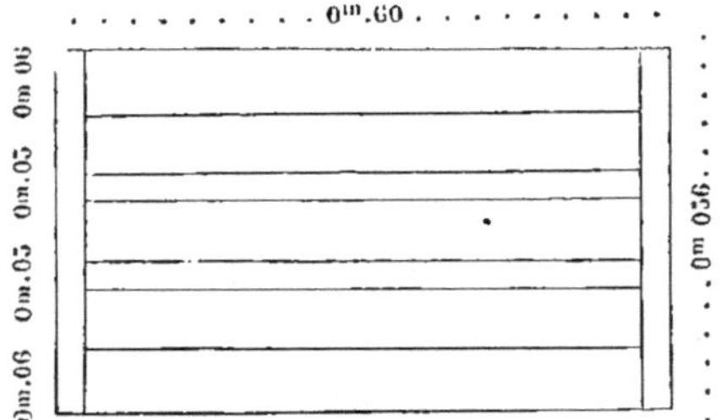

Fig. 73. — Plan d'une claie.

s'aperçoit nettement par la figure 74, qui donne

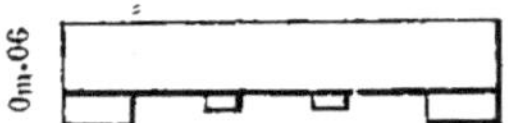

Fig. 74. — Vue latérale d'une claie.

une élévation latérale de la claie et par la
figure 75, qui en fournit une vue en perspec-

Fig. 75. — Claie vue en perspective.

tive. Ces claies, il est vrai, ne peuvent contenir
que 9 à 10 tuyaux du petit modèle (0^m.03 de
diamètre intérieur).

Pour effectuer la première dessiccation qui
précède le moment où les tuyaux sont assez
fermes pour être empilés, on place les claies
les unes au-dessus des autres dans la première
chambrée du séchoir, et on peut ainsi en met-

tre jusqu'à sept, comme l'indique la figure *a*
de la planche III que nous avons donnée précédemment pour représenter une coupe du séchoir Clayton.

M. Gastelier superposait jusqu'à vingt de ses
petites claies (fig. 76). Il n'avait pas de han-

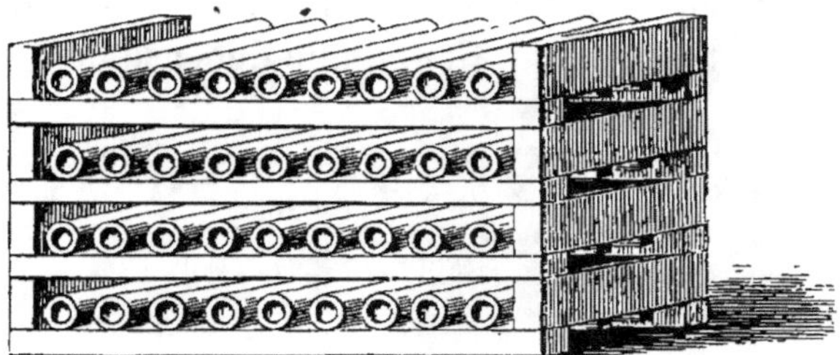

Fig. 76. — Claies superposées pour la dessiccation des
tuyaux.

gar, mais il faisait la première dessiccation en
plein air en couvrant la claie supérieure, la
vingtième, d'un petit toit qu'on aperçoit en
coupe (fig. 77) et en perspective (fig. 78). La

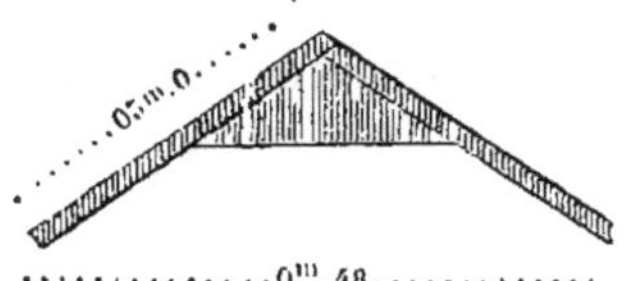

Fig. 77. — Coupe du toit couvrant les claies
superposées.

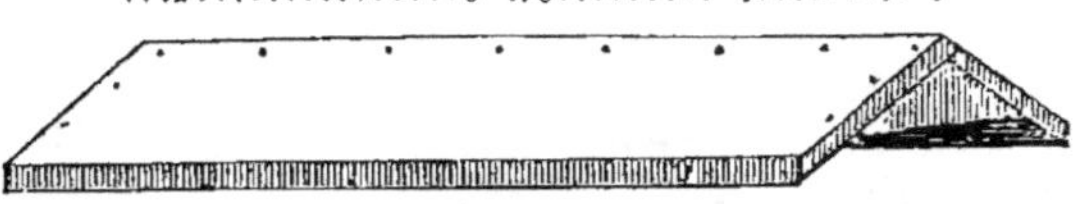

Fig. 78. — Toit recouvrant les claies superposées.

longueur est de 0^m.70, l'écartement des planches à la base du toit est 0^m.48, et la largeur de ces planches 0^m.30.

A 9 petits tuyaux par claie, il y a 180 tuyaux sous chaque petit toit, et pour loger une fabrication de 5,000 tuyaux par jour, 556 claies et 28 toits, ce qui donne une dépense de

<pre>
    556 claies à 0^f.25..........   139 fr.
     28 toits à 0.50.........   14
                                  ————
              Total.........   153 fr.
</pre>

Il faut doubler cette dépense et la porter à 306 fr., afin de pouvoir abriter une fabrication de deux jours, parce qu'on ne peut pas espérer d'avoir toujours des claies dégarnies au bout de vingt-quatre heures. Sur une longueur de 9 mètres, deux doubles rangées de claies abritent toute cette fabrication. La dépense doit être estimée un cinquième en sus pour les tuyaux de 0^m.06 de diamètre intérieur.

La première dessiccation des tuyaux pourrait certainement s'effectuer sur une aire sablée, ou, quand le pays en possède, sur une aire en craie pulvérisée et battue qui absorberait l'humidité; mais le séchage s'effectue mieux dans les claies.

Dans la fabrique de M. Rotschild, à Ferrières (Seine-et-Marne), les claies chargées de tuyaux ne sont pas portées au séchoir à bras d'homme, mais superposées sur un petit chariot qui est amené devant la machine sur un petit chemin de fer. Ce chemin règne tout le long du séchoir, hangar à claire-voie du genre des hangars que nous avons décrits précédemment (fig. 66 [1]); le chariot chargé de claies, poussé par un enfant, est amené devant les tablettes sur lesquelles les claies sont déposées les unes au-dessus des autres. Au bout de vingt-quatre heures ou de quarante-huit heures, on procède à l'empilement sur d'autres tablettes, et les claies deviennent libres.

Dans la fabrique de M. de Rougé, au Charmel (Aisne), les tuyaux sont déposés dans des casiers en planches placés sur plusieurs rangs parallèles, couverts en planches, et abrités du côté de l'ouest contre la pluie à l'aide d'espèces de balais en genêt. Les choses sont installées avec le moins de luxe possible; c'est le contraire de la fabrique de M. de Rotschild, et en le disant, nous entendons faire, non le blâme, mais l'éloge de la fabrique de M. de Rougé. L'agriculture ne peut payer des frais luxueux.

Les tuyaux, pendant le premier moment de leur dessiccation, s'affaissent un peu, et

____

(1) Voir p. 191.

perdent une partie de l'exactitude de leur forme cylindrique. Cette déformation se manifeste dès la sortie des tuyaux de la filière,
lorsqu'ils glissent sur les toiles sans fins des
machines à décharge horizontale. Pour obvier à
cet inconvénient, M. Vincent, de Lagny (Seine-et-Marne), a remplacé les toiles sans fin
du tablier de la machine Calla par des rouleaux mobiles dont l'un, supportant des tuyaux
de 0ᵐ.06 de diamètre intérieur, 0ᵐ.08 de diamètre extérieur, est représenté par la fig. 79.

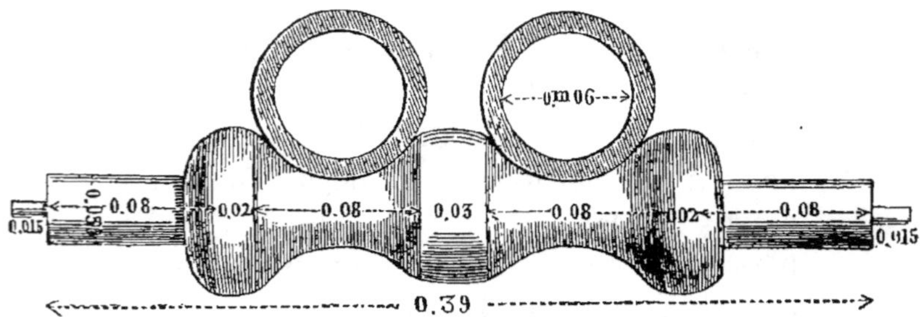

Fig. 79. — Rouleau mobile de M. Vincent.

Ces rouleaux sont en bois tourné, présentant
autant de cavités que la filière peut donner de
tuyaux sur un même plan horizontal. Ils sont
recouverts en peau, et tournent, sous la pression du poids des tuyaux émis par la filière,
sur leurs tourillons dans des coussinets que
portent les deux brancards du tablier de
la machine. Le prix de chaque rouleau s'établit ainsi qu'il suit :

12.

Bois............. 1f.00
2 tourillons....... 0.30
Peau............. 0.50
Façon........... 0.70
────────
Total........ 2.50

La machine Calla, lors de notre visite chez M. Vincent, était armée de 15 rouleaux pareils.

Après avoir ainsi obvié à la déformation des tuyaux pendant l'étirage, M. Vincent empêche encore leur aplatissement pendant la dessiccation à l'aide d'étagères spéciales. Les rayons de ces étagères sont représentés par la figure 80 en élévation longitudinale, et par la figure 81 en projection horizontale. On voit

Fig. 80. — Élévation longitudinale d'une claie de M. Vincent.

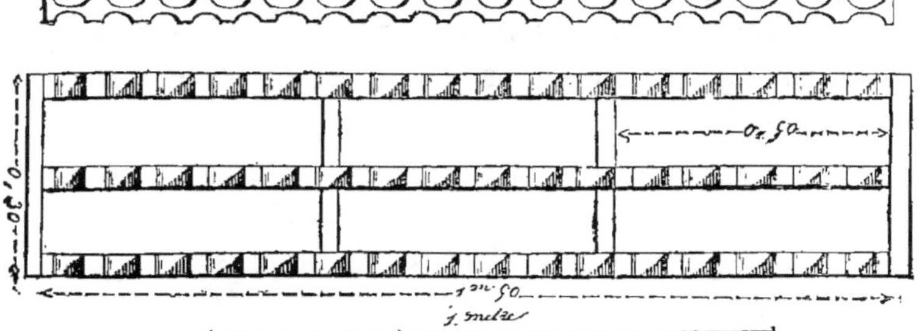

Échelle de 1 1/2 millim. par cent.

Fig. 81.— Projection horizontale d'une claie de M. Vincent.

que ces rayons d'étagères sont formées de trois tringles en bois, longues de 1m.50, et portant des échancrures en nombre égal à celui des tuyaux à supporter. D'un côté, il y a 19 échancrures pour porter les petits tuyaux ($0^m.045$ de diamètre intérieur, et $0^m.070$ de diamètre extérieur, à l'état frais). En dessous, les tringles n'ont que 16 échancrures pour porter, en retournant les rayons des étagères, les tuyaux d'un plus gros diamètre ($0^m.06$ intérieurement et $0^m.08$ extérieurement). L'épaisseur des tringles de bois est de $0^m.035$. Les rayons d'étagères, remplaçant les claies précédemment décrites, sont distantes de $0^m.25$. On en met 8 les unes au-dessus des autres, ce qui donne aux étagères une hauteur de 3 mètres. M. Vincent fait retourner de temps à autre les tuyaux sur les étagères, pour que le dessus devienne le dessous. Il remplace ainsi, dit-il, les frais du roulage des tuyaux. Nous allons parler de cette opération.

CHAPITRE XIX.

Roulage des tuyaux.

Ce n'est pas à la perfection de l'extérieur des tuyaux qu'il faut tenir ; il faut surtout se préoccuper de l'intérieur, qui doit être parfaitement lisse pour permettre un facile écoulement des eaux du drainage. Le fil de laiton qui coupe les tuyaux de longueur produit des bavures, des aspérités qui sont de nature à présenter des obstacles à l'eau, à devenir des points d'attache pour les matières en suspension. On peut, il est vrai, faire disparaître ces bavures en passant le doigt dans les deux extrémités des tuyaux frais. Mais il est mieux, vingt-quatre ou quarante-huit heures après la fabrication, en sortant les tuyaux de dessus les claies et avant de les empiler dans la seconde chambre des séchoirs, de les soumettre au roulage.

Pour faire cette opération, M. Lauret se sert d'une table (fig. 82) faite en beau sapin sans nœuds, longue de $1^m.65$, haute de $0^m.82$ et large de $0^m.48$. Deux ouvriers travaillent aux deux bouts ; ils enfilent dans les tuyaux un mandrin ou rouleau de bois de 60 centimètres de long, et ayant un diamètre un peu moindre que ces tuyaux. Ils roulent ensuite deux ou trois fois les tuyaux sur la table en appuyant sur ces mandrins comme on fait pour étendre de la pâtisserie.

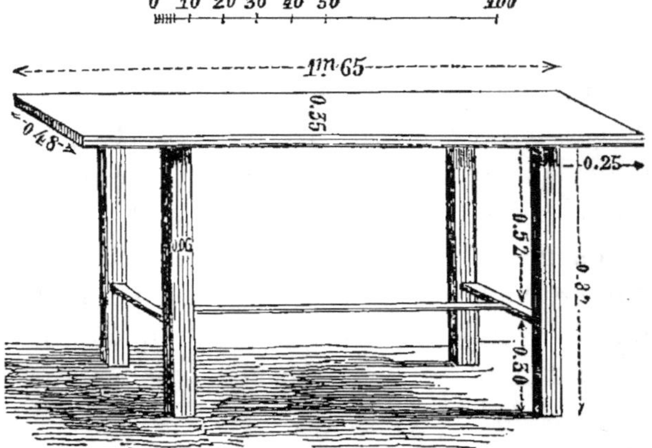

Fig. 82. — Table pour rouler les tuyaux.

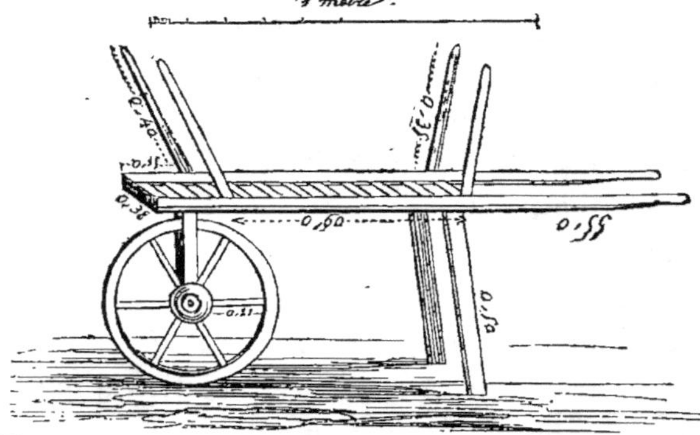

Fig. 83. — Brouette pour porter les tuyaux au séchoir et au four.

Les tuyaux sont ainsi ramenés à une forme
exactement cylindrique; ils sont parfaitement lisses intérieurement. Les ouvriers, chez
M. Lauret, placent les tuyaux roulés dans
une brouette représentée par la figure 83 et
qui est très-commode pour transporter les
tuyaux dans le séchoir, ou du séchoir au four.
Cette brouette, n'ayant que 0^m.38 de large,
peut facilement passer entre les cassiers distants de 0^m.80 du séchoir (pl. I), et tout le

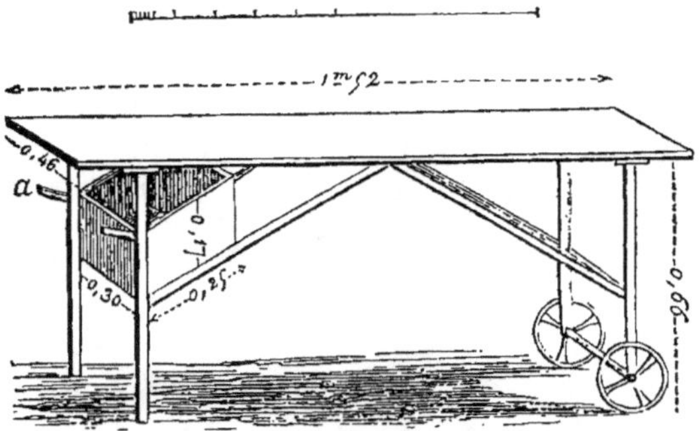

Fig. 84. — Table à roulettes pour rouler les tuyaux.

travail est aisé, malgré le peu d'espace resté
libre.

Dans la fabrique de M. Clayton, on se sert
d'une table à roulettes (fig. 84) pour rouler
les tuyaux. Cette table est munie de deux poignées a, à l'aide desquelles on soulève les
deux pieds de derrière pour faire avancer la

table sur les deux roulettes de devant, et exécuter le travail du roulage dans les travées
qui séparent les claies superposées dans la
première chambrée du séchoir (pl. II). Une
boîte placée en dessous de la table est destinée
à placer les outils de l'ouvrier rouleur et du
sable fin pour jeter sur la table et empêcher
ainsi l'adhérence de la terre des tuyaux sur le
bois.

CHAPITRE XX.

Fabrication des colliers.

Nous avons dit que, pour assujettir les tuyaux bout à bout dans les tranchées de drainage, on les plaçait dans des colliers (fig. 85). Ces colliers ne sont pas autre chose

Fig. 85. — Tuyaux réunis par un collier.

que des bouts de tuyaux ayant 0ᵐ.08 de longueur environ et un diamètre intérieur un peu supérieur au diamètre extérieur des tuyaux posés au fond des tranchées. On fait ces colliers avec des tuyaux d'un numéro supérieur. On se sert pour cela d'une planche rectangulaire (figure 86) garnie de trois lames d'acier parallèles faisant une saillie de 0ᵐ.003 (fig. 87). Ces trois lames sont distantes de 0ᵐ.008. On prend les tuyaux en partie séchés, et on les roule sur cette planche placée sur la table à rouler, exactement comme pour le roulage décrit dans le paragraphe précédent. Le tuyau se

trouve ainsi divisé en tronçons qui n'ont plus
entre eux qu'une assez faible adhérence, mais
qu'on ne sépare qu'après le séchage complet

Fig. 87. — Élévation de la planchette à faire les colliers.

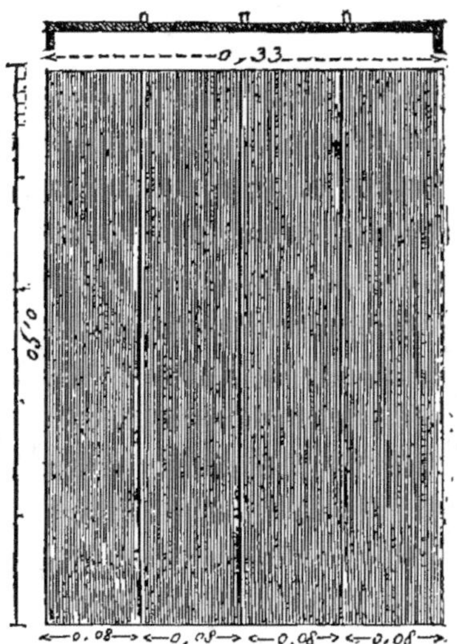

Fig. 86. — Plan de la planchette à faire les colliers.

et la cuisson qui s'opèrent comme pour les
tuyaux ordinaires.

13

CHAPITRE XXI.

De la fabrication en France des machines à faire les tuyaux.

Nous avons donné dans le chapitre XIV qui précède (page 180), les noms de fabricants de machines à étirer les tuyaux, que nous connaissons en France. Nous allons ajouter quelques détails sur cette fabrication.

M. Beauregard a placé, l'an dernier, dans sa briqueterie mécanique de *Maison-Blanche*, sise à Louris, sur la route d'Orléans à Pithiviers, à 14 kilomètres d'Orléans, une machine Clayton, destinée à faire des tuyaux de drainage. M. Beauregard a acheté cette machine à l'École des arts et métiers d'Angers; elle a été faite sur un modèle que le Gouvernement a fait venir d'Angleterre; elle a coûté 550 fr., avec cinq moules à tuyaux et un moule à briques. M. Beauregard pense que ce prix pourrait être diminué, si l'on supprimait le système d'engrenage secondaire qui, dans la machine Clayton, sert à faire remonter le piston lorsqu'on veut remplir les cylindres de terre; il pense aussi qu'on pourrait employer un mode meilleur et plus simple de couper les tuyaux. La terre dont se sert M. Beauregard est la même que celle avec laquelle il fait des carreaux ; elle est marchée à pied nu par les ouvriers, comme cela se pratique dans les tuileries ordinaires. Les tuyaux sont placés debout dans le séchoir. A ces différences près, on suit, dans la fabrique de M. Beauregard, tous les soins que nous avons indiqués.

Il y a une seconde machine Clayton à Cholet (Maine-et-Loire).

Depuis peu de temps, un nouveau constructeur, M. Rouillier, s'est mis à établir à Chelles (Seine-et-Marne), à 19 kilomètres de Paris, des machines à cylindres verticaux. Ces machines sont analogues à celles de Clayton. M. Rouillier en fait trois en ce moment, dont l'une pour M. Vincent, de Lagny, qui a reconnu que les machines à décharge horizontale ne peuvent pas servir à étirer des tuyaux de gros diamètre, et qu'en outre, les machines à caisses rectangulaires ne sauraient épurer convenablement la terre.

M. Rouillier a disposé ses machines de manière à ce qu'elles puissent donner des tuyaux depuis 0^m.035 jusqu'à 0^m.21 de diamètre. On y applique la décharge horizontale que montre le profil (fig. 88) pour les petits tuyaux ; et la décharge verticale pour les gros tuyaux, ainsi que le fait voir la fig. 89, qui donne une vue de face de l'appareil.

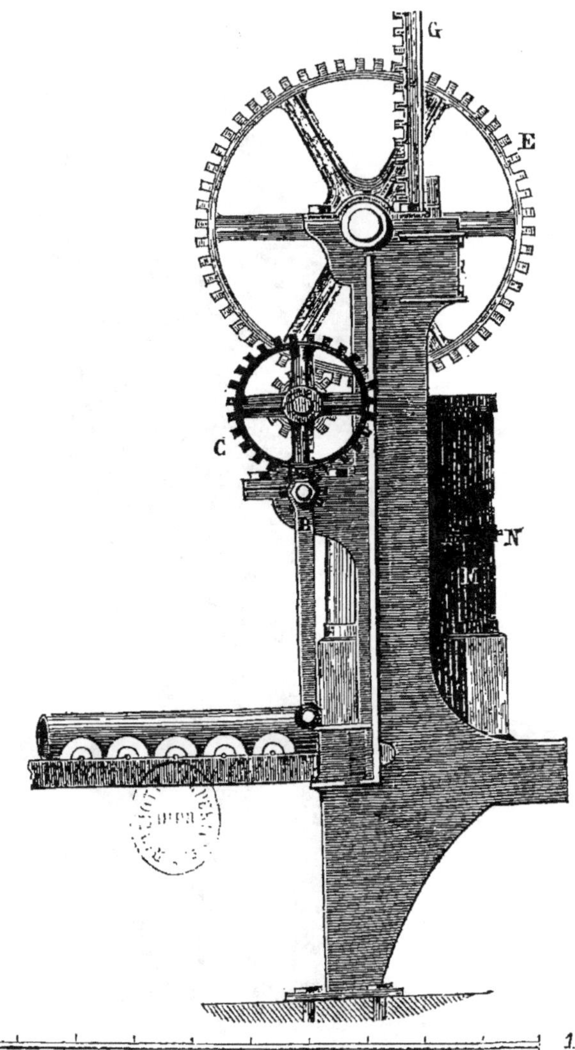

Fig. 88. — Machine à décharge horizontale de M. Rouillier.

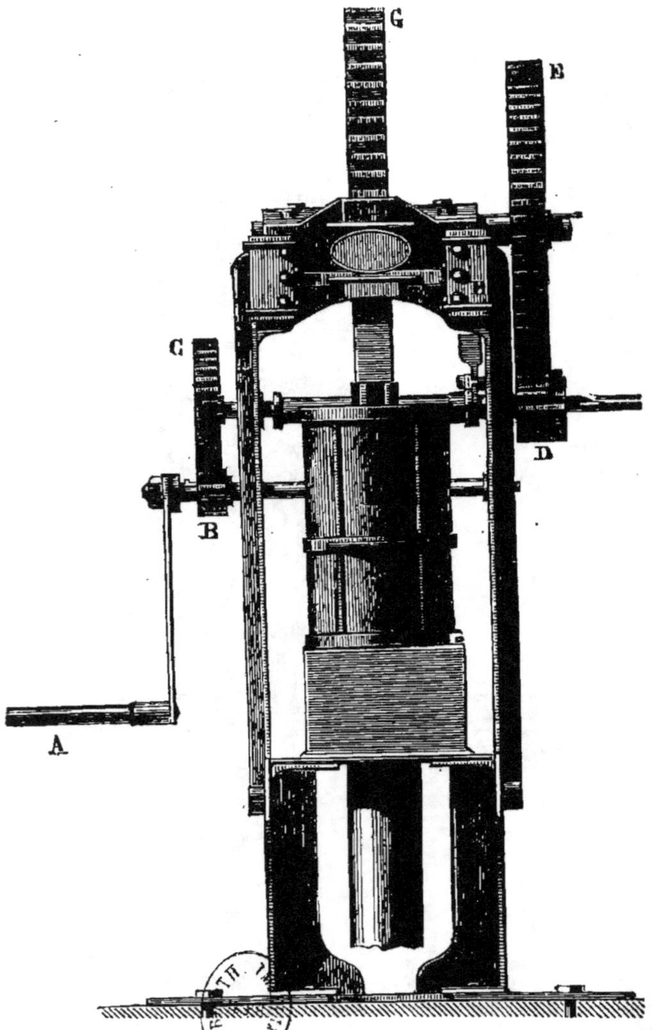

Fig. 89. — Machine à décharge verticale de M. Rouillier.

Une manivelle A met en mouvement un pignon de 11 dents B, qui entraîne une roue dentée de 41 dents C. L'axe de cette roue porte un pignon D de 10 dents qui entraîne une grande roue E de 67 dents. L'axe de cette dernière roue porte enfin un pignon qui entraîne la crémaillère verticale G attachée au piston. On tourne dans un sens pour enfoncer le piston et étirer les tuyaux. On tourne en sens contraire pour retirer le piston et effectuer le remplacement du cylindre M que l'on enlève à l'aide d'oreilles *n*, par un autre cylindre identique que l'on a rempli de terre pendant le premier étirage.

Le prix de la machine, avec vingt numéros de filières graduées, est de 600 fr.

M. Vincent pense que, pour les petits tuyaux, l'étirage sur des tables horizontales est plus rapide que l'étirage vertical ; mais il reconnaît que les tuyaux de grand diamètre, glissant sur des supports qu'ils mettent en mouvement, finiraient toujours par éprouver une forte déformation.

Nous avons vu précédemment[1] que l'on répare la déformation éprouvée par les petits tuyaux soit dans le glissement sur les toiles sans fin des tables de décharge, soit dans la

(1) Voir p. 212 à 215.

dessiccation sur les claies, à l'aide du roulage
que nous avons décrit dans tous ses détails.
Nous établirons, plus loin, l'augmentation que
cette opération apporte dans les prix de revient; cette augmentation est d'autant plus
grande, que les tuyaux ont un diamètre plus
fort. Nous avons vu que M. Vincent évite le
roulage par l'emploi de rouleaux et d'étagères
échancrées dont nous avons donné les dessins [1]. Nous devons ajouter, pour empêcher
tout malentendu, que ces modifications dans
la fabrication des tuyaux de drainage ont fait
l'objet d'un brevet d'invention pris par M. Vincent.

Nous ajouterons encore que MM. Borie
frères ont fait construire une machine pour
faire les briques creuses, dont nous avons dit
quelques mots en deux occasions [2], et qui
peut être appliquée à étirer les tuyaux de drainage. Le sujet nous a paru assez intéressant
pour que nous lui consacrions plus loin un
chapitre spécial.

(1) Voir p. 209 et 210.
(2) Voir p. 110 et 172.

CHAPITRE XXII.

Description des fours à cuire les tuyaux.

Les tuyaux de drainage doivent avoir subi
une assez haute température pour avoir perdu,
quoiqu'on ne les vernisse pas, presque toute
porosité. Après leur cuisson, s'ils sont de bonne
qualité, ils doivent rendre, quand on les frappe
l'un contre l'autre, le son clair et argentin
d'une bonne cloche. Pour obtenir de pareils
résultats, on ne peut pas les cuire dans tous les
fours des briqueteries ou tuileries, qui ne donnent pas toujours une température assez égale
et assez élevée. Cependant il est des fours à
briques qui peuvent être employés sans aucune difficulté : tel est le four de Saint-Meuge
(Vosges), que l'on trouve décrit dans l'*Atlas
du mineur et du métallurgiste* (1850, p. 23,
pl. xxii) et dans l'Atlas du *Traité des arts
céramiques* de Brongniart (p. 42, pl. xv).

La figure 90 donne le plan de ce four à la
hauteur des grilles ; la figure 91 en représente
la coupe suivant la ligne $x\,x$ du plan ; et la
figure 92, la coupe dans un sens perpendiculaire suivant la ligne $y\,y$.

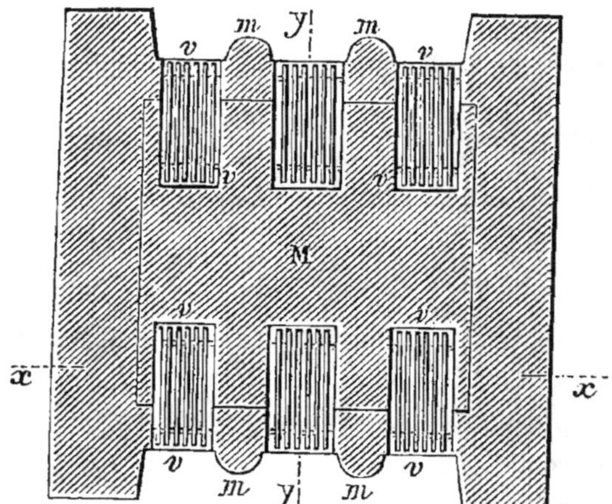

Fig. 90. — Four de Saint-Meuge (plan).

Fig. 91. — Four de Saint-Meuge (coupe suivant la ligne $x\,x$ du plan).

Les grilles g, au nombre de six, sont placées, trois de chaque côté d'un massif M. Elles

15.

sont supportées par des arceaux $v\,v$, qui s'appuient en outre sur de petits m montants jusqu'à la hauteur des grilles, et séparent celles-ci. Les cendres du combustible, qui peut être ici de la houille, tombent dans les cendriers S.

Fig. 92. — Four de Saint-Meuge (coupe suivant la ligne yy du plan).

On place les tuyaux verticalement sur des voûtes faites en briques, qui forment berceau au-dessus des foyers, et qui laissent des interstices pour la circulation de la flamme. Le four est recouvert d'une voûte $n\,n$, en berceau qui supporte au milieu la cheminée T.

Le laboratoire d'un pareil four a pour dimensions 2^{m}.30 en hauteur, 3^{m}.80 en largeur, et 4 mètres en profondeur; sa capacité est de 34.96 mètres cubes ; il peut, en conséquence, contenir, à 750 par mètre cube,

26,000 petits tuyaux. C'est la contenance ordinaire de tous les fours que l'on construit pour la cuisson des tuyaux de drainage. Nous avons vu précédemment, lors de la description de la fabrique établie à l'ancien Institut agronomique [1], que le four qu'on y avait construit sur les plans de M. Lauret pouvait contenir 32,000 petits tuyaux.

Dans la fabrique de M. Vincent, à Lagny,

Fig. 93. — Four de M. Vincent (élévation).

le four a 3 mètres en tous sens; sa capacité est de 92 mètres cubes; il peut contenir de

____

(1) Voir p. 184.

20,000 à 25,000 petits tuyaux. Les figures 93
et 94 en donnent l'une le plan au-dessus des

Fig. 94. — Four de M. Vincent (plan).

voûtes, l'autre l'élévation suivant la ligne AB
du plan. Les voûtes sur lesquelles sont placés
les tuyaux sont construites en briques ; on
pourrait y employer des pierres calcaires,
comme cela se fait dans les fours de la fabrique de Saint-Meuge, que nous venons de décrire, et on aurait ainsi de la chaux à chaque
fournée. Il est bien entendu qu'on laisse des
interstices pour le passage des gaz. Le combustible employé par M. Vincent est la houille ;
il est placé dans les deux foyers I.

Le four est appuyé sur trois faces CD, CE et DF, contre de la terre; la face d'entrée seule en B est libre. Il résulte de cette disposition une économie dans la construction des murailles. Le four n'a pas de cheminée, et il est ouvert à l'air libre; seulement un toit léger GHK, porté par des poteaux convenables sur le sol supérieur MN, le protége contre la pluie. Une porte P, que l'on ferme par un mur léger en briques, permet l'enfournement et le défournement. Le prix de construction d'un pareil four est de 1,000 fr. environ. Pour la cuisson d'une fournée de 25,000 petits tuyaux, il faut, en moyenne, 18 jours ainsi répartis :

Enfournement.......	2 jours.
Petit feu..........	8
Grand feu.........	2
Refroidissement.....	4
Défournement.......	2
Total.......	18

Le grand feu doit être poussé jusqu'à une chaleur presque blanche.

Les deux fours que nous avons vus dans la fabrique de M. de Rotschild, à Ferrières, sont chauffés au bois, chacun à l'aide de trois foyers. Ils sont circulaires et ont 4 mètres de hauteur, ainsi que 4 mètres de diamètre; ce qui donne une capacité de 50 mètres cubes. Ils reçoivent par fournée 25,000 tuiles et 32,000 petits tuyaux. Les foyers sont séparés les uns des autres par des murs en briques de 0^m.80 d'épaisseur, et les gaz de la combustion circulent dans 36 carneaux sous la sole du four. La durée du chauffage est de un mois, temps considérable qui s'explique parce que l'on enfourne peut-être trop vert, c'est-à-dire, avant que la dessiccation soit suffisamment avancée. Les fours sont voûtés, mais ils n'ont pas de cheminées; des ouvertures rangées circulairement laissent échapper les gaz. Ces fours sont établis en plein air, sans aucune garantie contre la pluie et les injures du temps. Il doit se faire une grande perte de chaleur, et la cuisson doit être peu économique. Chaque four exige par fournée 350 fr. de combustible.

En Angleterre, M. Clayton établit ses fours, ainsi que l'indiquent les trois figures 95, 96 et 97, complétement en briques.

La figure 95 en représente le plan. Il y a six foyers placés sur deux rangs opposés. Les deux rangées sont séparées par un mur transversal. Les trois foyers, d'une seule rangée, sont en outre séparés par deux murs en briques D, de 0^m.53 d'épaisseur. Ces murs sont reliés par des briques qui les maintiennent et qui supportent en outre les lits de briques qui forment les carneaux où circule la flamme. Les murs

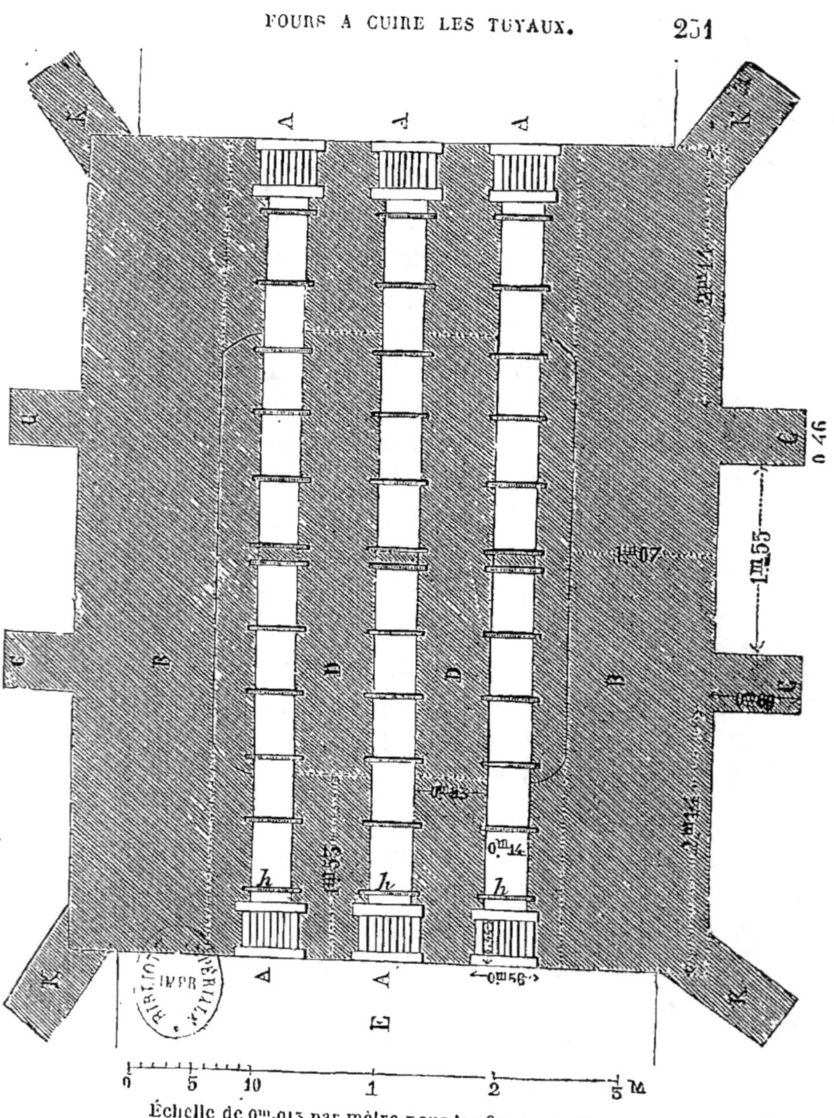

Fig. 95. — Four Clayton (plan).

d'enceinte B ont 1^m.07 d'épaisseur, et ils sont
soutenus latéralement par 4 contre-forts C, et

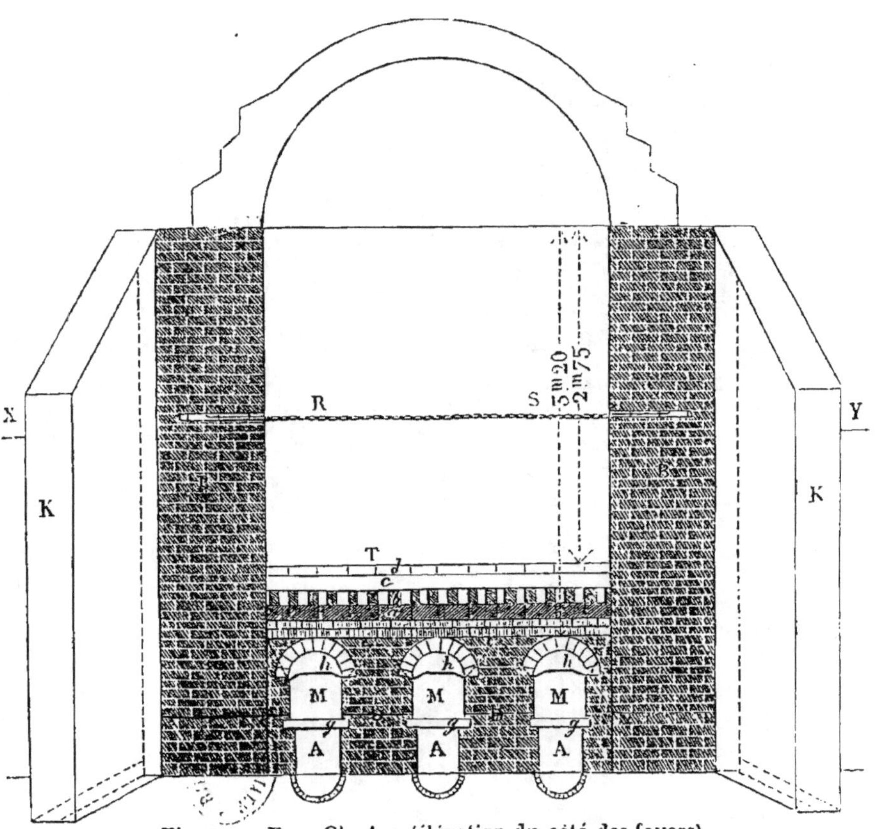

Fig. 96. — Four Clayton (élévation du côté des foyers).

aux quatre angles par quatre autres contre-
forts K. Des chambres sont ménagées en E,
en avant et en arrière, pour les chauffeurs.

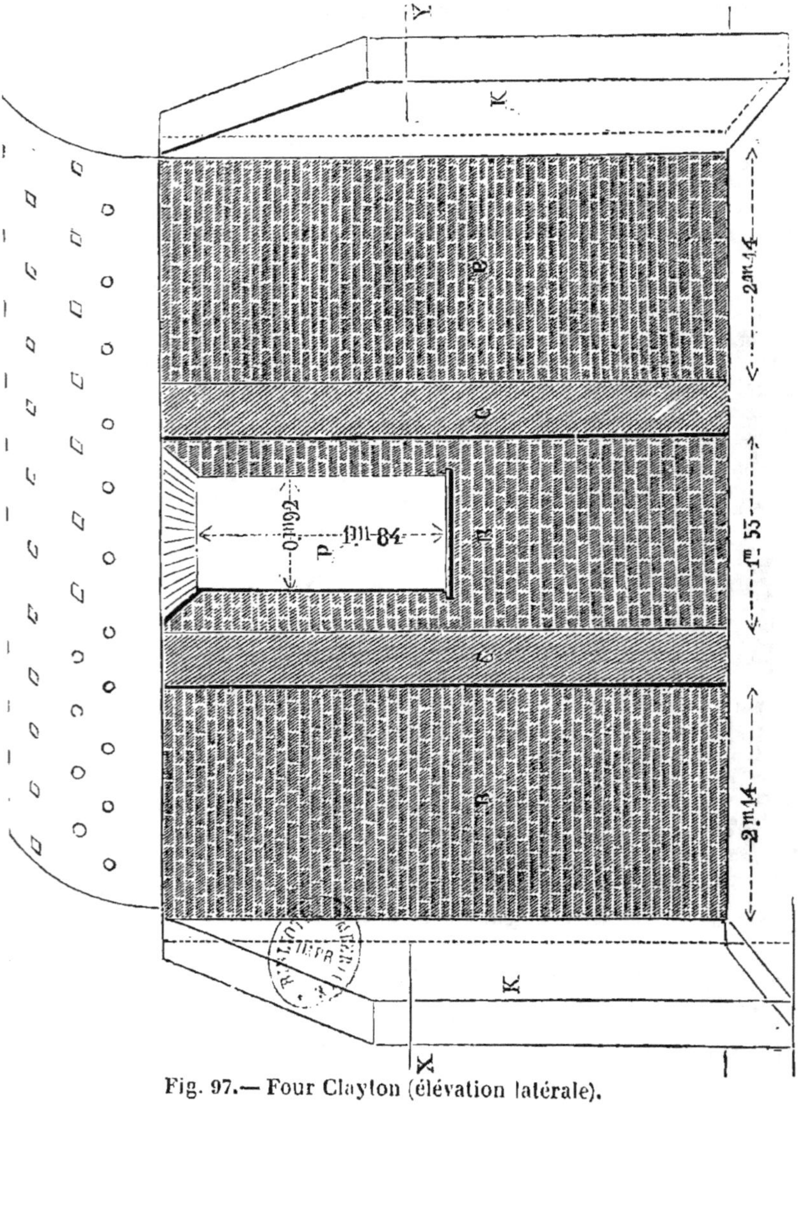

Fig. 97.— Four Clayton (élévation latérale).

Une voûte recouvre le four, ce qui se reconnaît par la figure 96, qui donne une élévation du côté des foyers. En *g* sont les grilles, en M les foyers, et en A les cendriers. Les barres de fer de soutènement se voient en *h*. On aperçoit aussi nettement les murs de séparation D, le mur d'enceinte B, et les contreforts des angles K.

Deux assises de briques, reposant sur les voûtes, laissent onze carneaux pour la circulation de la flamme. Au-dessus, une nouvelle assise *a* est mise de champ dans le bas de la largeur du four; puis viennent l'assise *b* dans le sens de la longueur, l'assise *c* en diagonale, l'assise *d*, où les briques placées à plat sont presque en contact les unes avec les autres, et constituent le lit T du four.

La figure 97 donne une élévation latérale dans le sens de la longueur du four Clayton. On aperçoit en C deux contre-forts latéraux, en K deux contre-forts d'angle, en B le mur de clôture. On voit aussi les ouvertures pratiquées dans la voûte pour l'échappement des gaz. En P se trouve l'une des deux portes de chargement et de déchargement.

Dans la figure 96, on voit en R S une chaîne qui est destinée à maintenir la maçonnerie vers le milieu de sa hauteur; nous avons représenté cette chaîne en plan dans la figure 98.

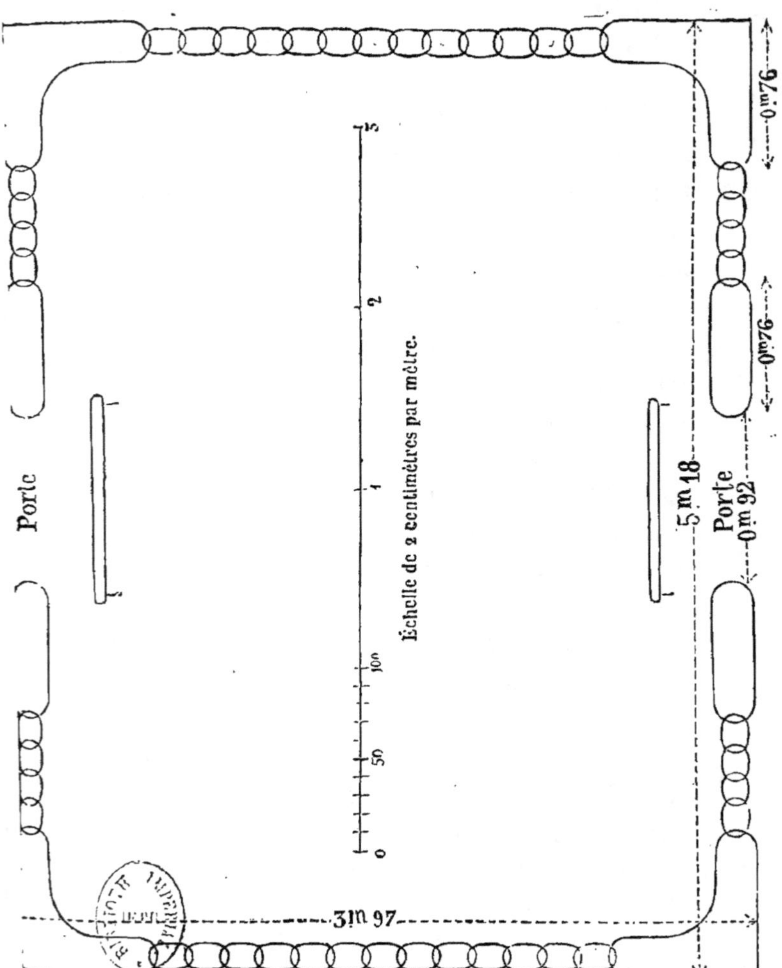

Fig. 98. — Chaine de ceinture du four Clayton.

Les dimensions du laboratoire au-dessus du lit T sont de $2^m.75$ de large, $2^m.75$ de haut et $3^m.66$ de long; ce qui donne une capacité de 28 mètres cubes environ, pouvant contenir 21,000 tuyaux.

Pour élever un pareil four, il faut 41,000 briques ordinaires; 2,500 briques intérieures réfractaires, et 1,000 briques d'arceaux. Les briques intérieures sont reliées par de l'argile ne contenant pas de chaux; le reste de l'ouvrage est construit avec du mortier ordinaire mais de bonne qualité.

Les fours que nous venons de décrire ont l'inconvénient de coûter un prix un peu élevé, et par conséquent de ne pouvoir être économiquement établis que dans des fabriques destinées à une grande fabrication et à une longue existence. Or, les tuyaux de drainage présentent un poids considérable que nous évaluerons plus loin, et il n'en faut qu'une quantité limitée dans chaque localité. Il résulte de cette dernière circonstance qu'une grande fabrique, pour pouvoir se soutenir, est obligée d'expédier les tuyaux au loin. Alors, à cause des frais de transport d'une marchandise à la fois fragile et très-pesante, les tuyaux atteignent un prix trop élevé pour les ressources des agriculteurs. Ces raisons ont déterminé l'invention, en Angleterre, de fours d'argile temporaires, d'un prix peu élevé, qui durent deux, trois ou quatre ans, selon les besoins d'une localité, et qu'on démolit sans regret et sans perte lorsque l'entrepreneur de drainage transporte ailleurs ses ateliers et ses chantiers. En France, où l'emploi de la brique est loin d'être aussi considérable qu'en Angleterre, à cause de l'abondance de nos carrières de pierres, des fours coûteux ne pourraient plus servir, dans beaucoup de nos départements, une fois que les travaux de drainage seraient effectués. Nous croyons donc devoir recommander tout spécialement la construction des fours temporaires en argile.

Nous trouvons la description d'un tel four dans une notice de M. Law Hodges, insérée dans le *Journal de la Société d'agriculture d'Angleterre* [1]. La forme est circulaire. On l'aperçoit en élévation (fig. 99); il est couvert par une charpente en planches. On le construit intégralement en terre humide, fortement foulée, qu'on recouvre intérieurement et extérieurement avec dé l'argile plastique.

Pour former les murailles de ce four, on pioche le sol de manière à ouvrir une tranchée circulaire; la terre ainsi déblayée est em-

(1) T. V, p. 551.

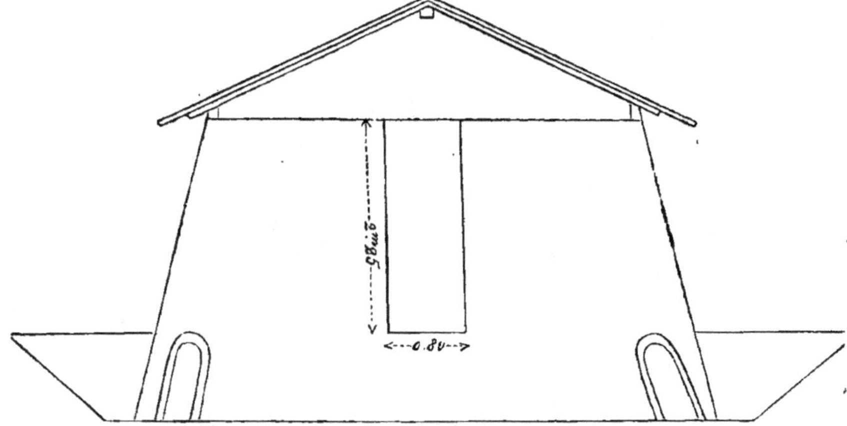

Fig. 99. — Four temporaire en terre (élévation).

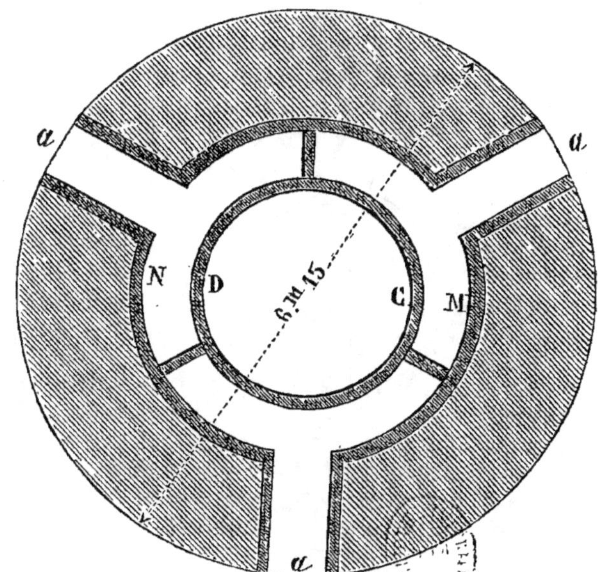

Fig. 100. — Four temporaire en terre (plan suivant la ligne AB de la coupe).

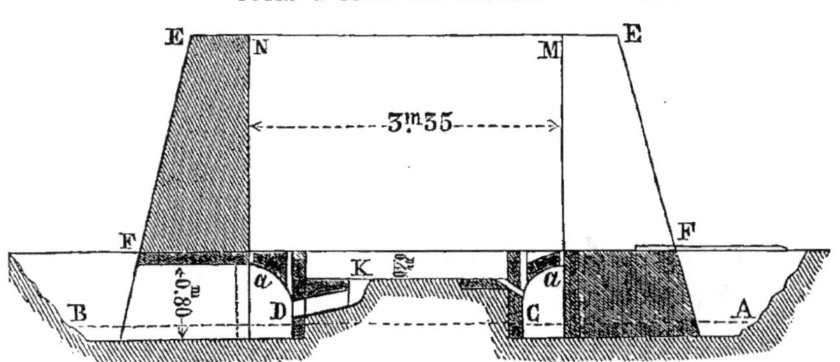

Fig. 101. — Four temporaire en terre (coupe).

Échelle de 1 centimètre pour 1 mètre.

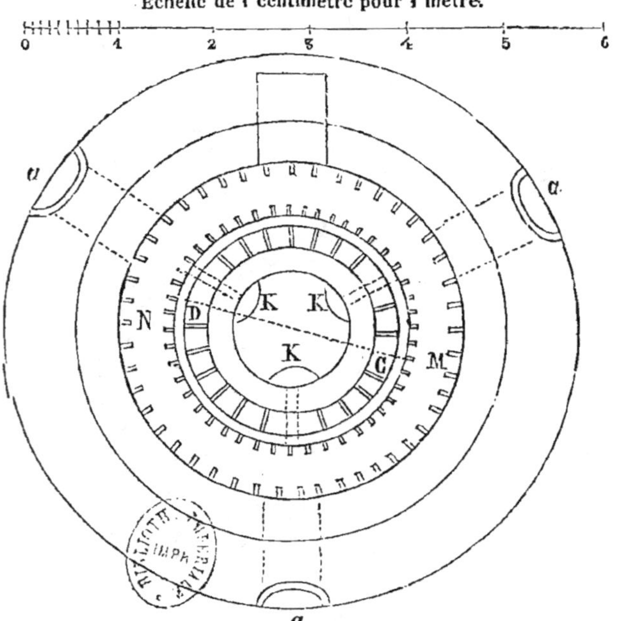

Fig. 102. — Four temporaire en terre (projection sur le
plan supérieur).

ployée à la construction. On laisse une base CD (fig. 100) circulaire, d'environ $1^m.20$ d'épaisseur, et de $1^m.20$ de diamètre. C'est dans cette base qu'on ouvre les carneaux qui doivent conduire dans le four les gaz de la combustion.

Si on doit chauffer au bois, on établit trois alandiers a, que l'on voit dans le plan (fig. 100) du four, fait suivant la ligne AB de la coupe (fig. 101). Si on fait usage du coke, il est nécessaire d'employer quatre alandiers.

Il faut environ 1,200 briques communes pour construire les trois alandiers a et leurs cheminées K (fig. 100, 101 et 102). Dans le cas de l'usage de la houille comme combustible, on emploie un peu moins de briques, mais il faut, en revanche, six barreaux en fer par chaque alandier.

Les murs de terre FEN (fig. 101) ont $2^m.13$ de haut, $1^m.20$ d'épaisseur sur l'aire du laboratoire, et $0^m.60$ au sommet, ce qui détermine le talus extérieur du four E F. L'intérieur est taillé à pic, et on y applique une couche d'argile plastique qui devient assez dure, après le premier feu, pour présenter la résistance d'un mur en briques.

Ce four peut être construit en toute sûreté au mois de mars, ou d'une manière générale, lorsque le danger des injures de la gelée est

passé. Après l'été, on le recouvre de fagots ou
de litière pour le protéger contre la pluie et
le froid de l'hiver.

Le laboratoire a un diamètre M N de $3^m.35$
et une hauteur de $2^m.13$, ce qui correspond à
une capacité de 19 mètres cubes environ. Une
porte qu'on aperçoit dans l'élévation (fig. 99),
et qu'on ferme avec un léger mur en briques,
permet l'enfournement et le défournement.

M. Law Hodges estime dans sa notice que,
d'après les dimensions ci-dessus, le four doit
contenir :

47,000 tuyaux du calibre de $0^m.025$		
32,500	—	—	0 . 032
20,000	—	—	0 . 044
12,000	—	—	0 . 057

Comme les deux derniers calibres sont
moins employés en Angleterre, il évalue à
24,800 le nombre de tuyaux de toutes dimensions de chaque fournée, et comme, durant la
belle saison, on peut faire 15 chauffées, avec
un pareil four, on pourrait fabriquer, selon
M. Hodges :

705,000 tuyaux de $0^m.025$		
ou 487,000	—	0 . 032
ou 300,000	—	0 . 044

Nous verrons plus loin que les tuyaux usités en Angleterre, selon le système de M. Parkes, nous semblent d'un trop petit diamètre,

et nous n'évaluons pas à plus de 14,000 à 15,000 le nombre de tuyaux ordinaires que peut contenir le four que nous venons de décrire.

En tous cas, le prix d'élévation de ce four est remarquablement faible; M. Law Hodges ne le porte qu'à 125 fr.

Dans une lettre adressée en avril 1848 à M. Pusey, M. Hodges [1], pour montrer les avantages du four temporaire en terre, et donner une preuve expérimentale de sa durée et de ses services, s'exprime ainsi : « Le four en question a été construit en juin 1844, et a coûté moins que 125 fr.

« Il a servi quatre fois cette même année, et a donné à chaque fournée de 18,000 à 19,000 tuyaux du diamètre de $0^m.044$.

« En 1845, il a servi à faire neuf fournées d'une durée de quinze jours, et à chaque fournée on a cuit à peu près 19,000 tuyaux.

« En 1846, on a obtenu les mêmes résultats.

« En 1847, il a servi douze fois, toujours en fournissant la même quantité de tuyaux. Dans le courant de cette dernière année, on a dû faire quelques petites réparations qui ne se sont pas élevées à plus de 12 à 13 francs. »

(1) *The Journal of the royal Society of England*, t. IX, p. 198.

CHAPITRE XXIII.

De l'enfournement des tuyaux.

Nous avons compté 18 jours pour la cuisson des tuyaux; cette durée peut être un peu diminuée, en accordant moins de temps au refroidissement après le grand feu et en chauffant un peu plus vite. Nous ne conseillons ni l'un ni l'autre de ces deux partis, parce que un refroidissement trop brusque ou une chaleur trop vivement appliquée donnent lieu à un déchet qui peut devenir trop considérable. Si l'on pousse le feu trop rapidement, l'eau qui reste dans le tuyau séché à l'air, se formant tout à coup en vapeur au lieu de s'échapper lentement, brise la poterie. D'un autre côté, l'air froid, arrivant sur une poterie très-chaude, la fait également éclater. Ce dernier danger est moins à redouter que le premier. Il y a toujours, en effet, un déchet dans la cuisson, et on ne peut guère le faire descendre au-dessous de 2 pour 100. Il faut, pour qu'il soit réduit à son minimum, n'enfourner que des tuyaux bien secs; dans beaucoup de fabriques on n'accorde que trois ou quatre jours à la dessiccation dans les séchoirs, et à moins de très-beau temps fixe, c'est un délai trop court.

D'après des pesées que nous avons faites, les tuyaux perdent en séchant et ensuite en cuisant les quantités d'eau suivantes. Nous avons opéré sur trois sortes de tuyaux provenant des fabriques de MM. Lauret, Thackeray et Vincent, ayant tous la même longueur de $0^m.32$ à $0^m.33$.

	Lauret.	Thackeray.	Vincent.
Diamètre extérieur..........	$0^m.055$	$0^m.055$	$0^m.060$
Diamètre intérieur..........	0.035	0.040	0.040
	kil.	kil.	kil.
Poids de 1,000 tuyaux frais...	1,370	1,148	1,187
— séchés.	1,203	970	1,009
— cuits..	1,013	759	957

De ces chiffres, nous concluons les pertes suivantes, pour un poids de 100 kil. de terre fraîche :

	Lauret.	Thackeray.	Vincent.
Pendant la dessiccation....	12.26	15.50	14.99
Pendant la cuisson........	13.86	18.38	4.38
Perte totale...	26.12	33.88	19.37

La perte pendant la dessiccation consiste intégralement en eau ; la perte pendant la cuisson provient à la fois d'eau et d'acide carbonique chassés par la chaleur. Tandis que la première perte reste comprise entre 12 et 15 p. 100, la seconde varie de 4 à 18. Il est à remarquer que les tuyaux de M. Thackeray ne présentent qu'une épaisseur de $0^m.0075$; ceux de MM. Lauret et Vincent en ont une de $0^m.01$.

L'usage de placer les tuyaux debout facilite beaucoup la cuisson ; il en résulte, en effet, un nombre de cheminées verticales égal à celui des tuyaux qui tiennent sur l'aire du laboratoire. Les gaz passent dans toutes ces cheminées avant de s'échapper, et répartissent convenablement la chaleur. Le tirage se fait peut-être avec trop d'activité, et il est bon, dans les premiers temps de la mise en feu, de couvrir le four avec des planches que l'on enlève plus tard.

Quand on a à enfourner des tuyaux de divers diamètres, on les place les uns dans les autres. D'après des renseignements que nous a donnés M. Thackeray, avec sa grande et sa petite machine, ce fabricant fait des tuyaux des six dimensions suivantes :

Nos des tuyaux.	Diamètre extérieur.	Diamètre intérieur.	Épaisseur.
1....	$0^m.045$	$0^m.065$	$0^m.010$
2....	0 . 057	0 . 090	0 . 016
3....	0 . 085	0 . 113	0 . 014
4....	0 . 111	0 . 143	0 . 016
5....	0 . 140	0 . 175	0 . 017
6....	0 . 168	0 . 2 .6	0 . 019

Pour enfourner il emboîte ensemble les nu-

14.

méros 1, 3 et 5, d'une part ; 2, 4 et 6, d'autre part.

M. Lauret, dans la fabrique fondée par M. Gareau à la Chapelle-Gautier (Seine-et-Marne), fait quatre sortes de tuyaux, ainsi qu'il suit :

Nos des tuyaux.	Diamètre intérieur.	Diamètre extérieur.	Épaisseur.
1....	0^m.035	0^m.055	0^m.0100
2....	0 . 045	0 . 070	0 . 0125
3....	0 . 060	0 . 085	0 . 0125
4....	0 . 075	0 . 100	0 . 0125

M. Lauret emboîte le n° 1 dans le n° 4.

Cette disposition des tuyaux les uns dans les autres n'a pas, du reste, une grande importance, à cause du petit nombre de tuyaux des forts numéros employé par rapport à la quantité considérable de tuyaux n° 1 usités dans les drainages. Voici, par exemple, les proportions dans lesquelles les tuyaux de divers diamètres sont employés pour 1,000, d'après l'expérience du drainage de 120 hectares :

Nos.	Tuyaux.
1........	700
2........	250
3........	60
4........	40
Total...	1,000

Quand il est nécessaire de donner passage à un fort écoulement d'eau, on peut placer au fond des tranchées plusieurs tuyaux superposés. C'est le parti que prennent la plupart des draineurs, et alors des tuyaux de diamètres variés sont moins nécessaires. M. Vincent ne fait, en conséquence, que deux sortes de tuyaux, savoir :

Nos	Diamètre intérieur.	Diamètre extérieur.	Épaisseur.
1. ...	$0^m.040$	$0^m.060$	$0^m.010$
2. ...	0.060	0.080	0.010

Les tuyaux éprouvent un retrait, tant par la dessiccation que par la cuisson. Dans des mesures que nous avons prises sur des tuyaux n° 1, de la fabrique de M. Lauret, nous avons trouvé :

	Tuyau frais.	Tuyau sec.	Tuyau cuit.
Longueur..........	$0^m.380$	$0^m.340$	$0^m.330$
Diamètre intérieur .	0.038	0.037	0.035
Diamètre extérieur.	0.060	0.058	0.055

Le retrait total est de 13 pour 100, ou d'environ $\frac{1}{8}$ des dimensions linéaires.

A ce propos, nous ne pouvons pas ne pas recommander à tous ceux qui achètent des tuyaux d'en mesurer la longueur. Quand on parle d'un bout de tuyau, il doit être entendu qu'il s'agit d'une longueur de 32 à 33 centimètres. Or, nous avons eu l'occasion de constater que certains fabricants avaient peu à peu rapproché les intervalles de leurs fils coupeurs, de manière à ne plus livrer que des tuyaux cuits de 30, puis de 28 centimètres de longueur. A ce compte, on peut se permettre, par rapport à des confrères plus loyaux ou moins avisés, une apparence de bon marché sur le prix de 1,000 tuyaux ; mais le cultivateur paye tous les frais de la ruse commerciale, car, si chaque tuyau est diminué d'un sixième, il faut un nombre de tuyaux d'un sixième plus grand. Nous pensons, en signalant ce fait, empêcher les employés du plus riche de nos fabricants-banquiers de continuer à percevoir des bénéfices acquis au prix de la rognure de leurs tuyaux.

CHAPITRE XXIV.

Du poids des tuyaux.

Le poids des tuyaux est un élément important d'appréciation du prix des travaux de drainage. Dans le plus grand nombre des drainages que nous avons visités en France, les tuyaux ont été pris aux fabriques par les cultivateurs, qui les ont transportés à l'aide de leurs attelages. Les propriétaires ou fermiers ont acheté les tuyaux à un prix déterminé, à la condition qu'ils viendraient les prendre à la fabrique. De quels frais le transport, dans ces circonstances, doit-il grever un drainage? C'est ce qu'indiquera une connaissance exacte des poids de 1,000 tuyaux de divers calibres. Voici les chiffres que des pesées directes nous ont donnés à cet égard pour des tuyaux d'une longueur de 32 à 33 centimètres:

Tuyaux de M. Lauret.

Nos	Diamètre intérieur.	Diamètre extérieur.	Poids de 1,000 tuyaux.
	m.	m.	kil.
1....	0.035	0.055	1,013
2....	0.050	0.070	1,390
3....	0.060	0.085	1,623
4....	0.075	0.100	2,560

Tuyaux de M. Thackeray.

Diamètre extérieur.	Diamètre intérieur.	Poids de 1,000 tuyaux.
m.	m.	kil.
0.050	0.070	1,190
0.075	0.100	2,080

Tuyaux de M. Vincent.

Diamètre extérieur.	Diamètre intérieur.	Poids de 1,000 tuyaux.
m.	m.	kil.
0.040	0.060	957

D'après ces chiffres, chacun pourra facilement calculer les frais qu'exigera le transport des tuyaux dans les champs.

|CHAPITRE XXV.

Prix de revient des tuyaux.

Si les tuyaux nous semblent tout à fait indispensables pour effectuer de bons travaux de drainage, nous devons dire, toutefois, que leur valeur n'entre que pour une fraction dans le prix du drainage d'un hectare. Une économie que l'on fait dans leur prix d'achat, malgré son importance réelle, ne doit donc pas être considérée comme une raison déterminante de l'exécution d'une pareille amélioration du sol. Il y a lieu de tenir compte, avant tout, des frais de main-d'œuvre que nous établirons plus tard. Cette remarque nous a paru nécessaire pour qu'on ne se méprît pas sur les avantages que peuvent présenter les tuyaux à très-bon marché, mais d'une mauvaise qualité, que les eaux pourraient corroder et détruire. Une opération de drainage doit être un héritage légué pour jamais, par celui qui l'a exécuté, à tous ceux entre les mains desquels les champs pourront tomber à la suite des siècles.

M. Lauret, ingénieur-draineur et maire à

la Chapelle-Gautier (Seine-et-Marne), nous a remis les détails suivants :

« Six hommes, bien dirigés, font de tout point et par jour, avec la machine Clayton, 3,000 tuyaux numéro 1, ayant 0^m.32 à 0^m.33 de longueur, étant cuits, et 0^m.035 de diamètre intérieur. Cette sorte de tuyaux revient au fabricant de 17 à 18 francs le mille. Cette dépense se décompose ainsi :

	fr.
Terre..	0.85
6 hommes à 1 fr. 75 = 10 fr. 50, dont le tiers est de..	3.50
Roulage.....................................	1.00
Empilage au séchoir........................	1.50
Enfournement et défournement.............	3.00
Main-d'œuvre pendant la cuisson...........	3.00
Combustible (bois).........................	4.50
Total.....................	17.35

M. Vincent, ancien conducteur des ponts et chaussées, qui fabrique à Lagny (Seine-et-Marne), nous a, d'un autre côté, remis les détails suivants, pour 1,000 tuyaux de 0^m.040 de diamètre intérieur :

	fr.
Extraction de 0.3 mètre cube de matières premières (argile et rougette).................	0.50
Transport à la fabrique......................	0.50
Mélange des terres..........................	0.50
Malaxage à la batte et à la pelle.............	3.00
Report.............	4.50

                                          fr.

                        Report.............. 4.50
Étirage à la machine...................... 3.50
Soins donnés pour le retournement et l'empi-
    lage au séchoir........................ 1.00
Transport au four.......................... 0.50
Rangement dans le four..................... 0.25
Soins pendant la cuisson................... 2.00
Combustible (200 kil. de houille).......... 5.00
Défournement............................... 0.50
                                            ———
                        Total.............. 17.25

« A cette somme il faut ajouter 5 fr., pour intérêts du capital engagé, usure des outils, loyer, impôts (400 fr.), etc., ce qui porte le prix de revient à 22 fr. sur place. »

M. Vincent regarde le roulage comme une cause d'un déchet qui s'élève par la casse de 15 à 20 pour 100.

M. Vitard, secrétaire de l'Association de drainage de l'Oise, nous a adressé sur sa fabrication de précieux renseignements. Cette association livre les tuyaux aux cultivateurs à prix coûtant. M. Vitard fait faire trois sortes de tuyaux, ainsi qu'il suit :

N°s des tuyaux.	Diamètre intérieur.	Poids de 1000 tuyaux.	Prix de revient de 1000 tuyaux.
	m.	kil.	fr.
1.....	0.0250	680	16.21
2.....	0.0337	980	22.13
3.....	0.0575	1,400	35.27

« La terre employée, dit M. Vitard, facile à

travailler, facile à cuire, ne contenant aucune matière étrangère, ne nous coûte que 2 fr. 75 le mètre cube, rendue sur place. Le mètre cube pèse 2,200 kilog. Cette terre est prise à 500 mètres de nos ateliers. On y ajoute 2 pour 100 de sable.

« Nous payons pour fabrication, roulage, séchage, enfournement, cuisson, défournement et placement en tas, 9 fr. le mille du petit modèle; nous comptons à l'ouvrier 2 tuyaux moyens pour 3 petits, et un gros tuyau pour 2 petits. La cuisson faite au bois nous revient à 6 fr. le mille.

« La machine Thackeray que nous employons, servie par trois hommes et un enfant, permet de confectionner 5,000 petits tuyaux par jour; mais il faut les rouler le lendemain ou le surlendemain, afin de leur rendre la forme régulière qu'ils perdent tous un peu plus, un peu moins, par suite du retrait de la terre, au séchage, qui s'opère d'une manière d'autant plus convenable que la chaleur atmosphérique est moins forte. Un homme peut rouler 2,000 tuyaux par jour. »

A côté des prix de revient, nous allons maintenant placer les prix de vente.

Il faut savoir gré, aux fabricants qui nous ont donné les détails précédents, de leur complaisance. Tout le monde n'aime pas à livrer ainsi le secret de ses bénéfices. Peut-être nous-même eussions-nous évité de commettre une sorte d'indiscrétion, si l'intérêt agricole n'était ici engagé. Ne pouvons-nous pas faire observer d'ailleurs, pour excuse, que chacun peut gagner à ce que les prix précédents soient abaissés de manière à réduire aussi ceux qui vont suivre.

Voici les prix de vente de M. Lauret :

Nos des tuyaux.	Diamètre intérieur. m.	Prix de 1000 tuyaux. fr.
1........	0.035	22
2.......	0.045	27
3.......	0.060	37
4.......	0.075	47

Ceux de M. Vincent sont :

Nos des tuyaux.	Diamètre intérieur. m.	Prix de 1000 tuyaux. fr.
1.......	0.040	28
2.......	0.060	30

Voici des prix d'une autre fabrique :

Nos des tuyaux.	Diamètre intérieur. m.	Prix de 1000 tuyaux. fr.
1.......	0.030	16
2.......	0.040	23
3.......	0.050	35
4.......	0.060	42
5.......	0.090	65

Ces prix proviennent de renseignements qui

nous ont été fournis par M. Delacroix, ingénieur des ponts et chaussées, pour la fabrique de M. Valentin, à Orléans ; les tuyaux sont faits avec la machine Whitehead, et ont une longueur de $0^m.30$ à $0^m.31$.

M. Delacroix nous a aussi communiqué les prix des tuyaux faits avec la machine Clayton, à la tuilerie de M. Beauregard, à 14 kilom. d'Orléans, dont nous avons eu l'occasion de parler plus haut ; ces prix sont :

Nos des tuyaux.	Longueur.	Diamètre intérieur.	Diamètre extérieur.	Prix de 1000 tuyaux	
				pris au four.	rendus à Orléans.
	m.	m.	m.	fr.	fr.
1. ...	0.28	0.022	0.030	15	16
2. ...	0.36	0.026	0.040	20	22
3. ...	0.36	0.035	0.050	22	24
4. ...	0.37	0.045	0.070	34	36
5. ...	0.37	0.095	0.130	80	92
6. ...	0.38	0.140	0.180	140	160

Pour qu'on ait une idée de l'état actuel de l'industrie de la fabrication des tuyaux de drainage en France, par rapport à ce qui se passe dans des pays où elle est plus ancienne et plus avancée, nous citerons quelques chiffres qui concernent la Belgique et l'Angleterre.

Dans son troisième Rapport au gouvernement de Belgique sur l'état du drainage dans ce pays, M. Leclerc indique les prix de vente qui suivent ; il est à noter que les draineurs

belges emploient toujours les manchons ou colliers pour relier les tuyaux.

		Prix de 1000 tuyaux pris à l'usine dans les fabriques de	
N^{os} des tuyaux.	Diamètre intérieur.	Haine St-Pierre, Tubize, Gembloux, St-Gilles-lez-Liége, Ghislenghien.	Audenarde.
	m.	fr.	fr.
1....	0.025	15	16.00
2....	0.035	18	19.25
3....	0.050	22	24.00
4....	0.060	25	29.00
5....	0.080	32	35.00

Les manchons des tuyaux précédents se
vendent :

	Prix de 1000 manchons pris aux fabriques de	
N^{os}.	Haine St-Pierre.	Audenarde.
1	4^f.50	5^f.50
2	5.50	6.50
3	7.00	7.50
4	11.00	8.50
5	18.00	11.00

M. Leclerc donne aussi le détail du prix de
revient de 1,000 tuyaux. Il s'agit de tuyaux
de $0^m.025$ de diamètre intérieur, fabriqués
par M. Jounieaux, de Thumaide. « Ce potier,
dit M. Leclerc, extrait la terre qui lui sert à
faire les tuyaux à 1,500 mètres de sa fabrique,
dans un champ qu'il loue à cet effet à raison
de 8 fr. la verge, et qu'il est obligé de niveler
après que la veine d'argile est épuisée. La terre
subit une première manipulation sur le lieu

d'extraction ; elle est ensuite corroyée à l'aide d'un pétrin mis en mouvement par deux vaches. Les tuyaux sont moulés avec la machine Williams, et cuits, partie au bois, partie avec de la houille des environs de Mons. » Le prix de revient s'établit ainsi, pour 1,000 tuyaux et 1,000 manchons :

Extraction, manipulation et transport de la terre à la fabrique....................	2^f.00
Corroyage de la terre au moyen du pétrin.	1.00
Transport de la terre du pétrin à la machine à mouler les tuyaux et moulage........	1.20
Transport des tuyaux et des manchons sur les séchoirs.........................	0.80
Roulage des tuyaux......................	0.50
Transport au four et enfournement.......	1.40
Bois, houille et main-d'œuvre pour la cuisson..............................	1.35
Défournement.........................	0.25
Total....................	8.50

Ce fabricant vend ses tuyaux ainsi qu'il suit, pris à la fabrique :

Nos.	Diamètre intérieur.	Prix de 1000 tuyaux.	Prix de 1000 manchons correspondants.
	m.	fr.	fr.
1.....	0.025	13.50	3.00
2.....	0.040	18.00	4.00
3.....	0.050	20.00	5.00
4.....	0.060	24.00	6.00
5.....	0.080	32.00	9.00

Ces prix sont très-notablement inférieurs à

ceux des tuyaux faits en France; la grande différence que nous constatons provient surtout des frais de cuisson, du haut prix du combustible. En Belgique, on ne compte pour la cuisson que 1 fr. 35 c., et nous avons compté, chez M. Lauret, 7 fr. 50 c.; chez M. Vitard, 6 fr.; chez M. Vincent, 7 fr.

Les prix de revient, en Angleterre, sont encore beaucoup plus bas qu'en Belgique; mais les prix de vente sont presque les mêmes. Voici comment M. Hodges établit les prix de revient et de vente des tuyaux fabriqués avec le four temporaire, que nous avons décrit plus haut, et avec la machine de Hatcher:

Nᵒˢ.	Diamètre intérieur. ni.	Prix de revient de 1000 tuyaux. fr.	Prix de vente de 1000 tuyaux. fr.	Nombre de tuyaux trainés par un chariot attelé de 4 chevaux.
1	0.025	5.94	15.00	8,000
2	0.032	7.50	17.50	7,000
3	0.044	10.00	20.00	5,000
4	0.057	12.50	25.00	3,500
5	0.070	15.00	30.00	3,000

Tous ces tuyaux ont une longueur excédant $0^{m}.305$, étant cuits.

CHAPITRE XXVI.

Tuyaux poreux.

On a eu l'idée, il y a près de dix ans en Angleterre, et il y a quelque temps seulement en France, de faire les tuyaux, non pas en poterie ordinaire, mais en mêlant à l'argile divers matériaux plus ou moins altérables par le feu. Le but que l'on a cherché à atteindre était le même que celui que se proposaient les inventeurs des tuyaux percés d'un grand nombre de trous. Nous ne croyons pas l'idée heureuse. En tous cas, les matériaux employés dans cette fabrication sont : « la sciure de bois, le tan, les copeaux, les éclats de bois, le charbon de bois, le bois de rebut cassé ou coupé en petits morceaux, du poussier de charbon de terre, de l'asphalte, de la poix ou d'autres substances bitumineuses ou minérales décomposables par le feu. » On comprend que l'action du feu sur ces matières, employées dans la proportion d'un dixième environ, en faisant disparaître une partie de leurs éléments, laisse des tuyaux plus poreux ; mais cette plus grande porosité n'est point nécessaire. La légèreté des tuyaux peut, au contraire, être un mérite, et c'est ce qui a engagé MM. Bouvert père et fils, fabricants à la Villette, près Paris, à entrer dans cette voie.

Mais le but que doivent se proposer tous les fabricants de tuyaux, c'est une production à bas prix. Le bas prix peut seul entraîner les agriculteurs français à faire du drainage sur une grande échelle. Mais le bon marché ne doit pas détourner les fabricants de la bonne qualité, qui se reconnaît à des tuyaux bien sonores, bien droits, bien ronds, sans bavures intérieures vers les extrémités.

CHAPITRE XXVII.

État du drainage en France.

Nous avons dit au chapitre XI, p. 167, que, cette année, 16,800 fr. avaient été accordés jusqu'à la fin d'avril, à divers Comices ou Sociétés d'agriculture, pour achat de machines et encouragement à la pratique du drainage. Depuis cette époque, il a encore été donné dans ce but, 12,600 fr. ainsi répartis :

Ardennes	Société d'agriculture de Mézières	1,200
Ille-et-Vilaine	Département	1,200
Loire	Ingénieur draineur à 300 fr. par mois pendant 10 mois	3,000
Haute-Marne.	Comice de Longeau	1,200
Nièvre	Ferme école de Pousery	1,200
Nord.	Société d'agriculture de Dunkerque	1,200
Deux-Sèvres	Société d'agriculture de Niort.	1,200
Var	Ferme-école de Salgues	1,200
Haute-Vienne.	Département.	1,200
	Total	12,600

Depuis les premiers encouragements da-

tant de juillet 1849, il a été ainsi donné en
totalité, pour l'administration, 85,108 fr. 80 c.

Sur les 9 départements qui viennent de recevoir les encouragements récents de 1853,
il en est six : Ardennes, Ille-et-Vilaine, Haute-
Marne, Deux-Sèvres, Var et Haute-Vienne,
qui n'avaient pas encore participé à cette faveur. Maintenant, le nombre des départements où l'administration est intervenue par
une subvention au drainage, est de 51.

Nous nous sommes procuré des renseignements sur les travaux entrepris dans 36 départements. Nous allons les indiquer soit comme
un encouragement, que la publicité donne
toujours, soit comme un exemple à suivre.
Nous avons aussi pour but d'être utile à ceux
de nos lecteurs qui voudraient aller voir des
opérations faites ou en train de s'effectuer.
L'agriculture doit être une sorte d'enseignement mutuel pour les cultivateurs.

— Le département de l'*Ain*, que l'ordre al-
phabétique amène le premier dans cette revue,
se trouve dans des conditions qui exigent si im-
périeusement le drainage, que dans ses montagnes, de temps immémorial, on y exécute
des assainissements avec beaucoup de sagacité
à l'aide de pierrées. Nous lisons, dans un bon
Mémoire de M. Lamairesse, ingénieur des
ponts et chaussées, sur le drainage, Mémoire

inséré dans le *Journal d'agriculture de la Société d'émulation de l'Ain*, que de pareils travaux souterrains sont souvent mis à jour lors de l'ouverture de routes nouvelles à travers la Bresse. Journellement des assainissements irréguliers se font encore à l'aide de fossés garnis de pierres, et M. Lamairesse cite entre autres les communes de Lelavre, Arbent et Drom ; il croit même que ces drainages irréguliers sont seuls possibles en montagnes. A l'aide des mêmes procédés, en 1845, alors qu'on connaissait à peine parmi nous le nom de drainage, un assainissement tout à fait régulier a été d'ailleurs exécuté à Volognat par M. Maissiat, sur une étendue de 7 hectares. M. d'Angeville, l'auteur de la loi sur les irrigations, vient d'exécuter sur sa propriété une opération semblable. Mais les tuyaux commencent à être employés à la place des pierres, et nous croyons que, dans la plupart des cas, on y trouvera un grand avantage. M. de Westerveller, dans sa propriété de Cornaton, sur la commune de Confrançon, près de Bourg, a drainé 15 hectares, dont 7 de prés arrosés seulement par les pluies, 5 de terres et 3 de marais, à l'aide de tuyaux pris à la tuilerie du Saix, près de Bourg. Cette même tuilerie a fourni les tuyaux employés par M. Andras de Béost, membre du conseil général pour le canton de

Châtillon-les-Dombes, pour le drainage d'un pré de 11 hectares environ, dans la commune de Vonnas, sur la limite de la Dombes et de la Bresse. Enfin, M. de Corcelles, président de la Société d'émulation, a commencé le drainage de ses propriétés près de Bourg, et M. Vincent de Lormet dessèche et draine, à Saint-André-le-Panoux, un étang d'une étendue de 2 hectares, traçant ainsi la marche à suivre, dit M. Lamairesse, pour améliorer la Dombes, on pourrait presque dire pour la conquérir sur les eaux.

A la tuilerie de Saix, les tuyaux coûtent 30 francs le mille, pris à la fabrique, ce qui est un prix trop élevé. Lorsque M. Nivière dirigeait encore l'école régionale de la Saussaie, on s'occupait dans cet établissement de la construction de fours et de séchoirs établis sur les modèles les meilleurs et les plus économiques. Nous espérons que sous la nouvelle direction ce projet n'aura pas été abandonné.

— Le département de l'*Aisne* mérite une mention toute particulière en raison des grands travaux exécutés au Charmel (par Fère en Tardenois), par M. de Rougé. M. de Rougé a d'abord fait venir, en 1851, des ouvriers anglais pour montrer aux gens du pays, par l'exemple, en quoi consistait la pratique du drainage : 40 hectares ont été drainés par ces ouvriers. Aussitôt qu'il a eu formé des agents assez habiles dans l'art nouveau, M. de Rougé s'est mis à diriger lui-même, avec les ouvriers du pays, des travaux de drainage qui, en 1852, ont été exécutés sur 40 autres hectares. Deux notices rédigées, l'une par M. Gomart, l'autre par M. de Rougé, ont fait connaître les résultats curieux de ces remarquables travaux, sur lesquels nous reviendrons, pour en faire apprécier les avantages dans un arrondissement (celui de Château-Thierry) dont le sol est presque complétement argileux et repose en outre sur un sous-sol imperméable de glaise ou de marne grasse.

— Les essais de drainage du département de l'*Allier* ont eu lieu dans l'arrondissement de Gannat, et particulièrement dans le canton d'Ébreuil, où MM. de Bessenaves et de Veauce ont fait venir des machines pour fabriquer des tuyaux, tant pour eux que pour les propriétaires voisins. L'habile directeur de la ferme-école de la Chaise, M. Busuel, a réussi à amener, par le moyen du drainage, une masse d'eau considérable dans sa ferme qui en manquait, en même temps qu'il a assaini une grande pièce de terre. La machine Calla, achetée par la Société d'agriculture du département, au moyen des fonds d'encouragement alloués par le **Gouvernement**, va seulement fonctionner.

—Dans le département du *Calvados* le drainage est encore dans l'enfance. Cependant M. de Caumont en a fait exécuter quelques essais dans ses propriétés. En outre, grâce à son initiative, qui ne manque jamais aux choses utiles, une association s'est formée entre plusieurs propriétaires voulant faire drainer une partie de leurs domaines; une somme de 10,000 fr. a été réunie dans ce but, et il a été décidé que des ouvriers seraient envoyés étudier le drainage dans Seine-et-Marne, sur les travaux exécutés par M. Gareau.

Les tuyaux employés par M. de Caumont ont été fabriqués à 16 kilomètres de Caen, à la fabrique de Moult, dirigée par M. Bourienne, et où MM. Binette, de Pont-l'Évêque; Paris, de Villers-sur-Mer; Bordeaux, de Cambremer, en ont acheté aussi un grand nombre. Dans cette fabrique se trouve la machine Calla; c'est la même machine qu'ont achetée les Sociétés d'agriculture de Pont-l'Évêque et de Bayeux, sur les fonds donnés par le Gouvernement. Il n'a pas encore été fait de drainages à l'aide de tuyaux dans ces deux arrondissements; mais M. de Laboire, président de la Société d'agriculture de Bayeux, a assaini une partie de sa propriété à l'aide de tranchées

ayant le fond garni de pierres sèches recou-
vertes de pierres plates. Les succès ainsi obtenus montrent les avantages que donne le drainage fait suivant les méthodes perfectionnées.
La machine de l'arrondissement de Bayeux
est prise par M. Mosselman, à charge de livrer des tuyaux à 25 fr. le mille.

— Dans la *Charente-Inférieure*, l'arrondissement de Rochefort présente une vaste
étendue de marais ayant un sous-sol argileux
imperméable. Nous ne doutons pas qu'on ne
puisse les assainir et les rendre à la culture
par le drainage. Deux tranchées garnies de
pierres ont fourni de bons résultats, et prouvent
que la machine donnée au pays, quand elle
fonctionnera, rendra de véritables services.

— C'est dans le département du *Cher* que le
drainage à l'aide de tuyaux a été, pour la première fois, exécuté en France. On est rede-
vable de cette initiative à M. Lupin, qui, dès
1845, a commencé à drainer sa terre de Loroy
avec des tuyaux ovales étirés par une machine d'Ainslie. On porte à 100 hectares l'étendue des terres arables drainées par cet agriculteur, qui a publié, sous le titre modeste de
Note sur le drainage par un praticien, une
des meilleures brochures que nous ayons lues
sur ce sujet.

— Dans le département de l'*Eure*, M. de

Montreuil s'est efforcé de faire connaître le drainage par diverses communications faites au
Comice de Gisors, et insérées dans le Bulletin
de cette association. La Société d'agriculture du
département a acheté, sur l'allocation donnée
par le Gouvernement, deux machines Calla
qui n'ont pas encore été employées.

— La Société d'agriculture de l'arrondissement de Morlaix (*Finistère*) a acheté, avec les
fonds d'encouragement, la machine Thackeray, chez M. Laurent, et l'a placée chez un
tuilier qui vend les tuyaux au prix exorbitant
de 40 fr. le mille. Malgré ce prix, un agriculteur, M. Desloges, à Coscoät, a commencé le
drainage de sa ferme, qui compte 74 hectares
à sous-sol imperméable ; beaucoup de terrains
semblables dans l'arrondissement sont peu
fertiles à cause des eaux stagnantes qui empêchent une riche culture ; ils éprouveraient un
grand bien du drainage. MM. de Lescoët,
dans les marais de Pen-ar-Quenquis ; An-
drieux, sur des prairies de la vallée de Quef-
flent ; Homon, sur les prairies du Mindy ;
Tilly et Daniellou, sur des terres arables, à
Locquenoule et Ploujeau, ont aussi fait exécuter des drainages par un draineur-irrigateur,
M. Millet, que la Société d'agriculture de Morlaix a fait venir dans le pays. M. de Lescoët
a publié à ce sujet une Notice intéressante.

Dans la *Gironde*, M. Clamageron fabrique des tuyaux au château de Lambertie par Sainte-Foy, et deux propriétaires, M. Duchâtel au château de Lagrange, et M. Grimail à Saint-Laurent, ont exécuté des travaux de drainage sur une petite échelle. M. Petit-Lafitte a publié dans son journal mensuel, *l'Agriculture*, plusieurs articles intéressants sur ce sujet. M. Passy a rendu compte à la Société centrale d'agriculture des travaux faits sur la propriété de M. Duchâtel; ils présentent cette particularité d'avoir été entrepris dans une vigne. Ce sera une occasion de savoir si, comme plusieurs personnes le pensent, les drains seront bientôt bouchés, ce qui s'opposerait à l'emploi des tuyaux dans de telles circonstances.

— Dans le département de l'*Hérault*, en plein Midi, on ne doute pas de l'efficacité du drainage. On y pratique, en effet, de temps immémorial, des fossés au fond desquels on construit une rigole en pierres sèches, recouverte de pierres plates bien garnies au-dessus d'une couche de cailloux que l'on recouvre en outre quelquefois de paille avant d'y jeter la terre qui doit combler la fosse. On y est fort content de cette opération, qui est certainement beaucoup plus coûteuse que le drainage exécuté à l'aide de tuyaux. La Société d'agriculture a acheté la machine Calla avec les fonds d'encouragement donnés par le Gouver-nement. Cette machine, construite en fonte de fer, s'est montrée trop fragile, ainsi que cela est arrivé en plusieurs autres lieux ; il a fallu faire remplacer successivement par des pièces en fer forgé, 1° un pignon ; 2° un coussinet ; 3° la crémaillère ; 4° les deux crochets qui servent à maintenir le coffre. Elle est placée chez un tuilier qui a la prétention de faire payer les tuyaux 50 fr. le mille, prix par trop exorbitant, et qui n'a pas cependant empêché quelques propriétaires de faire quelques essais.

— Il est peu de départements dans lesquels l'utilité du drainage soit plus grande que dans l'*Indre*. Dans près d'un tiers de son étendue, toute la Brenne, et une partie du Boichot, c'est-à-dire dans les arrondissements de Châteauroux et du Blanc, le sous-sol est formé d'une argile imperméable, de telle sorte que les récoltes sont fort chanceuses dans les années humides. Procurer l'écoulement des eaux qui séjournent sur les terres sans pouvoir être absorbées par le sol, et qui ne disparaissent que par suite de l'évaporation, ce serait rendre non-seulement le bien-être, mais encore la santé aux habitants du pays.

Cependant, le drainage n'a encore été essayé que sur une petite échelle, surtout à cause du manque de capitaux. On estime que quinze hectares environ ont été drainés par huit à dix propriétaires dans des terrains argilo-siliceux. Une machine de Whitehead a été achetée par la Société d'agriculture de Châteauroux, chez M. Julien, à Henrichemont (Cher); elle est placée chez M. Grelet, tuilier à Châteauroux, qui vend les tuyaux à raison de 25 fr. le mille. Le directeur de la ferme-école de Villechaise, et le maire de la commune de Chabris, viennent en outre d'acheter deux autres machines, et on cite M. Milliet comme très-expert dans l'art du drainage.

— Dans *Indre-et-Loire*, M. Mergez, au château du Plessis-Barbe, commune de Neuvy-le-Roy, près Tours, a établi une fabrique de tuyaux.

— Dans le département de l'*Isère* une machine a été achetée, sur les fonds d'encouragement, par le directeur de la ferme-école de Saint-Robert. M. Félix Réal et quelques autres propriétaires s'occupent de faire l'essai de quelques drainages.

— Dans la *Haute-Loire*, M. de Brives, président de la Société d'agriculture du Puy, draine en ce moment, afin de donner l'exemple, un terrain d'une contenance de 2 hectares environ, presque plat, à sous-sol argileux, ne donnant de temps immémorial qu'un foin rare, de mauvaise qualité, ou des récoltes chétives et sans valeur. Une machine Calla, achetée sur les fonds d'encouragement, a été remise à un potier du Puy.

— Le Comice central du département de la *Loire-Inférieure* n'a acheté une machine à étirer les tuyaux qu'à la fin de décembre dernier. L'habile directeur de l'école régionale de Grandjouan a fait en outre l'acquisition d'une machine Clayton, qui lui a été vendue 550 fr. par l'École d'arts et métiers d'Angers.

— Le Comice agricole d'Orléans a voulu donner une vive impulsion à la propagation du drainage dans le *Loiret*. Son président, l'honorable M. Perrot, estimant que, dans la circonscription seule du Comice, il y avait plus de 20,000 hectares réclamant cette amélioration, a proposé que quatre ouvriers terrassiers fussent envoyés chez M. de Rougé, au Charmel (Aisne), pour étudier la pratique du nouvel art. Ces ouvriers ont été dirigés par M. Chabassière, de Châteauneuf, qui s'est fait entrepreneur de drainage à forfait. M. Delacroix, ingénieur des ponts et chaussées, à Orléans, s'est mis à la disposition du Comice pour surveiller les travaux, niveler les terrains, dresser les projets, avec un dévouement dont les amis de l'agriculture lui sont reconnaissants. Les premiers propriétaires ou cultivateurs qui ont voulu mettre à exécution les vœux du Comice, en faisant faire du drainage, sont MM. Saintoin-Leroy, Bobée, Briollet, Migneron. Le Loiret sera bientôt un des départements qui se feront le plus distinguer pour l'adoption de ce nouveau progrès agricole. Nous avons déjà eu l'occasion de citer les deux fabriques de tuyaux de MM. Beauregard et Valentin, à Orléans.

—Un membre du Comice d'Orléans, M. Gillet, propriétaire également dans *Loir-et-Cher*, a voulu que ce département profitât de son voisinage du Loiret, et il y a fait exécuter un premier drainage sur une petite échelle.

— Le département de *Maine-et-Loire*, qui depuis quinze ans a compris l'importance des travaux d'irrigation, ne restera pas en arrière pour l'emploi du drainage. Grâce à MM. Bordillon et Lebannier, il y a déjà près de 10 hectares drainés dans le département, et les résultats obtenus, vivement encouragés par la Société industrielle d'Angers, donneront le branle pour l'exécution de travaux plus considérables. L'École des arts et métiers d'Angers, comme nous l'avons déjà dit, fabrique la machine Clayton.

—Si nous avons dû attribuer à M. Lupin, du département du Cher, l'importation des travaux de drainage à l'aide des tuyaux, il est de toute justice que nous rapportions à M. Gallemand, propriétaire cultivateur à Valognes (département de la *Manche*), l'importation des outils anglais pour creuser les tranchées étroites et l'initiative de l'exécution de pareils travaux. Dès 1839, M. Gallemand a fait connaître dans le Bulletin de la Société d'agriculture de Valognes, par une description détaillée, le mode d'*asséchement* (M. Gallemand n'avait pas osé naturaliser le mot *drainage*) usité en Angleterre et en Écosse pour l'amélioration des terres *fortes, mouillantes*. A cette époque, les machines à faire les tuyaux n'étaient pas encore inventées, et l'emploi des drains en poterie était fort coûteux ; c'est pourquoi M. Gallemand, tout en le signalant, ne le conseilla pas. Cet agriculteur ne s'est pas contenté du reste de faire connaître des travaux *qui allaient jusqu'à décupler le rendement des terres humides ;* il se mit à *drainer* immédiatement sa propriété d'après les procédés mêmes qui lui avaient été indiqués par un cultivateur du comté d'Essex. Ces procédés sont ceux que tout le monde emploie aujourd'hui, à cela près que M. Gallemand ne plaça que des fascines dans ses tranchées, trop peu profondes peut-être (70 à 80 centimètres) ; mais les drains étaient régulièrement espacés, se déversaient dans des drains collecteurs, selon toutes les règles que nous aurons à développer. Ces faits sont à peu près inconnus du reste de la France. Nous avons cru devoir appeler sur eux l'attention, parce que les efforts tentés loin de Paris pour faire progresser l'agriculture ne cessent pas d'être méritants, quoique produits sur un théâtre moins retentissant.

M. le général du Moncel va, du reste, importer dans la Manche l'emploi de tuyaux, en établissant une fabrique à la ferme-école de Martinvast qu'il dirige; il a acheté la machine fabriquée à Chelles par M. Rouillier.

— Depuis l'an dernier seulement on fabrique des tuyaux dans le département de la *Marne*. Cependant, dès 1850, M. Bernaudat, à Landricourt, canton de Saint-Remy-en-Bouzemont, et M. René Desanlis, à Begnicourt-sur-Saulx, canton de Thieblemont, ont commencé l'exécution de drainage : le premier sur 4 hectares, par des lits de gros gravier recouverts de paille, et le second sur 2 hectares, par des tuiles demi-cylindriques reposant sur des soles plates. Une machine Calla ayant été achetée par le Comice du département et placée chez M. Huot, maire et tuilier à Pargny-sur-Saulx, arrondissement de Vitry-le-Français, M. Desanlis a employé des tuyaux en 1852 pour quelques drainages irréguliers. On

cite MM. Huot, Perinet, Garnier, Ponsard
d'Omey, Jacobé de Goncourt, Corbet, parmi
les propriétaires et agriculteurs qui vont employer à des drainages perfectionnés les tuyaux
fabriqués cette année par la machine du Comice. M. Huot vendra les tuyaux ayant $0^m.33$
de long, savoir : 20 fr. le mille, ceux ayant
$0^m.036$ de diamètre intérieur; 32 fr. le mille,
ceux de $0^m.055$; et 47 fr. le mille, ceux de
$0^m.080$. Il n'y a encore que 20,000 tuyaux fabriqués. Le Comice a trouvé un actif et intelligent conducteur de travaux de drainage
dans un ancien sous-officier du génie, M. Ar-
beaumont, qui a été étudier la pratique du nouvel art chez M. de Rougé, au Charmel (Aisne).

— Le Comice de Langres, dans la *Haute-
Marne*, a acheté récemment, chez M. Laurent, rue de Lancry, à Paris, la machine de
Scragg. Un habitant du pays a, dit-on, trouvé
le moyen de sécher et de cuire les tuyaux en
24 heures, à l'aide d'un procédé continu de son
invention, et il a pris l'engagement de livrer,
au prix de 20 fr. au plus, les mille tuyaux
de $0^m.05$ de diamètre intérieur. Il n'y a pas
eu encore de drainage effectué.

— Dans une note qu'il a bien voulu nous
communiquer, M. Jamet porte à 150 le nombre
d'hectares déjà drainés dans la *Mayenne*, à la
fin de 1852. Notre collaborateur, sans pouvoir

fixer l'importance des travaux à exécuter, estime que cette quantité est encore peu de chose relativement aux besoins du département. Une machine à fabriquer les tuyaux existe dans la ferme-école de la Mayenne, habilement dirigée par M. Chrétien, qui fait drainer la totalité de ses terres par ses élèves, de sorte que la contrée ne manquera pas d'ouvriers habiles dans l'art du drainage. M. Chrétien a été étudier les procédés perfectionnés de drainage chez M. Gareau, dans Seine-et Marne. Dans ce département, M. André Bordillon a exécuté (commune de Chatelain) des travaux remarquables consistant dans l'assainissement de prairies par le drainage, et dans l'irrigation de ces mêmes prairies par les eaux souterraines qui en faisaient presque des marais quand elles ne s'écoulaient pas, et qui en constituent la fertilité maintenant qu'elles sont recueillies dans des réservoirs pour être ensuite répandues en temps convenable. Cette double utilité du drainage trouvera de nombreuses imitations. Sur le rapport de M. Jamet, le Comice de Château-Gontier a donné un bon exemple en récompensant le zèle de M. Bordillon par une médaille.

M. Charles d'Etchegoyen, à Montfléaux, près Ernée, dans le même département, a drainé une prairie tourbeuse à sol tellement mobile, que les bestiaux ne pouvaient y pénétrer sans s'enfoncer presque jusqu'au ventre. En quelques semaines, le succès a été complet. On a été tellement frappé du résultat dans le pays, que plusieurs opérations vont être entreprises, et que M. d'Etchegoyen n'hésite pas à monter, pour les travaux de ses propres terres et pour ceux des propriétés voisines, une fabrique de tuyaux sur le plan de celle de la *Compagnie générale*, que nous donnons ci-après (département du Nord).

— Dans la *Meurthe*, MM. de Scitiveaux, de Lignéville, de Vienne et Rollin, ont donné l'exemple du drainage ; il est probable que la machine de Whitehead, que la Société d'agriculture de Nancy possède depuis un an, ne fonctionnera pas en vain.

—M. Van der Straten Ponthoz fait d'utiles efforts de propagation du drainage dans la *Moselle ;* nous avons lieu de croire que bientôt les cultivateurs et propriétaires éclairés du pays entreront largement dans l'application d'une méthode d'assainissement qui augmentera considérablement la valeur de près de 200,000 hectares de terres arables du département.

M. Van der Straten Ponthoz nous apprend, dans une brochure très-remarquable qu'il a publiée récemment sur la pratique du drainage, que le Comice de Metz a fait, comme la Société de Nancy, l'achat de la machine de Whitehead.

Mais déjà MM. Ardant, colonel de génie, propriétaire de *la Tuilerie* près de Foulquemont; Jacquin, à Scy; Gusse, à Luppy; Huot, à la Grange-au-Bois, et plusieurs autres personnes, ont fait ou se disposent à faire des essais. M. Barbey, conducteur des ponts et chaussées, a dirigé le drainage de la propriété de M. le colonel Ardant.

— Deux machines, fabriquées à l'usine de Fourchambault, existent dans la *Nièvre :* l'une, achetée par la Société d'agriculture de Nevers, a été placée chez M. Salomon, directeur de la ferme-école de Poussery, qui possède une tuilerie et des champs susceptibles d'être drainés, et qui a promis de s'occuper activement de la fabrication des tuyaux, non-seulement pour ses besoins, mais aussi pour les propriétaires qui lui en feront la demande. L'autre machine appartient à M. de Boignes, qui avait fait un premier essai de drainage sur sa propriété de Brain, avec des tuyaux achetés dans le Berri, dans une terre marécageuse, aujourd'hui assainie et cultivée en céréales de printemps. M. de Boignes va continuer ses travaux avec des tuyaux de sa fabrication.

— Le département du *Nord* marche à la tête des départements qui ont le mieux compris, après ceux de Seine-et-Marne et de l'Oise, la grande importance des travaux de drainage.

Dans l'arrondissement de Lille, des drainages sur une petite échelle ont été effectués par M. des Rotours, au château d'Avelin ; par M. Ernest Desmoutiers, à Mons-en-Pedève ; et par M. Coget, de Thumeries. M. Demesmay, à Templeuve par Pont-à-Marcq, a fait aussi un drainage remarquable dans un terrain dont l'assèchement n'avait pu être obtenu par des fossés ouverts, et qui est dans un excellent état de culture depuis que des drains y sont placés.

Dans l'arrondissement de Dunkerque, M. Vandercolme s'est mis à l'œuvre dès 1850 ; il a fait venir d'Écosse à cette époque et des ouvriers et des tuyaux ; cette mesure énergique a naturalisé le drainage dans la contrée. M. Vandercolme a fait drainer jusqu'à présent 35 hectares ; nous reparlerons plus tard des résultats qu'il a obtenus.

Dans l'arrondissement de Valenciennes, un essai de drainage a été exécuté par M. Walrand, à Maubeuge, en 1851, sur 1^{hect}.18. Cette année, on estime que plus de 50 hectares seront drainés, et on cite M. Gustave Hamoir parmi les agriculteurs qui se sont décidés à l'exécution de ces travaux. La Société d'agriculture, qui a reçu 1,200 fr. de l'État et 600 fr. du département, a acheté la machine Calla ;

et, à la suite d'une adjudication, elle a obtenu que, moyennant une subvention de 600 fr., le tuilier fournirait des tuyaux à raison de 17^{fr}.70 le mille de 0^m.025 de diamètre; 20^{fr}.70 le mille de 0^m.035; 28^{fr}.70 le mille de 0^m.045; 35^{fr}.70 le mille de 0^m.065; et, en outre, des manchons à raison de 5^{fr}.87 le mille de 0^m.025; 6^{fr}.87 le mille de 0^m.035; 7^{fr}.85 le mille de 0^m.045; et enfin, 10^{fr}.35 le mille de 0^m.065, pendant trois ans, et en quantité proportionnelle à la puissance de la machine.

C'est dans le département du Nord que la Compagnie générale agricole de drainage et d'irrigation, dont le directeur gérant est M. Liron d'Airoles, a commencé ses travaux. Cette Société a pour objet, selon ses statuts, « la fertilisation des terres par le drainage et l'irrigation. Elle opère sur des propriétés achetées, louées, ou qui lui sont concédées pour un certain nombre d'années; elle exécute aussi des travaux à prix débattu ou avec partage de la plus-value. » M. Josiah Parkes, si célèbre en Angleterre pour ses opérations de drainage, est ingénieur consultant de la Société; M. Mangon, ingénieur des ponts et chaussées, a la haute direction des travaux. La Compagnie a fait, sur la propriété de M. de la Serre, au château du Nieppe, près Cassel, dans un sol glaiseux qui n'avait pas été la-

bouré depuis 18 mois, un drainage qui a
transformé ce sol de telle manière, qu'on a pu
y mettre la charrue quelques jours après l'a-
chèvement du drainage et à la suite de pluies
diluviennes. On n'a, en général, demandé à la
Compagnie que le drainage de quelques hectares à titre d'essai. De pareilles opérations
ne pouvaient lui suffire. Elle a acheté à Bavin-
chose, près Cassel, 94 hectares de terre, presque d'un seul tenant. Le drainage de cette
propriété a été commencé au mois d'octobre
dernier, sous la direction de M. Mangon. Ces
94 hectares seront drainés dans le courant de
cette année, et offriront un exemple très-remarquable de ce qu'on peut obtenir par le
drainage. Le sol est, en effet, entièrement
formé de la glaise la plus compacte et d'une
nature telle, qu'on n'y obtient pas une bonne
récolte en 10 années; il est couvert de joncs.
On pourra constater, dès cette année, les effets du drainage. Nous reviendrons sur cet
exemple remarquable.

La Compagnie s'est décidée à monter sur
cette propriété une fabrique importante, où les
machines Calla étireront des tuyaux tant pour
ses besoins que pour ceux des cultivateurs
de la contrée. La figure 103 donne un plan général de l'usine complète, qui aura trois fours
A en face de trois broyeurs B; les ateliers d'é-

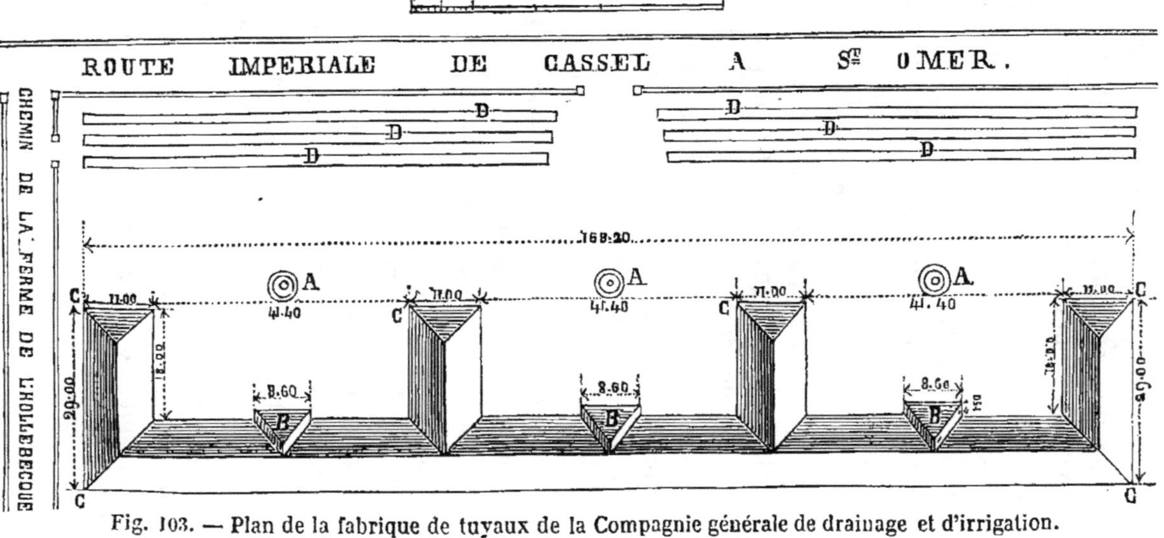

Fig. 103. — Plan de la fabrique de tuyaux de la Compagnie générale de drainage et d'irrigation.

tirage des tuyaux et les séchoirs C sont disposés de manière à présenter toutes les facilités possibles pour le service des machines. Celles-ci circuleront à travers les galeries des séchoirs, qui pourront recevoir 2,000 tuyaux pour mètre courant du bâtiment.

Ce n'est pas du reste dans le Nord seul que la Compagnie fera ses opérations. Elle s'occupe aussi du drainage de la propriété de Gesvres, appartenant à M. Bartholony (Seine-et-Marne). Enfin la Compagnie est devenue propriétaire de lais de mer importants, dans la baie de Bourgneuf; elle en effectuera le drainage après endiguement et desséchement, ainsi que cela se pratique dans des comtés entiers de l'Angleterre. Il s'agirait d'exécuter en France un grand nombre de travaux du même genre pour conquérir sur nos côtes de nouveaux terrains.

— Dans le département de l'*Oise*, nous avons à signaler deux centres d'action qui ont rendu de véritables services : l'un est dans l'arrondissement de Compiègne, où MM. Grollier, de Segonzac, Bouttron, Irrisson et Guinet ont donné l'exemple et l'impulsion. La Société d'agriculture de Compiègne a acheté la machine verticale de Clayton, qui est placée maintenant chez un tuilier nommé Petel, à Remy, canton d'Estrées-Saint-Denis. Celui-ci a fabriqué maintenant 70,000 tuyaux environ ; un autre tuilier auparavant en avait fait 60,000 avec la même machine. En outre, un M. Poulet entreprend des travaux de drainage à forfait dans les environs de Noyon.

L'autre centre d'action est Beauvais ; là, après d'actives démarches faites par M. Vitard, agent voyer principal de l'arrondissement, qui avait rapporté, d'essais faits dans le département de la Manche, la conviction des immenses services que rendrait le drainage à l'agriculture française, il s'est formé une Association agricole de drainage. Cette Association s'est constituée, grâce à la participation tant de l'autorité administrative que de la plupart des grands propriétaires et des premiers agronomes du pays, parmi lesquels nous nous plaisons à citer M. de Tocqueville. D'après l'article 1er des statuts, l'Association « a pour but de propager les méthodes employées pour l'assainissement des terrains humides, et de procurer de l'ouvrage aux ouvriers qui viendraient à se trouver inoccupés pendant la mauvaise saison. » L'Association exécute les travaux de drainage à forfait ; elle ne se réserve pour tout bénéfice que les intérêts à 5 pour 100 des sommes par elle dépensées pour le temps qui s'écoule entre l'achèvement des travaux et le remboursement intégral par les propriétaires ou fermiers des terrains drainés. Les membres de l'Association sont ou fondateurs, et ont versé une somme de 200 fr.; ou bien ils sont souscripteurs, et ils n'ont alors versé que 50 fr. Nous avons vu plus haut que le Gouvernement a encouragé cette Association par deux subventions de 1,200 fr. chacune; nul encouragement n'a été mieux placé. L'Association a commencé par drainer, en 1851, à l'aide de fascines, vu le manque de tuyaux, un champ cultivé par un agriculteur très-intelligent, M. Herbé, fermier de la terre de l'Huyère et maire de la commune de la Chapelle-aux-Pots. Depuis, l'Association a drainé différentes pièces de terre chez M. Adam, à Saint-Martin-le-Nœud; chez M. Michel Walon, sur la ferme de Cailly, située sur le territoire de Senantes, etc. Il a été confectionné jusqu'à la fin de 1852 125,000 tuyaux par une machine Thackeray, dont 34,500 ont été livrés, ce qui correspond au drainage d'environ 15 hectares.

M. Gibert, receveur général du département, a d'ailleurs donné l'exemple : en 1848, 1850 et 1851, il a fait faire plusieurs essais de drainage; il a employé d'abord des tuyaux achetés à Paris, chez MM. Armitage et Gastelier de Paris, puis des fascines; il se sert de tuyaux depuis que la fabrique fondée par M. Vitard en fournit.

— M. de Vigneral s'est chargé de faire connaître le drainage dans le département de
l'*Orne*; il a drainé une partie de sa propriété,
à Ry, et il a publié en outre une Notice élé-
mentaire très-courte, mais bien faite, dans le
but de propager l'emploi de cette amélioration
des terres arables. Une machine Calla a été
achetée par le Comice de Putanges, et a déjà
fourni en 1852 10,000 tuyaux environ, livrés
à raison de 27 fr. le mille de petite dimension.
Plusieurs agriculteurs ont exécuté, en outre,
des drainages avec des pierres.

— M. d'Herlincourt, à Étrepigny, et M. de
Crombecque, à Lens, ont exécuté, dans le *Pas-
de-Calais*, des travaux de drainage qui ont
montré aux cultivateurs de ce département
l'utilité de cette amélioration agricole.

—M. d'Esternô a bien voulu nous communiquer des renseignements sur l'état de la
question du drainage dans le département de
Saône-et-Loire. Tel qu'on le pratique d'après
la méthode anglaise, le drainage y est presque
inconnu; mais de nombreux fossés de desséchement, creusés de tout temps à travers les
prairies et les champs, puis comblés soit de
pierres, soit de fascines, et ensuite recouverts
de terre, démontrent que le drainage régulier,
tel que nous cherchons à le propager, rendrait dans ce département de grands services,

On peut citer, comme preuve, les bons résultats obtenus par les asséchements locaux faits dans l'arrondissement d'Autun, chez M. de Romeuf, à Champignolles ; chez M. d'Esternô, commune de la Selle ; chez M. Édouard de Loisy, canton de Conches ; puis, dans l'arrondissement de Charolles, chez M. de la Guiche. Des conduits souterrains ont, dans toutes les exploitations, débarrassé les champs des sources qui venaient sourdre à la surface du sol. M. Ernest de Loisy, dans l'arrondissement de Louhans, a donné l'exemple du drainage régulier, et a importé une machine à fabriquer des tuyaux dont l'usage commence à se répandre dans les communes voisines de sa propriété.

—L'administration préfectorale de la *Sarthe* a pris une mesure qui mérite d'être citée avec éloge, en faisant publier par la Commission hydraulique de ce département, dirigée par M. Hennezel, ingénieur des ponts et chaussées, une *Instruction sur le drainage*, fort bien faite, et qui a dû vulgariser ce mode d'assainissement dans la contrée. En outre, un agent des irrigations du département, M. Harel, a été étudier dans Seine-et-Marne la pratique du drainage. Enfin, des tuyaux ont été donnés à titre gratuit à divers cultivateurs qui voulaient essayer le drainage. Trois fabriques, à

Alençon, chez M. Damoiseau ; aux Agets (commune de Saint-Brice), chez M. Viot ; aux Patiseaux (commune de Saint-Symphorien), chez M. le duc Descars, fournissaient déjà des tuyaux en 1851. Les premiers travaux de drainage ont été exécutés par M. Charles Thoré, dans sa propriété de l'Épau, près du Mans, et chez M. Monnoyer.

—Le département de la *Seine* ne mériterait pas de figurer dans cette revue de nos départements où le drainage a commencé à s'impatroniser, si les deux fabriques de MM. Calla et Laurent pour faire les machines à étirer les tuyaux ne se trouvaient pas à Paris. En 1849, MM. Armitage et Gastelier avaient fondé une fabrique de tuyaux ; mais la question n'était pas alors assez mûre en France pour qu'ils pussent trouver dans la vente de leurs produits le moyen de couvrir leurs frais ; ils ont dû fermer leur usine.

— Le département de *Seine-et-Marne* doit être considéré comme la véritable École du drainage pour la France. C'est là que se sont effectués les plus nombreux et les plus importants travaux de drainage, que se sont formés les meilleurs ouvriers, qu'existent le plus grand nombre de fabriques de tuyaux. Parmi les agriculteurs qui ont fait le plus de travaux, en se donnant la peine de les diriger

eux-mêmes, nous citerons M. Eugène Gareau,
à Bréau (canton de Mormant), qui, après avoir
drainé une partie de sa propriété et fondé une
fabrique de tuyaux, a su conseiller à un ingénieur géomètre, M. Lauret, maire de la Chapelle-Gauthier, de se faire entrepreneur de drainage à forfait; M. Dufour, fermier de la ferme
des Corbins; M. Decauville, fermier à Égrenay (canton de Brie). Quand nous traiterons
plus tard de la pose des tuyaux, des effets du
drainage, des diverses précautions à prendre,
nous nous appuierons surtout sur les travaux
exécutés par ces agriculteurs, qui ont certainement donné les meilleurs exemples de drainage. Mais nous n'avons pas épuisé la liste
des propriétaires et des agriculteurs qui placent le département de Seine-et-Marne en première ligne; nous devons citer encore M. Dumanoir, à Forges, près Montereau, où il vient
d'établir une grande fabrique de tuyaux;
M. de Courcy, président du Comice de Rozoy,
qui a publié une bonne expérience sur l'écoulement de l'eau d'un drainage, expérience
dont nous reparlerons; M. de Rotschild, à
Ferrières; M. de Bonneuil, M. Hottinguer; etc.
Dans ce même département, M. Chertems de
Rouvray va établir à Champeaux (canton de
Mormant) une grande fabrique de tuyaux, ce
qui portera à 5 le nombre total des fabriques

qui y seront installées, savoir : celles de M. Vincent, de M. Lauret, de M. Dumanoir, de M. Chertems, et enfin de M. Rotschild, qui fait actuellement reconstruire la sienne sur un meilleur plan.

— Dans le département de *Seine-et-Oise*, nous citerons les drainages effectués à la Celle Saint-Cloud, chez M. Pescatore ; au château de Beauregard, et dans le parc de l'ancien Institut de Versailles, par M. Gareau ; nous mentionnerons aussi le drainage effectué à Brunoy, dans la propriété de M. Christofle.

L'administration de la guerre a décidé aussi de faire le drainage des terres sur lesquelles est placé le camp de Satory. En Angleterre, des opérations analogues ont été exécutées pour le champ de manœuvres de Dublin et pour celui de Chobham. On s'en est très-bien trouvé. C'est une chose utile pour l'hygiène et pour la facilité des mouvements des troupes. Le drainage a, en effet, pour résultat, non-seulement de permettre l'écoulement des eaux, mais encore de faire disparaître les causes d'insalubrité provenant d'une boue stagnante. Le camp de Satory a 150 hectares ; il y a, en outre, 110 hectares pour le champ de manœuvres. La compagnie générale de drainage, dont nous avons indiqué l'organisation en parlant du drainage dans le

département du Nord, fera le drainage de ces
260 hectares au prix de 160 fr. l'hectare qui
seront payés par l'Empereur. Les troupes du
génie exécuteront les travaux. Ce sera une
excellente école pour le soldat, qui, on ne
doit pas l'oublier, redevient presque toujours
cultivateur. On ne pouvait trouver une meilleure occasion de vulgariser la pratique du
drainage.

— Parmi toutes les associations agricoles,
on doit citer la Société d'agriculture de la
Seine-Inférieure comme ayant bien compris
tous les avantages du drainage. M. Marchal,
ingénieur du service hydraulique, qui dirige
avec succès tous les travaux publics concer-
nant l'art agricole, a secondé les efforts de
cette Société, qui a pris les mesures suivantes
pour propager le drainage :

1° Elle a fait imprimer dans ses Bulletins
un Rapport qui lui a été fait par l'un de ses
membres; Rapport dans lequel on a résumé les
avantages du drainage et ses procédés d'application, et qui contient un aperçu des natures de terrain où le drainage doit avoir le plus
d'efficacité;

2° Elle a constitué une Commission permanente chargée de lui faire en toutes circonstances les propositions qu'elle jugera les
meilleures pour encourager et propager le

drainage, et de tenir la Société entière au courant des progrès accomplis dans cet art ;

3° Elle a obtenu du Conseil général du département un crédit de 2,000 fr. qu'elle applique à faire des spécimens de drainage dans les cantons où il est le plus utile de propager cette méthode d'assainissement des terres ;

4° Elle a fait avec les fonds alloués par le ministre de l'agriculture l'acquisition d'une machine du système Scragg, qu'elle met à la disposition des tuiliers et potiers qui lui en font la demande ;

5° Enfin, la Société d'agriculture vient de faire exécuter, par le concours de sa Commission permanente, un spécimen de drainage sur un hectare de terrain, dans la terre de Belleranne, près de Gournay ; elle en a fait faire un second aux environs de Rouen, sur une surface de même étendue, afin de montrer cette méthode aux cultivateurs et propriétaires qui se sont rendus à Rouen pour l'époque du Concours annuel.

Nous ne pouvions passer sous silence de telles mesures, qui, si elles étaient généralisées, auraient la plus heureuse influence sur les progrès du drainage.

— La plus grande partie du département de *Tarn-et-Garonne* a un sous-sol argileux, et le drainage, exécuté sur une grande échelle, doit

y produire le plus grand bien, ainsi que l'a
démontré l'ingénieur des ponts et chaussées,
M. Descombes, chargé du service hydraulique
du département. Le Comice de l'arrondissement de Moissac l'a bien senti, et a acheté, en
1851, une machine Calla, qui est placée chez
M. Caussé, briquetier à Moissac. Malgré le
prix élevé, 50 fr. le mille, tout ce que ce fabricant a pu faire de tuyaux a été acheté en
1852. La Société d'agriculture de Montauban
vient en outre d'acheter la petite machine
Thackeray, et se livre à des essais destinés à
convaincre tous les cultivateurs des bons effets du drainage.

— Dans le département des *Vosges*, l'arrondissement de Saint-Dié a presque partout
un sous-sol imperméable argilo-siliceux : le
drainage y a donc été essayé avec succès, et,
quoiqu'il n'y ait encore eu d'employés que
15,000 tuyaux environ, fabriqués à Saint-Dié
par une machine Thackeray, achetée sur les
fonds d'encouragement, on annonce que plusieurs centaines d'hectares seront drainés en
1853 et 1854. La machine a demandé plusieurs réparations. Le fabricant a été étudier
le drainage en Angleterre; il vend 20 fr. le
mille de $0^m.03$ de diamètre intérieur; 25 fr. le
mille de $0^m.04$.

—Tel est l'ensemble des travaux de drainage

jusqu'à présent exécutés ou en train d'exécution en France, et qui sont venus à notre connaissance. Nous avons voulu, à la demande de beaucoup de nos lecteurs, dire ce qui avait été fait, avant d'entrer dans les détails des opérations, afin que chacun sût où il pourrait aller prendre les leçons de l'expérience, et qu'il se fit entre les agriculteurs une sorte d'éducation mutuelle. Nous avons sans doute commis quelques oublis involontaires; nous nous empresserons de réparer ceux qui nous seront signalés. Nous n'avons parlé dans ce résumé que de 37 départements, savoir :

Ain,	Marne,
Aisne,	Haute-Marne,
Allier,	Mayenne,
Calvados,	Meurthe,
Charente-Inférieure,	Moselle,
Cher,	Nièvre,
Eure,	Nord,
Finistère,	Oise,
Gironde,	Orne,
Hérault,	Pas-de-Calais,
Indre,	Saône-et-Loire,
Indre-et-Loire,	Sarthe,
Isère,	Seine,
Loire-Inférieure,	Seine-et-Marne,
Haute-Loire,	Seine-et-Oise,
Loiret,	Seine-Inférieure.
Loir-et-Cher,	Tarn-et-Garonne,
Maine-et-Loire,	Vosges.
Manche,	

En outre, les quinze départements suivants :

Ardennes,	Puy-de-Dôme,
Côtes-du-Nord,	Pyrénées-Orientales,
Deux-Sèvres,	Bas-Rhin,
Gard,	Vaucluse,
Haute-Garonne,	Vendée,
Ille-et-Vilaine,	Haute-Vienne,
Loire,	Yonne.
Lot-et-Garonne,	

sur lesquels nous n'avons pas de renseignements, ont cependant reçu des allocations pour
l'achat de machines. On doit donc porter à
52 le nombre des départements dans lesquels
la pratique du drainage est dès aujourd'hui
introduite, au moins à titre d'essai.

CHAPITRE XXVIII.

Des terres qui ont besoin d'être drainées.

Il est un fait qui a dû frapper beaucoup de nos lecteurs.

En Angleterre, le Gouvernement n'a pas l'habitude de se mêler des choses de l'agriculture; il abandonne toutes les améliorations à l'initiative individuelle ou à l'action d'associations qui, par leur nombre ou par la haute position et la grande fortune de beaucoup de leurs membres, exercent une influence considérable dans le pays.

Pour ce qui concerne l'entreprise des travaux de drainage, une exception a été faite : le Gouvernement anglais est sorti de sa réserve habituelle; il est venu directement et énergiquement en aide à l'agriculture des trois royaumes par des avances de fonds qui s'élèvent aujourd'hui à 181,250,000 fr. On annonce même que lord Russell, suivant en cela l'exemple de l'illustre Robert Peel, prépare le projet de loi d'un nouveau prêt de 100 millions de francs aux propriétaires qui voudraient encore drainer leurs terres. Il faut dire aussi que le Gouvernement anglais n'a qu'à se louer des prêts qu'il a faits précédemment, et dont les premiers remontent environ à neuf ans. Le payement des annuités, calculées à raison de 6 1/2 pour 100 du montant du prêt, et à l'aide desquelles doivent être acquittées, en l'espace de vingt-deux ans, les sommes avancées, s'effectue avec une régularité exemplaire, et les pertes seront excessivement faibles. Les résultats ont été immenses : c'est à la fécondité nouvelle qu'ont trouvée les terres arables drainées sur une grande échelle, que l'agriculture anglaise doit d'avoir pu résister à la réforme de la loi des céréales, d'avoir pu supporter la libre entrée des grains étrangers.

En France, l'intervention du Gouvernement dans les améliorations agricoles est la situation normale. On est habitué à croire que rien n'est possible si l'État ne s'en mêle. Pour perfectionner le bétail, introduire de nouvelles cultures, changer son assolement, instruire les enfants, on demande le secours du Gouvernement. Il semble que rien ne soit bien fait si quelque arrêté préfectoral, ministériel, voire un décret ou une loi ayant reçu la sanction de tous les pouvoirs de l'État, n'a pas passé par là. Eh bien! pour le drainage, on ne demande rien au Gouvernement; on prétend se passer de son concours, et quelques-uns vont même jusqu'à se plaindre de ce qu'il a voulu donner quelques encouragements aux Sociétés ou aux Comices, à l'effet de faire acheter des machines à étirer les tuyaux. — Nous assainirons nos terres si cela nous convient, s'écrient les plus intrépides opposants; l'État a bien autre chose à faire que de nous donner de l'argent pour le drainage; il ne s'agit que d'une mode, mode importée d'outre-Manche, excentricité par conséquent que peuvent se permettre des Anglais millionnaires, mais que nous laisserons passer sans l'adopter, nous autres gens raisonnables.

Nous n'avons jamais encouragé cette tendance continuelle des agronomes français à demander les encouragements du Gouvernement pour faire du bien autour d'eux. Nous sommes fort désireux de voir notre agriculture marcher d'elle-même et se passer du cachet ministériel. Mais il ne faudrait pas que cette nouvelle attitude prise dans la question du drainage, n'eût d'autre résultat que d'empêcher les travaux de drainage de s'effectuer dans des proportions convenables. Nous souhaitons donc vivement qu'il puisse se former une société financière faisant chez nous ce qu'a fait en Angleterre le Gouvernement, c'est-à-dire prêtant aux propriétaires décidés à faire drainer leurs champs, à la condition de rembourser intérêts et capital par des annuités faciles à payer d'après la plus-value certaine que prend toute propriété drainée.

Une objection se présente. Y a-t-il en France beaucoup de terrains qui aient besoin d'être drainés? L'Angleterre ne se trouvait-elle pas dans des conditions tout à fait spéciales au point de vue de la géologie et du climat, de telle sorte que le drainage y était nécessaire dans une proportion qui est loin de se présenter en France? C'est le lieu d'examiner à quelles terres doivent être appliqués les travaux de drainage.

A la question ainsi posée, une brochure dont nous avons eu occasion de parler, *Instruction sur le drainage*, publiée sous les auspices de la Commission hydraulique du département de la Sarthe, répond dans les termes suivants, que nous croyons utile de reproduire :

« Les terrains auxquels le drainage est appliqué avec l'utilité la plus évidente, dit cette brochure, sont les *terres froides* et les *terres fortes*. Dans l'usage ordinaire, ces deux dénominations sont fréquemment employées l'une pour l'autre; mais nous désignons ici exclusivement sous le nom de *terres froides* celles qui, sans être imperméables par elles-mêmes, reposent sur un sous-sol imperméable, et sous le nom de *terres fortes* celles où l'élément argileux domine.

« Les premières sont précisément dans le cas du pot de fleurs dont le fond ne serait pas percé. Les eaux qui y arrivent de la surface et celles qui sourdent très-fréquemment dans cette sorte de terrains les maintiennent dans un état constant d'humidité très-défavorable à la végétation.

« Des engrais même abondants ne peuvent leur donner qu'une médiocre fertilité. Il faut, en effet, pour que les engrais agissent utilement, qu'ils subissent dans le sol une fermentation telle, que les racines y trouvent toutes les substances nécessaires à leur développement, et cette fermentation ne peut se produire que sous l'influence de l'humidité, de la chaleur, et surtout de l'air.

« Une eau stagnante dans le sol donne lieu à un genre de décomposition qui y fait naître, soit des solutions trop concentrées de matières organiques, soit des principes acides et ferrugineux. Ces éléments ne conviennent qu'à la nutrition de certaines plantes à tissu lâche et spongieux. Si le terrain est en prairie, les joncs, les roseaux, les prêles, les mousses, plusieurs espèces de carex, etc., viennent remplacer peu à peu les espèces utiles, et l'on n'obtient plus qu'un mauvais fourrage, souvent très-nuisible aux bestiaux. Dans les terrains cultivés, les plantes souffrent de cette humidité constante qui en pourrit les racines. La plus légère gelée forme d'ailleurs sur les billons une croûte de glace qui s'attache autour des jeunes plantes, les endommage et les déracine.

« L'eau qui imbibe le terrain, n'ayant pas d'issue inférieure, ne peut se dégager qu'à la surface, par l'effet de l'évaporation ; mais l'eau absorbe, pour passer à l'état de vapeur, une quantité considérable de calorique qu'elle rend latent, et toute la chaleur que l'évaporation enlève ainsi est perdue pour la végétation. Les vents du printemps tendent bien à dessécher la couche superficielle, mais, si le terrain est *sourceux*, ce qui a presque toujours lieu avec un sous-sol imperméable, l'eau souterraine remplace au fur et à mesure celle qui s'évapore ; l'évaporation et la perte de calorique continuent donc, en même temps que l'air et la chaleur solaire ne peuvent pas pénétrer dans le sol. Cette double cause de refroidissement affaiblit les plantes, retarde leur croissance et leur maturité, lorsqu'elles n'ont pas été détruites par les gelées et les dégels successifs du printemps, et elle compromet entièrement les récoltes dans les années pluvieuses.

« Quant aux terres *fortes* ou *argileuses*, elles ont à la fois la propriété nuisible de ne pas laisser assez facilement pénétrer l'eau de la surface et de la retenir trop fortement lorsqu'elles en sont imprégnées. Il résulte de là que, suivant la saison, elles pèchent alternativement par un excès de sécheresse et par un excès d'humidité.

« La dureté qu'elles acquièrent, sous l'action prolongée des vents et du soleil, arrête tout à fait la végétation; car la grande cohésion du sol, outre qu'elle est un obstacle physique à ce que les racines s'y étendent, intercepte l'accès de l'air et de l'eau qui sont nécessaires pour qu'elles puissent se nourrir. S'il survient une pluie, elle a promptement saturé la croûte extérieure, et l'eau ne pouvant plus s'infiltrer, la plus grande partie coule à la surface qu'elle ravine lorsque la pente est prononcée, et dont elle entraîne les engrais et les particules les plus utiles à la vie végétale. Cet effet d'appauvrissement du sol se produit de même, lorsque les pluies continues de l'automne ont profondément humecté la terre; de plus, l'eau absorbée étant très-fortement retenue, l'humidité permanente fait alors éprouver aux plantes l'action si dommageable des gelées et de l'évaporation dont nous avons parlé plus haut.

« Mais le plus grand inconvénient qui résulte pour l'agriculture de la nature des terres argileuses, surtout lorsqu'on ne peut en modifier

la consistance et les propriétés par l'emploi
des amendements calcaires, c'est la grande
difficulté qu'on éprouve à les cultiver. Si l'on
s'y prend trop tôt, la terre est tellement dure
qu'on y perd son temps, ses instruments et ses
forces. Si l'on attend trop tard, le sol est dé-
trempé et pâteux ; les attelages s'y enfoncent
et éprouvent également une très-grande résistance. Dans les deux cas, on ne fait qu'un
mauvais travail ; la terre reste en mottes qu'on
a beaucoup de peine à briser, et il est très-rare
que les semailles faites dans ces conditions
puissent réussir. La culture de ces terres exige
donc bien plus de peine, de temps et par
conséquent d'argent que celle de terres plus
légères ; le succès reste d'ailleurs en grande
partie subordonné à la possibilité qu'a trouvée
le cultivateur de les travailler dans un moment opportun, qu'il ne dépend pas toujours
de lui de saisir, surtout dans une exploitation
de quelque importance.

« Les observations qui précèdent ne concernent d'une manière absolue que les deux
types généraux de terrains que nous avons définis ; mais on comprend que si, comme l'expérience le prouve, le drainage est éminemment utile pour ces deux classes, il peut encore
convenir, dans une certaine mesure, pour une
série de terrains intermédiaires entre elles, et

cela d'autant plus, que ces terrains participent davantage de la nature de l'une ou de l'autre, ou de toutes deux à la fois. »

On peut résumer ces excellentes indications en disant que tout terrain où l'eau séjourne, soit à fleur de terre, soit à une petite profondeur, demande à être drainé, c'est-à-dire assaini. Cette dernière expression est tout à fait l'équivalent du mot drainage, car nous montrerons comment les tuyaux posés au fond de tranchées, à la manière anglaise, déchargent exactement les terrains de l'eau surabondante. Cette démonstration sera l'objet d'un chapitre spécial, et constituera la théorie du drainage. Pour le moment, nous examinerons seulement s'il y a en France un grand nombre de terrains rentrant dans la classe de ceux qui viennent d'être indiqués. Nous verrons ensuite à quels signes on reconnaît qu'un terrain a besoin d'être drainé.

CHAPITRE XXIX.

Des terrains à drainer en France.

Nous croyons qu'il est fort difficile d'apprécier avec quelque exactitude, par grande masse, dans une sorte de statistique, l'étendue des terrains qui, en France, réclament le drainage. Cependant la question a été posée; on a même cherché à la résoudre pour certains départements, ou même pour des régions entières. Il y a donc lieu d'en parler. D'un autre côté, ce n'est pas un sujet complétement oiseux. On a prétendu que le drainage ne pouvait avoir en France une importance comparable à celle qu'il a prise en Angleterre. Par les chiffres qu'on va voir, on reconnaîtra que cette prétention n'a aucune espèce de fondement; elle n'a pu être émise que par des gens incompétents et étrangers à la question dont ils voulaient s'occuper.

En thèse générale, on peut dire que le drainage doit s'appliquer : 1° à tout terrain ayant un sous-sol imperméable; 2° à tout terrain argileux. Dans ces deux natures de terrains, les eaux ne peuvent pas s'égoutter peu à peu; la terre n'est jamais dans l'état de saturation modérée qui convient à une bonne végétation; la pluie coule ou séjourne à la surface sans pénétrer dans le sol et sans y laisser ses principes fécondants.

Ces définitions posées, on comprend pourquoi M. Belgrand, ingénieur des ponts et chaussées, dans un beau travail intitulé *Hydrologie du bassin de la Seine*[1], détermine de la manière suivante les formations géologiques de ce bassin où le drainage est nécessaire :

« Écartons tout d'abord, dit-il, les terrains oolitiques[2], la craie et les terrains de la Beauce, lorsqu'il n'y existe pas de tourbières; il est évident que le sous-sol perméable de ces formations produit un drainage naturel bien autrement énergique que celui qu'on pourrait obtenir par un moyen quelconque. Suivant

(1) *Annales des ponts et chaussées*, 3ᵉ série, t. III, p. 161.

(2) Terrains oolitiques, c'est-à-dire formés d'un calcaire composé d'une infinité de grains qui lui donnent l'apparence d'une masse d'œufs de poissons pétrifiés. Ces terrains sont très-perméables, mais ils reposent sur une couche argilo-calcaire qui n'a pas la même propriété. Dans certains cas, quand les terrains oolitiques n'ont qu'une faible épaisseur, le drainage peut y produire de bons effets.

M. de Saint-Venant, la Beauce doit une partie de sa proverbiale fertilité au drainage naturel provenant de la perméabilité de son sous-sol.

« Examinons successivement les autres formations du bassin de la Seine.

« *Granites*. — Malgré la forte pente des terrains du Morvan, le drainage, sur un grand nombre de points, y serait une opération très-utile. En effet, le sous-sol étant imperméable et le sol, composé d'arènes grossières, étant, au contraire, très-perméable, les eaux pluviales restent dans la couche d'humus comme dans une éponge ; aussi les terres, qui sont très-brûlantes l'été, sont-elles très-froides l'hiver ; elles sont impropres à la production du blé ; le seigle, plus robuste, résiste à cet excès d'humidité. Cependant, dans les parties les plus froides, que les habitants appellent *terres morveuses*, les glaçons qui soulèvent le sol coupent les racines et détruisent les récoltes ; les terrains granitiques, après une belle gelée, sont, à la lettre, hérissés de petits glaçons de la grosseur d'un tuyau de plume. Reste à savoir si la plus-value des terres, après le drainage, suffirait pour couvrir les frais. On ne doit pas perdre de vue que, dans leur état actuel, les terres granitiques ne se louent guère plus de 10 francs l'hectare ; il faudrait être sûr de pouvoir doubler au moins les prix de ferme avant d'entreprendre une opération qui coûte rarement moins de 250 fr. l'hectare [1].

« *Liais et grès verts.* — Le liais et les grès verts ont presque toujours assez de pente pour que les eaux pluviales s'égouttent bien et ne nuisent pas à la végétation; le drainage n'y serait une opération utile qu'autant qu'il serait bien constaté qu'il peut absorber les eaux qui, en s'écoulant à la surface, enlèvent l'humus, les fumiers et, en général, les parties les plus fertiles du sol. Des essais sur une petite échelle sont donc nécessaires dans ces terrains.

« *Terrains tertiaires imperméables.* — C'est surtout dans ces terrains que le drainage doit produire d'excellents résultats : ils sont tous disposés en vastes plateaux si peu inclinés, que, dans la plupart des cas, les eaux pluviales ne peuvent atteindre les thalwegs [2] qu'elles devraient suivre à la surface du sol. Dans certaines parties de la Puisaye, notamment, il existe de vastes landes nommées *gatines*, que les eaux stagnantes rendent complétement improductives.

---

(1) Nous établirons par de nombreux exemples, pris dans les conditions les plus diverses, les prix de revient du drainage. Nous laissons, pour le moment, à M. Belgrand la responsabilité de ce chiffre.

(2) Des deux mots allemands *thal*, vallée, et *weg*, chemin.

« Dans la Brie, le drainage paraît devoir prendre un développement rapide, mais dans les parties plus méridionales, surtout dans la Puisaye, aucune tentative n'a encore été faite. C'est cependant là qu'il devrait donner les plus grands bénéfices. L'homme d'affaires d'un propriétaire qui possède 1,500 hectares de terres dans le canton de Bléneau (Yonne), me disait que certaines fermes de 100 hectares ne rendaient pas annuellement au propriétaire la valeur de 60 hectolitres de blé, soit environ 1,000 francs ; en général, on considère comme suffisamment avantageuse une location de 22 fr. par hectare.

« En outre, l'excès d'humidité rend le pays malsain ; la population est lourde, peu intelligente, rongée par les fièvres, et par conséquent peu laborieuse.

« La luzerne, qui craint avant tout un sol humide, ne végète que sur les coteaux ; et comme les prés sont rares, les fermiers ne peuvent nourrir leur bétail qu'en laissant leurs terres longtemps en pâturage, et en ne les cultivant que tous les cinq ou six ans.

« Voici l'assolement presque improductif adopté dans un pays où les terres fumées et marnées peuvent donner de 20 à 25 hectolitres de blé à l'hectare, c'est-à-dire des récoltes comparables à celles de la bonne Brie :

1re année : Blé.
2e   —   Avoine avec trèfle.
3e   —   Récolte du trèfle.
4e   —   2e récolte du trèfle.
5e, 6e, 7e année : Pâture.

« Si le sol était assez assaini pour que la culture de la luzerne fût possible sur le quart des terres d'une ferme, on pourrait supprimer la dernière récolte du trèfle, qui est presque improductive, et tous les pâturages, et adopter les assolements les plus riches : alors les prix de ferme atteindraient au moins ceux du lias, qui sont de 40 à 75 francs par hectare, et peut-être ceux de la Brie, qui varient de 80 à 100 francs.

« Le drainage des terres de la Puisaye triplerait donc, au moins, le prix des fermages, en même temps qu'il rendrait la population plus saine et plus laborieuse. Ce serait à la fois un acte d'humanité et une excellente opération financière. »

D'après ces détails, on peut calculer assez facilement et avec une approximation suffisante l'étendue des terrains du bassin de la Seine qui, en amont de Paris, ont besoin d'être améliorés par le drainage. On trouve, en effet, que la surface totale des terrains imperméables de cette partie de la vallée de la Seine se décompose ainsi :

	Hectares.
Granites et porphyres.	150,000
Lias et argiles supra-lisiaques.	150,000
Craie inférieure (grès verts).	310,000
Terrains tertiaires imperméables (Brie, rive droite de l'Yonne, Puisaye, Gatinais, vallée de Fontainebleau).	1,264,000
Total.	1,874,000

Le reste du bassin présente l'étendue suivante en terrains perméables où le drainage peut, *à priori*, être regardé comme inutile :

	Hectares.
Terrains oolitiques..	1,170,000
Craie proprement dite.	680,000
Calcaires de la Beauce.	346,000
Alluvion.	240,000
Total.	2,436,000

Ainsi, sur un total de 4,310,000 hectares, nous en trouvons 1,874,000 dont la nature est telle, que le drainage peut y être regardé comme nécessaire, c'est-à-dire 43 pour 100.

Quand nous disons que le drainage serait nécessaire dans les terrains imperméables dont nous venons de parler, nous ne voulons pas faire supposer qu'il y serait économique. A ce point de vue, il faudrait éliminer les terrains plantés en bois, les terrains improductifs, etc., pour ne conserver que les terres arables ; il faudrait ainsi réduire l'étendue calculée aux trois cinquièmes, et nous aurions alors dans le bassin de la Seine, en amont de Paris, 1,118,600 hectares dont le drainage devrait être entrepris, soit 25 à 26 pour 100 de la surface totale.

Ce chiffre démontre à lui seul toute l'importance que le drainage doit prendre en France. Dans la Grande-Bretagne, tous les documents statistiques que M. Hervé-Mangon a pu compulser et comparer, l'étendue des terres drainées depuis 1846 ne s'élève guère qu'à 500,000 hectares, ou $\frac{1}{30}$ de la surface du domaine agricole. On voit que dans le bassin de la Seine seul les travaux de drainage à effectuer monteraient à près du double de ce qui a été fait en Angleterre. Mais nous ne devons pas nous arrêter à cette appréciation qui paraîtrait peut-être trop locale.

Des estimations basées sur d'autres principes ont été faites pour deux départements du nord-est, la Meuse et la Moselle, par M. Raillard, ingénieur des ponts et chaussées, et M. Van der Straten Ponthoz, agriculteur à Metz. Nous reproduisons à cet égard un passage d'une brochure intéressante sur le drainage, que vient de publier M. Van der Straten Ponthoz sous le titre : *État, progrès et avenir du drainage en France. De sa pratique et de son application dans le département de la Moselle.* Voici comment cet agriculteur distingué, qui a beaucoup fait pour l'introduction du drainage en Lorraine, divise, avec M. Raillard, les terres de la Meuse et de la Moselle :

« 1° *Terres dont le genre de culture ne s'oppose pas au drainage.*

	Meuse. Hectares.	Moselle. Hectares.
Terres labourables..	344.661	303,913
Prés.......................	49,426	45,597
Vignes.....................	13,250	5,291
Vergers, pépinières et jardins.	6,120	11,920
Cultures diverses...........	12	88
Landes, pâtes et bruyères....	10,889	6,591
Totaux....	434,328	373,400

« 2° *Terrains auxquels le drainage ne peut être appliqué en raison de leur* nature actuelle *qui pourrait être modifiée* :

	Meuse. hectares,	Moselle. hectares.
Forêts domaniales...............	34,142	49,899
Bois communaux et particuliers...	147,775	92,228
Oseraies, aulnaies, saussaies......	158	228
Totaux...............	182,075	142,355

« 3° *Terrains auxquels le drainage ne peut être appliqué en raison de leur destination* :

	Meuse. hectares.	Moselle. hectares.
Rivières et ruisseaux..............	2,426	2,576
Étangs, mares, abreuvoirs.........	2,465	564
Routes, chemins, rues, places, etc..	9,688	12,232
Carrières et mines...............	148	»
Bâtiments particuliers............	1,639	1,477
Cimetières, églises, bâtiments publics.......................	331	895
Totaux...............	16,697	17,744

« M. Raillard compte, pour la Meuse, 250,000 hectares susceptibles d'être drainés avec un grand avantage.

« Je laisserai aux géologues le soin d'analyser, couche par couche, le département de la Moselle, et aux statisticiens le soin de calculer les diverses natures de son sol ; il suffit de répéter ici : « Partout où l'on verra une culture en ados ou billons élevés comme est celle de ce pays, on ne risquera pas de se tromper en proclamant le drainage nécessaire. » Ce mode de culture est appliqué à peu près aux 373,400 hectares de terres dont le genre de production ne s'oppose pas au drainage. Nous ne craignons pas de porter à la bonne moitié, ou à 186,000 les hectares susceptibles de recevoir cette amélioration. »

De ces deux appréciations de la surface qui devrait être drainée, on déduit les nombres proportionnels suivants : 33 pour 100 de toute l'étendue de la Meuse, d'après l'estimation de M. Raillard ; 35 pour 100 de toute l'étendue de la Moselle, d'après l'estimation de M. Van der Straten Ponthoz.

De pareilles appréciations, pour être tout à fait exactes, devraient être faites dans chaque localité par des hommes experts. Les Chambres consultatives d'agriculture des divers arrondissements sont parfaitement placées pour exécuter des enquêtes de cette nature. Nous pouvons leur indiquer comme modèle les indications que contient le Rapport présenté en 1852 par M. de Chastellux, secrétaire de la Chambre consultative d'Avallon, d'après les détails fournis par M. Belgrand. Cet arrondissement est compris dans le bassin supérieur de la Seine, pour lequel nous avons donné plus haut une estimation. M. de Chastellux conclut ainsi :

1° Dans 44,355 hectares de terres sèches, le drainage est absolument inutile ;

2° Dans 10,552 hectares de terrains granitiques, il est incontestablement utile ;

3° Dans 18,775 hectares de terres arables, argileuses et imperméables, il peut être appliqué dans une prévision sérieuse de succès ;

4° Dans 21,338 hectares de terres granitiques et argileuses, il n'est pas utile, en raison de leur destination actuelle en bois, vignes, prairies, bruyères ou terres arables, dont l'augmentation de production ne couvrirait pas les frais d'amélioration foncière.

Sur un total de 95,000 hectares, on trouve ainsi 29,327 hectares de terres à drainer, soit 31 pour 100.

Ces exemples antérieurs posés, nous allons essayer une approximation en masse pour toute la France, en prévenant bien que nous pensons qu'il faudrait aller de champ en champ pour décider si le drainage de telle ou telle pièce doit être fructueusement entrepris. Notre but est seulement de déterminer la limite inférieure du nombre d'hectares qui, en France, pourraient recevoir cette amélioration foncière. De cette détermination résultera la démonstration de l'importance de la question du drainage pour notre pays.

D'après les illustres auteurs de la carte géologique de France, MM. Dufrénoy et Élie de Beaumont, le sol de la France se partage ainsi :

	hectares.
Terrain primitif	10,400,000
Terrains de transition	5,200,000
Porphyres	222,000
Terrains carbonifères	298,000
Terrains triasique et pénéen	2,600,000
Terrain jurassique	10,400,000
Terrains crétacés	6,406,000
Terrains tertiaires	15,600,000
Roches volcaniques	520,000
Terrains d'alluvion	520,000
Total	52,000,000

On peut dire, en thèse générale :

1° Que le terrain primitif, les terrains de transition, les porphyres, les terrains triasique et pénéen, les roches volcaniques, sont de nature imperméable;

2° Que les terrains tertiaires sont en majorité imperméables;

3° Que le terrain jurassique et les terrains crétacés sont en majorité perméables;

4° Que les terrains carbonifères et les terrains d'alluvion sont de nature perméable.

De là on conclut :

	hectares.
Terrains qui, par leur nature géologique, sont susceptibles d'être drainés.	34,542,000
Terrains qui, par leur nature géologique, ne sont pas susceptibles d'être drainés. . . .	17,458,000
Total.	52,000,000

Mais on sait , d'après la statistique officielle, que sur ces 52,000,000 d'hectares, il y en a seulement 30,000,000 en terres labourables et en prés, et que les 22,000,000 restants sont en bois, vignes, landes, rivières , etc. Il est certain que ces derniers terrains se trouvent en plus grande quantité parmi ceux de la première classe, de nature imperméable; mais ils n'y sont pas en totalité. Cependant, admettons que nous devions les retrancher en entier de cette première classe, il nous restera, en nombres ronds, 12,000,000 d'hectares de terres qui doivent en France recevoir le drainage, soit 23 pour 100 de la surface totale, et ce chiffre est certainement une limite inférieure.

Nous devons ici lever une objection que pourraient présenter certaines personnes. La *Statistique officielle de France*, acceptant le plan projeté et exécuté en partie par Arthur Young, en 1788 [1], donne, en effet, la division suivante du sol de l'empire [2] :

	Hectares.
Pays de montagnes	4,268,750
Pays de bruyères ou de landes	5,676,089
Sol de riche terreau	7,276,369
— de craie ou calcaire	9,788,197
— de gravier	3,417,893
— pierreux	6,612,348
— sablonneux	5,921,377
— argileux	2,232,885
— limoneux ou marécageux	284,454
— de différentes sortes	7,290,238
Surface totale	52,768,600

A en croire ce tableau, les 2,232,885 d'hectares de sol argileux seraient seuls susceptibles d'être améliorés par le drainage. Mais, en consultant les chiffres détaillés par département, dont le tableau précédent n'est que le résumé, on constate que le département de Seine-et-Marne, par exemple, est porté à peu près tout entier au compte du sol crayeux, et on n'y classe pas la moindre parcelle dans le

(1) *Voyage en France*, t. XVII, *du Cultivateur anglais*.

(2) T. IV, *Territoire et population*, p. 95.

sol argileux ; la Haute-Vienne est tout entière placée dans le sol pierreux ou de gravier, etc. Une pareille classification n'a absolument aucune valeur. La dénomination *terrains de différentes sortes* est, de son côté, par trop vague.

Mais il existe, en France, un certain nombre de contrées agricoles bien définies, qu'il est possible de classer d'une manière certaine d'après les propriétés connues de leur sol. Ainsi, on peut ranger parmi les régions à terres froides ou à terres fortes, c'est-à-dire argileuses ou à sous-sol argileux, le pays de Bray, la Brie, l'Ardenne, la Bresse, la Dombes, le Gâtinais, le Morvan, la Sologne, la Brenne, le Bocage, les Landes, la Crau, la Camargue, la presqu'île de la Bretagne, le plateau central de la France au sous-sol granitique, la Lorraine, etc. Mais une étude attentive de chaque localité, monographique pour ainsi dire, devrait être exécutée pour qu'on pût supputer, parcelle par parcelle, l'étendue des terrains à drainer. Les études de quelques départements, incomplétement faites par les inspecteurs généraux de l'agriculture, laissent par trop à désirer sous ce rapport comme sur presque tous les autres objets [1]. Espérons que

(1) La collection qui, sous le titre d'*Agriculture*

les cartes agronomiques, dont l'exécution est aujourd'hui en projet, combleront une lacune fâcheuse. N'est-il pas aussi important de connaître l'étendue et la valeur de chaque nature du sol que le gîte d'une mine? Le sol arable ne renferme-t-il pas plus de richesses que la mine la plus puissante et la plus féconde? Dans l'un comme dans l'autre cas, on ne peut obtenir les trésors recelés dans le sein de la terre qu'à l'aide de grandes dépenses.

De toute la discussion à laquelle nous venons de nous livrer, il résulte que, au plus bas mot, il y a 12,000,000 d'hectares à drainer, qui, au taux de 200 fr. par hectare, ne seront améliorés qu'au prix d'une dépense de *deux milliards quatre cent millions.*

On voit que la somme en vaut la peine, et que le drainage, en France, ne peut pas être du tout considéré comme une petite affaire. — Mais le produit couvrira-t-il l'avance faite au sol? Nous résoudrons la question dans un

française, par MM. les inspecteurs de l'agriculture, devait fournir une étude agricole approfondie de toutes les parties de notre territoire, a été arrêtée; on n'a publié que sept volumes relatifs aux sept départements de l'Aude, des Côtes-du-Nord, de la Haute-Garonne, de l'Isère, du Nord, des Hautes-Pyrénées et du Tarn. Il est fâcheux que ce travail n'ait pas été dirigé de manière à être plus exactement fait. Il eût alors été plus utile, et l'opinion publique en eût demandé la continuation.

autre chapitre. Posons seulement aujourd'hui ce fait trop oublié, que les améliorations foncières ont une importance non moins capitale que les embellissements des villes et les constructions d'édifices, qui ont le privilége presque exclusif d'attirer l'attention des gouvernements de notre pays.

CHAPITRE XXX.

*Signes extérieurs auxquels on reconnaît
qu'une terre a besoin d'être drainée.*

L'aspect du sol après les pluies ou pendant
les grandes chaleurs, le mode de culture et la
nature de la végétation, sont des caractères
très-nets, à l'aide desquels il est facile de reconnaître si un champ a besoin d'être drainé.

Partout où, quelques heures après une pluie,
on aperçoit de l'eau qui séjourne dans les sillons;

Partout où la terre est forte, grasse, où elle
s'attache aux souliers, où le pied soit des hommes, soit des chevaux, laisse après son passage
des cavités où l'eau demeure comme dans de
petites citernes;

Partout où le bétail ne peut pénétrer après
un temps pluvieux sans enfoncer dans une
sorte de boue;

Partout où le soleil forme sur la terre une
croûte dure légèrement fendillée, resserrant
comme dans un étau les racines des plantes;

Partout où l'on voit les dépressions du terrain notablement plus humides que le reste des pièces, trois ou quatre jours après les pluies;

Partout où un bâton enfoncé dans le sol à une profondeur de 40 à 50 centimètres, forme un trou qui ressemble à une sorte de puits, au fond duquel l'eau stagnante s'aperçoit;

Partout où la tradition a consacré comme avantageux l'usage de la culture en billons;

On peut affirmer que le drainage produira de bons effets.

Que l'eau soit stagnante à la surface après les pluies, ou bien qu'elle sourde du fond, du dessous, comme disent les cultivateurs, on doit regarder le drainage comme une des plus importantes améliorations foncières qu'on puisse exécuter.

Dans tous ces cas, la végétation ne peut s'accomplir avec facilité, les récoltes sont maigres, souvent nulles, et des plantes spéciales, qui ont trouvé ces sortes de terres hospitalières, les signalent spontanément aux yeux du visiteur exercé. La prêle, le liseron des champs, les renoncules, les joncs, les laiches, les oseilles, le colchique d'automne, sont maîtres des champs humides et en chassent presque toute récolte productive; les sarclages ne peuvent les faire disparaître, mais le drainage leur ôtera l'humidité permanente nécessaire à leur existence. Pour la pièce de terre qui a été drainée à l'ancien Institut agronomique de Versailles (ferme de la Ménagerie), et qui est formée d'argile verte de nature plastique un peu calcaire, M. Boitel a déterminé la nature de la végétation spontanée qui la recouvrait; cette détermination peut servir d'exemple, et nous allons en conséquence la reproduire. Le chiffre 100 représente, dans le tableau suivant, l'espèce la plus commune; les autres espèces ont des chiffres de plus en plus bas, à mesure qu'elles deviennent plus rares.

Chiffres proportionnels.	Noms latins des espèces.	Noms vulgaires.
100.	Juncus communis.	Jonc commun.
83.	Plantago lanceolata.	Plantain lancéolé.
67.	Colchicum automnale.	Colchique d'automne.
50.	Equisetum arvense.	Prêle, queue de cheval, coude.
50.	Ranonculus acris, bulbosus.	Renoncules.
50.	Carex riparia.	Laiche.
50.	Hypericum tetrapterum.	Millepertuis des marais
33.	Ajuga genevensis.	Bugle.
33.	Cirsium palustre.	Chardon des marais.
33.	Cardamine pratensis.	Cresson fleuri.
33.	Agrimonia eupatoria.	Aigremoine.
17.	Valeriana dioïca.	Valériane dioïque.
17.	Caltha palustris.	Populage des marais.
17.	Rumex acetosa, crispus.	Oseille ordinaire, crépue.

1.2.   Trifolium   pratense,   Trèfle ordinaire, blanc.
       repens.
0.8   Orchis latifolia.   Orchis à larges feuilles.
0.4   Anthoxanthum odora- Flouve odorante.
    ·   tum.

« La flouve odorante et les trèfles, dit M. Boitel, sont les seules plantes que les animaux mangent avec plaisir. On voit dans quelles faibles proportions elles entrent dans la composition de ces pâturages humides. Les autres espèces sont presque toutes mauvaises et sont caractéristiques pour les terres humides. Le colchique d'automne est connu de tout le monde; de loin ses feuilles ressemblent à celles d'un gros poireau; ses fleurs, d'un lilas tendre, longues d'environ un décimètre, apparaissent en automne après la destruction des feuilles; son fruit passe l'hiver en terre, au printemps le support du fruit s'allonge et sort de terre entouré de feuilles larges et pressées. Le colchique est une plante très-vénéneuse que les animaux se gardent bien de pâturer. Ils ne la mangent qu'à l'étable lorsqu'elle leur est servie avec d'autres plantes; il en faut une très-petite quantité pour les empoisonner et les faire mourir.

« Cette mauvaise plante est très-commune dans les prairies humides; elle est dangereuse et tient la place de beaucoup d'autres plantes qui seraient alimentaires. Pour la détruire, il suffirait d'en extraire les bulbes ou oignons, et d'empêcher ses graines de mûrir et de se disséminer sur la prairie.

« Les bulbes se trouvant à environ 25 centimètres de profondeur, seraient d'une extraction difficile et coûteuse; mais les frais seraient bientôt compensés par les avantages d'une végétation meilleure et plus abondante.

« Le colchique d'automne, si commun dans les prairies argileuses humides, est un indice certain de l'utilité du drainage. Il en est de même des joncs, des prêles, des renoncules, des laiches, du populage et des oseilles. Ces plantes se plaisent dans l'humidité; il est clair qu'en assainissant le terrain, elles languiront, périront, et seront remplacées par des espèces de meilleure qualité. C'est par l'assainissement et mieux encore par le drainage, dont les effets sont plus énergiques, que l'on parviendra à obtenir cette heureuse transformation. »

CHAPITRE XXXI.

De la législation du drainage.

Quand un propriétaire a constaté qu'un champ a besoin d'être drainé et qu'il tirera un parti avantageux de l'amélioration foncière qu'il se décide à faire exécuter, il doit se préoccuper d'une question avant de faire commencer aucun travail sur le terrain. Pourra-t-il facilement faire écouler l'eau qui sortira des drains dont il projette la pose? Y a-t-il, dans la propriété ou sur ses limites, des fossés qui puissent recevoir cette eau dont la quantité, ainsi que nous le verrons ailleurs, est souvent très-considérable? N'aura-t-il pas à traverser des propriétés voisines, afin de pouvoir atteindre un fossé d'écoulement naturel? Quels obstacles rencontrera-t-il de la part de possesseurs du sol moins éclairés, ou qui se trouvent dans l'impossibilité pécuniaire de se livrer à une entreprise aussi coûteuse?

Cette question est d'une grande gravité, et

elle a attiré l'attention du Gouvernement, qui l'a soumise à l'examen des Chambres consultatives d'agriculture. On a cherché surtout à savoir si, dans l'arsenal de nos lois, il n'y avait pas des dispositions favorables ou opposées au libre passage des eaux d'un fonds drainé à travers le fonds inférieur. On a demandé s'il fallait obtenir du législateur une loi nouvelle, ou faire décider par des arrêts de nos tribunaux suprêmes dans quelles limites les lois existantes permettent à chaque propriétaire de se mouvoir.

Il nous semble qu'agir ainsi, c'est se poser sur un terrain bien étroit. Il faut envisager les intérêts en jeu d'un point de vue élevé. Est-il important pour la France de voir un quart de son territoire total, la moitié de ses terres arables acquérir un accroissement de fertilité que l'on peut évaluer au moins à la moitié de la fertilité actuelle, c'est-à-dire de voir élever la production totale du pays dans le rapport de 2 à 3, et cela à la plus basse estimation, ainsi que nous le démontrerons. Certes, personne ne sera tenté de nier la gravité d'un pareil problème. Tout homme d'État vraiment digne de ce nom, ayant la conviction du bien énorme à produire, ne saurait, en présence de ce chiffre, s'arrêter à de petites difficultés de servitudes mitoyennes. Il ne faut pas s'occu-

per de tracasseries locales. Le Gouvernement
doit montrer à tous que le drainage est une
opération d'utilité publique, pour laquelle
tout le monde est solidaire. C'est ce qui a été
compris en Angleterre, non pas immédiatement, mais à la suite de longues années, après
un siècle et demi de tâtonnements. Souhaitons
que ces tâtonnements d'un pays voisin ne
soient pas perdus pour nous, et que d'un bond
nous puissions nous élever à sa hauteur actuelle.

Le Gouvernement français n'a pas négligé
cette face de la question. M. Dumas, pendant
son ministère, a pris soin de réunir tous les
documents qui constituent aujourd'hui la législation anglaise sur le drainage; il doit bientôt publier un volume qui en contiendra la
traduction. C'est ce que M. Dumas a annoncé
au Congrès des agriculteurs du Nord, tenu à
Valenciennes, en septembre 1852, dans les
termes suivants :

« La législation anglaise sur le drainage,
a-t-il dit, est très-confuse et remonte bien plus
haut qu'on ne croit; elle remonte jusqu'à l'é-
poque de la reine Anne. On voit que ce n'est
pas d'hier que la question du drainage s'est
produite en Angleterre. J'ai eu beaucoup de
peine à réunir la législation qui la concerne;
je l'ai recueillie; j'ai fait traduire l'ensemble

de cette législation, qui forme un volume de quatre à cinq cents pages. Il y a quatorze ou quinze lois, quelques-unes sont très-anciennes, d'autres plus modernes. Les lois rendues d'après le système de sir Robert Peel, les plus récentes, sont les seules qui aient fixé l'attention publique, parce qu'elles ont eu le plus grand effet. Il m'est resté la conviction intime, en examinant l'ensemble de la législation, que sir Robert Peel n'aurait pas modifié la législation des céréales, s'il n'avait pas eu une conviction, des idées complétement arrêtées sur les bienfaits que l'Angleterre pouvait attendre du drainage, une fois qu'il aurait été généralisé...

« La première mesure qu'on a prise a été l'application au drainage du crédit foncier, qui n'existait pas lors de l'introduction du drainage. L'État a donné de l'argent aux propriétaires, à la condition qu'ils en feraient l'application au drainage, et que, dans l'espace de vingt à vingt-cinq ans, au moyen d'annuités, cet argent serait intégralement rentré à l'État. C'est le crédit foncier dans son expression la plus simple, mais fondé complétement par l'État...

« Quiconque n'a pas vu l'Angleterre en 1847, est hors d'état de se faire une idée de l'importance de cette opération, car c'est surtout alors qu'elle fut faite sur une grande échelle. Si, dans l'arrière-saison de 1847, vous étiez monté sur une colline, et si vous aviez regardé aussi loin que la vue pouvait s'étendre, vous auriez aperçu, à perte de vue, dans tous les sens, la terre sillonnée par les drains qui allaient être enfoncés, et rayée de lignes rouges produites par les tuyaux qui allaient les recevoir. Toutes les traces en ont disparu aujourd'hui. Mais croyez qu'on ne pourrait presque nulle part fouiller le sol anglais sans rencontrer des tuyaux de drainage.

« Robert Peel ne s'est pas borné à employer les fonds de l'État pour faire du drainage, il a dit aux paroisses : J'ai fait une loi d'expropriation pour que vous puissiez disposer de vos biens pour faire du drainage; profitez-en. Il a dit aux mineurs dont les biens sont gérés par des tuteurs : Il faut que le drainage puisse s'appliquer à vos biens; vos tuteurs sont autorisés à grever dans ce but les biens de leurs pupilles. Il a donc prévu toutes les difficultés qui pouvaient empêcher que le drainage ne se répandît partout; il a ainsi étendu cette mesure sur la majeure partie de la surface de l'Angleterre. Je suis convaincu que les deux tiers du territoire cultivable de l'Angleterre sont drainés, et qu'il ne reste plus qu'un tiers qui n'ait pas subi l'opération du drainage.

19.

« Il restait une autre difficulté ; c'était la plus grande dans un pays où la propriété est aussi sacrée qu'en Angleterre : il fallait faire passer les drains sur la propriété d'autrui : une loi l'a permis; aujourd'hui, l'on peut, moyennant une très-faible indemnité, faire passer les drains sur le terrain qui ne vous appartient pas. »

Un des ministres successeurs de M. Dumas a voulu que tous les documents réunis déjà fussent complétés, et que quelques jeunes Français allassent étudier de près, en Angleterre, la question du drainage. Dans ce but, M. Dehansy, répétiteur de génie rural à l'ancien Institut agronomique de Versailles, et trois élèves de ce regrettable établissement, ont été envoyés dans la Grande-Bretagne, où ils sont encore aujourd'hui. Nul doute que de pareils hommes, munis d'une bonne instruction, ne reviennent avec des connaissances précieuses qu'il sera facile d'appliquer en France. En attendant, il est nécessaire de fixer nettement les idées sur les points que la législation a réglés en Angleterre, sur ce qu'il serait nécessaire de faire chez nous. Dans le Rapport suivant, adressé au ministre chargé de l'administration de l'agriculture, par un magistrat du tribunal de première instance de la Seine, M. Bienaimé, nos lecteurs trou-

veront l'exposition très-nette du système anglais que M. Dumas n'a fait qu'indiquer dans
le discours que nous venons de reproduire ;
ils remercieront donc M. Bienaimé d'avoir
consenti à nous communiquer le document
qui suit :

« Monsieur le Ministre ,

« Les propriétaires et les cultivateurs ne
peuvent que vous remercier de la mission
que vous venez de donner à M. Dehansy, afin
d'étudier le drainage en Angleterre ; mais ils
ont cependant, à mon sens du moins, à soumettre à votre sagesse quelques réflexions qui
vous engageront sans doute à faire, dès à présent, quelque chose pour le drainage.

« Le drainage, dans l'état actuel de la législation, n'est pas possible pour beaucoup de
champs.

« La question étant ainsi posée, la solution
ne peut être douteuse.

« Vous le savez , monsieur le Ministre , le
bon drainage doit être fait à 1 mètre au moins
de profondeur.

« Or, si l'eau est recueillie à 1 mètre au-
dessous de sa superficie, la conséquence forcée
est que c'est à 1 mètre de profondeur que
l'écoulement doit se faire. Autrement, l'eau
ne s'écoulant pas, stationnerait dans les drains;

et alors le drainage n'aurait produit d'autre effet que de placer le réservoir un peu au-dessous du niveau où la nature l'avait mis. La masse d'eau arrêtée sous terre serait plus considérable : voilà tout ce que le drainage aurait procuré. Il est donc évident que toute pièce de terre, tout champ, grand, moyen ou petit, qui, du côté où la pente naturelle du terrain portera les eaux, n'aura pas un fossé, un ravin ou un accident quelconque de terrain dont l'étiage lui soit inférieur de 1 mètre, ne peut être drainé, et que si vous voulez qu'il le puisse être, il faut donner à son propriétaire le droit de prolonger son drain d'écoulement sous les champs voisins, et d'obtenir par là l'écoulement que lui refuse à ciel découvert la planimétrie du terrain.

« Et c'est parce que vous avez compris cette difficulté, monsieur le Ministre, que M. Dehansy a été chargé par vous d'étudier *les parties de la législation anglaise qui concernent le drainage, au point de vue des servitudes entre voisins et du libre écoulement des eaux.*

« Les Anglais, monsieur le Ministre, n'ont point établi de servitudes pour rendre le drainage praticable; et comprenant tout d'abord que le drainage doit être et ne peut être qu'une opération d'ensemble, ils ont tranché la question d'une manière plus vive.

« Voici les données principales qu'ils ont adoptées :

« Les propriétaires de la moitié des terres comprises dans un certain périmètre veulent drainer ; ils exposent leur demande au shérif. Ce magistrat fait examiner attentivement la demande par une personne qu'il autorise à cet effet ,

« Il la rend publique,

« Reçoit les oppositions,

« Les apprécie ,

« Et s'il les rejette comme non fondées, il nomme des commissaires qui ont dès lors tout pouvoir

« Pour lever les plans,

« Estimer chaque pièce de terre ,

« Emprunter l'argent nécessaire pour l'exécution des travaux,

« Les faire exécuter,

« Et les pousser à 1 mille (1609 mètres) du périmètre des terres à drainer, s'il est nécessaire ;

« Et enfin répartir la somme dépensée entre toutes les terres drainées, eu égard à l'augmentation que chacune a reçue de l'opération.

« Il y a d'autres dispositions de détail et d'exécution ; mais l'idée principale, la voilà :

« Il n'y a pas de servitude de souffrir tel ou tel travail pour l'écoulement de l'eau, mais obligation de souffrir le drainage dans son ensemble, et de le payer en proportion de la plus-value.

« Je ne vous cite pas, monsieur le Ministre, ce point de la législation de nos voisins pour vous en demander l'application immédiate à la France, mais seulement pour vous faire voir que le drainage est considéré par eux comme une opération qui ne peut se faire isolément pour un seul héritage, et sans être prolongée autant que la nécessité s'en fait sentir.

« Or, si cela est vrai pour la terre d'Angleterre, cela est vrai aussi pour la terre de France ; car le principe du drainage est un et non divers ; et si le moment n'est pas venu d'appliquer à la France les principes et les procédés adoptés par l'Angleterre, il est éminemment utile de rendre le drainage possible, dès à présent, par quelques dispositions législatives fort simples.

« Nous en avons une qu'il ne s'agirait que d'emprunter à une matière analogue à celle qui nous occupe, pour l'appliquer et l'approprier à celle du drainage.

« La loi du 29 avril 1845 autorise le propriétaire qui veut irriguer son champ à faire passer l'eau dont il a besoin sur les champs de ses voisins. Ce droit, comme principe, ne peut-il pas être appliqué au drainage comme lui étant aussi nécessaire qu'il l'est à l'irrigation ?

« En effet, si pour irriguer il faut presque toujours faire passer son eau sur ses voisins, il faut pour drainer faire presque toujours écouler l'eau sous les champs voisins.

« Une seule différence est à signaler entre l'irrigation et le drainage : c'est que le passage que demande l'irrigation affecte nécessairement une partie du champ, tandis que celui qui a pour objet le drainage est souterrain, et que, loin d'être pour le fonds servant une cause de dommage quelconque, il lui apporte, au contraire, le bienfait d'une fécondation plus active, soit que le propriétaire se contente de l'asséchement procuré par le drain collecteur et d'écoulement, soit qu'il branche lui-même des drains sur ce drain, qui devient alors pour lui un drain collecteur.

« Vous voyez donc, monsieur le Ministre, qu'il faudrait avoir l'esprit bien maladif pour se plaindre d'une pareille servitude.

« J'ajoute qu'il sera juste d'exiger de celui qui branchera des drains, de payer sa part proportionnelle dans les frais d'établissement de ce drain collecteur.

« Quant à celui qui ne fera que recevoir passivement le bénéfice du drain collecteur, je ne pense pas qu'il soit bien urgent de s'occuper de lui en demander sa part proportionnelle, puisque la question à son égard se perdra nécessairement dans la question capitale, qui devra être agitée plus tard, celle de savoir si le drainage pourra être forcé.

« Une autre disposition serait à demander à la loi, c'est celle qui devra protéger les drains contre la destruction totale ou partielle, et punir tout empêchement au libre écoulement des eaux.

« Vous pourrez sur ce point vous adresser aux dispositions des articles 437, 456 et 457 du Code pénal [1].

(1) Ces trois articles du Code pénal ont les textes suivants :

Art. 437. Quiconque aura volontairement détruit ou renversé, par quelque moyen que ce soit, en tout ou en partie, des édifices, des ponts, digues ou chaussées, ou autres constructions qu'il savait appartenir à autrui, sera puni de la réclusion, et d'une amende qui ne pourra excéder le quart des restitutions et indemnités, ni être au-dessous de 100 francs. — S'il y a eu homicide ou blessures, le coupable sera, dans le premier cas, puni de mort, et, dans le second, puni de là peine des travaux forcés à temps.

Art. 456. Quiconque aura en tout ou en partie comblé des fossés, détruit des clôtures, de quelques matériaux qu'elles soient faites, coupé ou arraché des haies vives ou sèches ; quiconque aura déplacé ou supprimé des bornes ou pieds corniers, ou autres arbres plantés ou reconnus pour établir des limites entre différents héritages, sera puni d'un emprisonnement qui ne pourra être au-dessous d'un mois ni excéder une année, et

« Vous aurez peut-être aussi à faire dire à la loi que l'art. 640 du Code civil n'aura point d'application dans le cas de changement de direction des eaux par le drainage[1].

« Enfin, vous aurez à vous occuper de la question de savoir si le draineur, avant de pousser sous ses voisins son drain d'écoulement, devra prendre une autorisation et à quelle autorité il devra s'adresser pour l'obtenir, ou si le

d'une amende égale au quart des restitutions et des dommages intérêts, qui, dans aucun cas, ne pourra être au-dessous de 50 francs.

Art. 457. Seront punis d'une amende qui ne pourra excéder le quart des restitutions et des dommages intérêts, ni être au-dessous de cinquante francs, les propriétaires ou fermiers, ou toute personne jouissant de moulins, usines ou étangs, qui, pour l'élévation du déversoir de leurs eaux au-dessus de la hauteur déterminée par l'autorité compétente, auront inondé les chemins ou les propriétés d'autrui. S'il est résulté du fait quelques dégradations, la peine sera, outre l'amende, un emprisonnement de six jours à un mois.

(1) Cet article 640 du Code civil est ainsi conçu :

Les fonds inférieurs sont assujettis envers ceux qui sont plus élevés, à recevoir les eaux qui en découlent naturellement sans que la main de l'homme y ait contribué.

Le propriétaire inférieur ne peut point élever de digue qui empêche cet écoulement.

Le propriétaire supérieur ne peut rien faire qui aggrave la servitude du fonds inférieur.

droit étant écrit dans la loi, il ne faudra pas en laisser l'application aux tribunaux ordinaires dans le cas où l'exercice en serait refusé.

« Je pencherais à penser que la question d'utilité publique n'étant pas et ne pouvant être encore décidée, et que l'intérêt privé étant seul en jeu quant à présent, c'est à la juridiction ordinaire qu'il faut laisser la connaissance des difficultés qui naîtront entre le draineur et le propriétaire qui devra le passage du drain d'écoulement.

« Quelles difficultés pourraient d'ailleurs s'élever ?

« Le passage d'un drain collecteur ou d'écoulement ne pouvant être qu'utile, il ne saurait venir dans la pensée de personne de le refuser ; et l'établissement de ce drain ne pouvant être fait sans bourse délier, il est évident que personne ne s'amusera à faire passer sous ses voisins un drain d'écoulement dans lequel on n'aurait point d'eau à faire passer.

« La seule difficulté un peu sérieuse qui pourra se présenter, c'est celle qui s'élèverait sur la direction à donner au drain d'écoulement : le fonds servant pourra demander que cette direction soit prise d'un côté, le fonds dominant que ce soit d'un autre. Et comme jusqu'à ce que le drainage soit déclaré d'utilité publique et devoir être une opération d'ensemble, qui sera faite sous l'autorité et par les procédés administratifs, il faut qu'une autorité quelconque soit chargée de statuer, soit sur le refus de livrer le passage, soit sur la direction du passage, je crois qu'il est nécessaire de désigner cette autorité.

« A cet égard, celle qui est le plus près des justiciables, celle qui leur donne la justice sans frais, la justice de paix, me paraît devoir être préférée.

« Je désire, monsieur le Ministre, que les réflexions qui précèdent vous donnent la conviction qu'il y a dès à présent quelque chose à faire en faveur du drainage ; et j'ai l'espoir que le meilleur conseiller en agriculture étant l'expérience, vous jugerez que tout ce qui doit faciliter le drainage privé et en quelque sorte individuel doit être adopté avant de prendre un parti sur la grande question du drainage d'ensemble, et par conséquent forcé, puisque le drainage privé donnera des éléments d'étude et d'appréciation qui ne pourront être sans une grande utilité.

« J. BIENAIMÉ,
« Propriétaire à Coulommiers (Seine-et-Marne). »

Nous partageons complétement l'avis de M. Bienaimé sur la nécessité de faire une loi appropriée au drainage, loi décidant que tout propriétaire d'un fonds supérieur pourra faire passer un drain collecteur à travers un fonds inférieur, *sans aucune indemnité*, à condition seulement de faire les travaux en temps opportun, le terrain étant nu, et sans apporter aucune gêne à la culture. Le juge de paix règlerait, en cas de difficulté, et sur rapport d'experts, la direction à faire prendre à ce drain. Dans le cas où le propriétaire du fonds inférieur exécuterait aussi le drainage, il devrait prendre part aux frais d'établissement du drain collecteur dans une proportion déterminée à dire d'experts.

Ces mesures nous sembleraient suffire quant à présent, mais nous avouons que, dans l'intérêt de l'agriculture de notre pays, nous voudrions que la loi à faire décidât que le drainage est une opération d'ensemble que toutes les terres d'un périmètre doivent supporter, lorsque les propriétaires de la moitié de ces terres se sont entendus pour en reconnaître l'utilité, et que cette utilité a été proclamée par arrêt administratif, après enquête préalable.

On a soutenu que la loi du 29 avril 1845 pouvait être invoquée en faveur des travaux de drainage, et qu'il était inutile de demander une législation spéciale. C'est la thèse qu'a adoptée M. Bourguignat, avocat au Conseil d'État et à la Cour de cassation. M. Bourguignat s'exprime ainsi :

« Le desséchant, tout comme l'irrigateur, jouit, aux termes de la loi de 1845, de la servitude de conduites d'eau à travers les terrains intermédiaires ; il suit naturellement de là que le premier, prétendant user de son droit d'asséchement, peut fort bien l'exercer au moyen du *drainage*. Simple fossé ou rigole, canaux en pierre ou en briques, tuyaux apparents ou souterrains, drains enfouis plus ou moins profondément ; ce sont là des modes du passage de l'eau différents en fait, mais indifférents en droit, puisque l'emploi en constitue, dans tous les cas, l'exercice de la servitude d'aqueduc.

« La loi de 1845 n'a prétendu ni indiquer ni exclure aucun de ces moyens plutôt que l'autre ; « elle a pensé, disait à la Chambre des députés M. le rapporteur Dalloz, qu'à cet égard on pourrait se reposer, avec quelque confiance, sur l'intérêt privé, naturellement peu disposé à une entreprise nécessairement dispendieuse, dans l'unique but de susciter à ses voisins des tracasseries contre lesquelles les tribunaux sauraient, d'ailleurs, les protéger. »

« C'est, en effet, aux tribunaux auxquels le desséchant doit s'adresser pour obtenir le passage des eaux qu'il prétendrait dériver de son terrain submergé, qu'il appartient de statuer sur toutes les difficultés que l'exécution du desséchement par le drainage pourrait soulever. Ainsi, par exemple, la conduite d'eau commencée sous forme de drains sur le terrain submergé doit-elle se continuer de la même manière sur les fonds intermédiaires ? — Est-il convenable, au contraire, qu'elle prenne sur ces fonds-ci la forme de fossé ou de rigole ouverte? — Ce sont là des questions livrées à l'appréciation souveraine des juges de fait, qui consulteront, avant de s'y prononcer, les besoins des fonds dont on veut obtenir l'asséchement et la nature des terrains à traverser, et qui s'efforceront de concilier le droit du conducteur de l'eau avec les intérêts des propriétaires des fonds assujettis.

« En principe donc, toutes les fois que, s'agissant du desséchement des terrains submergés dans le sens de l'article 3 de la loi de 1845, le drainage sera le seul mode de conduite d'eau efficace, à raison de la configuration des lieux, ou, lorsque n'étant pas le seul mode efficace, il sera le plus avantageux pour le fonds à dessécher, sans être trop onéreux pour le maître de l'héritage soumis à la servitude de conduite d'eau, il pourra être obtenu du tribunal ; il ne reste aucun doute à cet égard. »

Il nous paraît évident que M. Bourguignat torture singulièrement la loi de 1845, ou bien qu'il ne comprend nullement le mot drainage. Pour le prouver, nous n'avons qu'à citer le texte de cette loi et à y joindre celui de la loi du 11 juillet 1847 ; ces deux lois de 1845 et 1847 avec l'art. 640 du Code civil, constituent tous les textes qui peuvent être invoqués en cette matière. Nous avons reproduit précédemment l'article 640 ; voici maintenant la loi du 27 avril 1845 :

« Art. 1er. Tout propriétaire qui veut se servir, pour l'irrigation de ses propriétés, des eaux naturelles ou artificielles dont il a le droit de disposer, peut obtenir le passage de ces eaux sur les fonds intermédiaires, à la charge d'une juste et préalable immunité.

« Sont exceptés de cette servitude les maisons, cours, jardins et enclos attenant aux habitations.

« Art. 2. Les propriétaires des fonds inférieurs doivent recevoir les eaux qui s'écoulent des terrains ainsi arrosés, sauf l'indemnité qui pourra leur être due.

« Sont également exceptés de cette servitude les maisons, cours, jardins, parcs, enclos attenant aux habitations.

« Art. 3. La même faculté de passage sur les fonds intermédiaires peut être accordée au propriétaire d'un terrain submergé en tout ou en partie, à l'effet de procurer aux eaux nuisibles leur écoulement.

« Art. 4. Les contestations auxquelles peuvent donner lieu l'établissement de la servitude, la fixation du parcours de la conduite d'eau, de ses dimensions et de sa forme, et les indemnités dues, soit au propriétaire du fonds traversé, soit à celui du fonds qui reçoit l'écoulement des eaux, sont portées devant les tribunaux, qui, en prononçant, doivent concilier l'intérêt de l'opération avec le respect dû à la propriété.

« Il sera procédé devant les tribunaux comme en matière sommaire ; et, s'il y a lieu à une expertise, il pourra n'être nommé qu'un seul expert.

« Art. 5. Il n'est aucunement dérogé par la présente loi aux dispositions antérieures qui règlent la police des eaux. »

La loi du 11 juillet 1847 est ainsi conçue :

« Art. 1. Tout propriétaire qui veut se servir, pour l'irrigation de ses propriétés, des eaux naturelles et artificielles dont il a le droit de disposer, peut obtenir la faculté d'appuyer sur la propriété du riverain opposé, les ouvrages d'art nécessaires à la prise d'eau, à la charge d'une juste et préalable indemnité.

« Sont exceptés de cette servitude les bâtiments, cours et jardins attenant aux habitations.

« Art. 2. Le riverain sur le fonds duquel l'appui est réclamé, peut toujours demander l'usage commun du barrage, en contribuant pour moitié aux frais d'établissement et d'entretien; aucune indemnité n'est respectivement due dans ce cas, et celle qui aurait été payée doit être rendue.

« Lorsque cet usage commun n'est réclamé qu'après le commencement de la confection des travaux, celui qui le demande doit supporter seul l'excédant de dépense auquel donnent lieu les changements à faire au barrage pour le rendre propre à l'irrigation des deux rives..

« Art. 3. Les contestations auxquelles peuvent donner lieu les articles 1 et 2, sont portées devant les tribunaux. Il sera procédé comme en matière sommaire; et, s'il y a lieu à une expertise, il pourra n'être nommé qu'un seul expert.

« Il n'est aucunement dérogé par la présente loi aux dispositions qui règlent la police des eaux. »

Le législateur, en parlant d'un terrain *submergé* en tout ou en partie, duquel il fallait faire écouler les eaux nuisibles, n'a pu vouloir parler de l'enlèvement des eaux permanentes à une certaine profondeur; il a peut-être pressenti, mais il n'a pas distinctement vu le drainage. « La loi de 1845 est, comme nous l'écrit M. de Beauregard, d'Orléans, une exception au principe qu'on ne peut disposer de la chose d'autrui, et on ne peut étendre une exception d'un cas à un autre. »

Nous ne croyons pas que la lecture des débats qui, dans la Chambre des députés et dans la Chambre des pairs, ont précédé l'adoption de la loi de 1845, donnent de forts arguments à ceux qui pensent comme M. Bourguignat et comme l'auteur de l'*Instruction sur le drainage*, publiée par la Commission hydraulique de la Sarthe, que cette loi est applicable au drainage. En 1845, le drainage était à peine connu en France de quelques personnes : lorsque la loi de 1847 a été votée, on commençait à faire des travaux de drainage ; mais personne alors n'a songé, comme ç'eût été si bien l'occasion, à s'occuper de ce qui adviendrait pour la nouvelle amélioration foncière. Quant aux mots « *eaux nuisibles* » employés par le législateur, le rapporteur de la Commission de la Chambre des pairs, M. Passy, l'expliquait ainsi : « Il suffirait que des eaux stagnantes fussent reconnues nuisibles à la santé, pour que le propriétaire du fonds sur lequel elles existent dût obtenir des tribunaux la faculté de leur procurer un écoulement sur les fonds inférieurs. » Nul ne songeait alors aux eaux nuisibles, en ce sens qu'elles empêchent un sol d'avoir toute sa puissance de fertilité.

Nous ajouterons avec M. de Chastellux : « Dans la pratique, la matière des servitudes se refuse à toute extension par analogie. Les dispositions légales qui les régissent sont de *droit étroit*, et, dans le silence de la loi, la coutume ne peut résulter pour y suppléer que de conventions librement consenties. » Nous devons repousser, quant à nous, dans l'intérêt de la conservation dans son intégrité du droit de propriété, une interprétation laissée aux tribunaux qui aurait pour effet de diminuer les garanties de l'article 640 du Code Napoléon que nous avons reproduit plus haut. « Le propriétaire de fonds supérieurs, dit cet article, ne peut rien faire qui aggrave la servitude des fonds inférieurs ; celui-ci ne doit passage qu'aux eaux qui s'écoulent naturellement sans que la main de l'homme y ait contribué. » Il est évident que la main de l'homme intervient dans l'écoulement des eaux provenant du drainage, tout autant que pour l'irrigation ou pour l'écoulement d'un terrain submergé. Il faut donc une exception expresse, introduite dans une loi spéciale.

D'ailleurs, nous le disons nettement, nous trouvons fâcheux qu'on en soit réduit à faire des procès, à invoquer les arrêts des tribunaux. Ce parti peut plaire à un avocat, à un jurisconsulte qui aurait à soulever des monceaux de paperasses devant toutes les juridictions et finalement devant la Cour de cassation. Les cultivateurs aimeraient mieux que la question fût claire, et ils préféreraient que MM. les avocats ne s'en mêlassent pas. Nous trouvons qu'ils ont bien raison.

En fait, l'insuffisance de la législation est déjà démontrée dans le Loiret; plusieurs propriétaires sont détournés de se livrer à des travaux de drainage, dans la crainte des embarras où ils se trouveraient pour faire écouler les eaux à travers plusieurs héritages voisins. Dans la Marne, M. Desanlis a été arrêté par des empêchements de cette nature. Dans la Moselle, le plus grand obstacle que M. le colonel Ardant ait rencontré pour le drainage d'un pré, situé à Faulquemont, est venu de la mauvaise volonté des propriétaires des fonds inférieurs. Ceux-ci se sont opposés à l'approfondissement du canal de vidange, sous prétexte que leurs prés pourraient se dessécher, et notez que le principal défaut de ces prés est un excès d'humidité stagnante. M. Ardant n'a pu vaincre ce mauvais vouloir, et il a dû se contenter d'un écoulement imparfait. Mais nous disons plus; il est des contrées, comme le Perthois, par exemple, où l'évacuation des eaux est impossible même à travers plusieurs héritages, tant il faut aller loin pour trouver un faible écoulement. Des régions entières souffrent de la stagnation des eaux; il faudrait un travail d'ensemble sur une grande étendue pour atteindre un endroit bas où l'évacuation devint facile.

En tous cas, l'incertitude est la situation la plus fâcheuse ; elle nuit au développement du drainage. Nous voudrions que la question fût vidée, dût-on avoir recours à des procès. Si on se résout à cette extrémité, voici comment on devra engager l'action, selon l'instruction du département de la Sarthe :

« Le premier acte de l'instance est l'assignation à comparaître devant le tribunal du ressort duquel est le fonds sur lequel on réclame l'exercice de la servitude.

« L'exploit d'ajournement doit contenir :

« 1° La date du jour, mois et an ; les noms, profession et domicile du demandeur, la constitution de l'avoué qui occupera pour lui, et chez lequel l'élection de domicile sera de droit, à moins d'une élection contraire par le même exploit ;

« 2° Les noms, demeure et immatricule de l'huissier, les noms et demeure du défendeur, et mention de la personne à laquelle copie de l'extrait sera laissé ;

« 3° L'objet de la demande, l'emploi sommaire des moyens ;

« 4° L'indication du tribunal qui doit connaître de la demande et du délai pour comparaître : le tout à peine de nullité.

« L'objet de la demande est dans toute assignation un point important à préciser. Le

20.

demandeur en établissement de servitude, doit exposer au tribunal qu'il réclame sur tel fonds déterminé le droit de passage pour des eaux provenant de tel héritage. Il indiquera le parcours, tant de la partie souterraine que de la partie à découvert du canal d'écoulement projeté ; la profondeur de la première au-dessous de la surface du sol ; le point où les eaux seraient versées dans un fossé ou dans un cours d'eau existant ; et les travaux d'art qu'il prétendra construire, le tout avec les motifs et justifications à l'appui.

« Il sera toujours bon que la demande soit accompagnée d'un plan et, autant que possible, d'un nivellement, qui présentent exactement la situation des lieux, les détails du projet sur le fonds traversé, et les indications nécessaires pour justifier le choix de la direction que l'on voudra donner aux eaux.

« Enfin, s'il peut en résulter quelque dommage pour le propriétaire inférieur, le demandeur devra en outre, faire offre de payer l'indemnité à laquelle donnera lieu l'établissement de la servitude, pour mettre le tribunal mieux en état de déterminer.

« Nous ne suivrons pas, ajoute l'instruction, les phases de la procédure ; nous n'avons voulu qu'indiquer la manière de saisir régulièrement de la question le tribunal auquel elle doit être déférée, et mettre les propriétaires à même de s'assurer le bénéfice de la loi de 1845. »

Au lieu d'une longue procédure dont l'issue, douteuse aujourd'hui, ne serait définitive que dans plusieurs années, nous demandons une loi. Cette loi devrait en outre, à l'effet d'encourager le drainage, sinon accorder des fonds d'encouragement, du moins lui venir en aide d'une manière indirecte. « La loi du 3 frimaire an VII, nous écrit M. de Beauregard, encore en vigueur pour engager à dessécher les marais, défricher les terres incultes, semer des bois, planter des arbres, et même de la vigne, porte que les terrains ainsi desséchés, etc., ne pourront être augmentés de contributions pendant 15, 20 ou 30 ans. Pourquoi n'étendrait-on pas cette disposition au drainage? Pourquoi n'accorderait-on pas une exemption d'impôts pendant une ou plusieurs années? Les exemptions, promises sur les fonds de non-valeur, coûteraient peu de chose à l'État, qui, plus tard, serait indemnisé, puisque les terres améliorées payeraient davantage lors de la révision du cadastre. »

Puissent toutes ces considérations frapper le Gouvernement! Il y a un immense service à rendre. Nous devons espérer que notre pays ne restera pas plus longtemps en arrière.

CHAPITRE XXXII.

Des fossés évacuateurs des eaux du drainage.

Nous avons montré toutes les difficultés que les propriétaires pourraient trouver à faire écouler les eaux de leurs champs drainés ; nous avons dit les mesures législatives à prendre pour que les drains collecteurs pussent toujours venir tomber dans un cours d'eau naturel ou dans un cours d'eau artificiel commun. Il faut que chacun soit libre de drainer ses champs, s'il en reconnaît la nécessité ou la convenance ; nous ne voulons en rien forcer personne ; nous respectons autant la liberté de ne pas faire que la liberté de faire, à la condition qu'il n'en résulte d'un autre côté aucune attaque contre la liberté d'autrui, contre le bien général, contre l'intérêt public. Mais il nous paraît nécessaire de faciliter par tous les moyens possibles l'action de ceux qui veulent effectuer des améliorations. En ce sens, nous regardons la création ou l'entretien de canaux d'évacuation des eaux nuisibles comme une œuvre de première importance. L'assèchement général d'une contrée par de grands fossés doit très-souvent précéder les travaux de drainage effectués par les particuliers. Dans les pays de plaines, sur quelques-uns des vastes plateaux que présente la France, la nécessité de pareilles entreprises a été sentie depuis longtemps. En général, cependant, la question n'est pas comprise, et l'administration centrale, malgré des projets assez nombreux, dont quelques-uns ont reçu un commencement d'exécution, ne trouve pas dans l'opinion publique, mal éclairée, l'appui nécessaire pour amener à terme les travaux proposés par quelques ingénieurs.

Dans le département de Seine-et-Marne notamment, dès avant la révolution de 1789, de grands fossés avaient été ouverts; mais, soit incurie, soit à cause de la division de la propriété, ils ont été ou négligés ou même en partie comblés. L'administration préfectorale a voulu remédier à cet état de choses; elle a été bien secondée par l'ingénieur en chef du département, M. Dajot, et par le Conseil général, qui a donné son adhésion, dans une délibération spéciale, aux propositions qui lui étaient faites. En conséquence, il a été pris, à la date du 1er décembre 1852, un arrêté que nous recommandons à l'attention générale, parce qu'on pourrait en appliquer utilement les dispositions à une grande partie du territoire.

La loi du 14 floréal an XI pourvoit à l'entretien et à l'amélioration des évacuateurs existants ; celle du 16 septembre 1807 s'occupe de la création de nouveaux évacuateurs. Mais ces deux lois ne suffisent peut-être plus aux besoins actuels ; elles ne sont plus en harmonie avec les procédés que la science a fait découvrir, avec ceux que des modifications profondes dans les systèmes agricoles ont fait imaginer. La difficulté de la matière retarde le moment où une telle législation pourrait être modifiée. Nous appelons sur ce sujet l'attention de tous les Conseils généraux. Il importe d'abord qu'on s'occupe de l'entretien et de l'amélioration de ce qui existe, et après qu'on aura exécuté toutes les mesures qu'indique l'arrêté suivant, on verra quelles sont les contrées où il faut augmenter les dimensions des évacuateurs naturels ou créés de main d'homme. Il est nécessaire que l'on assimile aussi complétement que possible les voies d'eau aux voies de terre, notamment aux chemins vicinaux, et qu'on considère les riverains comme de véritables prestataires en fait de curage. Si les chemins viennent en aide à la production agricole, en facilitant le parcours des instruments de labour et en rendant les transports commodes, les cours d'eau et les fossés d'écoulement sont non moins utiles, en amenant de l'eau pour les irrigations quand le ciel n'en fournit pas assez ; en enlevant l'excès d'eau lorsque les pluies sont excessives ou que l'humidité séjourne dans un sol sans pente naturelle ou libre.

La question du drainage se lie intimement à l'adoption des mesures suivantes :

Nous, préfet du département de Seine-et-Marne,

Vu le rapport et les propositions de M. Dajot, ingénieur en chef de ce département, en date du 26 juillet 1852 ;

Vu la délibération du Conseil général du département, en date du 29 août 1852 ;

Vu le nouveau rapport de M. l'ingénieur en chef, du 11 novembre dernier ;

Vu le décret du 25 mars 1852, sur la décentralisation administrative ;

Vu, enfin, la loi du 14 floréal an XI ;

Considérant que cette loi, par ses termes mêmes et par la nature des choses, s'applique à deux espèces de travaux bien distincts : 1º les curages proprement dits ; 2º l'entretien, la réparation et la reconstruction des *digues ou autres ouvrages d'art* qui sont nécessaires, dans certains départements, pour contenir et diriger les eaux ;

Que ce ne peut être qu'à l'égard de cette seconde espèce de travaux qu'il y ait lieu de rechercher tous les propriétaires compris dans la zone protégée, d'apprécier le degré d'intérêt de chacun d'eux, en conséquence, de procéder à un règlement d'administration publique, de nommer une commission syndicale, en un mot, de remplir toutes les formalités prescrites par le deuxieme paragraphe de la loi précitée;

Mais que, à l'égard des simples curages qui sont nécessaires et suffisants dans la plupart des localités de Seine-et-Marne, l'obligation de ces curages incombe naturellement et équitablement aux propriétaires riverains, chacun au droit de soi, et aux propriétaires de barrage, dans toute l'étendue du remous et de la chute, selon le mode consacré par l'usage ;

Considérant que le curage des cours d'eau non navigables et évacuateurs de toute espèce est indispensable à l'assainissement des terres, et, par suite, à la prospérité de l'agriculture ; qu'il convient, dès lors, d'adopter des mesures simples et précises pour que ce curage, depuis trop longtemps négligé, soit exécuté, à l'avenir, avec ensemble et régularité;

Arrêtons :

Art. 1ᵉʳ. Le curage de tous les cours d'eau non navigables, sans exception, ainsi que des canaux et fossés creusés de main d'homme pour la vidange des eaux, sera exécuté annuellement, dans le courant du mois de septembre, par les propriétaires riverains, chacun au droit de soi, et par les propriétaires de barrage, dans toute l'étendue du remous apparent, et sur une longueur de 50 mètres à l'aval de la chute, si mieux n'aiment les propriétaires riverains exécuter eux-mêmes ce curage, afin d'éviter l'introduction des tiers sur leurs héritages.

Art. 2. Faute par lesdits propriétaires d'avoir exécuté le curage dans le délai fixé, il y sera pourvu à leurs frais, et le montant de ces frais sera recouvré dans les formes prescrites par la loi du 14 floréal an XI.

Art. 3. Les travaux de curage comprendront :

1° L'enlèvement, dans les limites indiquées par les profils fixateurs, de la vase, des terres, des pierres, des atterrissements de toute nature et de tout âge, et en général de toutes les matières obstruant le lit.

2° Le recépage ou l'arrachage, selon le cas, de tous les arbres, arbustes, souches et racines, et la destruction de tous les ouvrages non autorisés existant dans les mêmes limites.

Art. 4. Il sera procédé, par les soins de M. l'ingénieur en chef du département, à la confection d'une carte hydrographique et à un recensement général de tous les cours d'eau naturels du département, ainsi que des canaux et fossés creusés pour la vidange des eaux.

Art. 5. Des bornes hectométriques seront placées le long de chaque cours d'eau, depuis la source ou l'entrée dans le département, jusqu'à l'embouchure ou la sortie du département.

Il sera ensuite procédé au nivellement en long et à la détermination de la section moyenne de chaque cours d'eau.

Puis, des profils fixateurs seront établis de distance en distance, pour servir de repères au curage, de manière que la section du cours d'eau soit régulière entre deux profils fixateurs consécutifs, et que le plafond soit dressé suivant des pentes uniformes assez fortes pour assurer en tout temps l'écoulement des eaux.

En conséquence, les agents de l'administration des ponts et chaussées et du service vicinal sont autorisés à entrer dans les propriétés, même closes, pour y faire les opérations ci-dessus prescrites.

Art. 6. Il sera dressé en même temps, pour chaque cours d'eau et pour chaque rive, un état général des propriétaires riverains conforme au modèle ci-après :

Numéros d'ordre.	Numéros de la matrice cadastrale.	Noms, profession et demeure des propriétaires riverains.	Numéros des hectomètres dans l'étendue desquels est située la parcelle.	Longueur de rive de chaque parcelle.	Moitié du prix fixé par l'adjudication pour le curage d'un mètre courant.	Cote de curage afférente à chaque parcelle. / Produit des col. 5 et 6.	OBSERVATIONS.
1.	2.	3.	4.	5.	6.	7.	8.

Cet état sera divisé par commune.

Art. 7. Il sera dressé, pour le curage d'un ou plusieurs cours d'eau, un bail d'entretien de trois ou six années.

Un même cours d'eau pourra être divisé en plusieurs parties, dans l'étendue de chacune desquelles un prix moyen sera fixé pour le curage d'un mètre courant.

Ce prix moyen pourra être augmenté, pour le premier curage, dans une proportion fixée, d'après l'état du cours d'eau.

Art. 8. Tous les curages devront être entrepris simultanément le premier lundi de septembre.

A cet effet, chaque usinier ou propriétaire de barrage devra lever les vannes et faire les eaux basses dans son bief, depuis le dimanche à minuit jusqu'à huit heures du soir du dernier jour fixé par le cahier des charges, sans pouvoir prétendre à aucune indemnité de chômage pendant ce temps.

Art. 9. Le curage sera commencé par ceux des propriétaires riverains qui voudront user de la faculté d'exécuter les travaux eux-mêmes, et qui devront les avoir terminés dans le délai spécial fixé par le cahier des charges.

A l'expiration de ce délai, un agent de l'administration, en présence du maire de la commune, des riverains intéressés et de l'entrepreneur, procédera à la réception des travaux de curage exécutés par les riverains comme en matière de prestation sur les chemins vicinaux.

Il déchargera chaque riverain prestataire de tout ou partie de la cote mentionnée dans la septième colonne du tableau de l'article 6, selon que le curage aura été complétement ou seulement en partie exécuté.

En même temps, il dressera un procès-verbal de prise en compte par l'entrepreneur des travaux de curage exécutés aux prix de l'adjudication. Le montant de ce procès-verbal, qui sera généralement égal au montant des décharges accordées aux riverains prestataires, figurera en déduction du compte de l'entrepreneur.

L'entrepreneur sera tenu d'achever immédiatement le curage dans le délai fixé par son cahier des charges.

Art. 10. La vérification et la réception définitive des travaux de curage seront toujours faites, dans le courant du mois d'octobre suivant, par l'ingénieur de l'arrondissement ou un agent délégué par lui.

Les propriétaires de barrage seront tenus de faire les eaux basses pendant tout le temps que dureront la vérification et la réception des travaux.

L'ingénieur, ou son délégué, sera assisté du maire de la commune, et, s'il y a lieu, par l'agent spécial qui pourra avoir été préposé à la conduite des travaux.

Il dressera, conjointement avec le maire, un procès-verbal en triple expédition, dont l'une sera remise à l'entrepreneur, l'autre déposée à la mairie de la commune, et la troisième adressée à l'ingénieur en chef du département.

Ce procès-verbal, qui constatera de quelle manière

les travaux auront été exécutés, sera signé par l'entrepreneur, sans observations ou avec observations motivées, dans le délai de dix jours, conformément aux clauses et conditions générales imposées à tous les entrepreneurs de travaux publics par la circulaire du 25 août 1833.

Art. 11. Aussitôt après la réception des travaux, les cotes non libérées seront mises en recouvrement par le percepteur, comme en matière de prestation sur les chemins vicinaux.

Art. 12. Toutes les opérations relatives au tracé, à la vérification et à la réception des travaux, seront faites gratuitement.

Art. 13. A l'égard des cours d'eau dont le curage n'aurait pas fait l'objet d'une adjudication, les travaux seront achevés en régie, aux frais des propriétaires riverains retardataires ou récalcitrants, par des ouvriers payés à la journée et placés sous la direction d'un surveillant ou chef d'atelier dont le salaire sera compris dans les frais de la régie.

Le montant de ces frais sera réparti entre tous les propriétaires riverains retardataires ou récalcitrants, proportionnellement aux longueurs de rive de chacun.

Art. 14. Les propriétaires riverains seront tenus de souffrir le dépôt, sur leurs terrains, des produits du curage, dans les limites qui seront fixées, s'il y a lieu, par l'administration, ainsi que le passage des ouvriers employés audit curage.

Dans le délai de trois mois, après l'exécution des travaux, les riverains devront régaler sur leurs propriétés les terres et produits du curage, ou les faire enlever à leurs frais, de manière qu'il ne reste, sur les bords du cours d'eau, aucun remblai ou dépôt nuisible à l'écoulement des eaux ou à la salubrité publique.

Les matériaux provenant de la démolition d'ouvrages illégalement établis seront enlevés par ceux qui auront fait ces travaux, ou seront transportés d'office, et à leurs frais, dans l'endroit que le maire désignera, sans préjudice des peines encourues et des dommages occasionnés par suite de ces ouvrages.

Art. 15. Les propriétaires ou locataires d'usines sont autorisés à opérer le faucardement des herbes accrues dans le lit des cours d'eau naturels, canaux et fossés de vidange, du 25 juin au 10 juillet, après la première coupe des foins.

Pendant ce temps, ils auront droit de passage sur les propriétés riveraines non closes, mais ils ne pourront y déposer les herbes coupées, lesquelles, sauf la permis sion des riverains, devront être transportées, soit en batelet, soit de toute autre manière, sur les propriétés desdits usiniers.

Ils seront d'ailleurs responsables des dégâts qui pourraient résulter du simple passage sur les rives.

Art. 16. Il est expressément défendu de faire, sans autorisation préalable, dans le lit ou à côté des cours d'eau, canaux et fossés de vidange de toute espèce, des constructions de nature à gêner le libre écoulement des eaux, ou à en altérer le régime, tels que barrages, prises d'eau, lavoirs, murs de clôture, bâtiments, routoirs, etc., etc.

A l'avenir, aucune plantation ne pourra être faite, à moins de 2 mètres du bord des cours d'eau naturels non navigables, et à moins de 1 mètre du bord des canaux et fossés de vidange.

Art. 17. Il n'est rien innové en ce qui concerne les rivières navigables et flottables qui sont régies par des règlements particuliers.

Art. 18. Toute contravention au présent règlement

sera constatée par les agents de l'administration des ponts et chaussées, les agents voyers et les gardes champêtres.

A Melun, le 1er décembre 1852.

A. de MAGNITOT.

Dans les conditions de cet arrêté, on aperçoit tous les services que peuvent rendre les ingénieurs hydrauliques, institués il y a cinq ans, et dont nous voudrions voir augmenter le nombre. Pour remplir les fonctions dont il s'agit, il faut un personnel actif, intelligent et plein de patience, car le travail à faire sera rebutant plus d'une fois à cause des détails qu'il présentera et de la résistance que pourront faire quelques propriétaires mal inspirés. Mais il faut se convaincre que tout terrain mouillé ne peut être assaini, ou préparé pour un assainissement complet par le drainage, qu'autant qu'il existe des évacuateurs en nombre et en directions convenables pour rejeter hors du périmètre mouillé les eaux stagnantes.

Nous approuvons hautement l'initiative prise par le préfet de Seine-et-Marne; mais nous croyons bien désirable de voir les mesures qu'il a arrêtées dans ce département sanctionnées par une loi, et ainsi étendues à toute la France. Il faudrait que le législateur s'inspirât des dispositions édictées en Angleterre pour l'écoulement général des eaux provenant du drainage. Là, c'est un droit pour celui qui a fait reconnaître par les commissaires des travaux publics que les terres peuvent recevoir une amélioration par le drainage, d'obtenir l'écoulement des eaux surabondantes.

Les articles 56, 57 et 58 de l'Acte du parlement du 5 août 1842, règlent la marche à suivre à cet égard. Nous croyons utile de reproduire ici ces trois articles :

« Art. 56. Moyennant une indemnité pour les dommages causés, les commissaires des travaux publics auront le droit de pénétrer dans les propriétés non comprises parmi celles qu'il s'agit d'améliorer, et d'y creuser, nettoyer, élargir le lit des canaux ou rivières, ou d'y établir des canaux, des conduits ou des tunnels, nécessaires pour assurer la décharge et l'écoulement des eaux des terres améliorées par le drainage, par l'élargissement, le nettoyage ou la construction des fossés ou rigoles.

« Art. 57. Les commissaires pourront faire curer et nettoyer, par la personne obligée par titres ou autrement à effectuer ce travail, tout drain, égoût, canal, rivière ou ruisseau, placé en aval ou à la hauteur des terres à améliorer, et devant en recevoir les eaux. Si, dans les quatorze jours qui suivront l'avis qui leur en aura été donné par écrit, ou qui aura été remis à leur habitation, le propriétaire ou le fermier

des terres traversées par les cours d'eau à curer, n'exécute pas le curage à vif à la profondeur et à la largeur nécessaires, les commissaires pourront faire exécuter ce travail, et, par un
ordre signé et revêtu de leur sceau, assurer le
recouvrement des sommes dépensées, et des frais
d'expropriation par la vente des biens du propriétaire ou du fermier.

« Art. 58. La négligence et le défaut d'entente
entre les propriétaires et les occupants pour entretenir les digues, curer et nettoyer les ruis-
seaux, rigoles et canaux d'assainissement existants, produisent les plus grands dommages aux
terres bordées ou traversées par ces cours d'eau,
et s'opposent à toute amélioration; mais il
n'existe pas de moyens suffisants de remédier à
ces inconvénients. En conséquence, il sera désormais permis à tout propriétaire ou occupant
de terres exposées à souffrir de l'action des
eaux, par suite de la négligence apportée par les
propriétaires voisins à l'entretien des digues et
au curage des cours d'eau, d'obliger lesdits propriétaires, par un avertissement écrit, délivré à
eux-mêmes ou remis à leur domicile, à effectuer
les travaux d'entretien nécessaires. Dans le cas
de refus, le propriétaire plaignant pourra, après
l'expiration d'un délai de quatorze jours, compté
à dater de la remise de l'avertissement, procéder lui-même à l'exécution des travaux, et poursuivre contre qui de droit le remboursement de
la totalité ou d'une partie de ses avances.

« Toutefois, lorsque le cours d'eau à curer ou les digues à réparer ne formeront pas la limite des terres du plaignant, celui-ci ne pourra commencer les travaux à l'intérieur du terrain d'autrui qu'après y avoir été autorisé par écrit, au moins par deux juges de paix du comté siégeant en petite session. Les juges de paix délivreront cette autorisation, s'il leur est prouvé, après qu'ils auront pris les informations nécessaires et qu'ils auront fait appeler les propriétaires opposants, que le mauvais entretien des cours d'eau en question cause véritablement un dommage au plaignant. »

CHAPITRE XXXIII.

Du levé des plans des terres à drainer.

Pour se rendre compte de la possibilité des travaux de drainage, pour savoir dans quelle direction ils doivent s'effectuer, pour fixer la direction de l'évacuation des eaux, pour se préparer à surmonter toutes les difficultés légales que nous avons indiquées, pour se rendre compte enfin de la dépense dont on va se charger, il faut opérer le *levé du plan du terrain,* et en effectuer le *nivellement.* Dans la plupart des transactions ordinaires on peut se dispenser de représenter graphiquement le terrain, et se borner à tracer sur place les lignes nécessaires à l'évaluation de la surface. Dans ce cas, le levé des plans ne consiste que dans un simple *arpentage.* Mais, pour l'exécution des travaux du drainage, il est convenable de faire un dessin du terrain et de marquer sur le plan effectué, à l'aide de cotes, les diverses dépressions qu'il présente. Le levé des plans et le nivellement sont donc des opérations pratiques faisant partie essentielle du drainage.

Nous allons décrire ces opérations tout à fait au point de vue de la pratique agricole, sans avoir recours à d'autres connaissances que les principes les plus élémentaires de la géométrie et de l'arithmétique. La description que nous donnerons pourra servir d'ailleurs pour d'autres circonstances qui se présentent si souvent en agriculture, surtout dans les exploitations où les travaux de labour, de hersage, etc., ou bien ceux des récoltes s'effectuent à la tâche. Il est bon que les agriculteurs puissent se rendre compte des opérations qu'effectuent alors pour eux les géomètres qu'ils emploient.

Nous rejetterons les méthodes d'une précision extrême, qui exigeraient l'emploi d'instruments coûteux, d'un entretien difficile, et nous ramènerons toutes les opérations à leurs termes les plus simples.

Pour les opérations de drainage, de simples croquis suffisent; nous ne parlerons pas, par conséquent, des planchettes, boussoles, déclinatoires, stadia, cercles répétiteurs, règles diverses, etc. Les seuls instruments nécessaires sont la règle et l'équerre d'arpenteur. Avec ces deux instruments peu coûteux, on peut donner aux opérations une assez grande rigueur.

Le levé des plans s'effectue en mesurant une base rectiligne qu'on choisit à volonté et que l'on marque par des jalons, simples bâtons que l'on enfonce dans le sol à des distances déterminées. On rapporte à cette ligne droite les points remarquables du terrain , en abaissant de ces points des perpendiculaires que l'on mesure, et dont on fixe le pied sur la base. Ainsi, soit un terrain de forme polygonale quelconque A B C D E F G (fig. 104) qu'il

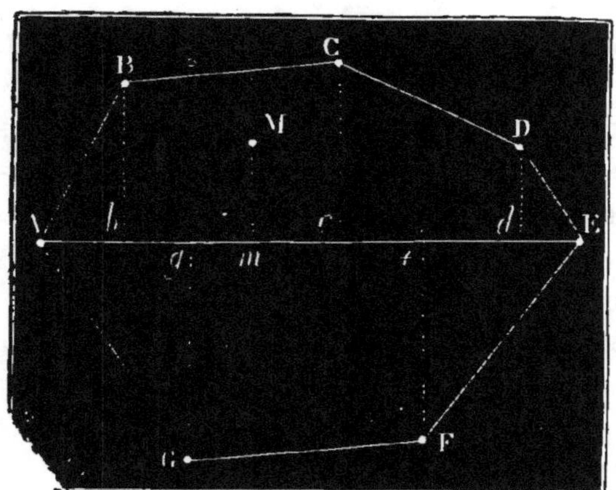

Fig. 104.— Méthode de levé d'un plan.

s'agisse de lever. On mesurera la base A E par la chaîne. Par l'équerre, on cherchera les pieds b, c, d, f, g, des perpendiculaires abaissées des sommets du polygone. On mesurera ensuite par la chaîne les distances Ab, Ac, Ed,

A*g*, E*f*, B*b*, C*c*, D*d*, F*f*, G*g* , et on aura tout ce qui sera nécessaire pour effectuer sur le papier un tracé aussi exact qu'on peut le désirer du polygone cherché, et ensuite pour en calculer les dimensions. Si un point M, remarquable pour une raison quelconque, doit être noté sur le plan, on le retrouvera de même en cherchant par l'équerre d'arpenteur sa projection *m*, c'est-à-dire le pied de la perpendiculaire M*m* abaissée sur la base AE, et en mesurant A*m* et M*m*.

Cette méthode de levé des plans n'est pas autre chose qu'une application du procédé géométrique, par lequel on représente la position d'un point dans un plan par des coordonnées menées parallèlement à deux axes rectangulaires, celui des abscisses et celui des ordonnées.

La chaîne d'arpenteur (fig. 105) se compose

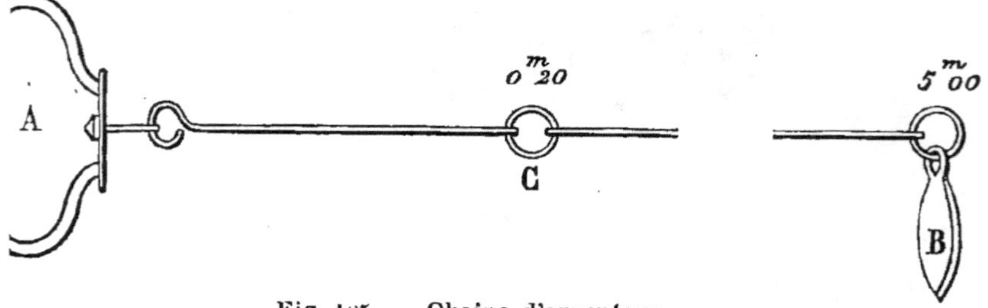

Fig. 105. — Chaîne d'arpenteur.

de chaînons en gros fil de fer réunis deux à deux par des anneaux C. La distance du centre d'un anneau au centre de l'anneau suivant est de $0^m.20$. La chaîne se compose ordinairement de 50 chaînons, et par conséquent forme un *décamètre* (10 mètres). Elle se termine par deux poignées A qui servent à la manier. Les mètres sont marqués par un anneau jaune en laiton, et les 5 mètres par une pièce spéciale B, également en laiton. Une bonne chaîne coûte de 4 à 6 francs.

Pour mesurer une distance, on commence par la jalonner par des jalons tous placés suivant la même ligne droite, ce que l'œil permet de faire facilement une fois que deux jalons ont été posés. Le nombre de jalons doit être assez grand pour que les chaîneurs en aperçoivent constamment au moins deux à la fois. La personne qui dirige le chaînage se place alors au point de départ et y maintient l'une des poignées, tandis que son aide, le *porte-chaîne*, marche en avant dans l'alignement, en tenant l'autre poignée. Le porte-chaîne tend ainsi la chaîne, en évitant tout ce qui pourrait déterminer des sinuosités, et en dégageant surtout les nœuds qui se seraient formés pendant la marche. Alors, plaçant la poignée à fleur du sol, puis s'effaçant, afin que l'agent-directeur puisse vérifier si cette poignée est bien dans la direction rectiligne allant du premier au second jalon, il enfonce

en terre, à l'intérieur de la poignée, une petite
broche en fer, appelée *fiche* (fig. 106). Cette fiche
est le point de départ à partir duquel, pour la mesure du second diamètre, on recommence les mêmes
opérations. L'agent-directeur vient
placer la poignée d'arrière de telle

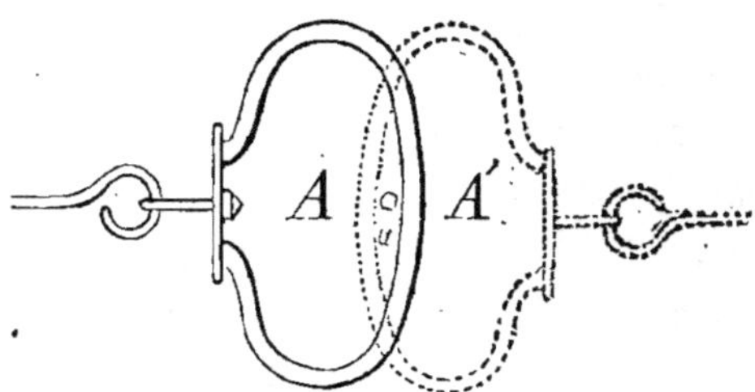

Fig. 106.
Fiche
d'arpenteur.

Fig. 107. — Fiche arrêtant la chaîne
d'arpenteur.

sorte que la fiche soit dans l'intérieur, tandis
que le porte-chaîne marche en avant. On
voit d'après cela que l'on perd à chaque fois,
ainsi que le montre la figure 107, deux fois l'é-
paisseur du fil de la poignée, la fiche restant
en a, tandis que chacune des deux poignées A
et A′ se trouve avancée ou reculée de l'épaisseur du fil qui la forme. Pour cette raison, la
chaîne doit avoir une longueur totale de
$10^m.005$, afin de faire disparaître cette cause
d'erreur. L'agent-directeur, après la mesure
de chaque décamètre, enlève la fiche enfoncée en terre par son aide. Lorsqu'il a entre les
mains les dix fiches réunies avant le com-

mencement de l'opération, il inscrit sur son carnet dix décamètres ou 100 mètres, ce qu'on appelle une *portée*, et il rend ensuite les dix fiches au porte-chaîne pour continuer de la même manière.

L'effort constamment exercé pour tendre la chaîne finit par allonger les boucles et les anneaux des chaînons, par leur donner une forme ovale. Il en résulte qu'il faut, pour des opérations exactes, vérifier de temps à autre la longueur de la chaîne sur une longueur préalablement mesurée avec soin pour servir d'étalon. A cet effet, les arpenteurs de profession doivent sceller dans un mur ou sur un parquet deux forts pitons en fer, sur lesquels il suffit de présenter la chaîne pour constater son allongement. A l'aide du boulon qui termine la tête par laquelle la poignée est réunie au premier chaînon, on peut raccourcir la chaîne de la quantité nécessaire.

On a proposé de remplacer les chaînes d'arpenteur par des décamètres dits *rubans d'acier*, formés d'un seul morceau de ressort trempé et recuit au bleu, et terminé par deux poignées de cuivre, les mètres et décimètres étant indiqués par de petits disques de laiton rivés sur la chaîne. Mais ces décamètres sont d'un prix élevé (12 à 18 fr.) et se brisent assez facilement. Nous ne les conseillons pas pour les usages agricoles. Quant aux roulettes à rubans, elles ne peuvent pas donner de bons résultats pour des opérations exécutées au milieu des broussailles et dans l'humidité.

Quand le terrain est très-ondulé, on tend la chaîne au-dessus des ondulations, en la tenant aussi horizontalement que possible, en s'aidant de deux jalons bien droits que l'on tient à la main. Mais lorsque le terrain est régulièrement incliné, il faut mesurer sa longueur réelle suivant la pente. Pour les levés des plans ordinaires, on réduit ensuite à l'horizon par le calcul les longueurs mesurées, selon la méthode dite de *cultellation*, d'après laquelle on mesure le sol toujours horizontalement, quelle que soit l'inégalité de sa surface. Cette méthode est fondée sur ce fait que, par suite de la direction verticale que prennent les végétaux, un terrain en pente n'en contient pas davantage qu'un terrain uni. Pour les travaux de drainage, il faut avoir les longueurs réelles suivant les pentes des terrains, parce que ce sont ces longueurs qui donneront celles des tuyaux à employer.

Le second instrument nécessaire et suffisant pour bien exécuter le levé d'un plan pour drainage ou toute autre opération agricole, est l'équerre d'arpenteur (fig. 108). C'est un tambour de la forme d'un prisme droit à huit pans égaux, ayant un décimètre de haut et un diamètre de 6 à 7 centimètres. Ce tambour est creux, on le monte à l'aide d'une douille vissée dans la partie inférieure, sur un bâton d'environ 1 mètre 50 cent. de hauteur, armé d'une pointe de fer que l'on enfonce verticalement dans le sol. Quatre plans diamétraux perpendiculaires entre eux et dont deux consécutifs

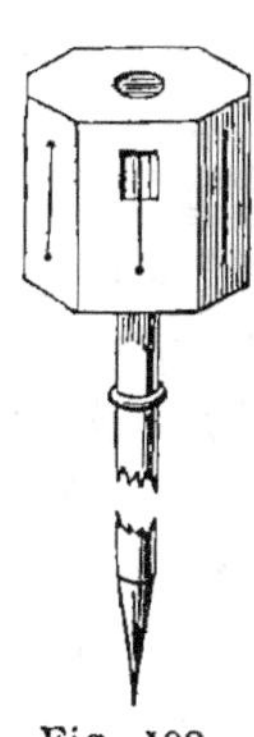

Fig. 108.
Équerre
d'arpenteur.

font par conséquent des angles de 45°, percent les huit faces du prisme de fentes verticales appelées *pinnules*. Les pinnules de quatre faces opposées deux à deux sont terminées, dans les meilleures équerres, par de petites fenêtres rondes, et les quatre autres faces ont leurs pinnules surmontées de fenêtres rectangulaires traversées en hauteur par un fil tendu. Une bonne équerre et son bâton ferré coûtent de 7 à 10 francs.

L'usage de cet instrument est facile ; lorsque l'œil est appliqué sur l'une des pinnules, il voit par la pinnule opposée une ligne droite et peut aisément distinguer un jalon. Les deux autres pinnules de même espèce tracent une ligne droite perpendiculaire à la première direction ;

et les quatre autres pinnules deux lignes faisant avec cette même direction des angles de 45°. En portant cet instrument en diverses positions, on arrive facilement à trouver les pieds des perpendiculaires abaissées sur une direction donnée de différents points, ainsi que les points placés sur cette même direction d'où d'autres points sont vus sous des angles de 45°.

En conséquence, en se servant des principes élémentaires de la théorie géométrique des parallèles et des propriétés des triangles rectangles isocèles, on peut aisément résoudre les questions suivantes :

1° Mener une perpendiculaire à une droite accessible ;

2° Mener par un point une parallèle à une droite accessible ;

3° Mesurer la distance d'un point inaccessible au point où l'on se trouve ;

4° Mener par un point une parallèle à une droite inaccessible ;

5° Mesurer la distance de deux points inaccessibles ;

6° Prolonger une droite au delà d'un obstacle infranchissable ;

7° Partager un champ en planches parallèles à une direction donnée.

Ces problèmes suffisent en agriculture.

Quel que soit le but qu'on se propose, il faut

qu'on tienne un carnet bien en ordre donnant
les numéros des stations, la désignation exacte
des côtés mesurés et leurs longueurs en regard.
Un croquis doit figurer toutes les lignes mesurées.

CHAPITRE XXXIV.

Nivellement des terrains à drainer.

Il est extrêmement important pour les travaux de drainage de connaître les hauteurs respectives par rapport à l'horizon des différents points du terrain, de déterminer les dépressions, les parties culminantes et les parties les plus basses. C'est d'après les notions obtenues par le nivellement qu'on peut seulement rédiger les projets de drainage. Pour faire un nivellement, il faut avoir une ligne droite horizontale bien déterminée, qui s'obtient à l'aide d'instruments nommés niveaux. Sur la ligne droite obtenue, on porte une mire graduée, c'est-à-dire une règle en bois de deux mètres de hauteur, portant une coulisse dans laquelle rentre une seconde règle de même longueur. Ces deux règles sont divisées en mètres, décimètres et centimètres.

Il y a deux sortes de mires : la mire ordinaire et la mire parlante. La mire ordinaire s'emploie surtout avec le niveau d'eau ; la mire parlante ne peut servir qu'avec les niveaux à lunettes.

Dans la mire ordinaire, un voyant glisse à frottement le long de la règle. Ce voyant (fig.

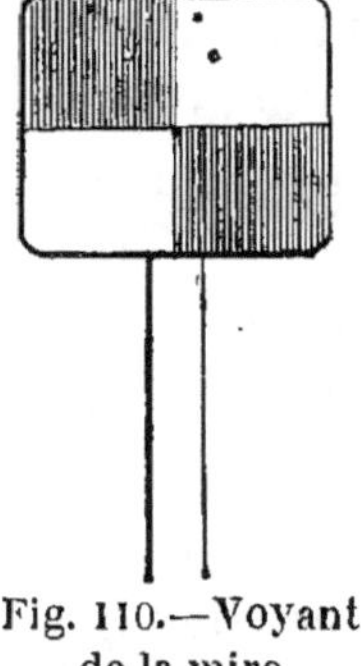

Fig. 110.—Voyant de la mire d'arpenteur.

109), composé d'un rectangle partagé en quatre parties égales par deux droites, l'une verticale et l'autre horizontale, présente deux petits rectangles opposés par le sommet peints en rouge et deux autres rectangles peints en blanc. De cette façon, le centre du voyant est bien apparent.

Le porte-mire fait glisser le voyant jusqu'à ce que le niveleur qui regarde sur le niveau fasse signe que le centre est arrivé sur la ligne de visée.

Le porte-mire arrête alors le voyant au moyen d'une vis de pression et fait la lecture de la hauteur obtenue sur le dos de la mire.

Le voyant est armé d'un vernier qui permet d'évaluer les millimètres.

Dans le cas d'une hauteur plus grande que celle de l'homme, le porte-mire attache le voyant au haut de la mire et fait glisser la règle interne dans la coulisse au moyen d'une embrasse qui porte aussi une petite échelle comme on le voit dans la figure 110. La mire est alors déployée. Une bonne mire à coulisse coûte 30 fr. environ.

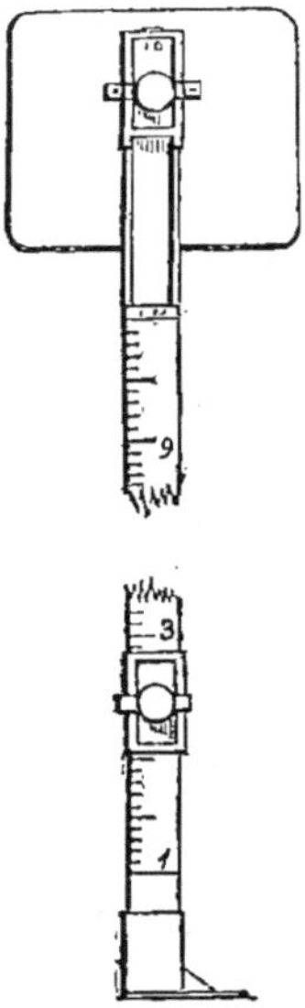

Les mires parlantes se composent aussi de deux règles dont l'une glisse dans l'autre ; elles sont également graduées en mètres, décimètres et centimètres, mais il n'y a pas de voyant, et alors elles sont beaucoup plus faibles que celles de la mire ordinaire. Aussi la mire parlante coûte-t-elle moitié moins cher que la mire ordinaire. Le niveleur fait lui-même la lecture, en regardant à travers la lunette. Comme cette lunette renverse les objets, les chiffres sont peints renversés, de façon à paraître droits pour l'observateur. On a l'avantage de pouvoir employer un simple manœuvre comme porte-mire, puisqu'il n'a qu'à poser la mire sur un terrain bien ferme, et à la tenir verticale sans être astreint à aucune lecture.

Fig. 110.
Mire ordinaire
à coulisse.

Le nivellement est simple ou composé. Il est simple lorsqu'on n'a pour but que de trouver la différence de hauteur existant entre deux ou plusieurs points, lorsqu'on n'a pas à faire

faire plus d'une station au niveau ; il est composé si le niveau doit être porté en plusieurs stations.

Pour un nivellement simple, on place le niveau en A (fig. 111) à peu près à égale distance

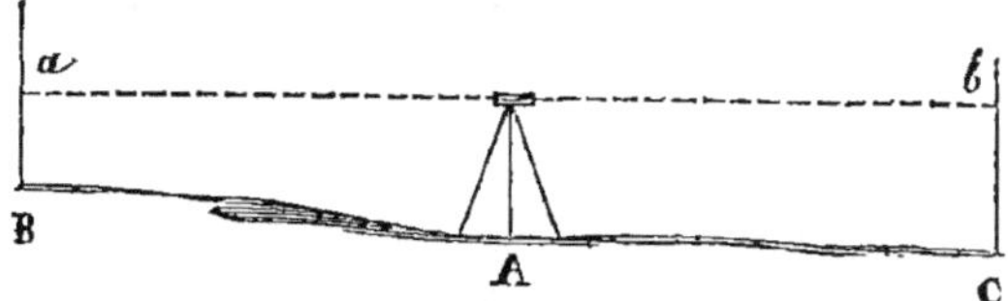

Fig. 111. — Nivellement simple.

des deux points B et C, dont on veut trouver les différences de hauteur. La mire étant en B, on fait la lecture de la hauteur Ba au niveau du rayon visuel, et le porte-mire se transporte en C, où l'on fait la seconde lecture de la hauteur Cb du rayon visuel du même instrument au-dessus du sol. La différence cherchée est Cb—Ba.

Quand il y a des bâtiments ou autres objets entre les deux points à niveler, de telle sorte qu'on ne puisse pas mettre le niveau à peu près entre les deux points, on le porte sur le côté, en un point A (fig. 112), d'où on puisse apercevoir à la fois les deux points B et C, et on donne ensuite de la station deux coups de niveau dont la différence fournit la quantité cherchée.

Pour effectuer un nivellement composé, on

partage la longueur à niveler en portions de

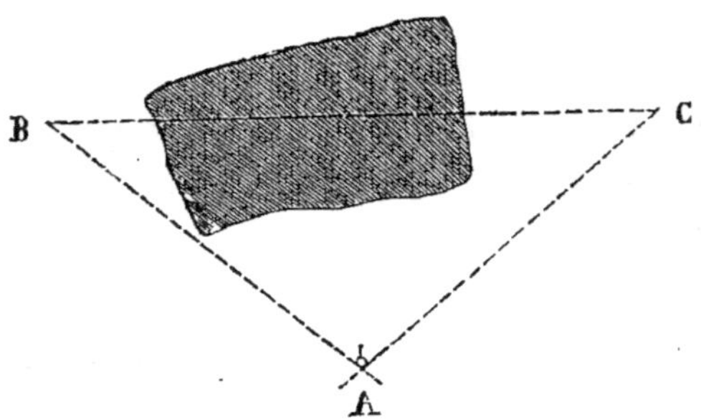

Fig. 112. — Nivellement de deux points séparés par un obstacle.

30 à 40 mètres, dans le cas de l'emploi du niveau d'eau ; de 100 à 150 mètres si on fait usage d'un niveau à lunette. On marque les sections ainsi faites par de petits pieux enfoncés dans le sol aux points de nivellement 1, 2, 3, 4, 5, 6 (fig. 113). On place alors le niveau à peu près au milieu, entre les points 1 et 2, ce qui est la première station. Le porte-mire tient la mire au point *d'arrière* 1 ; on ajuste le niveau et on fait la lecture. Le porte-mire se transporte au point 2, et on donne un coup de niveau *à l'avant*. On transporte le niveau à peu près au milieu, entre le 2e et le 3e point, ce qui est la deuxième station ; le 2e point devient le point d'arrière, et le 3e celui d'avant ; on continue à faire les lectures de la même façon jusqu'à la fin de la distance totale. Il est

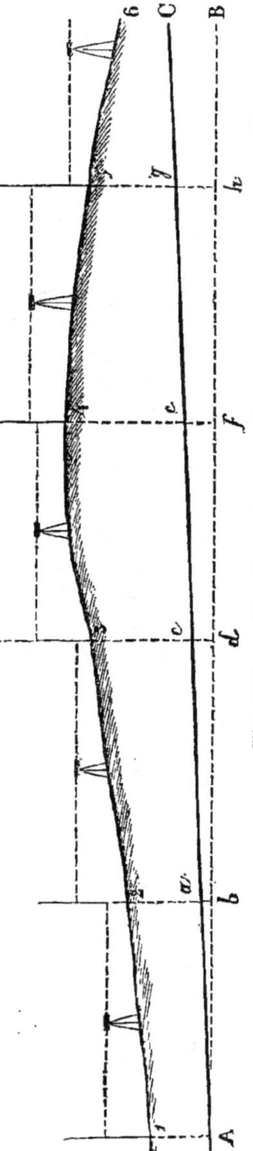

Fig. 113. — Nivellement composé.

bon de faire chaque fois deux lectures et de prendre la moyenne des deux observations.

Les observations devront être portées dans un carnet dont nous donnons le modèle ci-contre.

Les désignations des têtes des colonnes s'expliquent d'elles-mêmes. La première colonne indique les endroits où on pose successivement le niveau. La seconde colonne donne les distances entre les points à niveler, et la troisième les numéros d'ordre de ces points. Les coups de niveau d'avant et les coups de niveau d'arrière viennent ensuite dans les colonnes 4 et 6, et nous avons mis ici à peu près les chiffres qu'eût

Numéros des stations.	Longueurs horizontales comprises entre les points successifs de nivellement.	Numéros d'ordre et désignation des points de nivellement.	COTES RAPPORTÉES AUX PLANS PARTIELS DE NIVELLEMENT.				Cotes rapportées au plan général.	Cotes des plans partiels de nivellement rapportées au plan général.	CROQUIS PRIS SUR PLACE ET OBSERVATIONS.
			Cotes avant.		Cotes arrière.				
			Cotes directement observées.	Moyennes.	Cotes directement observées.	Moyennes.			
1.	2.	5.	4.	8.	6.	7.	3.	9.	10.
1.	100^m.	1.			$\{$ 1^m.561 / 1.570 $\}$	1^m.565	10^m.000	11^m.565	
		2.	$\{$ 0^m.880 / 0.884 $\}$	0^m.882			10.683		
2.	150				$\{$ 1.644 / 1.650 $\}$	1.647		12.330	
		3.	$\{$ 0.746 / 0.740 $\}$	0.743			11.587		
3.	80				$\{$ 1.886 / 1.888 $\}$	1.887		13.474	
		4.	$\{$ 0.906 / 0.900 $\}$	0.903			12.571		
4.	80				$\{$ 1.112 / 1.116 $\}$	1.114		13.685	
		5.	$\{$ 1.980 / 1.998 $\}$	1.984			11.701		
5.	70				$\{$ 0.780 / 0.788 $\}$	0.786		12.485	
		6.	$\{$ 1.908 / 1.906 $\}$	1.907			10.578		

fourni le nivellement réel du terrain de la figure 113.

Pour avoir les cotes numériquement, on imagine, à une profondeur de 10 mètres, ou plus grande s'il le faut, au-dessous du premier point n° 1, un plan horizontal AB. Alors les nombres de la colonne 8 indiquent les hauteurs A1, b2, d3, f4, h5, B6 de là figure, et les nombres de la colonne 9 les hauteurs au-dessus du plan fictif AB des rayons visuels menés successivement par les cinq stations du niveau. Les calculs s'effectuent facilement de la manière suivante :

Hauteur du point 1. . . . . $10^m.000$
Hauteur du 1er plan visuel $= 10^m + 1.565 = 11.565$
Hauteur du point 2 $= 11.565 - 0.882 = 10^m.683$
Hauteur du 2e plan visuel $= 10.683 + 1.647 = 12.330$
Hauteur du point 3 $= 12.330 - 0.743 = 11^m.587$
    etc., etc.

Dans la dernière colonne n° 10, on doit faire sur le terrain un croquis de l'opération, et mettre toutes les observations nécessaires pour ajouter à sa clarté, en désignant les accidents de terrain, les arbres, les noms des champs, etc.

D'après l'exemple que nous avons choisi, on voit que la différence de niveau entre les points 1 et 6 est de $0^m.578$, pour une distance totale de 480 mètres, ce qui ne fait par mètre que $0^m.0012$, chiffre un peu faible pour un bon drainage ; mais on peut mener une ligne A $aceg$ faisant un angle suffisant pour que l'inclinaison soit par exemple de $0^m.002$ par mètre, et alors on calcule facilement les hauteurs ba, dc, fe, etc., et par suite les quantités dont il faut creuser aux points de nivellement 1, 2, 3, etc., pour avoir une tranchée de drainage parallèle à la ligne de pente adoptée.

Il nous reste à décrire les différents niveaux dont nous conseillons l'emploi pour les nivellements préparatoires ou pour la vérification des pentes des tranchées ; ce sera le sujet des chapitres suivants.

CHAPITRE XXXV.

Des niveaux de nivellement.

Nous entendons par niveaux de nivellement ceux qui sont destinés à fournir les différences de niveau de différents points, et qui sont employés pour donner le nivellement préalable d'un terrain à drainer, selon les méthodes que nous avons précédemment décrites. Ces instruments sont de deux sortes : ou les niveaux d'eau, ou les niveaux à bulle d'air avec lunette.

Le niveau de pente que nous décrirons en parlant de la vérification des pentes des tranchées à poser les tuyaux, peuvent aussi servir à donner les nivellements. Pour ne pas faire double emploi, nous n'en dirons rien actuellement.

Les niveaux d'eau sont les niveaux les plus communément employés ; ils ne donnent pas une aussi grande précision que les niveaux à bulle d'air et à lunette, mais ils coûtent meilleur marché, et ils peuvent être mis entre les

mains d'agents moins soigneux et moins ins-
truits que ceux à qui les autres niveaux peuvent seuls être confiés.

1° Niveau d'eau.

Le meilleur niveau d'eau que nous connais-
sions est représenté par la figure 114. Il se
compose d'un tube en cuivre terminé, à ses
extrémités recourbées, par des pas de vis sur
lesquels s'adaptent des fioles en cristal garnies
de viroles taraudées. Le tube en cuivre est
porté au milieu de sa longueur par un genou
à coquille que l'on place sur un pied à trois
branches. Pour transporter l'instrument, on
dévisse les fioles et on les renferme dans une
boîte, tandis qu'on attache le tube en cuivre,
à l'aide de deux courroies, le long du pied en
bois dont les trois branches sont alors rapprochées. Un niveau ainsi disposé avec son
pied coûte de 25 à 30 francs. On se procure
au prix de 6 à 7 francs des niveaux de fer-
blanc avec fioles mastiquées en verre ; mais
ces instruments sont fragiles et d'un assez
mauvais usage.

« Pour se servir du niveau d'eau, dit
M. Mangon dans un bon article sur le nivellement, inséré dans le *Dictionnaire des arts
et manufactures*, on l'installe sur son pied et
on le remplit d'eau, de manière que ce liquide

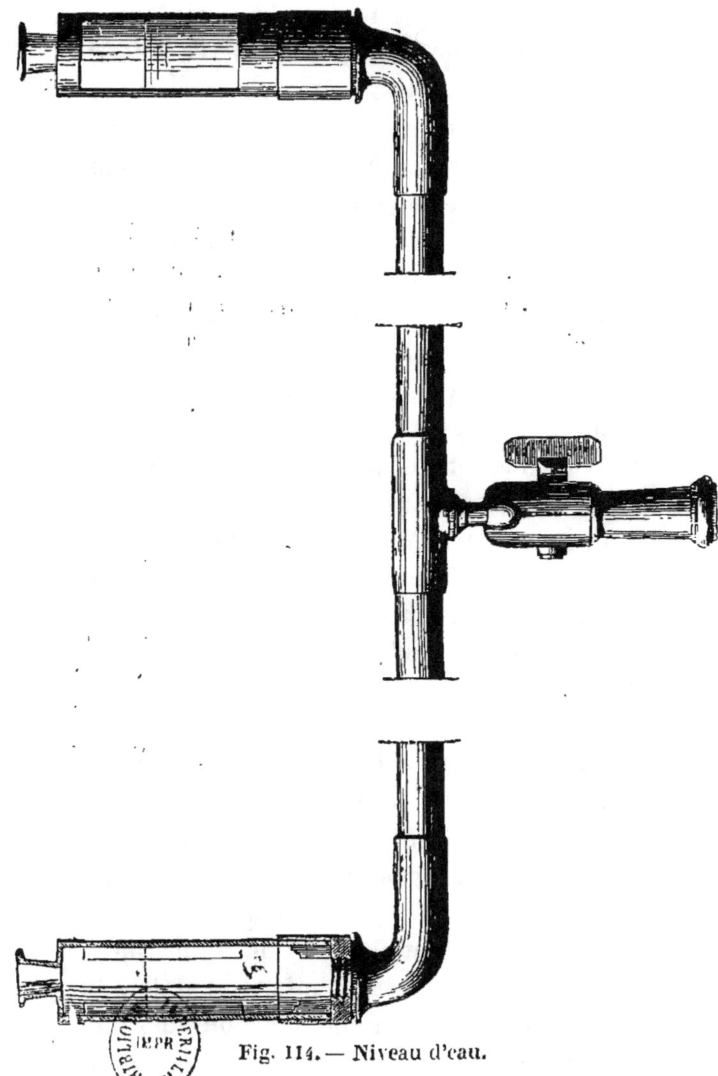

Fig. 114. — Niveau d'eau.

arrive à peu près au milieu de la hauteur de chacune des fioles. Pour viser avec exactitude, on se met à un mètre environ en arrière de l'instrument, et on fait placer la mire de manière qu'on aperçoive son centre en bornoyant tangentiellement aux fioles les bords des ménisques formés par l'eau qui sont dans un même plan horizontal. Pour rendre ces ménisques plus apparents, quelques opérateurs colorent l'eau avec du carmin ou de l'indigo. Il vaut mieux employer de l'eau pure et lui donner un reflet noirâtre au moyen d'obscurateurs de fer-blanc placés le long des fioles, comme l'indique la figure.

« Pour changer de station, on bouche avec le pouce l'une des fioles et on enlève l'instrument en relevant l'autre fiole pour que l'eau ne s'écoule pas. On adapte à quelques niveaux des robinets ou des bouchons de liége pour changer de station. Cette méthode est très-mauvaise, parce que l'on peut oublier d'ouvrir le robinet ou d'enlever le bouchon avant d'opérer, et alors la ligne de visée n'est plus horizontale. Dans les grands vents, l'eau prend dans le niveau d'eau un mouvement d'oscillation qui rend l'opération incertaine et quelquefois impossible. On peut diminuer l'action du vent en plaçant sur le goulot des fioles des pièces de monnaie ou bien de petits cornets en papier qui ne les *bouchent pas* complétement, mais qui amortissent la force du vent. Un moyen plus simple et plus parfait consiste à relier par un tube en caoutchouc les deux orifices des fioles. Il est évident que l'on ne change pas ainsi les conditions hydrostatiques de l'instrument, et que l'on s'oppose à l'action du vent. En même temps, cette disposition rend inutiles toutes les précautions que l'on doit prendre avec les niveaux ordinaires, pour changer de station sans répandre d'eau. »

2° Niveau à bulle d'air.

Le niveau à bulle d'air (fig. 115) est un des

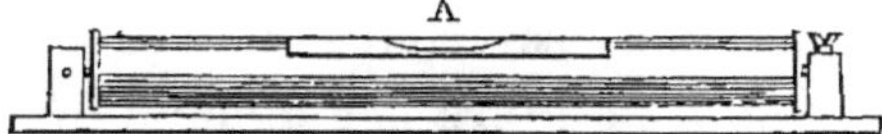

Fig. 115. — Niveau à bulle d'air.

éléments essentiels des autres niveaux que nous décrirons ci-après. Il se compose d'un tube de verre de forme à peu près cylindrique, fermé hermétiquement à ses deux bouts, et presque entièrement rempli d'un liquide, de sorte qu'il n'y reste qu'une simple bulle d'air. Le liquide employé est ou l'acool ou de l'éther, ou un mélange de ces deux corps, ou enfin du sulfure de carbone. Le tube a une légère courbure en A dans le sens de sa longueur. Cette courbure, d'un rayon d'environ 15 mètres, est obtenue par un léger rodage.

C'est là que se loge la bulle d'air lorsque le tube indique l'horizontalité. Pour cela on le renferme dans un tuyau de cuivre qui laisse voir les mouvements de la bulle et qui repose sur une règle de cuivre dont la face inférieure doit être horizontale lorsque la bulle s'arrête au milieu du tube. Des traits tracés sur le verre ou deux petites brides en métal limitent les points où doit s'arrêter la bulle lorsqu'elle indique une ligne horizontale.

Le niveau à bulle d'air, isolé, de 16 centimètres de longueur, coûte de 5 à 6 francs.

3° Lunette des niveaux.

Les lignes de niveau sont obtenues à l'aide de lunettes dont la figure 116 donne une idée. Cette lunette se compose d'un objectif O et d'un oculaire souvent formé de deux lentilles oo. En avant de cet oculaire se trouve un réticule R composé de deux fils en croix tendus dans un diaphragme perpendiculaire à la longueur de la lunette. L'oculaire avance ou recule dans un tube à tirage, de manière à ce que l'observateur puisse distinguer nettement le centre du réticule. A son tour, le réticule désormais placé, tant que l'observateur ne change pas, à une distance invariable de l'oculaire, est contenu dans un second tube à tirage Cc, qu'on fait mouvoir de manière à ce que l'image de la

mire coïncide avec les fils croisés. Chaque fois
que la distance de la mire à l'objectif vient à
changer, il faut faire glisser ce second tube à

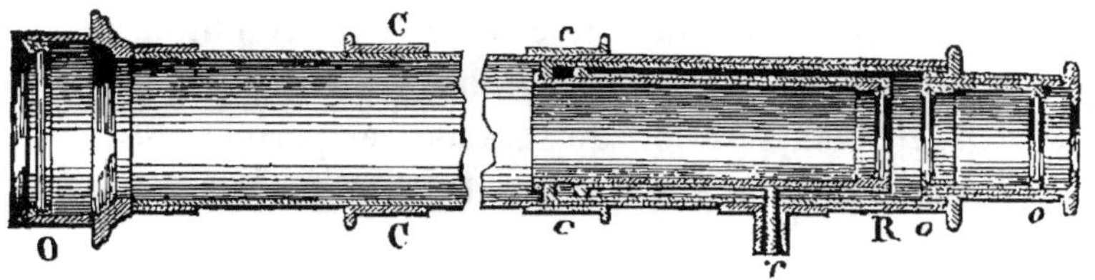

Fig. 116. — Détails de la lunette des niveaux.

tirage. L'oculaire grossit l'image donnée par
l'objectif, et permet de faire la lecture des divi-
sions de la mire. Les lunettes renversent les
images, et il faut une habitude, qu'on acquiert du reste facilement, pour retourner les
chiffres. Dans quelques mires parlantes, pour
éviter cet inconvénient, les chiffres sont gra-
vés ou imprimés renversés, de manière à être
vus droits dans les lunettes. Pour éviter des
confusions, on remplace quelquefois par un N
le chiffre 9, qui pourrait être pris dans les ren-
versements pour un 6, et par un V le chiffre
5, trop peu différent du chiffre 3.

Pour que les lunettes donnent de bonnes
indications, il faut que leur axe optique coïncide avec leur axe de figure. On obtient cette
coïncidence par une opération qu'on appelle
le centrage de la lunette. On place une mire

à une grande distance, on vise un point, et fait faire une demi-révolution à la lunette sur son axe autour de ses collets, pour voir si le point de visée est encore au point de croisement des fils. Dans le cas où cette condition n'est pas remplie, on fait mouvoir des vis r qui règlent la position du réticule, et permettent de le faire marcher à droite ou à gauche, en haut ou en bas.

Quelques lunettes contiennent des verres achromatiques, de façon à éviter l'inconvénient des images à bords colorés.

4° Niveau d'Égault.

Voici la description que donne du niveau

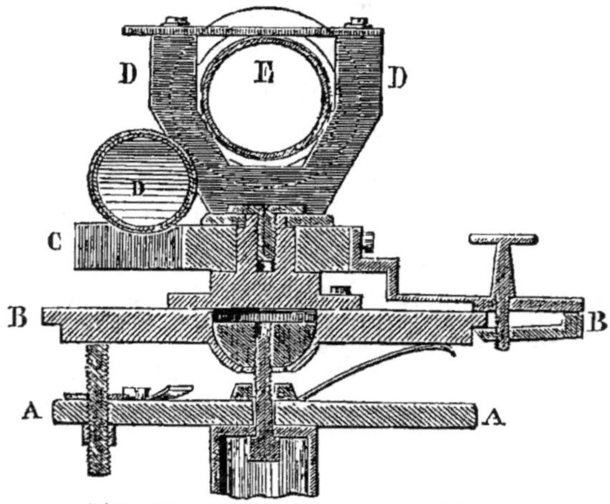

Fig. 117. — Coupe du niveau d'Égault.

d'Égault, représenté par les figures 117 et 118,

le cours professé à l'École des ponts et chaussées par M. Bommart : « Le niveau se compose
de deux tablettes circulaires AA, BB. La première de ces tablettes AA est établie à angle
droit, au moyen d'une douille sur le goujon

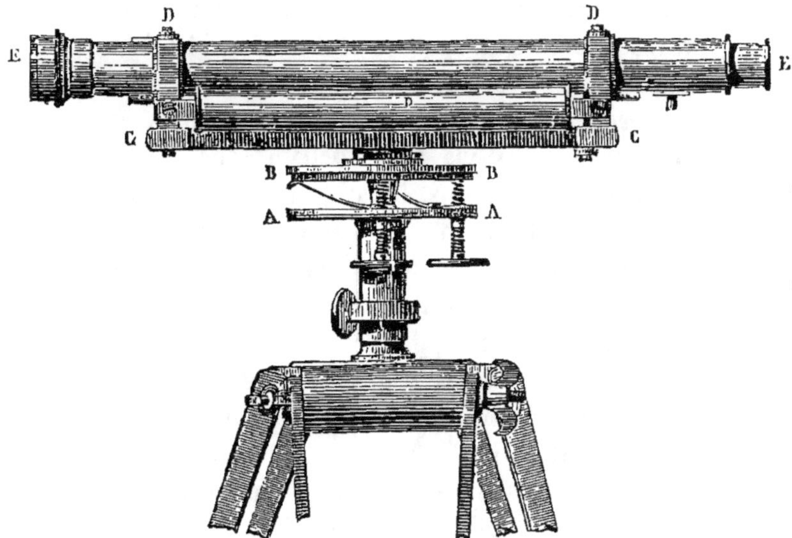

Fig. 118. — Vue de profil du niveau d'Égault.

d'un pied à trois doubles branches. La seconde BB, dont le centre est placé à 1 centimètre et demi environ au-dessus de la première, est rattachée à celle-ci par une noix
hémisphérique située à l'extrémité d'une vis
qui traverse la tablette inférieure, ainsi que
cela s'aperçoit distinctement par la coupe à

échelle agrandie que représente la figure 117.
La noix hémisphérique, dont la surface con-
vexe est tournée vers le bas, est engagée sur
tout le développement de cette surface dans
une cavité correspondante du plateau supérieur, qui conserve ainsi la liberté de tourner
à frottement autour du centre de la noix. L'é-
cartement entre les deux tablettes et la position relative de leurs plans sont modifiés au
moyen de deux vis et de deux ressorts. D'a-
près ces dispositions, le goujon du pied fût-il
sensiblement éloigné de la position verticale,
rien n'empêche que le plateau supérieur BB
ne soit rendu horizontal.

« Du centre de ce plateau supérieur s'élève
à angle droit un axe d'une épaisseur presque
égale à sa hauteur, autour duquel peut pivo-
ter un petit bâtis C d'une longueur d'environ
25 centimètres, et dont le plan supérieur est
parallèle au plateau BB. Aux deux bouts de
ce bâtis s'élèvent à angle droit deux collets
parallèles entre eux, supportant les extrémités
cylindriques et de même rayon d'une lunette
EE. Latéralement et parallèlement à l'axe de
la lunette est fixé un niveau à bulle d'air D.

« Lorsque l'instrument a été réglé à l'a-
vance, l'axe de la lunette, le plan du niveau à
bulle d'air et le plateau supérieur doivent se
trouver dans des plans parallèles, et tous ces

plans parallèles suivent les mouvements que l'on imprime au plateau supérieur. Il suffit donc, si l'instrument est réglé, de rendre le plateau supérieur horizontal pour déterminer l'horizontalité de l'axe de la lunette.

« Afin de rendre le plateau supérieur horizontal, on se sert des deux vis et des deux ressorts interposés entre les plateaux supérieur et inférieur, et qui sont remplacés par trois vis dans quelques instruments moins parfaits. Les deux vis sont placées aux extrémités de deux rayons à angle droit l'un sur l'autre; les points où les ressorts soutiennent le plateau supérieur sont sur le prolongement des rayons passant par les pointes des vis. D'après cette disposition, si on place d'abord l'axe de la lunette dans le plan vertical passant par un de ces rayons, rien n'est plus aisé, en manœuvrant la vis correspondante, que d'amener le plateau à une position telle que le milieu de la bulle d'air corresponde à son zéro de graduation. Dans cette position, la ligne passant par le pied de cette vis, et l'extrémité supérieure du ressort correspondant, sera horizontale. Si l'on fait la même opération relativement à l'autre rayon, et si l'on s'assure ensuite que, pendant cette seconde opération, qui n'a pu altérer en aucune façon les résultats de la première, aucune circonstance étrangère n'a dérangé l'instrument, ou aura la certitude que le plateau supérieur sera horizontal, puisqu'il comprendra dans son plan deux droites horizontales perpendiculaires entre elles. »

On peut, comme on voit, arriver rapidement à placer l'instrument dans chaque station, de manière à y prendre les hauteurs relatives de tous les points visibles du lieu de cette station. Mais il se pourrait que l'instrument ne fût pas réglé; alors, pour le mettre en état, on devrait faire trois opérations distinctes : 1° Établir le parallélisme entre le plan du niveau à bulle d'air et le plan du plateau supérieur ; 2° établir le parallélisme entre le plan du niveau et les génératrices du cylindre passant par les points du montant des collets contenant la lunette; 3° cintrer la lunette. Ces trois opérations s'effectuent selon les termes d'une instruction que le fabricant donne en livrant l'instrument, dont l'inconvénient, pour les travaux agricoles d'irrigation et de drainage, est seulement d'être d'un prix trop élevé; il se vend de 175 à 200 fr.

5° Niveau de Lenoir.

Le niveau-cercle de Lenoir, avec un pied à trois branches doubles, ne coûte que de 120 à

130 fr. ; il est très-souvent employé. Il consiste en un simple plan circulaire supérieur
AA (fig. 119), que l'on rend horizontal au
moyen de trois vis calantes reposant sur un
plateau en bois directement porté par un pied
à trois branches. Sur le plan supérieur AA,
on pose deux corps carrés au centre desquels
est invariablement établie la lunette BB ; au-
dessus se trouve le niveau à bulle d'air CC.

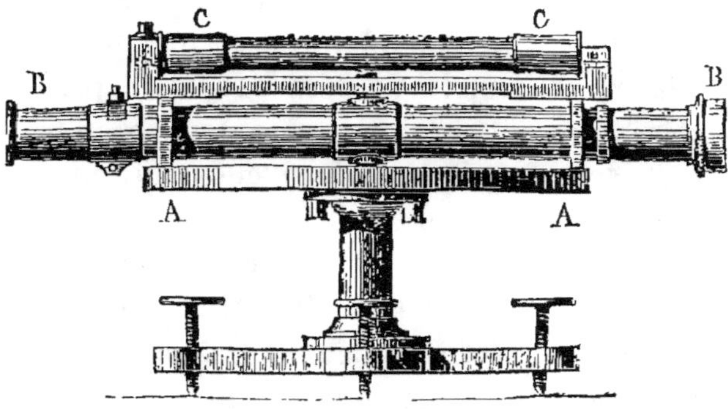

Fig. 119. — Niveau de Lenoir.

Un goujon vertical passant par l'axe de la lunette, s'engage à égale distance des deux corps
carrés, dans un trou cylindrique percé au centre du cercle, de telle sorte qu'on peut amener la lunette dans tous les azimuts en la
faisant tourner autour de ce goujon.

Cet instrument ne comporte pas les mêmes
moyens de correction que le précédent, et
dans le cas où les deux corps carrés ne seraient

pas absolument de même hauteur, les indications obtenues manqueraient souvent d'exactitude.

6° Niveau de drainage anglais.

En Angleterre, où le drainage est reconnu sans contestation comme une opération agricole à laquelle tout propriétaire, tout fermier, tout régisseur d'une exploitation rurale doit s'intéresser, on s'est préoccupé de la nécessité d'avoir un bon niveau de drainage, tenant peu de place, peu sujet à se déranger, d'un prix modéré, et en même temps assurant une grande exactitude aux opérations de nivellement. Dans les concours des Sociétés d'agriculture, on voit en conséquence figurer un prix pour le meilleur niveau de drainage exposé. Parmi ces instruments nous en décrirons deux : l'un, en ce moment, pour les simples nivellements; l'autre, plus tard, en parlant des niveaux de pente.

La figure 120 représente un niveau fortement recommandé dans les Mémoires de la Société royale d'Agriculture d'Angleterre [1], et dont le prix avec la boîte et le pied est de 80 f. Il se compose d'une lunette dans le tube de laquelle se trouve logé un niveau à bulle d'air. La lunette repose d'un côté par une charnière, et, de l'autre, par une vis aidée d'un

(1) T. X, p. 166 (1839).

ressort sur une barre qui peut tourner en son
milieu sur une boîte dans laquelle s'enfonce le
pied à trois branches qui supporte le niveau.

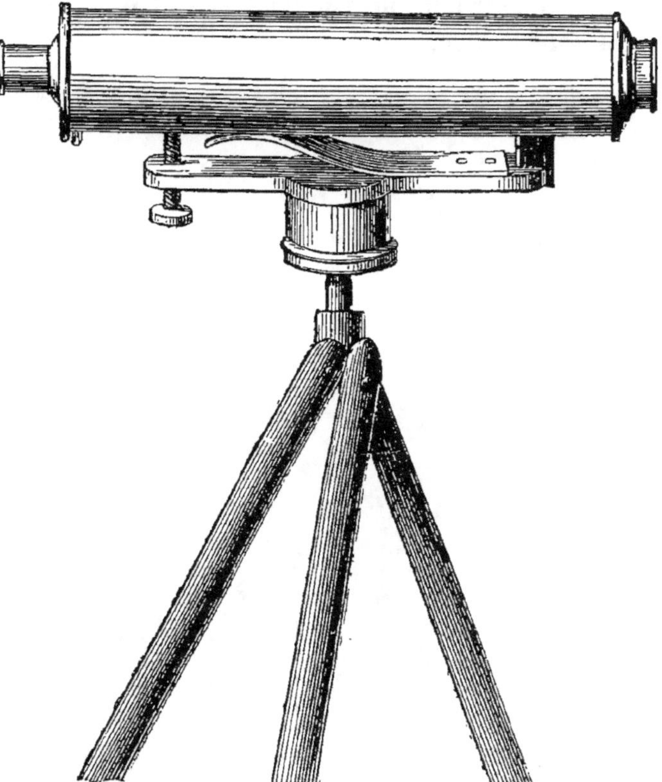

Fig. 120. — Niveau de drainage anglais.

A l'aide de la vis, on amène le niveau à être
horizontal dans deux directions rectangulaires; on peut alors s'en servir pour relever

les différences de hauteur de tous les points visibles. On peut, en outre, chaque fois, vérifier l'horizontalité de la lunette, et la rétablir en tournant un peu la vis dans un sens ou dans l'autre.

23.

CHAPITRE XXXVI.

Rédaction d'un projet de drainage.

Lorsqu'on a trouvé, à l'aide des procédés de nivellement, la direction des diverses pentes que présente un terrain qu'on veut améliorer par le drainage, il y a encore quelques renseignements à prendre expérimentalement. On doit ouvrir dans le champ une ou deux tranchées d'essai, poussées à des profondeurs successivement croissantes, et on doit les étudier attentivement pendant quelque temps, pour se rendre compte de la stratification du sol, de la manière dont l'eau s'accumule dans chaque partie, etc. Il est bon de pousser l'approfondissement de ces tranchées jusqu'à 3 mètres environ, pour voir si le sous-sol est entièrement saturé d'eau ; s'il est complétement imperméable ; si on n'atteint pas, à une profondeur de $1^m.50$ à $1^m.80$, une couche poreuse ; si des eaux ne coulent pas dans une certaine couche du sol, etc. Tous ces éléments sont nécessaires pour fixer la profondeur à laquelle on placera les tuyaux, l'écartement et la direction que l'on donnera aux lignes de drains.

Lorsque nous nous occuperons de la théorie du drainage, nous discuterons les motifs qui peuvent être mis en avant pour faire admettre telle ou telle profondeur, tel ou tel écartement, telle ou telle direction. Pour le moment, nous dirons seulement que les tuyaux ne doivent jamais être placés à une profondeur moindre que $0^m.90$; qu'en général, la profondeur doit être de $1^m.10$ à $1^m.20$, mais que, dans des cas exceptionnels, elle peut descendre jusqu'à $1^m.50$ et même $1^m.80$. Pour l'écartement des drains ordinaires, il peut varier suivant la nature du terrain, et en raison inverse de la profondeur, depuis 8 jusqu'à 20 mètres. D'une manière générale, la direction des drains doit être celle de la plus grande pente du terrain, et en conséquence perpendiculaire aux lignes horizontales de même niveau. Cette disposition est rendue évidente par la fig. 121, où les lignes ponctuées représentent les lignes horizontales du terrain. Les drains ordinaires sont représentés par les traits fins $a\,a$; ils sont parallèles aux lignes de plus grande pente, perpendiculaires aux lignes horizontales. Les drains principaux ou collecteurs B, placés dans les vallées, conduisent toutes les eaux dans le canal de décharge.

Les lignes horizontales de niveau ne sont pas absolument nécessaires pour qu'on se rende bien compte des directions à donner aux

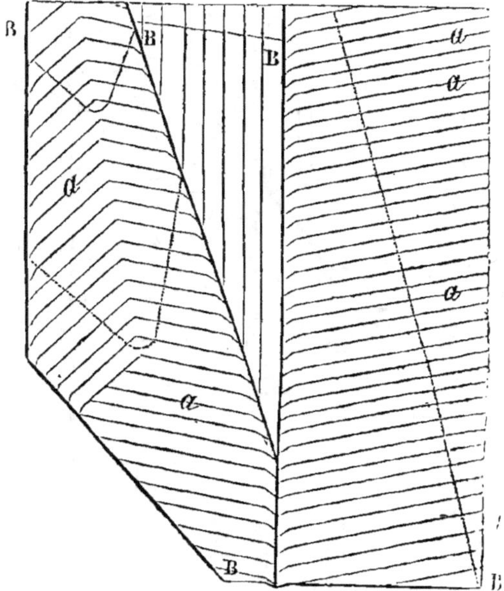

Fig 121. — Plan de drainage avec lignes horizontales de niveau, d'une contenance de 4 hectares.

drains : on le reconnaît par la fig. 122, qui représente le drainage d'un terrain très-accidenté. En a, a,... on aperçoit les drains ordinaires, et en B, B,... les drains collecteurs qui emmènent au dehors les eaux de dix versants différents.

Dans la rédaction d'un projet de drainage,

il faut que l'on tienne compte de la longueur
et de la pente de chaque ligne de drain. La
fig. 123, qui représente le plan d'une pièce de

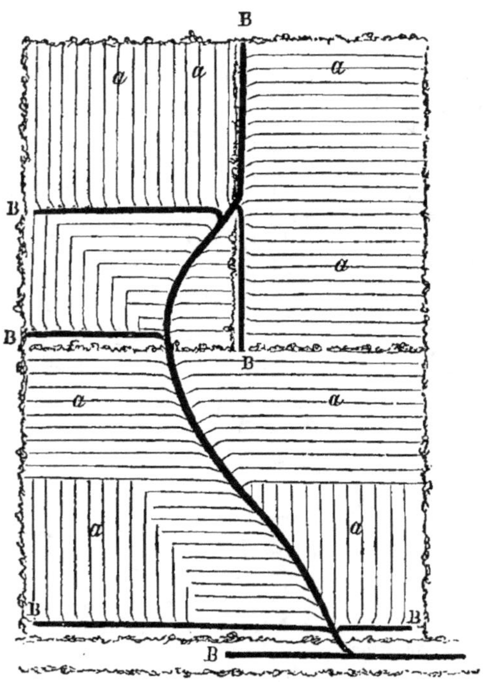

Fig. 122.—Drainage d'un champ très-accidenté.

terre appartenant à M. Rebut, propriétaire de
la ferme de Châteaufort, sise commune de
Grandpuits, canton de Mormont (Seine-et-
Marne), exploitée par M. Garnot, donne une
idée de toutes les conditions à remplir. Le
drainage de ce champ a été effectué par

M. Lauret. La pièce en question se compose de deux parties :

	Hectares.
A. d'une contenance de......................	3.60
B. d'une contenance de......................	2.33
Contenance totale......................	5.93

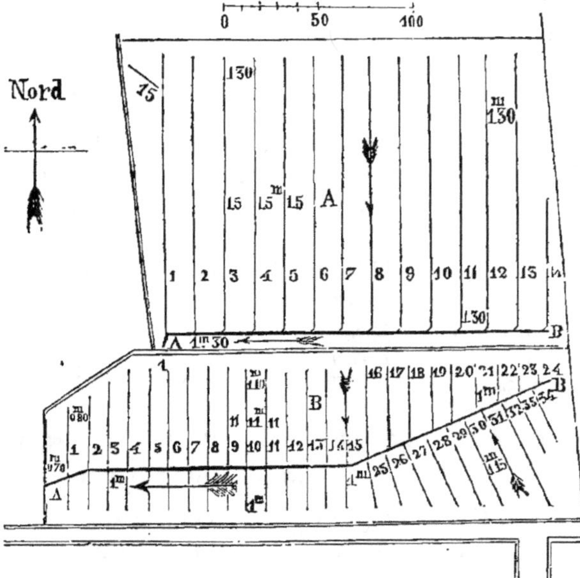

Fig. 123. — Drainage d'une pièce de terre de la ferme de Châteaufort (Seine-et-Marne).

Les flèches indiquent les directions des pentes ; il y a deux drains collecteurs AB.

Les lignes de drains de la partie A sont à 15 mètres de distance, et leur profondeur moyenne est de 1^m.30. Le terrain est facile, formé d'une argile jaune compacte ; la fouille n'a que rarement exigé l'emploi du pic. Le drainage en a été payé à raison de 230 fr. l'hectare. Le nombre des mètres linéaires de drains à l'hectare a été de 680. Les longueurs respectives de chaque drain sont données par le tableau suivant, dont les n^{os} d'ordre sont aussi indiqués sur la figure.

N^{os} d'ordre des drains.	Mètres.	N^{os} d'ordre des drains.	Mètres.
AB	204.0	*Report*	1,455.2
1	156.4	9	156.4
2	156.4	10	156.4
3	156.4	11	156.4
4	156.4	12	156.4
5	156.4	13	156.4
6	156.4	14	75.0
7	156.4	15	20.4
8	156.4	TOTAL	2,332.6
A reporter.	1,455.2		

Le drain collecteur AB a 0^m.86 de pente sur 204 mètres, ce qui fait 0^m.0041 par mètre.

La partie B de la pièce est composée d'une terre un peu tourbeuse reposant sur des marnes vertes ; elle était sujette à éboulement. Le travail en a été fait à la bêche. Elle a exigé des drains plus rapprochés, qui ont été posés à 11 mètres de distance, et à la profondeur moyenne de 1 mètre. Le drainage en a été payé à raison de 260 fr. l'hectare, plus 1 fr. 25 pour le mètre cube de pierres extraites.

Les longueurs respectives des drains ont été les suivantes :

Nos d'ordre des drains.	Mètres.	Nos d'ordre des drains.	Mètres.
AB.........	283.0	*Report*.....	14,74.2
1..........	53.6	18..........	42.3
2..........	59.6	19..........	36.3
3..........	64.3	20..........	30.0
4..........	70.0	21..........	23.6
5..........	75.7	22..........	17.6
6..........	75.7	23..........	11.4
7..........	76.0	24..........	5.8
8..........	76.2	25..........	22.0
9..........	76.4	26..........	28.0
10..........	76.4	27..........	35.0
11..........	76.5	28..........	42.4
12..........	76.6	29..........	49.2
13..........	76.8	30..........	54.2
14..........	77.0	31..........	60.0
15..........	77.0	32..........	65.0
16..........	55.2	33..........	35.4
17..........	48.2	34..........	13.4
A reporter..	1,474.2	TOTAL...	2,045.8

La figure *a* de la planche IV donne le plan d'un drainage plus compliqué, exécuté encore par M. Lauret sur une pièce de terre appartenant à M. de Larochefoucault, propriétaire de la ferme de l'Épine, sise commune et canton de Mormont (Seine-et-Marne), exploitée par M. Colleau, fermier. Cette pièce a une contenance de 17.5 hectares. La profondeur moyenne du drainage est de $1^m.30$; dans quelques cas, indiqués sur la figure *a* elle-même, la profon-

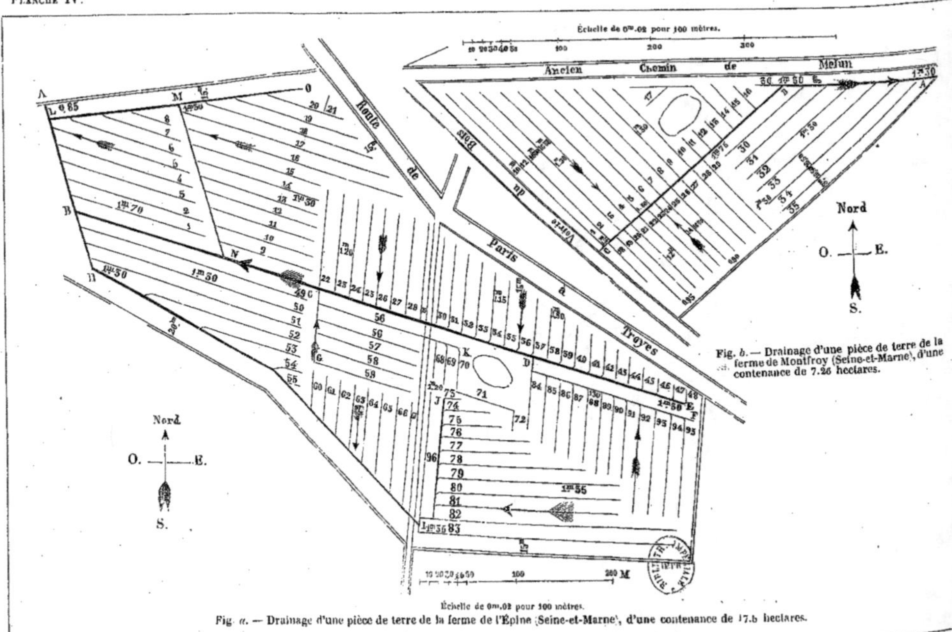

Fig. a. — Drainage d'une pièce de terre de la ferme de l'Épine (Seine-et-Marne), d'une contenance de 17.5 hectares.

deur s'écarte de ce chiffre en plus ou en moins.

L'écartement des lignes de drains est de 15 mètres en moyenne.

Les drains forment une longueur totale de 11,903 mètres linéaires, ou 680 à l'hectare.

A cause des drains collecteurs, on a employé deux corps de tuyaux; il a fallu 39,300 tuyaux.

Le terrain était très-varié, composé d'une terre jaune argileuse, très-compacte, contenant une pierre meulière fréquente et serrée. Il a fallu employer le pic et la bêche.

Le prix du drainage a été de 270 fr. l'hectare, et l'extraction de la pierre a été payée en outre 1 fr. 50 le mètre cube.

Les lignes des drains ordinaires ont reçu des tuyaux de $0^m.030$ de diamètre; les drains collecteurs ont été faits de la manière suivante, avec des tuyaux de calibre croissant depuis $0^m.030$ de diamètre jusqu'à $0^m.075$:

AH. Collecteur principal en briques et tuiles présentant 144 centimètres carrés de section.
BC. 1 tuyau de $0^m.075$ et 1 de $0^m.045$.
CD. 1 tuyau de $0^m.060$ et 1 de $0^m.045$.
DE. 1 tuyau de $0^m.045$ et 1 de $0^m.030$.
HJ. 1 tuyau de $0^m.060$ et 1 de $0^m.045$.
LM. 1 tuyau de $0^m.060$.
MN. 1 tuyau de $0^m.045$.

Les longueurs respectives des drains ont été les suivantes :

Drains collecteurs.

	Mètres.
AH. Collecteur principal...	173.8
HI.	330.0
IJ.	160.0
BE.	674.4
DF.	185.0
CK.	170.0
CG.	75.0
LO.	273.8
MN...	164.2
Total des drains collecteurs.	2,206.2

Drains ordinaires.

Nᵒˢ d'ordre des drains.	Mètres.	Nᵒˢ d'ordre des drains.	Mètres.
Drains collect..	2,206.2		
1........	153.0	*Report.* ...	4,819.4
2........	152.8	20........	57.4
3........	152.8	21........	8.0
4........	152.0	22........	110.0
5........	152.0	23........	110.0
6........	123.6	24........	110.0
7........	81.0	25........	110.0
8........	38.0	26........	110.0
9........	103.0	27........	116.0
10........	110.0	28........	106.0
11........	116.0	29........	95.0
12........	123.0	30........	93.0
13........	130.0	31........	88.0
14........	136.0	32........	83.0
15........	144.0	33........	78.0
16........	227.0	34........	73.0
17........	225.0	35........	68.0
18........	180.0	36........	63.0
19........	114.0	37........	58.0
A reporter.	4,819.4	*A reporter.*	6,345.8

N^{os} d'ordre des drains.	Mètres.	N^{os} d'ordre des drains.	Mètres.
Report....	6,345.8	*Report....*	8,718.9
38........	53.0	68........	45.0
39........	46.4	69........	45.0
40........	42.2	70........	45.0
41........	38.6	71........	65.0
42........	34.2	72........	22.0
43........	28.8	73........	20.0
44........	24.6	74........	50.0
45........	19.8	75........	64.0
46........	16.0	76........	94.0
47........	10.5	77........	102.0
48........	7.0	78........	152.0
49........	257.6	79........	195.0
50........	252.0	80........	195.0
51........	245.0	81........	195.0
52........	188.0	82........	253.0
53........	111.5	83........	268.0
54........	26.5	84........	61.8
55........	16.2	85........	76.0
56........	109.0	86........	87.0
57........	109.0	87........	84.5
58........	109.0	88........	80.2
60........	36.4	89........	92.0
61........	49.6	90........	87.5
62........	61.8	91........	85.0
63........	73.4	92........	127.0
64........	84.0	93........	121.0
65........	96.0	94........	116.5
66........	108.0	95........	115.0
67........	119.0	96........	131.8
A reporter.	8,718.9	TOTAL GÉNÉRAL.	11,903.0

Les lignes des collecteurs présentent, les
profils indiqués par les pentes ci après :

Collecteur principal AH, pente de 0^m.6 sur 174 mètres,
ou 0^m.00345 par mètre.

Collecteur BE, pente de 0^m.98 sur 200 mètres, ou
0^m.0049 par mètre.

Collecteur MN, pente de 0^m.91 sur 164 mètres, ou
0^m.00515 par mètre.

Collecteur IJ, pente de 0^m.32 sur 160 mètres, ou
0^m.002 par mètre.

La figure *b* de la même planche IV, représente un drainage effectué encore par M. Lauret dans un terrain beaucoup plus difficile
que le précédent. Ce terrain, formé d'argile
jaune alternant avec des marnes vertes, contenait de nombreux blocs erratiques, et donnait lieu dans le creusement des tranchées
à des éboulements fréquents. On en a extrait
324 mètres cubes de pierre meulière. Sa contenance était de 7.26 hectares. On a payé le
drainage à forfait au prix de 260 fr. l'hectare, plus 1 fr. 25 c. par mètre cube de pierre
extraite.

Cette pièce de terre appartient à M. de Bonneuil, propriétaire de la terre de Montfoy, sise
commune de Bombon (Seine-et-Marne). La
profondeur moyenne des drains est de 1^m.30
pour la plus grande partie de la pièce où les
lignes sont placées à 19^m.5 de distance les
unes des autres La profondeur moyenne n'est

que de 1 mètre à $1^m.10$ pour les drains espacés de 11 à 12 mètres.

Il y a deux drains collecteurs CB et BA. Le drain CB, sur une longueur de 268 mètres, présente une pente de $0^m.77$, soit de $0^m.00287$ par mètre. La pente totale du drain BA est de $0^m.95$ sur 166 mètres, soit $0^m.00572$ par mètre.

Les longueurs respectives de drains sont les suivantes :

	Mètres.			Mètres.
AB.........	166.0	*Report*.....		2,472.2
BC.........	268.0	19..........		99.0
1..........	229.0	20..........		99.0
2..........	215.0	21..........		99.0
3..........	200.0	22..........		99.0
4..........	190.0	23..........		99.0
5..........	174.0	24..........		99.0
6..........	161.0	25..........		99.0
7..........	146.0	26..........		99.0
8..........	133.0	27..........		99.0
9..........	119.0	28..........		99.0
10.........	105.0	20..........		99.0
11.........	34.0	30..........		118.0
12.........	30.0	31..........		137.0
13.........	28.4	32..........		156.0
14.........	123.0	33..........		177.0
15.........	35.6	34..........		196.0
16.........	22.6	35..........		215.0
17.........	32.6	36..........		32.4
18.........	60.0			
A reporter.	2,472.2	TOTAL...		4,592.6

Les drains présentaient, comme on voit, un

développement linéaire de 4,592ᵐ.6, ou 632 mètres par hectare. On a employé 13,160 tuyaux.

En Angleterre et en Irlande, la rédaction des projets de travaux de drainage pour lesquels on demande les prêts de l'État, est soumise aux obligations suivantes que l'on trouve dans les instructions dressées par le bureau général des travaux publics.

a. La direction générale des drains proposés sera indiquée par des lignes rouges, les faîtes par des lignes ponctuées, et le sens de la pente par des flèches : on fera connaître les dimensions, la forme et les pentes des diverses classes de drains; l'écartement des drains secondaires, la largeur totale de chaque espèce de conduits, leur mode de construction, les matériaux à employer, les dimensions des fossés et leur mode d'établissement.

b. On fera connaître dans un rapport concis, la nature du sol et du sous-sol, sa topographie générale, les difficultés particulières ou les facilités spéciales qu'il présente pour l'exécution des travaux, l'écartement et le mode de construction de drains; en un mot, toutes les circonstances d'un véritable intérêt.

c. On n'entreprendra aucun drainage avant de s'être assuré, d'une manière positive, que le niveau des plus hautes eaux du canal de décharge est assez bas, pour ne point gêner l'écoulement dans les drains venant des points les moins élevés de la terre à drainer.

Lorsqu'on aura un écoulement suffisant, on ne fera point de canaux de décharge de moins de 1^m.52 de profondeur. Une plus grande profondeur est toujours désirable pour assurer un drainage permanent et s'opposer en même temps au passage des bestiaux.

L'expérience ayant montré que, dans toutes les natures de terrains, les drains de 1^m.22 à 1^m.50 sont plus efficaces que ceux d'une moindre profondeur, on admettra toujours cette dimension, quand les canaux de décharge le permettront, et même quand on pourra, par une dépense raisonnable, les pousser à la profondeur voulue. L'écartement des drains varie nécessairement avec la nature du sol. On peut admettre, comme règle assez générale, une distance de 12^m.00 entre chaque ligne.

d. Les *fossés de décharge* auront la profondeur nécessaire pour satisfaire aux prescriptions relatives aux drains couverts, dont ils auront à recevoir les eaux. Leur largeur au fond, leurs talus et leur pente seront réglées selon les besoins. On supprimera les angles aigus, les pierres isolées et tous les obstacles au libre écoulement des eaux.

Les terres enlevées en ouvrant ou en creusant les fossés et qui ne pourront point servir à remplir des puits ou d'anciens canaux abandonnés, seront relevées à une certaine distance du bord et régalées avec soin.

Les abords des ponts d'un débouché suffisant seront, au besoin, soigneusement réparés. On n'hésitera point à détruire, pour les reconstruire dans de plus convenables dimensions, les ponts dont le débouché serait reconnu insuffisant.

e. Lorsque la nature des terres, l'étendue des districts ou la quantité d'eau à écouler rendront nécessaire l'établissement de *drains principaux couverts*, on leur donnera des dimensions en rapport avec le volume d'eau à débiter. Les canaux devront être pavés ou dallés au fond, leurs faces latérales seront en maçonnerie de pierre ou de brique, et la partie supérieure sera couverte en dalles, ou par une voûte.

f. Les *drains sous-principaux* auront des dimensions suffisantes ; leurs pentes seront aussi fortes que le permettra l'ensemble des drains et canaux principaux du pays ; enfin, on ne leur donnera pas de trop grandes longueurs, depuis leur origine jusqu'à leur point d'arrivée dans les canaux de décharge.

g. On donnera aux *petits drains* les dimensions et l'écartement nécessaires pour assurer la perfection du drainage. Ils seront tracés en lignes droites parallèles les unes aux autres et dirigées suivant la ligne de plus grande pente, à moins que la déclivité ne soit très-grande, et, dans ce cas, on se bornera à leur donner une direction qui suffise pour obtenir la pente voulue. En général, on donnera à chaque petit drain autant de pente que le permettra la disposition du système de drains principaux.

h. Dans le remplissage des *drains empierrés*, on veillera avec le plus grand soin à ce que le fond de la tranchée soit parfaitement propre, et à ce que les pierres soient bien purgées d'argile et de matières étrangères. On placera un gazon, l'herbe en dessous, ou une couche d'argile damée, sur le lit de pierres cassées, puis on achèvera de remplir la tranchée, en réservant soigneusement la terre végétale pour la partie supérieure. Le remplissage de chaque drain doit toujours se faire en commençant par l'amont.

i. Dans la pose des *tuyaux en poterie*, on s'assurera qu'ils sont posés au fond de la tranchée, qu'ils ne pourront être dérangés par le remplissage, et qu'ils sont aussi bien rapprochés que possible à leurs extrémités.

j. L'épierrement sera fait à une profondeur qui permette le défoncement du sol. Les pierres seront rangées le long des fossés ou serviront à la construction des drains empierrés.

k. Dans les marais et les bruyères que le drainage seul ne pourrait améliorer complétement, on évaluera séparément les frais de dressement de la surface, d'écobuage ou du transport d'argile. Pour les terres à améliorer avec du sable ou de l'argile, on fera connaître le nombre de mètres cubes de ces amendements à employer par hectare.

Nous ajouterons qu'il faut en général éviter de faire arriver les petits drains dans les

CHAPITRE XXXVII.

Ouverture des tranchées de drainage.

Pour atteindre la plus grande économie possible dans les travaux de drainage, on doit s'attacher à donner aux tranchées des dimensions extrêmement petites, et qui permettent cependant de descendre les tuyaux à des profondeurs que nous avons fixées entre $0^m.90$ et $1^m.80$. L'étude de la question a conduit les Anglais à perfectionner les instruments ordinaires du bêchage, de façon à ce qu'on pût obtenir une profondeur suffisante sans que les ouvriers descendissent dans des fonds où ils ne pourraient se tenir commodément pour travailler.

Les tranchées, en conséquence, sont très-étroites du bas, et elles n'ont vers le haut qu'une largeur qu'on s'attache à rendre aussi petite que le terrain le permet. On a en outre l'avantage d'asseoir les tuyaux dans les fonds des tranchées d'une manière assez solide pour qu'ils ne puissent pas dévier de leur direction.

Les principaux instru-
ments employés dans
ce but sont la bêche
longue (fig. 124), et l'é-
cope ou drague (fig. 125.)

La bêche a différentes
formes : tantôt elle est
courbe, tantôt elle est
plate ou présente un
tranchant à double bi-
seau, comme celle de
la figure 124. Elle por-
te une pédale M, sur

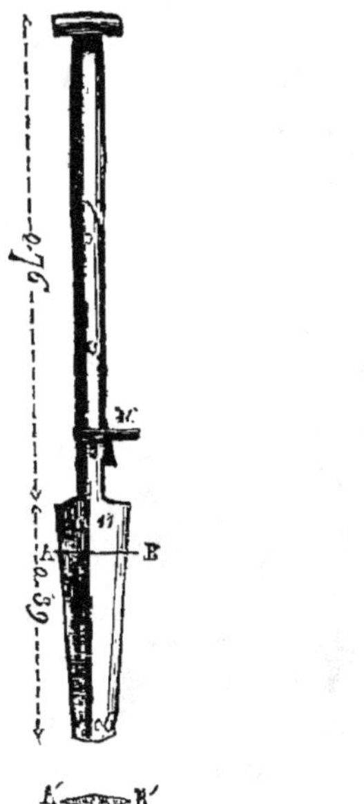

Fig. 124. — Bêche anglaise avec
poignée et pédale.

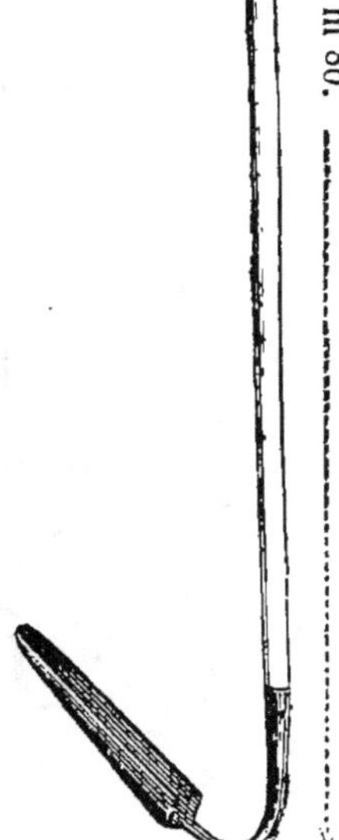

Fig. 125. — Écope.

laquelle l'ouvrier pose le pied. Cette pédale glisse le long du manche de la bêche, de telle sorte qu'on puisse l'arrêter, à l'aide d'un coin, à telle ou telle distance de la bêche proprement dite, et ainsi atteindre une profondeur

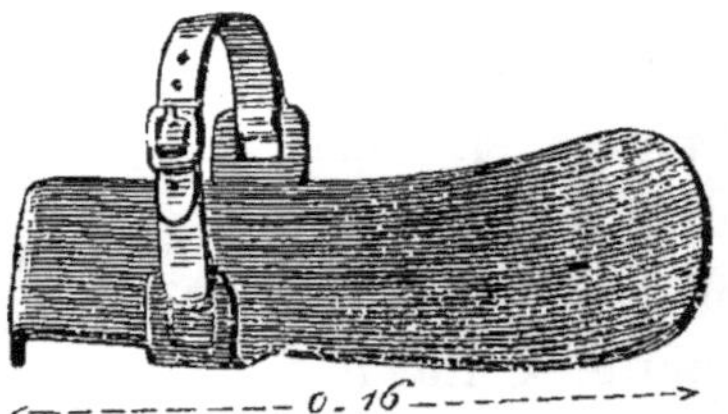

Fig. 126. — Semelle de fonte ou de fer pour mettre sous le pied de l'ouvrier draineur.

Fig. 127. — Ouvrier maniant la bêche.

variable sans que l'ouvrier descende jusqu'au fond de la tranchée. Le bêcheur arme son soulier d'une semelle en fer ou en fonte (fig. 126), dont le prix, même en France, selon M. de Rougé, qui en a fait faire un certain nombre pour ses opérations de drainage du Charmel (Aisne), ne dépasse pas 1 fr. ; de cette façon, la plante des pieds ne se fatigue pas. On voit comment le travail s'effectue par la

Fig. 128. — Ouvrier maniant l'écope.

figure 127. L'ouvrier marche à l'arrière du bêchage effectué. Pour enlever les derniers débris de la terre, on emploie l'écope dont le manche est assez long pour que l'ouvrier n'ait pas besoin (fig. 128) de descendre du tout dans la tranchée ; il enlève des bords supérieurs tous les matériaux qui obstruent le fond. Il y a plusieurs bêches de différentes dimensions, et diverses écopes ou dragues ou curettes, comme nous le verrons plus loin.

Les formes et les dimensions les plus convenables à donner aux tranchées doivent être telles que l'ouvrier puisse descendre et se tenir à une distance de 0^m.80 du fond, et de là atteindre facilement ce fond avec les bêches les

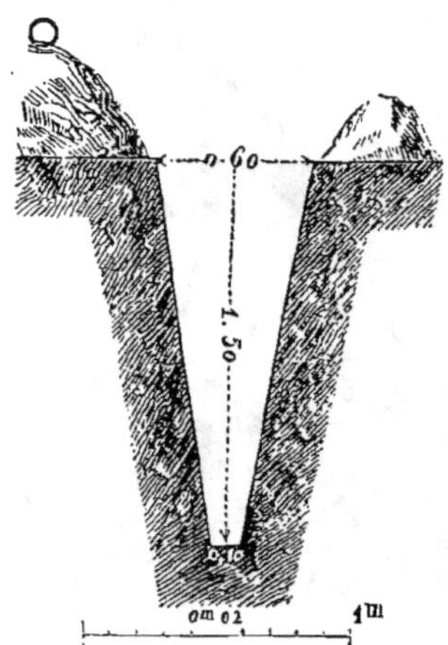

Fig. 129. — Tranchée profonde dans les terrains argileux.

plus déliées. Nous avons vu que les profondeurs des tranchées varient. Mais le fond, avant le dernier travail à la drague, doit être amené à avoir une largeur de 0^m.10.

Selon la nature du terrain, les talus sont plus ou moins inclinés. Les figures 129 et 130 donnent les formes convenables pour un drai-

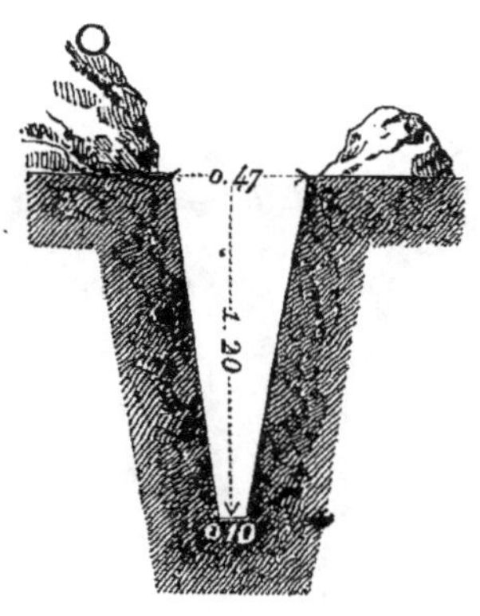

Fig. 130. — Tranchée moyenne pour les terrains argileux.

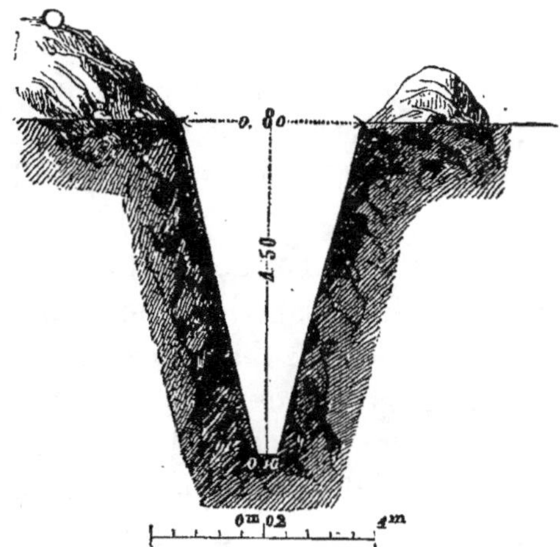

Fig. 131. — Tranchée profonde pour les terrains pierreux.

nage exécuté dans des terres argileuses sans
pierres. Dans la figure 129, on voit la section
de la tranchée pour un drainage très-profond

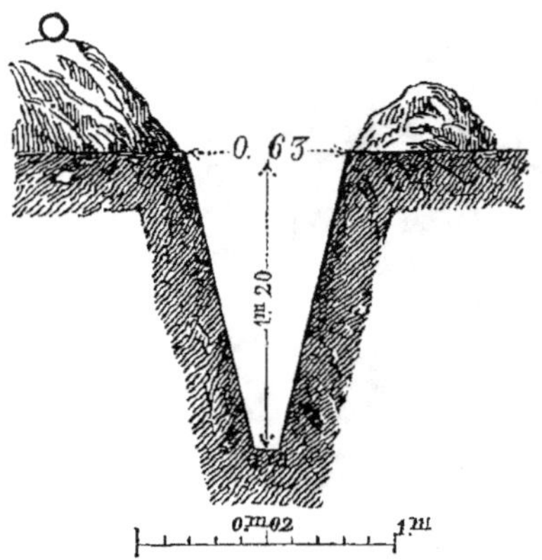

Fig. 132. — Tranchée moyenne pour les terrains pierreux.

de $1^m.50$, et, dans la figure 130, on a la section d'une tranchée de profondeur moyenne
$1^m.20$; les deux largeurs à l'orifice $0^m.60$ et
$0^m.47$ sont proportionnelles aux deux hauteurs.

Les figures 131 et 132 donnent les sections
de deux tranchées ayant les mêmes profondeurs de $1^m.50$ et $1^m.20$, mais des largeurs à
l'orifice plus grandes $0^m.80$ et $0^m.63$; cette
forme plus ouverte doit être adoptée dans des
terrains pierreux, difficiles; quelquefois on est
obligé de dépasser encore ces largeurs.

Lorsqu'on veut procéder à l'ouverture d'une tranchée, on commence par indiquer sa direction au moyen de piquets et de jalons. On tend alors un cordeau de 20 à 25 mètres de longueur dans sa direction, et le long de ce cordeau on trace une ligne droite à l'aide d'une forte et lourde bêche, bien acérée, en forme de langue de bœuf, et dont le manche est terminé par une poignée horizontale (fig. 133).

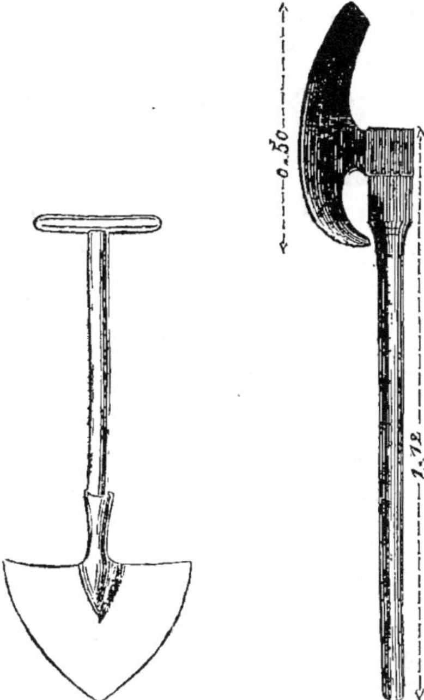

Fig. 133.—Bêche en forme de langue de bœuf pour tracer la direction des tranchées.

Fig. 134. — Hache pour tracer la direction des tranchées.

Fig. 135. — Crochet à deux pointes pour mettre de côté les mottes de gazon.

Le cordeau est reporté parallèlement à lui-même à la distance qui détermine la largeur de la tranchée, et une seconde ligne est tracée de la même façon.

Lorsque le sol est garni d'un gazon épais, lorsqu'il est couvert de nombreuses racines de bruyères, de genêts, de joncs, etc., on remplace avec avantage la bêche précédente par une hache (fig. 134) munie d'un long manche, qui tranche plus facilement les durs filaments des plantes, et qui fait, maniée avec les deux mains, une profonde coupure dans le gazon.

A l'aide de la bêche, lorsqu'il s'agit d'une surface bien gazonnée, on fait aussi des tranchées transversales, et on enlève avec facilité les mottes découpées, à l'aide d'un crochet léger à deux pointes (fig. 135), qui permet de les placer rapidement sur le côté gauche de la tranchée en les retournant de manière à mettre l'herbe en dessous.

C'est une mesure que l'on doit adopter généralement dans l'ouverture des tranchées, de placer toujours du côté gauche les terres du dessus, et du côté droit les terres du fond ou du sous-sol. Cette disposition est représentée dans les figures 129 à 132 que nous avons données précédemment pour montrer la forme des tranchées.

Pour bêcher la surface et enlever la première couche végétale, les Anglais prônent beaucoup aujourd'hui les fourches en acier, telles que la forte fourche à trois dents que représente la figure 136, ou la fourche à cinq

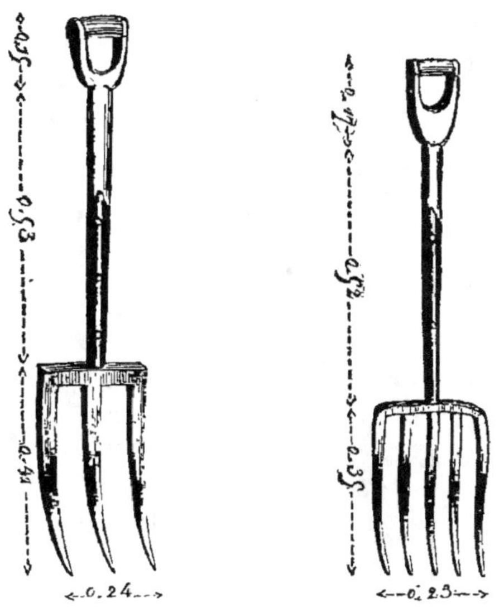

Fig. 136. — Forte fourche à trois dents.

Fig. 137. — Fourche à cinq dents, dite universelle.

dents, dite *universelle*, que l'on voit dans la figure 137. Ces fourches s'enfoncent beaucoup plus facilement dans les terres gazonnées que les bêches, et permettent tout aussi bien d'arracher et de retourner les mottes de gazon. Le fabricant d'instruments de drainage qui a remporté le prix de 75 fr. de la Société d'agri-

culture d'Angleterre au Concours de Gloucester
de cette année, M. Winton, de Birmingham, a
dû une partie de son succès à l'exposition d'un
grand nombre de fourches très-légères, qui
fatiguent peu l'ouvrier par leur poids, et font,
dans les terrains compactes et gazonnés, plus
d'ouvrage que la bêche.

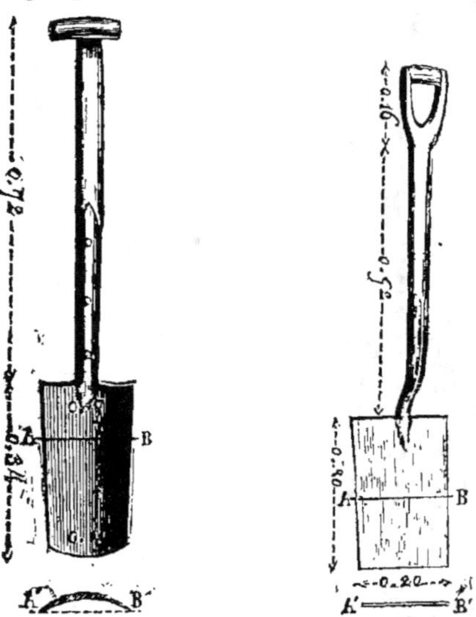

Fig. 138. — Bêche courbe à   Fig. 139. — Bêche plate à
poignée horizontale   poignée intérieure.

Pour continuer l'approfondissement des
tranchées, on se sert de bêches plates ou courbes, de largeur décroissante et de hauteur
croissante au contraire.

Les habitudes du travail à la bêche ne sont
pas les mêmes en Angleterre qu'en France.

En Angleterre, l'homme qui bêche détache la terre, et par un second mouvement la jette de côté.

Il n'en est pas de même en France, où un ouvrier enlève avec une pelle la terre fouillée par un autre ouvrier qui bêche ou qui pioche.

Les outils des ouvriers terrassiers anglais ont aussi des manches plus longs que ceux des terrassiers français.

Enfin, les ouvriers anglais emploient de préférence des manches terminés par des poignées horizontales, comme cela a lieu dans la bêche courbe ci-contre (fig. 138), ou des poignées creusées dans le manche courbe de la bêche plate représentée par la figure 139.

Les manches des outils français sont droits sans poignées.

On a cherché à introduire en France les habitudes anglaises. M. de Rougé nous a dit y être parvenu sans difficulté.

M. Gareau a rencontré au contraire des obstacles qui l'ont fait renoncer à ce projet. Aussi ce dernier agriculteur n'a pas cherché à introduire exactement les outils anglais ; il s'est contenté de modifier les outils du pays de manière à leur faire produire à peu près les résultats cherchés en Angle-

terre. Voici, d'après ces principes, les bêches
(fig. 140, 141, 142 et 143) que vend M. Calla,

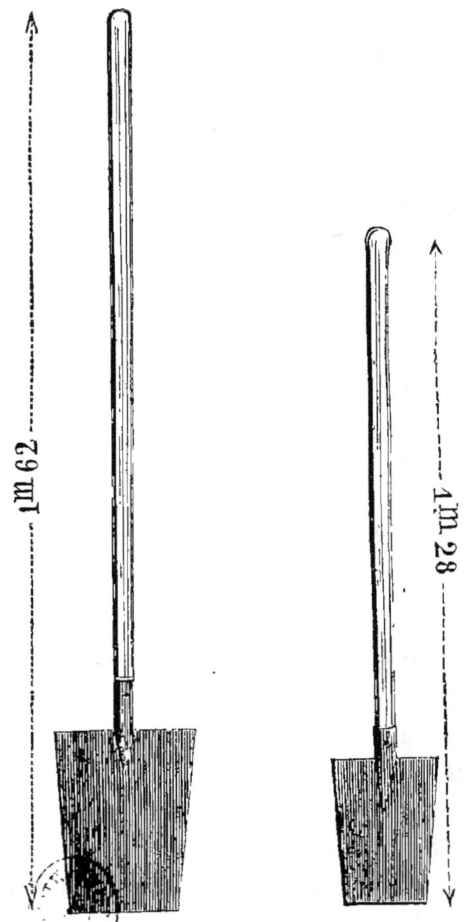

Fig. 140. — Bêche plate française n° 1.   Fig. 141. — Bêche plate française n° 2.

rue de Chabrol, 20, à la Chapelle-Saint-
Denis. Ces bêches sont étagées de manière à
entamer le sol sur une largeur décroissante.
A ces bêches correspondent deux pelles (fig.
144 et 145, dont la première sert pour le second

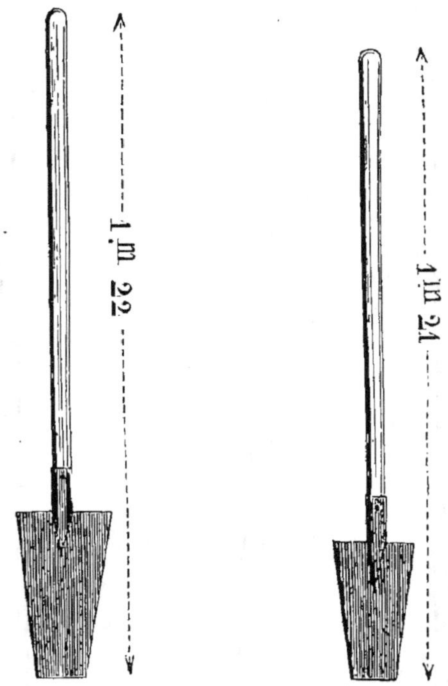

Fig. 142. — Bêche plate fran-   Fig. 143. — Bêche plate fran-
      çaise n° 3.   çaise n° 4.

bêchage, et dont la troisième, plus étroite, est
employée pour le troisième bêchage plus profond. On nettoye enfin le fond de la tranchée

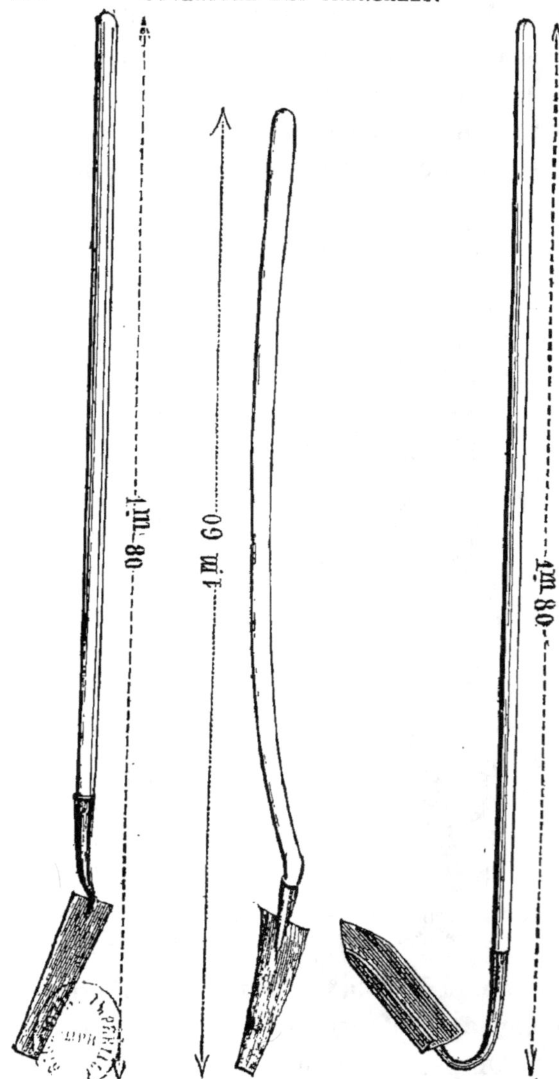

Fig. 144.—Pelle de 2e bêche.

Fig. 145.—Pelle de 3e bêche.

Fig. 146. — Curette de fond pour le travail à la pioche et à la bêche.

avec une drague ou curette telle que celle représentée par la figure 146, dessinée sur une curette fabriquée par M. Calla.

Les bêches creuses sont employées, en Angleterre, dans les terres argileuses qui forment la majorité des terres nécessitant le drainage ; on ne s'y sert de bêches plates que dans les sols graveleux. Pour ce dernier travail, on préfère, en France, une binette, espèce de pioche à deux branches, dont la figure 147

Fig. 147. — Binette pour piocher les terrains graveleux, vue de profil.

Fig. 148. — Binette pour piocher les terrains graveleux vue en dessus.

donne une vue de profil, et que la figure 148 représente vue au-dessus.

Dans les terrains pierreux, il faut avoir recours tantôt à un lourd marteau (fig. 149), lorsqu'il faut casser une pierre gênant dans l'inclinaison d'un talus ; tantôt à une pioche (fig. 150), lorsque l'extraction de la pierre est

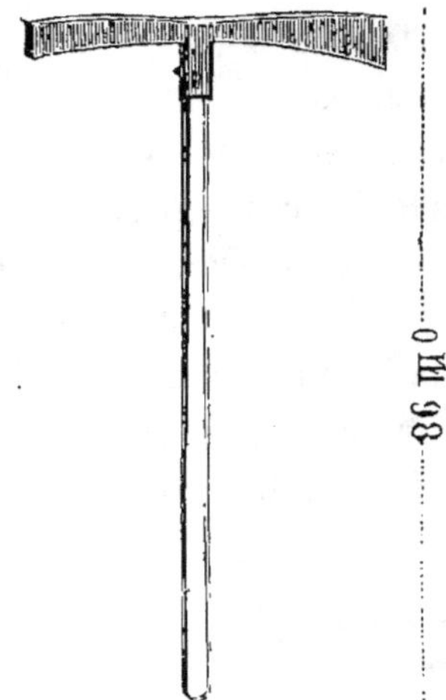

Fig. 149. — Marteau pour casser les pierres des tranchées.

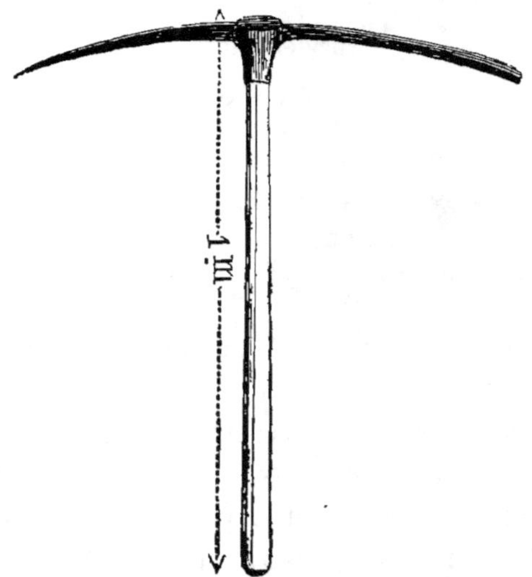

Fig. 150. — Pioche pour la fouille des tranchées.

nécessaire pour laisser libre l'intérieur de la tranchée. Dans ce cas, les Anglais se servent aussi avec avantage d'un instrument particulier nommé *pic à pédale* (fig. 151), qu'il serait bon d'importer en France. Le tranchant bien acéré de cet instrument pénètre facilement dans le sol lorsqu'on l'enfonce en le projetant des deux mains avec la poignée, et lorsqu'ensuite on appuie de tout le poids du corps à l'aide de la pédale.

Le fond des tranchées des terrains pierreux exigerait quelquefois qu'on en déblayât de grosses pierres gênant la pente adoptée, si on ne parvenait facilement à en pulvériser exactement la quantité voulue. Dans ce but, les Anglais ont imaginé une forte dame en fer très-lourde (fig. 152) que l'on fait tomber du haut de la tranchée dans le fond et dont le manche à coulisse peut être allongé plus ou moins, de sorte qu'en tenant l'instrument avec les deux mains et le soulevant avec les bras, on peut toujours atteindre la partie inférieure des tranchées les plus profondes. Le poids de cette dame ou fouloir est d'environ 40 kilog.; nous n'en conseillons pas l'emploi dans les

Fig. 151. — Pic à pédale.

terres argileuses non fortement pierreuses ;
mais on peut, dans les terres graveleuses, em-

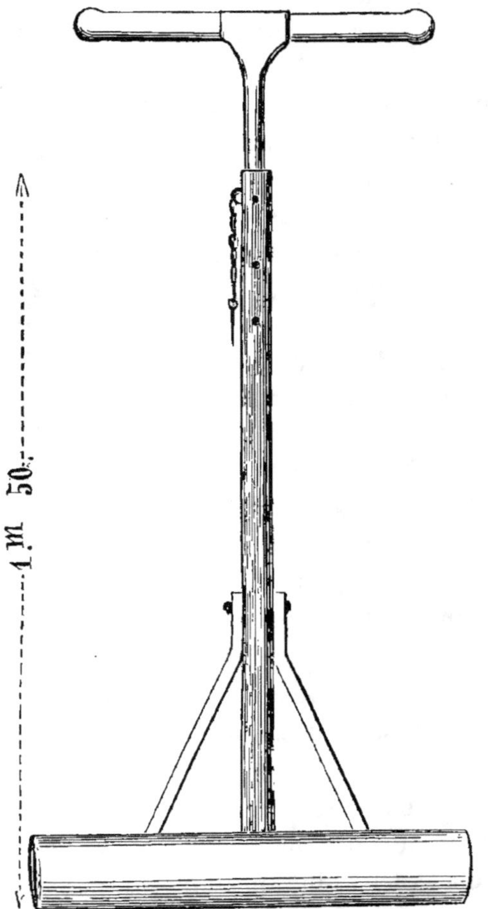

Fig. 152. — Dame anglaise en fer pour battre le fond des
tranchées.

ployer un instrument plus léger, plus commode et moins coûteux en ferrant simplement par-dessous un cylindre de bois, et en
perçant le manche de
quelques trous (fig. 153)
pour passer la poignée
à différentes hauteurs,
comme a fait M. Lau-
ret, de la Chapelle-
Gauthier, qui a ainsi
bien approprié à l'usage
des ouvriers français
un outil dont l'emploi
n'était pas très-goûté de
nos terrassiers. Le nou-
veau fouloir revient à 12f.
au lieu de 31 fr. 25 c.,
prix de l'outil anglais.

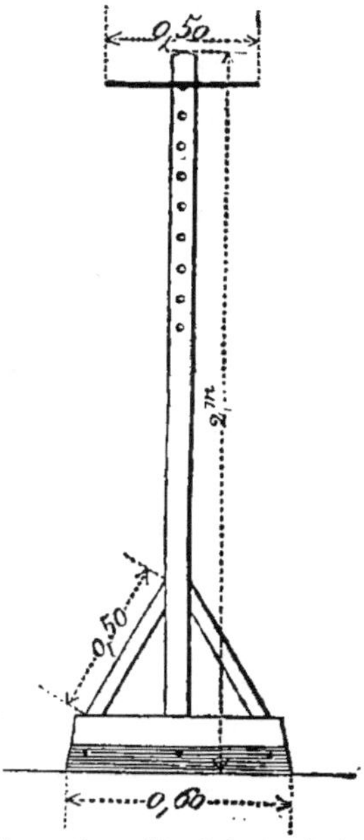

Nous approuvons hau-
tement toutes les ten-
tatives faites pour in-
troduire chez nous les habitudes des ouvriers
anglais et leurs instruments. M. Lupin, le premier importateur en France du drainage perfectionné complet, a senti l'importance de
cette introduction ; aussi a-t-il fait adopter
chez lui, dès 1846, des modifications convenables à la bêche plate française, en la rendant un peu plus étroite et plus longue (fig. 154),

Fig. 153. — Fouloir en bois
de M. Lauret.

et la bêche creuse anglaise (fig. 155) pour faire
le fond des rigoles.

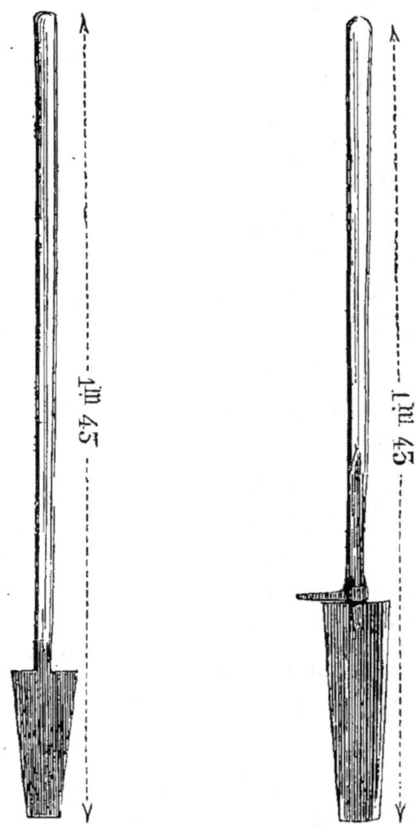

Fig. 154. — Bêche plate française appropriée aux besoins du drainage.

Fig. 155. — Bêche creuse
pour le fond des tranchées.

On remarquera que les instruments anglais
sont très-supérieurs aux outils français pour

la manière dont ils sont emmanchés. Les douilles des outils anglais sont longues, embrassent la plus grande partie du manche et sont fixées par trois clous ou chevilles; elles sont en outre parfaitement polies et ainsi beaucoup moins sujettes à la rouille. Les figures suivantes, sans qu'il y ait besoin de plus am-

Jeu de bêches de 50 centimètres.

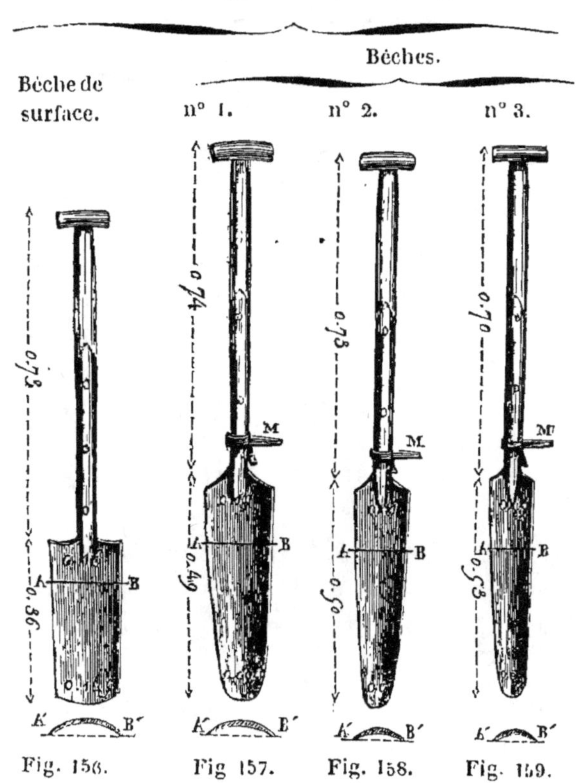

Fig. 156.   Fig. 157.   Fig. 158.   Fig. 159.

ples explications, feront comprendre la supériorité de la collection de ces outils sur ceux fabriqués en France et que nous avons représentés plus haut.

Comme nous l'avons dit précédemment, les bêches creuses sont spécialement destinées aux terrains argileux. On en fait de deux sortes,

Jeu de bêches de 38 centimètres.

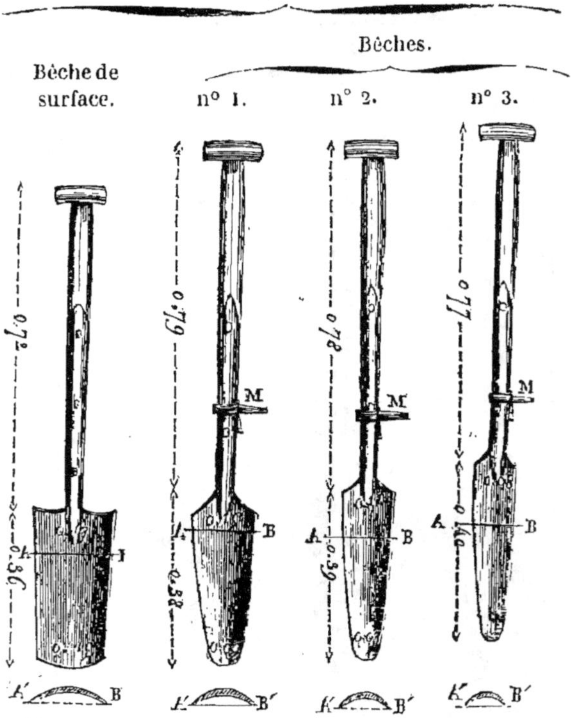

Bêche de surface.

Bêches.

n° 1.   n° 2.   n° 3.

Fig. 160.   Fig. 161.   Fig. 162.   Fig. 163.

qu'on distingue par la hauteur du fer. Ainsi les figures 156, 157, 158 et 159 représentent un jeu de bêches de vingt pouces (50 centimètres); la figure 156 est une bêche de surface, et les trois autres donnent les numéros 1, 2 et 3 des outils à employer à mesure que la profondeur augmente. Ce jeu sert pour les tranchées de 1ᵐ.50 de profondeur moyenne.

Les figures 160, 161, 162 et 163 représentent un jeu de bêche de quinze pouces (38 centimètres); la figure 160 étant la bêche de surface et les trois figures 161, 162 et 163 étant les outils numéros 1, 2 et 3 à employer à mesure encore que la profondeur augmente. Ce dernier jeu de bêches sert pour les tranchées moins profondes, de 1ᵐ.20 en moyenne.

En M on voit les pédales dont sont armées toutes ces bêches pour la pose du pied de l'ouvrier terrassier.

On a fait une section à la hauteur AB pour montrer au-dessous en A'B' la courbure que présente le fer de bêche à une distance de l'emmanchement égale au quart environ de la hauteur totale.

Les bêches plates sont faites dans les mêmes dimensions que les précédentes, mais elles sont beaucoup moins nombreuses, puisque le drainage s'opère plus rarement dans les terrains graveleux.

Quoique la forme des bêches la plus répandue actuellement soit la forme courbe, il n'est pas certain qu'elle soit la meilleure. Pour pénétrer dans le sol la forme en fer de lance ou à double biseau, représentée par la figure 124 (page 425), doit être spécialement recommandée comme offrant moins de résistance à la pénétration dans le sol.

On doit toujours commencer l'ouverture des tranchées par leur partie inférieure, afin que les eaux que l'on peut y rencontrer, ou les eaux pluviales tombées pendant le travail ne puissent pas gêner les ouvriers.

Il y a diverses manières d'organiser les chantiers. M. Leclerc conseille en Belgique cinq ouvriers ; nous croyons que trois suffisent et font une besogne meilleure et plus économique; c'est ce nombre qu'il faut adopter dans les cas les plus généraux, c'est-à-dire lorsque le terrain ne présente pas une difficulté exceptionnelle. Le premier ouvrier ou chef de brigade trace la tranchée et enlève la couche de terre végétale ; le second donne les deux coups de bêche suivants ; le troisième termine l'approfondissement de la tranchée et en régale avec soin le fond et les faces latérales.

Si on est obligé d'employer la pioche, le

second ouvrier fouille avec cet instrument,
tandis que le troisième déblaye les terres avec
une pelle telle que celle de
la fig. 164 ci-jointe, tant que
l'on n'est pas à une profondeur de la tranchée moindre
que 33 centimètres; quand
on est arrivé plus bas, on
emploie pour cet objet des pelles telles que celles représentées par les fig. 144 et 145
(p. 438). Dans ce cas, le troisième ouvrier achève aussi le
régalage du fond et des parois
latérales.

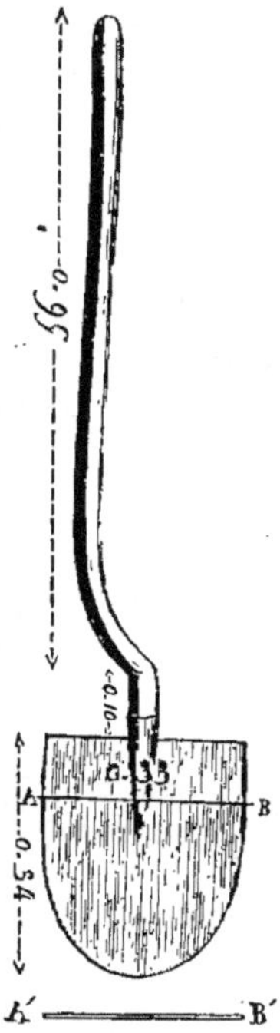

Le dernier approfondisse-
ment, dans tous les cas, se fait
toujours avec les écopes et les
curettes (fig. 125 et 146, p. 425
et 438), maniées du haut de la
tranchée (fig. 128, p. 427),
car nous avons dit qu'alors les
ouvriers ne pouvaient pas se tenir facilement
dans les tranchées, et pour que l'ouvrage soit
bien fait, ils ne doivent pas essayer d'y descendre, car ils causeraient alors de très-nom-
breux éboulements.

Si on a à faire à des terres très-meubles qui
menacent de s'ébouler facilement, on est obligé

Fig. 164. — Pelle
pour déblayer.

quelquefois d'étançonner les parois latérales à l'aide de planches (fig. 165), maintenues contre les côtés par des morceaux de bois transversaux formant des arcs-boutants. Cette opération est difficile dans les tranchées très-étroites, aussi est-on obligé le plus souvent d'augmenter leur largeur pour les terrains qui demandent à être ainsi boisés contre les éboulements, et il en résulte une forte augmentation de dépense.

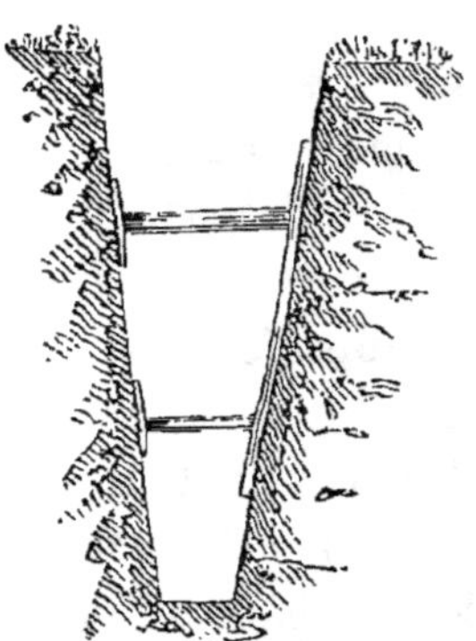

Fig. 165. — Tranchée étançonnée dans un terrain très-meuble.

Au lieu de faire les brigades de trois ouvriers, M. Leclerc, avons-nous dit, conseille de les composer de cinq hommes. Le chef de brigade « enlève, selon cet ingénieur, la terre végétale sur une épaisseur d'environ $0^m.30$ en travaillant à reculons et en tenant la bêche des deux mains par la poignée supérieure, et non comme les terrassiers français ou belges en ont souvent l'habitude, en posant une main sur la poignée et l'autre sur le manche ; il enfonce complétement la bêche dans la terre en appuyant ou en frappant du pied sur l'arête supérieure du fer ; il incline ensuite le manche vers lui en lui imprimant quelques légères secousses qui détachent la terre ; il enlève celle-ci en saisissant d'une main la bêche par le bas du manche, tandis que l'autre main reste à la poignée, et il la dépose sur le côté de la rigole qui a reçu ou qui doit recevoir plus tard les matériaux nécessaires à la construction du conduit. Chaque tranche que l'ouvrier emporte de la sorte, peut avoir $0^m.25$ à $0^m.28$ de largeur. Lorsqu'il a déblayé le drain sur une petite longueur, un autre ouvrier suit, travaillant la face vers le premier, et enlevant avec la pelle la terre ameublie, qui reste toujours au fond de la tranchée après chaque creusement à la bêche.

« Un troisième ouvrier fait une seconde levée. Il marche à reculons et se sert d'une bêche plus étroite. Il est obligé de pratiquer d'abord une incision sur les côtés latéraux du fossé, ce qu'il fait de manière à donner aux talus une légère inclinaison. La nouvelle levée a, comme la première, environ $0^m.30$ de profondeur ; quand elle est faite sur une pe-

tite étendue, le second ouvrier vient en nettoyer le fond avec sa pelle, et arranger proprement les talus, afin qu'il s'en détache plus tard
le moins de terre possible.

« La troisième levée de terre (faite par un
quatrième ouvrier) est extraite à l'aide d'une
bêche plus étroite et plus longue que la précédente. L'ouvrier la manie comme nous l'a-
vons dit déjà, et c'est surtout à mesure qu'il
enlève des tranchées situées de plus en plus profondément qu'il doit avoir soin de travailler
dans une position droite, et de ne se baisser pour
prendre son outil par le manche que quand il
veut soulever et jeter hors du drain la terre
qu'il a détachée. Il reste de nouveau au fond
du fossé une certaine quantité de terre que la
bêche n'a pas enlevée, et qu'il faut extraire
avant de poursuivre le travail. Cette besogne
est faite, dans ce cas, par l'ouvrier même qui
bêche la terre, après qu'il a reculé de 2 à 3
mètres. Il emploie à cet effet, soit une pelle
étroite, soit une drague carrée à long manche
dont il se sert sans bouger de place. Ces deux
instruments ont une largeur à peu près égale
à celle du fossé, qui, à cette profondeur, ne
mesure plus que $0^m.18$ à $0^m.20$. En coupant
la terre sur les côtés, l'ouvrier a encore soin
de donner à sa bêche une légère inclinaison,
de manière à continuer le talus commencé par

l'ouvrier précédent. La profondeur de la troisième levée est en général de 0^m.32 à 0^m.35.

« Le déblai est achevé à l'aide d'une bêche creuse et très-longue, qui permet à un cinquième ouvrier d'atteindre avec facilité la profondeur voulue. On fait encore avec cette bêche deux incisions latérales avant que d'enlever la terre ; on règle l'inclinaison du manche de manière à n'avoir au fond qu'une largeur à peu près égale à celle des tuyaux qui doivent former le conduit du drain. Quand le dernier terrassier a mis la tranchée à fond sur une longueur de 2 à 3 mètres, il la nettoie lui-même, sans changer de place, au moyen d'une drague cylindrique de largeur variable, qui sert à la fois à enlever la terre ameublie et à donner au fond du drain une forme cylindrique d'une largeur égale au diamètre extérieur des tuyaux ou des manchons. »

Cette manière systématique de travailler serait excellente si on ne devait jamais rencontrer de pierre ou d'autre obstacle, mais nous croyons que trois ouvriers feront toujours mieux que cinq un ouvrage qui demande du soin et en conséquence une responsabilité personnelle. La question du prix de revient, de la plus haute importance ici, prononce aussi en faveur du nombre d'ouvriers que nous conseillons.

Une des conditions essentielles d'un bon drainage, consiste à bien déterminer le point d'écoulement de la tranchée principale qui doit avoir une issue franche et nette. Ce point d'écoulement doit nécessairement être placé sur la partie la plus basse de la pièce à drainer. On est alors parfois obligé de faire une profonde section à travers une autre partie de terrain. On ne doit pas reculer devant les frais que cette opération peut entraîner, car un drainage sans un écoulement net et convenable est une dépense stérile. Nous avons vu précédemment comment, à l'aide des méthodes du nivellement et des instruments que nous avons décrits, on arrive à cette détermination. On ne saurait employer pour ce travail un agent trop capable. Il n'y a pas de plus mauvaise économie que celle qui soumet le tracé d'opérations de drainage, entraînant une dépense de plusieurs milliers de francs, à des agents qui ne s'attachent qu'à économiser quelques centaines de mètres de tranchées. Le point d'écoulement fixé, et étant donné que les petits drains seront dirigés perpendiculairement aux lignes de niveau ou parallèlement à la plus grande pente de terrain, lorsque dans ce tracé il se trouve que les sillons ont cette même direction, il faut s'en servir pour diminuer les frais de fouille, et

disposer les distances des petits drains en conséquence. Mais partout où il n'y a pas coïncidence rigoureuse de direction et convenance
complète de distance, il ne faut pas tenir
compte soit des sillons qui découpent le terrain
à drainer en planches, soit des sillons maîtres,
trop souvent irréguliers, qui servent à l'écoulement des eaux. On peut toutefois, quand la
direction du drain a été donnée par le cordeau
et tracée avec la bêche en forme de langue de
bœuf, ouvrir la tranchée avec la charrue et
faire ainsi une certaine économie sur la fouille.
C'est le parti qu'a adopté M. Dufour, fermier
aux Corbins (Seine-et-Marne), qui a enlevé
une couche d'une épaisseur de 20 à 25 centimètres sur toute l'étendue de ses drains par
deux raies de charrue.

Pour cet objet, on pourrait employer avec
avantage la charrue sous-sol de John Read
(fig. 166), qui a remporté les prix dans quatre
Concours successifs de la Société d'agriculture
d'Angleterre. Elle n'exige qu'un faible tirage,
et en même temps elle est simple, facile à
manier et d'une solidité pour ainsi dire à toute
épreuve. Son prix est de 116 fr., prise dans
les ateliers de Garrett, Leiston-Works, près
de Saxmundham (Suffolk).

On peut facilement défoncer le sol jusqu'à
une profondeur de 50 à 60 centimètres, en fai-

Fig. 166. — Charrue sous-sol de John Read.

sant succéder dans la même raie la charrue de Read à une charrue ordinaire appropriée aux labours profonds. La charrue que nous conseillerions d'employer pour ouvrir la tranchée, devrait être du genre de celle de Ball (fig. 167), qui a remporté le prix cette année (1853) au Concours tenu à Gloucester, par la Société royale d'agriculture d'Angleterre. Cette charrue est complétement en fer, et coûte 105 francs chez l'inventeur, à Rottwell, près Kittering (Northamptonshire), ou à Londres, chez Dray, Swan Lane, Upper-Thames-street. Elle a paru au jury effectuer le travail le plus parfait en dépensant le moins de force de tirage.

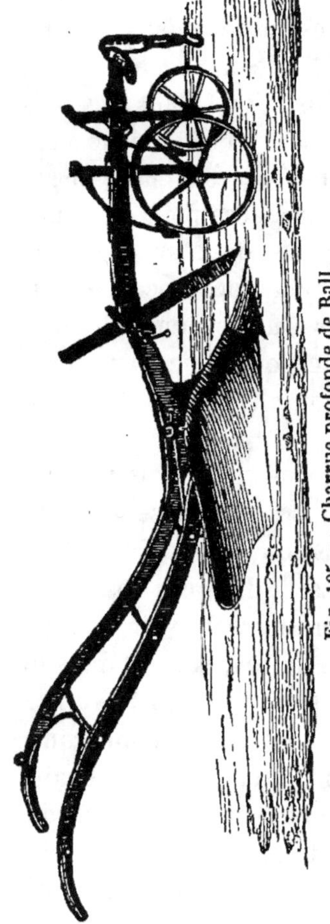

Fig. 105. — Charrue profonde de Ball.

L'ouverture de la partie supérieure des tranchées, à l'aide de pareilles charrues, ne dispense pas de rejeter la plus grande partie de la terre remuée sur le bord de la tranchée à l'aide de pelles, et de régaler ensuite les parois latérales à l'aide de bêches. Nous pensons donc que ce n'est que dans des terrains de graviers, où le travail à la bêche s'effectue mal, que les charrues ordinaires peuvent rendre quelques services pour ce genre de travail. Nous décrirons, dans un prochain chapitre, les diverses charrues spéciales qui ont été proposées pour ouvrir complétement les tranchées, et même pour placer en même temps les tuyaux, et combler ensuite l'ouverture faite dans le sol.

Les petits drains ne doivent jamais aboutir dans un fossé ouvert. Les mauvaises herbes, en effet, ou des plantes aquatiques, des débris de toutes sortes s'amassent dans ces fossés, et on aurait fortement à craindre de voir se boucher les ouvertures des drains, surtout dans le cas où la pente ne serait pas très-considérable. Au contraire, quand on fait aboutir un grand nombre de petits drains dans un grand drain collecteur ou principal couvert, le courant de l'eau à l'embouchure de ce dernier dans une décharge, est assez rapide pour repousser et surmonter les obstacles, si par négligence on

les a laissés s'accumuler.. Il est aussi plus
commode pour le cultivateur d'un domaine de
surveiller les embouchures de quelques tranchées principales, que d'examiner de temps en
temps un nombre considérable de petits drains.
D'un autre côté, on a moins à craindre l'obstruction des tuyaux plus larges par les racines des arbres ou des haies, puisque les seuls
tuyaux larges des drains principaux aboutiront
ainsi dans les fossés qui terminent les héritages, et où se trouvent les plantations nuisibles au drainage. On pourra aussi se pré-
server plus facilement des animaux souterrains,
dont il y a craindre le séjour dans les tuyaux
qu'ils finiraient par boucher. En général, les
petits drains doivent tomber dans un drain
collecteur à une distance de 6 à 7 mètres des
haies, pour que les eaux soient de là conduites
vers le point d'écoulement général. On doit
mettre des drains sous-principaux dans toutes
les parties creuses du terrain, et on doit
compter en moyenne qu'il faut un drain collecteur principal pour recevoir les eaux d'une
surface de 2 hectares, une trop grande accumulation d'eau pouvant entraîner des inconvénients.

Les tranchées principales doivent être de
7 à 8 centimètres plus profondes que les petites,
de façon qu'elles puissent s'y égoutter sans y

entraîner des dépôts de sable ou d'autres matières. Les petites doivent entrer dans les grandes obliquement par rapport à ces dernières, l'angle aigu étant dirigé du côté de l'amont. Ainsi que nous l'avons déjà dit, si les petites tranchées étaient perpendiculaires au drain collecteur, il faudrait courber leurs extrémités de manière à les faire arriver sous un angle d'environ 45 degrés. Quand les petits drains doivent déboucher des deux côtés dans un drain collecteur, il ne faut pas que ce soit exactement en face l'un de l'autre, mais bien à une certaine distance ; l'écoulement de l'eau dans les drains principaux pourrait être entravé si l'on n'y prenait garde. La planche V représente un plan de drainage dans lequel ces conditions ont été assez bien remplies : c'est celui d'une pièce de terre, d'une contenance de 16 hectares, dite *fond de Courmont*, sise sur le domaine du Charmel (Aisne), appartenant à M. de Rougé. Ce drainage a été effectué par des ouvriers anglais. La pièce est située sur le versant d'un monticule ; son sol est argileux et repose sur un sous-sol de glaise dans certaines parties, et dans d'autres parties sur une marne glaiseuse et grasse, nommée dans le pays *limon froid, compacte et glaiseux*. Le terrain est assez accidenté, et on voit comment toutes les eaux sont amenées

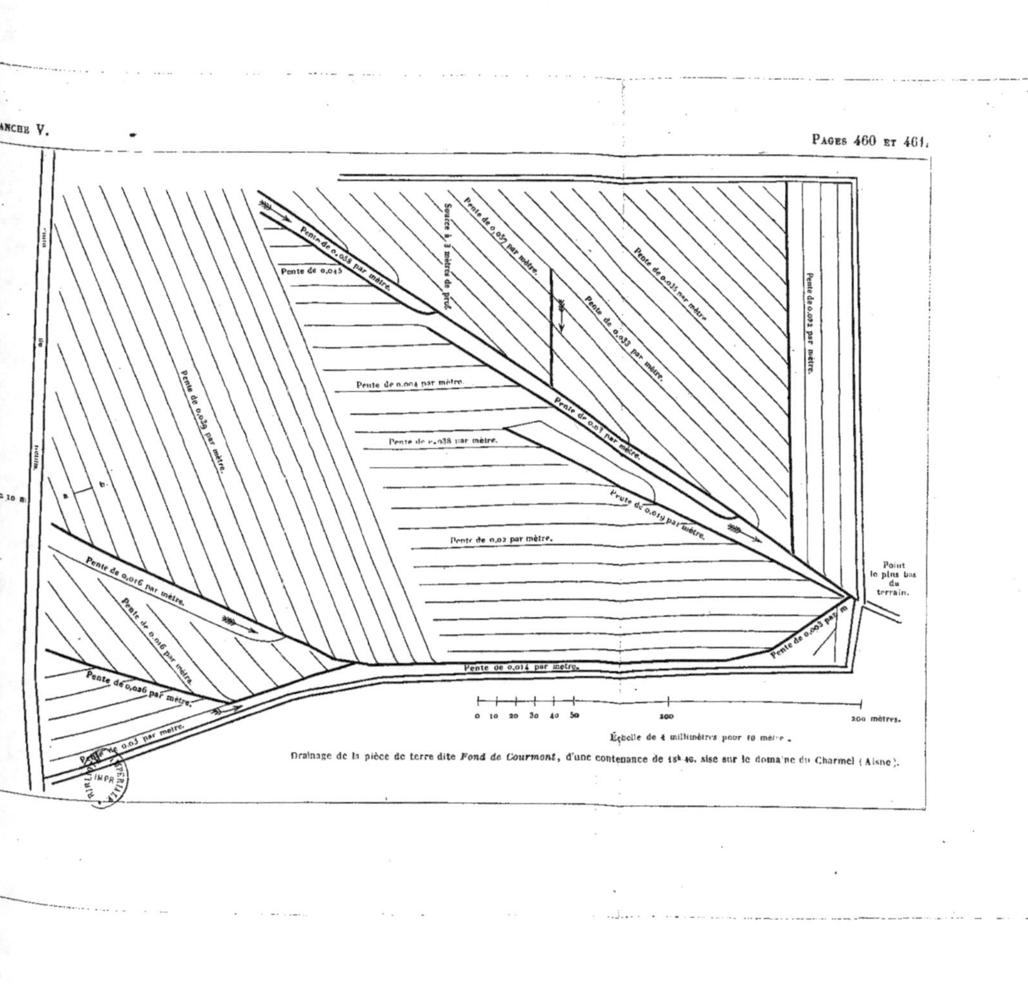

Drainage de la pièce de terre dite *Fond de Courmont*, d'une contenance de 18ʰ 46, sise sur le domaine du Charmel (Aisne).

vers le point le plus bas. L'existence d'une
source souterraine, à 3 mètres de profondeur,
a forcé à recouper dans le haut de la pièce les
drains ordinaires par un drain sous-principal
versant dans un grand drain collecteur.
M. Parkes, le célèbre draineur anglais a tracé
ce drainage. Après une inspection du terrain,
il a établi, au point le plus bas où viennent
aboutir les pentes de la pièce, un grand réci-
pient formé par des tuyaux de 0^m.125 de
diamètre; puis il a tracé trois grands drains
remontant le long de la pente vers la partie la
plus élevée. Ces trois drains presque parallèles
reçoivent soit directement, soit par des drains
sous-principaux : celui de droite, les eaux de
la pente de droite; celui de gauche, les eaux
de la pente de gauche; celui du milieu, les
eaux de la partie la plus élevée. Latéralement,
un drain principal va recueillir les eaux d'une
partie de la pièce située sur une sorte de
contre-pente.

Dans l'ouverture des tranchées de drainage,
il faut d'abord tailler la tranchée principale
en commençant au point de décharge. Nous
avons dit qu'on jette du côté gauche les terres
de la surface, et du côté droit les terres du
fond. Cette manière de procéder, ainsi indiquée d'après le travail à reculons que font les
ouvriers, est la plus générale ; mais une règle

dont il ne faut pas se départir, consiste à faire jeter la plus grande masse de terre sur le côté le plus bas de la tranchée. En effet, si on plaçait cette terre sur le côté le plus haut, elle pourrait tomber dans la tranchée, s'il survenait de grandes pluies avant qu'elle fût achevée.

On taille ensuite les petites tranchées, en commençant par les plus éloignées du point de décharge. De cette manière, à mesure que chaque tranchée est ouverte dans toute son étendue, on peut la garnir de tuyaux ou autres matériaux sur tout son parcours, et la combler de même que la partie de la tranchée principale, en descendant jusqu'à la plus proche embouchure ou jonction du petit drain suivant. Il faut du reste éviter d'avoir une grande quantité de tranchées ouvertes en même temps ; la moindre gelée blanche en émiette les parois latérales, la pluie y cause des éboulements, et on dépense en pure perte beaucoup de temps, de peine et d'argent.

CHAPITRE XXXVIII.

Vérification des tranchées.

Nous venons de voir que les ouvriers terrassiers employés aux opérations de drainage, travaillant généralement par petites brigades de trois à cinq hommes à chaque tranchée, commencent par l'extrémité inférieure, pour n'être pas gênés par l'eau venant de la partie supérieure du terrain. Dès qu'une tranchée est achevée, l'inspecteur ou le directeur des travaux doit l'examiner exactement sous deux points de vue : sous celui de ses dimensions et sous celui de sa pente.

On vérifie facilement les dimensions d'une tranchée en essayant d'y introduire un petit gabarit (fig. 168), formé de trois petites règles parallèles de grandeurs inégales fixées horizontalement sur une quatrième règle verticale, de manière à donner une figure exacte de la forme de la tranchée qu'on veut obtenir. Quelquefois on rend les petites règles mobiles de manière à faire servir un même gabarit à différentes tranchées. Mais les ouvriers ont alors trop de facilité pour modifier la forme des tranchées, et pour diminuer la quantité de travail à laquelle ils se sont engagés dans des

travaux qui d'ordinaire s'effectuent à la tâche.
Nous pensons donc qu'il est beaucoup préférable d'avoir autant de gabarits que l'on a
de types de sections différentes à donner aux
diverses tranchées.

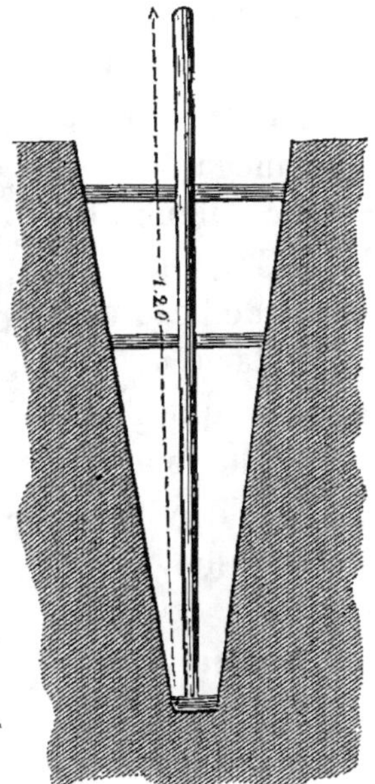

Fig. 168. — Vérification des dimensions d'une tranchée
par un gabarit.

Les tranchées de même type ne sauraient
avoir partout la même profondeur. Pour que
cette même profondeur pût exister, il faudrait
que la surface extérieure du terrain à drainer
fût rectiligne, ce qui n'est pas le cas général.

La figure 169 montre, en effet, que la surface du terrain étant TA, si on s'assujettissait à une profondeur identique en tous points pour la tranchée, la ligne de tuyaux TB présenterait des sinuosités dans lesquelles l'eau séjournerait et donnerait lieu à des dépôts. Au contraire, avec des profondeurs inégales, on peut obtenir une ligne de tuyaux bien droite TC, dans laquelle l'écoulement de l'eau n'éprouvera aucun obstacle.

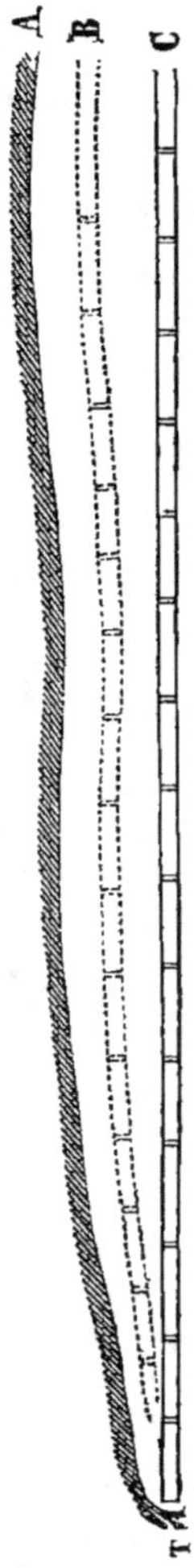

On comprend ainsi que l'uniformité de la pente du fond des tranchées est ce qu'il y a de plus important à vérifier. On y arrive par différents procédés que nous allons indiquer.

Nous avons vu, en parlant des méthodes de nivellement, comment on pouvait trouver la différence de niveau des différents points du terrain (fig. 113), et calculer (p. 389) les profondeurs que doit avoir la tranchée en divers points, afin d'avoir une pente régulière déterminée. En conséquence, admettons que

Fig. 169.—Effets produits par des tranchées de profondeur égale ou de pente uniforme.

A (fig. 170) soit le point le plus élevé du terrain, et AY la profondeur que nous devons donner en ce point à la tranchée. Menons l'horizontale AX passant par le point A, et la droite AC donnant la pente XAC que doit avoir la rigole de fond ; il suffira évidemment de creuser jusqu'à ce qu'une longueur égale à AY vienne affleurer constamment le long de cette ligne AC, pour qu'on soit sûr que le fond YV a bien l'inclinaison voulue, c'est-à-dire fait avec l'horizon un angle ZYV égal à l'angle XAC.

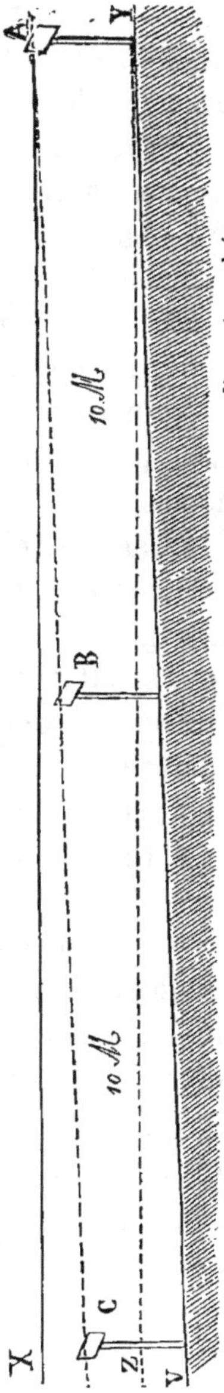

Mais il faut éviter qu'on ait à recombler une partie de la tranchée, dans le cas où les ouvriers auraient trop creusé en certains points. Pour cela il faut leur donner des points de répère pendant le travail même, et voici comment on y parvient. Le directeur du drainage, ayant calculé la ligne de pente AC, fait enfoncer des

Fig. 170. — Procédé des nivelettes pour la vérification de la pente d'une tranchée.

piquets en deux points assez éloignés dans
la direction de la tranchée, à tailler de manière à ce que leurs deux têtes déterminent une
ligne inclinée suivant le chiffre voulu. Ensuite,
de dix mètres en dix mètres, on enfonce d'autres piquets dont les têtes se maintiennent
dans cette même direction, et d'un piquet au
suivant on tend une corde qui fixe la pente.
A l'aide d'une baguette d'une longueur donnée, les ouvriers en creusant voient facilement
s'ils sont arrivés à la profondeur convenable
au-dessous du cordeau. La vérification de
leur ouvrage est alors facile à faire à l'aide de
trois nivelettes A,B,C de même hauteur; on en
place deux à une distance de 10 mètres, et on
regarde si elles sont dans la direction de la
pente calculée. Cela fait, on place la troisième
à 10 mètres, et on reconnaît si elle est dans la
ligne de visée déterminée par les deux premières. Ce résultat obtenu, on change de place
la première nivelette pour la porter à 10
mètres en descendant à partir de la troisième,
et on vérifie si la tête en arrive sur la ligne
de visée déterminée par la seconde et la troisième, et ainsi de suite. En promenant du reste
une nivelette entre les intervalles laissés par
deux nivelettes demeurant stationnaires, on
voit si le fond est bien établi à la même distance verticale de la ligne de pente adoptée.

Le procédé des nivelettes n'est bon que pour d'assez petites distances et pour des tranchées parfaitement rectilignes; il n'indique pas par lui-même si l'inclinaison adoptée a été bien exécutée, mais seulement si elle est régulière ou irrégulière, et il faut toujours y joindre l'emploi de niveaux de pente, à la description desquels nous allons consacrer un chapitre spécial.

Le procédé des pieux enfoncés de distance en distance ne saurait non plus suffire toujours pour bien guider les ouvriers dans l'approfondissement des tranchées, surtout quand le terrain n'est pas également ferme par défaut d'homogénéité. Si on a affaire à des ouvriers maladroits ou peu exercés, ils taillent trop profondément en certains endroits, pas assez dans d'autres, et on a beaucoup de peine à achever une tranchée dans un sol plat, même en mesurant la profondeur au-dessous d'un cordeau tendu à l'aide d'une règle verticale graduée, munie d'un long index horizontal mobile qu'on fixe à diverses distances avec une vis, ainsi qu'on l'a proposé. Le plus simple est de donner aux ouvriers un grand niveau de maçon (fig. 171), dont la base est armée à sa partie inférieure d'une latte clouée allant en s'amincissant à une extrémité, et ayant par exemple 6 millimètres d'épaisseur à son autre extrémité, si on veut avoir une pente de 0^{m}.003 par mètre. Alors le fil à plomb tombera bien dans la position médiane de l'instrument, si on est arrivé à la pente voulue. Cet instrument, extrêmement coûteux, sera très-utile dans les terrains pierreux où l'on est obligé d'employer le pic, la pioche, et la dame

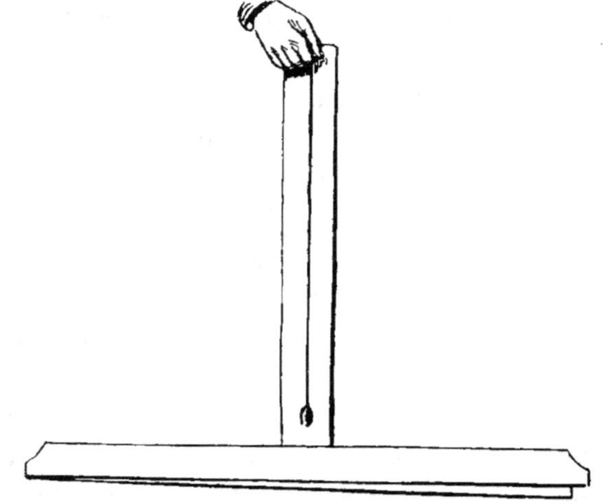

Fig. 171. — Niveau de maçon pour la vérification partielle des pentes.

en fer pour finir le fond. Une surveillance constante est du reste nécessaire de la part du directeur des travaux. On ne doit jamais laisser procéder à la pose des tuyaux avant d'avoir vérifié non-seulement si la pente est régulière, mais encore si elle a une valeur suffisante.

CHAPITRE XXXIX.

Des niveaux de pente.

Les niveaux de pente, appelés aussi *clisimè-tres*, contrairement aux niveaux de nivellement décrits dans le chapitre xxxv, qui ne donnent que des lignes de visée rigoureusement horizontales, fournissent des lignes de visée faisant avec l'horizon telle inclinaison qu'on veut obtenir.

Lors même qu'on borne la vérification des pentes à l'emploi des nivelettes et à celui d'un niveau de maçon, il faut encore déterminer les points de départ de chaque tranchée. On peut le faire à l'aide d'un simple niveau de terrassier (fig. 172), que nous avons vu employer par M. Lauret, à la Chapelle-Gauthier (Seine-et-Marne). Ce niveau, fait en sapin, se compose d'une base C D horizontale, de 2 mètres de long, sur laquelle s'élèvent deux montants verticaux A F et B E. Une traverse G A mobile à charnière en A, porte un niveau à bulle d'air; et, à l'aide de la poignée G, on peut l'amener

à affleurer les divers points d'une règle graduée B K divisée en millimètres. Le zéro est
placé de telle sorte, que A G est alors parallèle à la base. Si on veut avoir une pente de
3 millimètres par mètre, on élève A G de 3
millimètres, et on doit travailler alors le fond

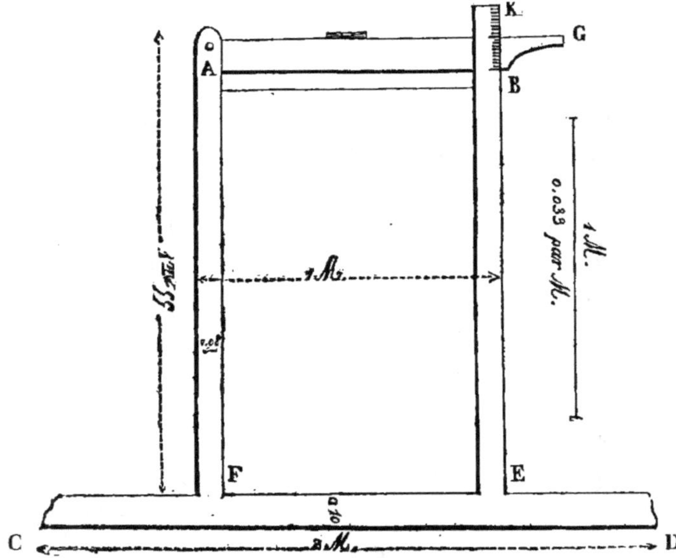

Fig. 172. — Niveau de pente de M. Laurel.

de la tranchée, sur lequel on fait reposer la base
C D, de manière que le niveau à bulle d'air indique de nouveau l'horizontalité. On sera sûr
alors d'avoir la pente cherchée.

En Angleterre, on préfère des instruments
plus parfaits, plus exacts, et pouvant s'appli-

quer à des opérations exécutées sur une grande échelle. On désire surtout pouvoir vérifier facilement une tranchée sur toute sa longueur, et même vérifier au besoin le nivellement du terrain, afin de reconnaître une erreur si, par hasard, il s'en était glissé une dans le nivellement préalable qui a servi à rédiger le projet de drainage.

Pour vérifier toute une tranchée à la fois, et en fixer l'inclinaison avant le travail, nous avons vu employer en Angleterre le niveau à fil à plomb et à alidades, que représente la figure 173. Il consiste en une règle A A de 1 mètre environ, à laquelle est fixé un demi-cercle en cuivre B, portant une échelle dont les degrés sont calculés de manière à indiquer une pente d'un certain nombre de millimètres par mètre. Cette règle est fixée par le milieu au sommet d'un support C de 1 m. 25, par une vis avec écrou à aileron D qui lui sert d'axe, et permet de lui donner plus ou moins d'inclinaison. Lorsqu'on veut déterminer la pente et la direction d'une rigole, on plante le support dans le sol. On s'assure de sa verticalité au moyen du fil à plomb F. On abaisse ou on élève les extrémités de la règle A A jusqu'à ce que le degré du demi-cercle, qui marque la pente qu'on veut obtenir, soit arrivé vis-à-vis de l'index G. Alors on serre la vis,

et la règle se trouve fixée dans l'inclinaison
voulue. On enfonce alors, à l'autre extrémité
de la rigole à faire, une canne H exactement
de même hauteur que le support; on tourne
la règle dans la direction de cette canne; on

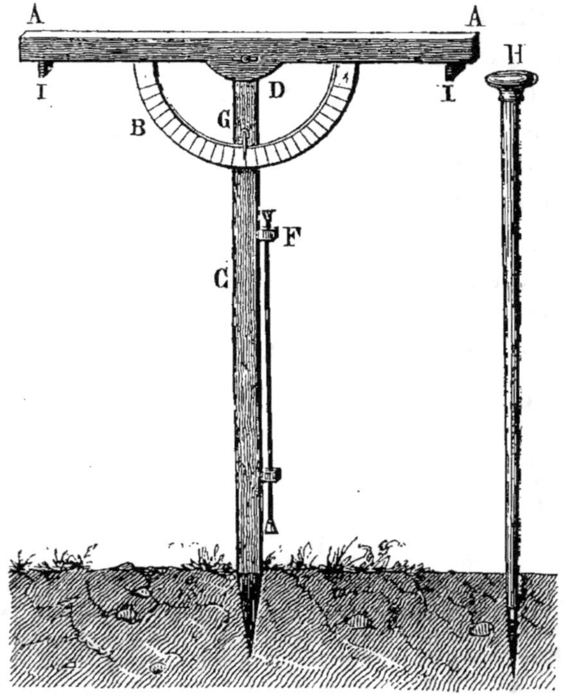

Fig. 173. — Niveau de pente à fil à plomb et à alidades.

regarde par les alidades I I, et on enfonce la
canne H jusqu'à ce que l'œil en rencontre l'extrémité supérieure. Dans cette position, les

deux extrémités inférieures du support et de la canne indiquent le point de départ pour mesurer la profondeur de la rigole à son origine et à son extrémité, en conservant la pente indiquée par l'échelle.

Lorsque le travail est commencé, on s'assure que les ouvriers suivent la pente par un moyen bien simple : on renverse l'instrument ; on applique le bord supérieur de la règle dans le fond de la rigole. Si, d'une part, la règle, fixée comme elle l'était dans la première opération, s'applique exactement au fond et dans la direction de la rigole ; si, d'un autre côté, la tige du support est bien verticale, ce dont on s'assure au moyen du fil à plomb, la pente est exactement conservée.

Nous avons en France, dans le niveau de pente de Chézy (fig. 174), un instrument parfaitement propre à indiquer et à vérifier l'inclinaison d'une tranchée sur toute son étendue, lors même qu'elle ne serait pas rectiligne, et en même temps à donner toutes les différences de niveau du terrain. Peut-être seulement est-il d'un prix un peu élevé : il coûte 160 francs avec son pied. Mais à cause des services nombreux qu'il peut rendre pour toutes les études de projets de travaux agricoles, on ne saurait trop le recommander aux agents chargés des chemins vicinaux ou aux arpenteurs

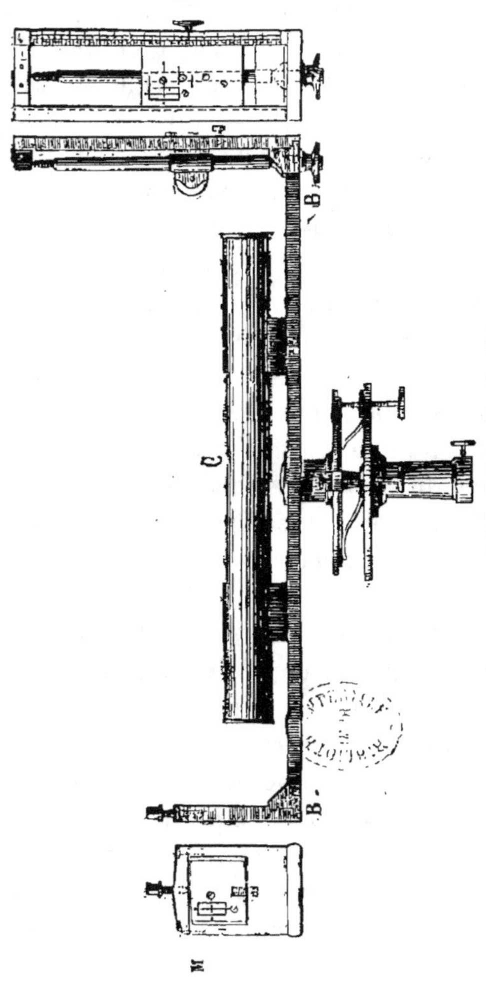

Fig. 174. — Niveau de pente de Chézy.

et géomètres ruraux. Il peut servir, en effet :
1° à niveler par visées horizontales; 2° à donner l'inclinaison d'un terrain ; 3° à tracer sur le sol une ligne d'une déclivité déterminée; 4° à mesurer les distances avec une approximation comparable à celle que peut fournir un chaînage direct. Pour ce dernier cas, on ajoute au niveau de Chézy un cercle gradué ou une boussole sous la règle. Il sert alors pour mesurer les angles, faire les nivellements et évaluer les distances. Un seul opérateur, accompagné d'un aide pour porter la mire, peut ainsi dresser très-rapidement un avant-projet complet, composé d'un plan, d'un nivellement et de profils en travers.

Le niveau de Chézy se compose d'une simple règle BB, montée, dans les instruments soignés, sur un pied semblable à celui des niveaux d'Égault, et garnie à ses extrémités de pinnules perpendiculaires à sa direction. Cette règle porte en son milieu un niveau à bulle ordinaire C. Les pinnules que l'on voit de face, en M et N, ne sont autre chose que des plaques de cuivre, percées d'un trou très-fin et d'une fenêtre rectangulaire garnie d'un crin. On vise la mire en plaçant l'œil près de l'un des trous, et en regardant les fils en crin de la pinnule opposée. L'une des pinnules peut glisser dans un cadre N dont le bord est gradué de manière que la ligne de visée, dirigée par le trou de cette pinnule et le croisement des fils de l'autre pinnule M, fasse un angle donné avec l'horizontale indiquée par le niveau à bulle.

La petite pinnule porte une vis qui permet de régler l'instrument, c'est-à-dire de le disposer de telle sorte que l'on puisse le retourner en ramenant la bulle entre ses repères sans que la ligne de visée (la pinnule mobile étant au zéro) cesse d'être horizontale.

Quand la pinnule mobile est au zéro de son échelle, l'instrument bien réglé donne une ligne de visée horizontale, et sert comme le niveau d'eau ou tout autre niveau. On construit même de petits niveaux à deux pinnules fixes qui sont d'un usage fort commode.

En Angleterre, le niveau de pente aujourd'hui le plus recommandé pour le drainage, est celui de Thompson (fig. 175), construit par Gardener, à Glascow, et dont le prix avec pied est de 135 francs. Ce niveau a remporté la médaille cette année (1853) au Concours, tenu à Gloucester par la Société royale d'agriculture d'Angleterre. On voit qu'il se compose d'un niveau à bulle d'air posé sur un trépied, et qu'on rend horizontal à l'aide des vis B, B. Une lunette placée au-dessous, s'appuie d'un côté sur une charnière C autour de laquelle elle est mobile, et de l'autre côté sur

une vis A, qui peut faire monter ou descendre
la lunette le long d'un arc gradué D. Le zéro
de la division est tellement placé, que l'axe de

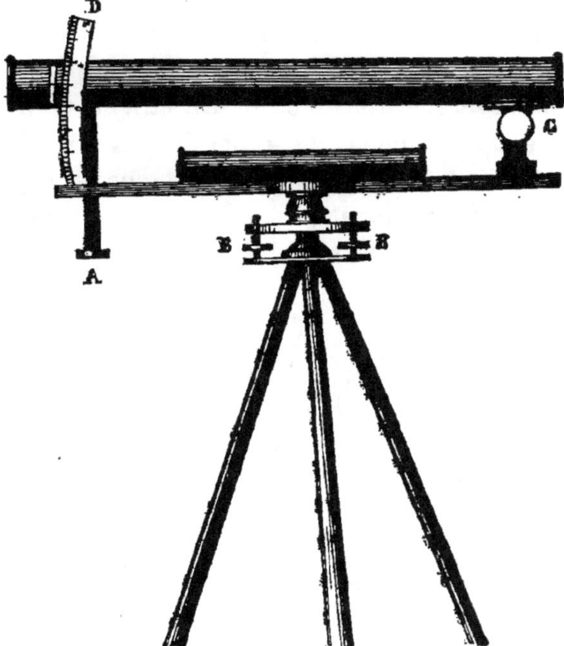

Fig. 175. — Niveau de pente de Thompson.

la lunette est alors parallèle au niveau d'eau.
En conséquence, si on fait mouvoir la vis
A en même temps qu'on regarde à travers
la lunette, quand le point d'entre-croisement
des fils vient coïncider avec une mire, on lit de
suite, sur l'arc gradué, la pente de la ligne de
visée avec l'horizon. Réciproquement, on

amènera, avec une grande facilité, une mire à coïncider avec une ligne de visée dont on aura établi à l'avance la déclivité. Cet instrument, comme on voit, peut servir à vérifier très-rapidement les pentes de tranchées très-longues, sur toute leur longueur, lors même qu'ils ne seraient pas rectilignes, et à faire un nouveau nivellement d'épreuve du terrain.

Ce seul niveau peut dispenser de tous les niveaux de nivellement, et servir exclusivement pour toutes les opérations de drainage.

CHAPITRE XL.

Pose des tuyaux.

D'après les détails dans lesquels nous sommes entré, le lecteur sait que la taille de chaque drain doit être complétement achevée avant qu'on songe à y placer les matériaux qui doivent assurer dans le fond, pour de longs siècles, un écoulement d'eau facile et continu. Pour réussir, il faut autant que possible ouvrir les tranchées par un temps sec, ou bien les laisser ouvertes jusqu'à ce que l'eau pluviale amassée s'en soit écoulée, et ait emporté tout le sable et toute la boue qu'elle peut entraîner, et qui souilleraient les tuyaux au moment même de leur pose. Dans un sol plat surtout, il y aurait beaucoup d'inconvénients à tailler les drains et à les finir de suite, avant que l'eau s'en fût écoulée ; on pourrait regarder comme inévitable l'obstruction de quelques tuyaux. Ce soin a été souvent négligé, et nous pensons que c'est là l'explication de quelques échecs que le drainage a rencontrés. Lorsque l'eau séjourne longtemps sur la terre

glaise la plus ferme, elle l'amollit ; et alors, à
moins d'une pente très-forte, il peut y avoir,
lors de la pose des tuyaux, des déformations
telles que les tuyaux s'enfoncent par partie
dans la terre, et présentent de graves obstacles à l'écoulement des eaux. Aussi, c'est par
l'extrémité supérieure des tranchées qu'on
doit commencer la pose des tuyaux, parce
qu'il est seulement possible, en agissant ainsi,
de se débarrasser de la boue à l'aide de dragues ou curettes, sans courir le risque qu'elle
entre dans les conduits.

Il faut admettre comme règle absolue, que
le placement des tuyaux doit se faire par un
homme soigneux et expérimenté, payé à la
journée et non pas à la tâche. Nulle économie
ne doit être tentée, car c'est de cette opération que dépend en très-grande partie le succès
du drainage.

Lorsque les tuyaux sont amenés par une
voiture dans le champ à drainer, il faut éviter
ter de les placer immédiatement sur le sol,
parce que la terre y adhérerait par la moindre gelée, et qu'on aurait beaucoup de mal à
l'enlever. On doit les porter à dos et les
placer en tas, pour qu'ils attendent le moment
d'être employés. Quand la tranchée est ouverte dans toute son étendue, on place les
tuyaux à la file sur le bord où se trouve le

plus gros tas de terre, comme on le voit dans
les figures 129 à 132 (pages 428 à 430). Pour
faire ce transport, on peut employer une es-

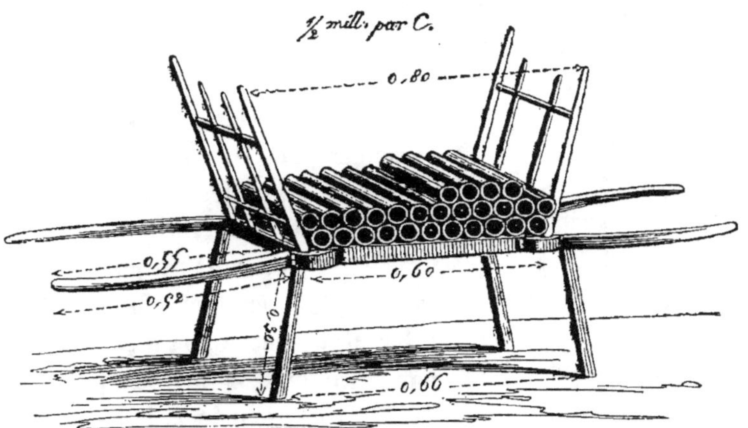

Fig. 176. — Civière à deux hommes pour porter les tuyaux.

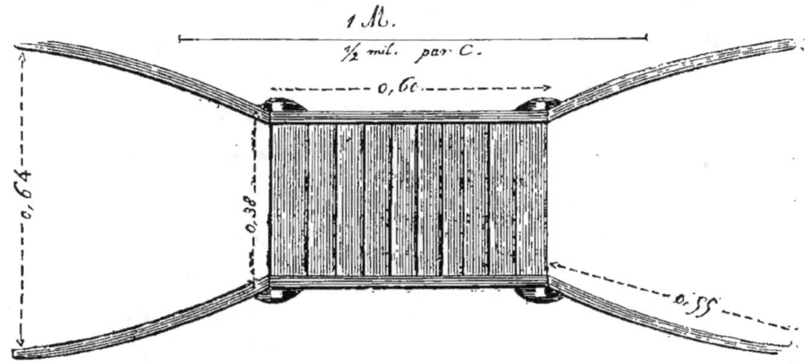

Fig. 177. — Plan de la civière pour porter les tuyaux.

pèce de hotte ou de crochet, ou mieux encore
une civière à deux hommes dans le genre de

celle construite par **M. Lauret**, de la Chapelle-Gauthier, et qui est représentée en perspective par la figure 176, et en plan par la
figure 177. Pour retenir les tuyaux, on place
aux deux extrémités de la civière les cornes
représentées par la figure 178.

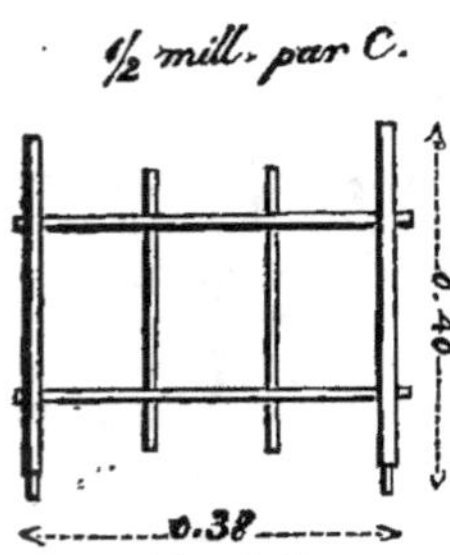

Fig. 178.
Corne de la civière.

Pour placer les tuyaux,
on se sert des instruments
représentés par les figures
179, 180 et 181. Dans la
figure 179, on voit un posoir anglais en fer; l'ouvrier tient cet instrument
par le manche, et introduit
dans la tige, placée à l'extrémité et à angle droit, le tuyau qu'il prend
sur le bord de la tranchée pour le descendre dans le fond; cette manœuvre est représentée par la figure 182. Le tuyau ne peut
pas s'enfoncer dans le posoir au delà de la
tête, avec laquelle l'ouvrier donne un léger
coup sur le tuyau posé, en retournant l'instrument afin de bien assujettir la rangée.

La figure 180 représente un posoir anglais
également en fer, mais avec un épaulement
destiné à faciliter la pose simultanée d'un
tuyau et de son manchon ou collier (fig. 24,
page 89). La largeur de cet épaulement est
égale à la moitié de celle du collier; son dia

mètre est supérieur au diamètre intérieur du
tuyau et inférieur à celui du collier. On main-

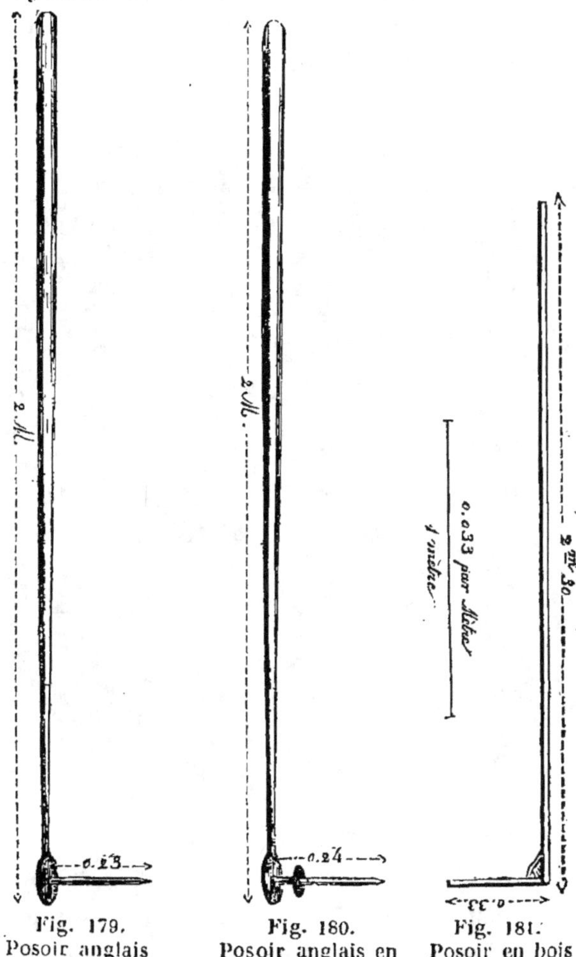

Fig. 179.
Posoir anglais
en fer.

Fig. 180.
Posoir anglais en
fer pour tuyaux
et manchons.

Fig. 181.
Posoir en bois
de M. Lauret.

tient ainsi le tuyau et le collier dans la position relative qu'ils doivent occuper, et il est
facile d'introduire l'extrémité libre du tuyau
dans le collier précédent déjà posé au fond de
la tranchée.

Fig. 182. — Ouvrier posant les tuyaux.

Dans la figure 181, on voit un posoir en
bois construit par M. Lauret dans le but
d'obtenir un instrument moins coûteux que le
posoir anglais, et qui puisse être établi par un

charron de village. Ce posoir n'est pas destiné à mettre des colliers.

C'est une question sur laquelle les draineurs ne sont pas d'accord que celle de savoir s'il faut employer les colliers ou bien s'il n'est pas mieux de s'en passer. Les colliers empêchent évidemment les tuyaux de reposer sur le sol sur les deux tiers de leur longueur, mais en même temps ils les forcent à se tenir parfaitement bout à bout, et ils empêchent les matières étrangères de s'y infiltrer. Quand les tuyaux ont un très-petit diamètre, par exemple, moins de $0^m.025$, comme ceux que posa pendant longtemps l'ingénieur Parkes, il est impossible de se passer de manchons, car on ne saurait répondre que l'un des tuyaux ne se trouverait pas, sans les supports, au-dessous ou au-dessus de celui qui le précède, de manière à interrompre la continuité du conduit. Mais lorsqu'on emploie des tuyaux ayant au moins $0^m.035$ de diamètre intérieur. et $0^m.055$ de diamètre extérieur, la nécessité des colliers n'est plus la même ; car des ouvriers même ordinaires, ne feraient pas des tranchées offrant de telles inégalités. Les colliers ne présentent plus alors que le seul avantage d'empêcher les matières terreuses de pénétrer dans les tuyaux à travers les joints. On obtient ce dernier résultat d'une manière moins coûteuse, en posant, sur les points de raccordement des tuyaux mis bout à bout, quelques tessons de tuyaux cassés. On se sert pour cela d'une pince manœuvrée du haut de la tranchée, telle que la pince (fig. 183) faite par M. Lauret, de la Chapelle-Gauthier, à très-peu de frais, avec du bois de frêne ou de châtaignier. A la place de tessons de tuyaux, nous avons vu des demi-manchons recouvrir parfaitement les joints. Dans la fabrique de tuyaux de M. Simon, à Saint-Julien-lès-Metz, on fait de ces demi-manchons en coupant simplement en deux, par un plan suivant l'axe, les manchons fabriqués par les procédés que nous avons décrits chapitre XX, page 216. Dans cette fabrique, on vend 5 fr. le mille de demi-manchons, et 7 fr. et 8 fr. 50 cent., selon les dimensions, le mille de manchons pleins ; mais comme il est très - important de n'employer que des matériaux de bonne qualité, et qu'en conséquence on doit mettre au rebut tous les tuyaux défectueux ayant des

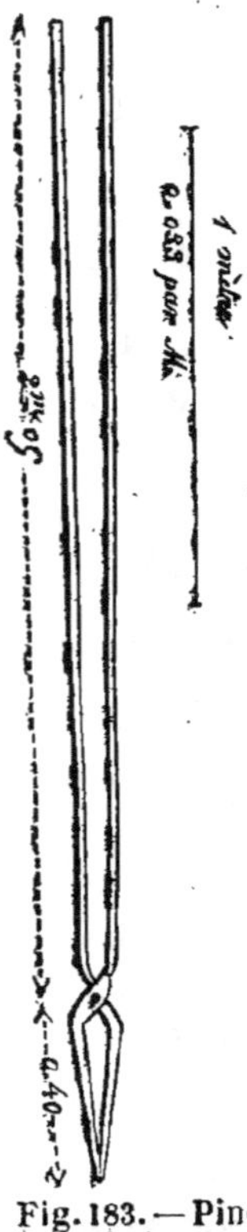

Fig. 183.—Pince en bois pour garnir les joints des tuyaux.

trous, des cavités ou des aspérités intérieures, qui causeraient des obstructions à la longue, en créant des dépôts, on a toujours assez de morceaux de tuyaux pour recouvrir les jointures.

On a proposé d'entourer d'une mince couche de paille les tuyaux qui s'emploient sans manchons ; cette paille, a-t-on dit, aurait pour effet de prévenir les tassements inégaux et d'empêcher la terre de passer à travers les joints au moment du remplissage. Cette précaution nous paraît tout à fait oiseuse. Les tessons de tuyaux nous semblent suffisants ; ils sont d'un usage beaucoup plus commode en même temps que d'une durée éternelle.

Quand on emploie des colliers, on doit caler les tuyaux au fond de la tranchée, au moyen de quelques petites pierres ou de simples mottes de terre soigneusement appliquées et un peu pilonnées, sur lesquelles on jette la terre extraite de la tranchée et déposée sur un des côtés. Lorsqu'on n'emploie pas de colliers, on tasse fortement au-dessus des tuyaux et des tessons placés sur les jointures, une motte de terre aussi grosse que possible, et l'on termine le remplissage comme dans le premier cas. Le pilon dont on se sert pour tasser la terre, est rond ou carré, dans le genre de celui représenté par la figure 184 ; il est muni de deux poignées, qui permettent de le saisir plus ou moins bas pour le laisser retomber dans les tranchées plus ou moins profondes. On achève le remplissage de la tranchée, en ramenant la terre à la main à l'aide d'un crochet à deux ou trois dents, tel que celui représenté par la figure 135 (p. 431), et ensuite à l'aide de la charrue. Le dernier travail de la charrue se fait seulement quand le drainage est fini sur toute une pièce de terre qu'on doit labourer. Le premier remplissage doit s'effectuer dès qu'on a quelques mètres de tuyaux posés; il serait imprudent de laisser longtemps les tuyaux à découvert. Quand on doit employer la charrue, il faut placer la terre alter-

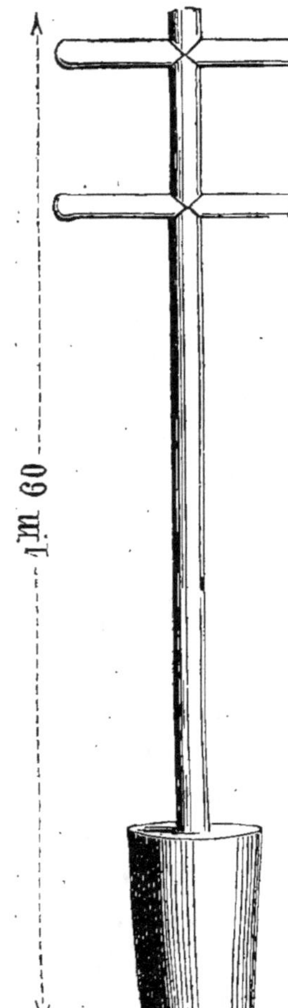

Fig. 184. — Pilon pour tasser la terre sur les tuyaux dans les tranchées.

nativement à droite et à gauche de chaque
tranchée, afin que l'on ne voyage pas inutile-
ment de la partie inférieure de l'une à la partie supérieure de l'autre. Les chevaux marchent sur un des côtés de la tranchée, qui se
trouve comblée après quatre à six raies. La
bêche ou la houe font ce travail souvent à
aussi bon compte que la charrue, avec laquelle on a à redouter des accidents pour les
chevaux.

Le raccordement d'une ligne de petits drains
dans une ligne de drains principaux, s'effectue au moyen d'une ouverture circulaire pratiquée dans le plus gros tuyau (fig. 185); on

Fig. 185. — Gros tuyau de raccordement.

y fait entrer le tuyau du petit drain, ainsi que
le montre la figure 186, sous un angle de 45 à
60 degrés environ, et de façon que le petit tuyau
soit plus élevé et qu'il puisse s'égoutter dans
le grand. Les tuyaux ainsi percés latéralement,
se fabriquent très-simplement en pratiquant
l'ouverture circulaire dans les tuyaux secs
avant de les porter au four; ils ne coûtent
qu'un tiers en sus du prix des tuyaux ordinaires. On garnit convenablement la jonction

avec quelques tessons de tuyaux avant d'y
pilonner la terre. Nous ne conseillons pas les
tuyaux à branches, tels que nous en avons
vu fabriquer ; il n'y a pas alors de jeu pour
faire déboucher convenablement le petit drain
dans le grand. Du reste, à défaut de tuyaux
percés latéralement à l'avance, il est toujours
facile de pratiquer avec un ciseau à froid un
orifice convenable dans les extrémités de
deux gros tuyaux qu'on travaille ainsi,
de manière à fournir une jonction convenable.

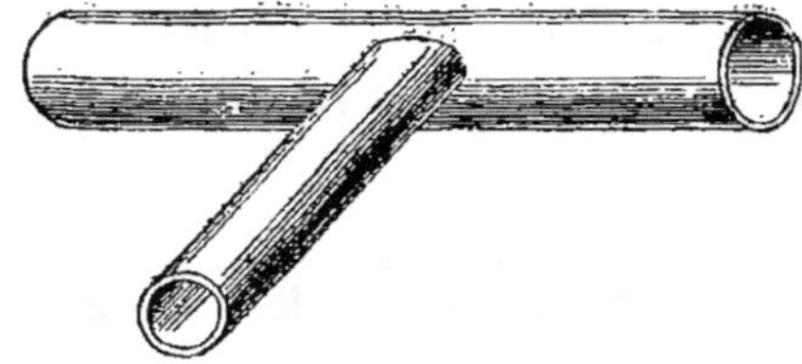

Fig. 186. — Petit tuyau se raccordant dans un tuyau
collecteur.

Il convient d'établir de distance en distance, sur les lignes de drains principaux ou
sur les très-grandes lignes de drains ordinaires, de petits regards qui permettent de
vérifier au besoin si le drainage fonctionne
bien. On les construit au moyen d'un bout de
gros tuyaux de 20 centimètres de diamètre,
qu'on place verticalement sur une tuile plate, et
dans lequel on pratique deux ou trois ouvertures

circulaires à peu près dans le même plan. On fait déboucher la partie supérieure et la partie inférieure du drain (fig. 187) dans ce tuyau qu'on recouvre encore d'une brique plate, d'une motte de gazon, puis de terre, en ayant soin de conserver un point de repère pour en faciliter l'inspection. En général, c'est trois jours après une forte pluie qu'il faut venir voir si le drainage fonctionne bien. Pour les drains principaux, on peut construire les re-

Fig. 187. — Regard pour vérifier le fonctionnement du drainage.

gards de la même manière, à moins qu'ils ne débitent beaucoup d'eau ; alors on les fait en maçonnerie, mais sur les mêmes principes que ceux en poterie. On doit choisir spécialement pour établir les regards les jonctions de deux lignes de drains.

Nous examinerons dans la partie de notre travail consacrée à la théorie du drainage, quel rapport doit exister entre les diamètres

Échelle de 0m.00025 pour 1 mètre.

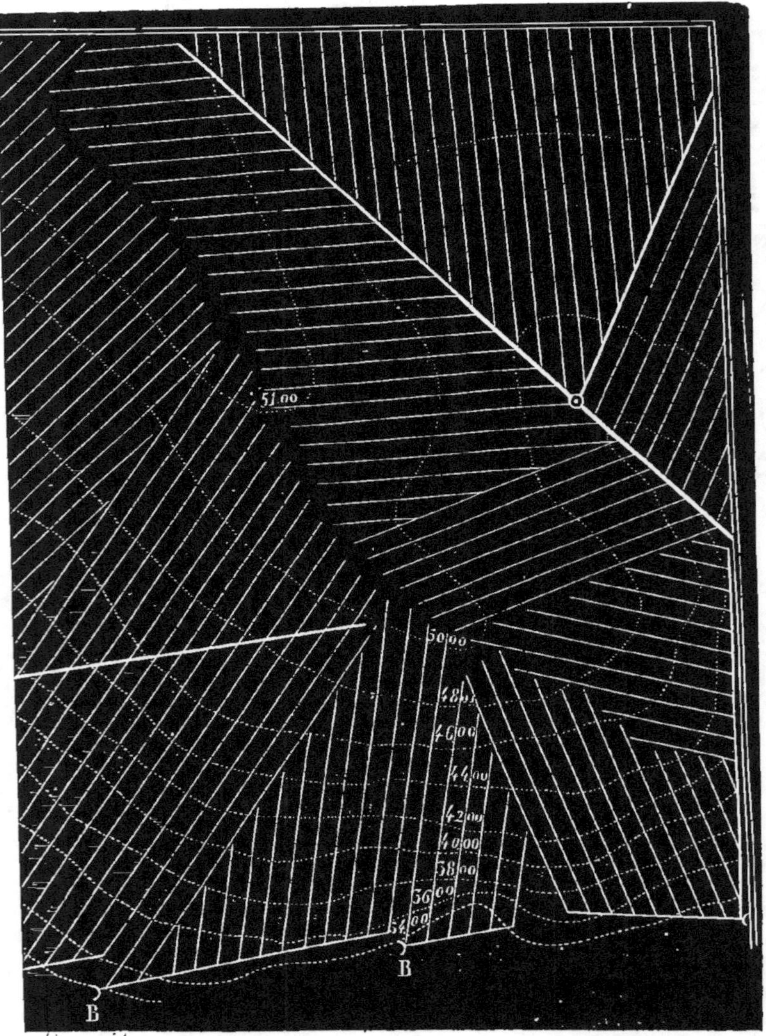

38. — Drainage d'une pièce de terre de la ferme de l'Hollebeque (Nord),
d'une contenance de 14.34 hectares.

28

des drains collecteurs et ceux des drains sous-principaux ou ordinaires, en prenant en considération l'étendue et la nature du terrain drainé. Pour le moment, nous ne nous occupons que des indications purement pratiques.

La figure 188, qui représente le plan de l'une des pièces de terre de la ferme de l'Hollebeque (Nord), appartenant à la compagnie générale de drainage, montre comment on dispose les regards et les drains collecteurs. La figure 189 explique la légende de

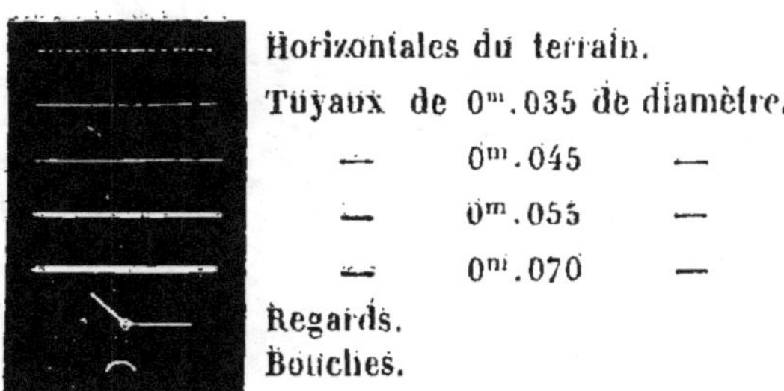

Fig. 189. — Légende du drainage précédent.

ce drainage, c'est-à-dire indique les grandeurs respectives des différents tuyaux employés. La disposition accidentée du terrain parfaitement mise en évidence par les courbes horizontales de même niveau, explique la disposition un peu compliquée du réseau d'assainissement adoptée par l'ingénieur, M. Mangon. Chaque courbe horizontale a, sur la figure, sa

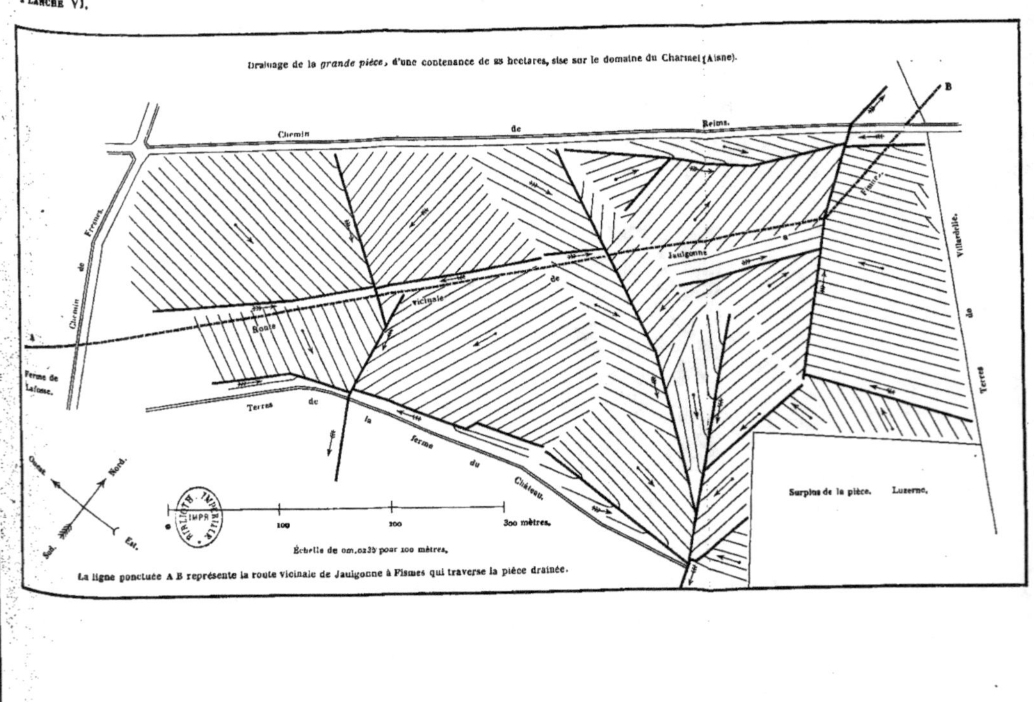

Drainage de la grande pièce, d'une contenance de 23 hectares, sise sur le domaine du Charmel (Aisne).
Chemin de Reims.
B
Chemin de Fresne.
Route vicinale de
Jaulgonne
Ferme de Lafosse.
Terres de la ferme du Château.
Villardelle.
Terres de
Surplus de la pièce.   Luzerne.
A
Ouest. Nord. Sud. Est.
BIBLIOTHÈQUE IMPÉRIALE IMPR.
100   200   3oo mètres.
Échelle de om.o235 pour 100 mètres.
La ligne ponctuée A B représente la route vicinale de Jaulgonne à Fismes qui traverse la pièce drainée.

hauteur marquée par rapport à un plan horizontal fictif. Les courbes sont verticalement distantes de 2 mètres. En bas de la pièce BB se trouve une prairie marécageuse dans laquelle se trouvent placées les bouches de décharge.

Nous avons vu précédemment que, d'après le résultat de la pratique, M. Lauret (de la Chapelle-Gauthier) emploie :

70 tuyaux de $0^m.035$ de diamètre intérieur.
20 — $0^m.045$ — —
6 — $0^m.060$ — —
4 — $0^m.075$ — —

En général, on admet en pratique qu'il faut un drain principal de $0^m.040$ à $0^m.060$ de diamètre pour un drainage pratiqué sur une étendue de 2 à 4 hectares.

Dans la planche VI ci-jointe, on voit le drainage d'une pièce de terre, d'une contenance de 25 hectares, sise sur le domaine du Charmel, appartenant à M. de Rougé. Cette pièce a exigé 18,300 mètres linéaires de petits drains, et 2,500 mètres de drains collecteurs, soit en tout 20,800 mètres de drains.

Récapitulons les exemples que nous avons choisis, savoir celui de la fig. 123, celui de la planche VI, et ceux des figures *a* et *b* de la planche IV, pour lesquels nous sommes entré dans le détail exact des longueurs des différentes sortes de drains. Nous trouverons ainsi les résultats suivants :

Désignation des pièces drainées.	Contenances des pièces. Hectares.	Longueurs des drains collecteurs. Mètres.	Longueurs des drains ordinaires. Mètres.	Longueurs totales des drains. Mètres.
Fig. 123.......	5.93	487.0	3,891.4	4,378.4
Plan- | Fig. *a*.	17.50	2,606.2	9,296.8	11,903.0
che IV. | Fig. *b*.	7.26	434.0	4,158.0	4,592.0
Planche VI....	25.00	2,500.0	18,300.0	20,800.0
Totaux.....	55.69	6,027.2	35,646.2	41,673.4

Désignation des pièces drainées.	Écartement moyen des drains. Mètres.	Longueurs totales des drains par hectare. Mètres.	Longueurs des drains collecteurs par hectare. Mètres.	Rapport des drains collecteurs aux longueurs totales des drains. p. 100.
Fig. 123......	13	738	82	8.8
Plan- | Fig. *a*.	15	686	149	4.6
che IV. | Fig. *b*.	15	635	60	10.6
Planche VI. ...	10	832	100	8.3

Nous rapprocherons maintenant les nombres que fournissent les exemples que nos lecteurs ont sous les yeux de la table suivante, qu'on a construite pour faciliter les calculs des avant-projets, et pour faire connaître la longueur totale des drains et le nombre des tuyaux de différentes longueurs nécessaires en moyenne au drainage d'un hectare. On verra que les résultats de cette table ne sont qu'une approximation qui, en certains cas, notamment pour les surfaces irrégulières ou peu étendues, peut s'écarter notablement de la vérité. Les projets ne pourront donc être définitifs qu'autant qu'on aura calculé directement les longueurs de tous les drains.

Intervalles entre les drains.	Longueur totale des drains par hectare.	Nombre correspondant de tuyaux d'une longueur			
Mètres.	Mètres.	de $0^m.30$	de $0^m.33$	de $0^m.36$	de $0^m.40$
5	2,000	6,667	6,000	5,556	5,000
6	1,667	5,556	5,001	4,742	4,167
7	1,429	4,763	4,287	3,970	3,572
8	1,250	4,166	3,750	3,472	3,125
9	1,111	3,703	3,333	3,086	2,777
10	1,000	3,333	3,000	2,778	2,500
11	909	3,030	2,727	2,525	2,272
12	833	2,776	2,499	2,314	2,082
13	769	2,893	2,307	2,136	1,922
14	714	2,716	2,142	1,983	1,785
15	667	2,223	2,001	1,853	1,667
16	625	2,083	1,875	1,736	1,562
17	588	1,960	1,764	1,632	1,470
18	556	1,853	1,668	1,544	1,390
19	526	1,753	1,578	1,461	1,315
20	500	1,666	1,500	1,389	1,250

Dans la pratique, on peut admettre qu'une pente de $0^m.003$ par mètre est convenable, et que les longueurs d'un seul drain ne doivent jamais s'élever au delà de :

300 mètres pour des tuyaux de $0^m.025$ de diam. intér.
600 — 0 . 045 —
1,200 — 0 . 060 —
1,900 — 0 . 075 —

On peut admettre aussi que les profondeurs doivent être d'autant plus grandes que les drains sont plus écartés, à peu près dans les rapports suivants :

Profondeurs minima.	Écartement des lignes de drains. Mètres.	Longueurs totales moyennes des drains à l'hectare. Mètres.
0^m.90	10	1,000
1 . 00	11	900
1 . 15	13	770
1 . 30	15	680
1 . 40	20	495

L'écartement le plus convenable des lignes de drains dépend principalement de la nature des terrains. A cet égard, on n'a pas beaucoup d'expériences spéciales. Cependant la largeur habituelle des planches du labour dans les pays où on cultive en billons, ce qui est un caractère indiquant le besoin du drainage, peut donner d'excellents renseignements. Nous avons dit que l'on devait s'arranger pour que l'écartement des drains fût égal à un nombre exact de fois la largeur des billons, afin de profiter, pour ouvrir les tranchées, des dépressions du terrain. Dans les terres bien drainées, on abandonne ensuite le labour en planches pour le labour à plat. Plus les terres ont besoin du drainage, plus la pratique a indiqué la nécessité des billons étroits, de sorte qu'on peut trouver, dans les largeurs des billons de quelques pays, des nombres proportionnels aux écartements des drains dans des terrains analogues. A ce point de vue, la table suivante, dressée par M. Spooner, mérite une attention spéciale ; en admettant qu'on pose un drain dans chaque sillon, ou dans chaque deuxième sillon, ou dans chaque troisième sillon, on a une idée des rapports que doivent avoir les écartements de lignes des drains, suivant qu'on a affaire aux terres suivantes :

Nature des terres.	Nombre de tours de la charrue pour chaque billon.	Largeur des billons. Mètres.	Écartement des lignes de drains. Mètres.
Argile tenace et homogène....	5	2.28	4.56
Terres franches argileuses, avec bancs de sable interposés..	11	5.03	10.06
Sols calcaires, avec argiles plus légères et un mélange fréquent de sable et de gravier.	14	6.40	12.80
Argiles semblables aux précédentes, avec rognons sableux et fréquentes intermittences de gravier.................	16	7.31	14.62
Argile très-légère et sableuse.	20	9.14	18.28
Terres graveleuses...........	22	10.06	20.12
Sols poreux, calcaires et sableux.................	24	11.07	22.14

La poterie exerçant peu de résistance à l'écoulement de l'eau, permet d'adopter comme moyenne une pente de 3 millimètres ; dans d'autres natures de tuyaux, il faudrait une pente moyenne de 6 millimètres. Quand les lignes de drains ont une grande longueur, il est bon d'augmenter la pente dans les parties

basses, de la porter à 4, 5, 6 et même 7 millimètres par mètre, successivement. Cependant
il faut éviter une pente qui donnerait une vitesse tellement accélérée, qu'elle détériorerait
le conduit. Lorsque la déclivité naturelle du
terrain est telle que les pentes exagérées se
présentent d'elles-mêmes, on doit les éviter
en partageant la ligne en plusieurs tronçons
séparés par une chute brusque qu'on obtient
facilement en terminant le tronçon supérieur
par un tuyau courbé à 45°, dont la branche
courbe mène les eaux dans le tronçon inférieur. On peut aussi faire, aux points de raccor-
dements des tronçons, des puisards, remplis
de pierres cassées, pour les petits drains, ou
construits en briques posées à redans les unes
sur les autres et formant escaliers, pour les gros
drains. Le tronçon supérieur communique
avec le haut, et le tronçon inférieur avec le bas
de ces puisards.

Quand les drains principaux viennent se
décharger dans un fossé, on n'a pas à craindre l'obstruction en cas de crues fournissant
de l'eau dans le fossé au-dessus des points de
décharge. En effet, l'eau s'accumule d'abord
dans le drain, de manière à former une ligne
continue de liquide dont la hauteur croissante finit bientôt par vaincre la résistance extérieure ; quand, dans le drain, cette hauteur

intérieure est arrivée à être supérieure à la hauteur extérieure de l'eau dans le fossé, on voit l'eau couler limpide et avec une grande force au-dessous du niveau de l'eau dans le fossé, en repoussant au loin toutes les parties boueuses.

Mais les animaux des champs, tels que les rats, les souris, les taupes, les grenouilles, les crapauds, etc., peuvent s'introduire dans les drains et y périr, de manière à y former des obstacles à l'écoulement de l'eau. On prévient cet inconvénient à l'aide de petits grillages que l'on place entre l'avant-dernier et le dernier tuyau. Ces grillages peuvent être faits simplement

Fig. 190. — Fil de fer recourbé pour griller l'ouverture des drains.

en petits barreaux de fer qu'on implante verticalement dans le sol, ou bien on peut les faire avec un gros fil de fer qu'on recourbe cinq fois comme le montre la figure 190. On peut aussi employer dans ce but des plaques de tôle goudronnée (fig. 191), d'une épaisseur de 0^m.002 et découpée de manière à laisser de petits barreaux de 0^m.004 de largeur, séparés par des intervalles de 0^m.01.

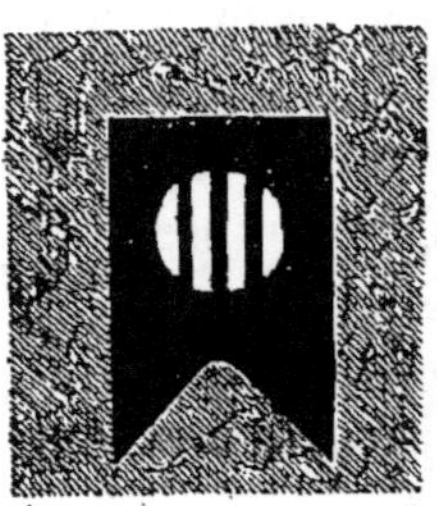

Fig. 191. — Plaque de tôle pour griller l'ouverture des drains.

L'emploi des grillages gêne toujours le mouvement de l'eau, en augmentant les frottements et diminuant la vitesse; on doit, pour obvier à cet inconvénient, mettre les deux ou trois derniers tuyaux d'un diamètre plus gros.

Lorsque les tuyaux se rendent dans un fossé ouvert, où peuvent venir jouer des enfants, où se promènent des passants plus curieux que malintentionnés, on peut craindre de voir les bouts de tuyaux cassés ou même emportés. M. de Rougé emploie dans ce cas, pour terminer les drains, des tuyaux de fonte d'une longueur de 50 à 60 centimètres, qui défendent suffisamment l'entrée du drain. On peut aussi faire une petite construction avec des briques pour obtenir le même résultat.

CHAPITRE XLI.

Prix des outils de drainage.

Tandis qu'il existe en Angleterre, en Écosse et en Irlande, des fabriques considérables où se font des masses énormes d'outils de drainage, nous en sommes encore, en France, à faire imiter tant bien que mal, par nos maréchaux et charrons de village, quelques-uns des outils anglais. Aussi les outils qu'on fait chez nous sont-ils plus chers et moins bien confectionnés que ceux fabriqués à l'étranger. Malheureusement des droits d'entrée excessifs, imposés au profit de nos maîtres de forges, ne permettent pas de faire venir du dehors des instruments pour le perfectionnement desquels ni le Gouvernement, ni les Sociétés d'agriculture ne cherchent d'ailleurs à faire aucun sacrifice, aucun effort.

A la fabrique de M. Calla, rue de Chabrol, n° 20, à la Chapelle Saint-Denis, près Paris, on vend 240 fr. une collection de 17 outils, sur lesquels ont été dessinées les bêches (fig. 140, 141, 142, 143) ; les pelles (fig. 144 et

145 ; la curette (fig. 146) ; la binette (fig. 147 et 148) ; le marteau et la pioche (fig. 149 et 150) ; la dame de fond (fig. 152), le fouloir après la pose (fig.184) ; le pose-tuyaux (fig. 179) ; quatre bêches en double complètent le nombre 17.

On cite, à Paris, comme un des taillandiers ayant fait les meilleurs outils de drainage, M. Proust, quai de la Grève, n° 52 ; il fait payer les bêches mi-plates, 10 fr. ; les petites bêches courbes, 6 fr. ; les curettes, 7 fr. ; les pose-tuyaux, 7 fr.

M. de Rougé a fait faire au Charmel (Aisne), des bêches ordinaires au prix de 8 fr., des bêches courbes au prix de 12 fr., des curettes de fond au prix de 5 fr.

En Belgique, à la fabrique de Haine-Saint-Pierre, les prix courants sont les suivants : Pelle carrée, 7 fr. ; pelle ordinaire, 6 fr. 25 c. ; bêche creuse, 12 fr. ; écope, 7 fr. ; drague, 5 fr. 50 c. ; pose-tuyaux, 8 fr. 50 c.

M. Nadault de Buffon a rapporté de Londres, en 1851, pour l'école des ponts et chaussées, une collection d'instruments de drainage achetée chez l'ingénieur Clayton, et d'après laquelle ont été exécutés plusieurs dessins que nous avons donnés précédemment (fig. 136, 137, 138, 139, 156, 157, 158, 159, 160, 161, 162, 163, 164). Voici la traduction de la facture de M. Clayton; il n'y a pas eu de droits d'entrée, M. Nadault de Buffon achetant pour un établissement public :

Pour l'argile ou la terre legère.

Une collection d'instruments courbes de 50 centimètres avec douilles polies, consistant en une bêche de surface, les nᵒˢ 1, 2, 3 des outils à employer, une drague à curer le fond des tranchées..... .... 40ᶠ.00

Une collection d'instruments courbes de drainage de 38 centimètres, avec douilles polies consistant en une bêche de surface et les nᵒˢ 1, 2, 3 des outils à employer, une drague à curer le fond des tranchées.................. 34.37

Pour la terre graveleuse.

Une collection d'instruments plats de 38 centimètres, avec douilles polies, consistant en une bêche de surface, les nᵒˢ 1 et 2 des outils à employer, une drague à curer le fond des tranchées.................. .... 27.50

Deux pose-tuyaux et deux pose-tuyaux et colliers................................ 15.00

Une dame à battre le fond des tranchées...... 31.25

Une forte fourche à trois dents............ 11.87

Une fourche universelle à cinq dents d'acier...   9.39

Une bêche de jardin à douille polie et manche à poignée 6.87

Spécimens de tuyaux en terre, briques creuses, etc ; emballage et envoi au quai d'embarquement................................. 11.25

Fret.... .... 18.75

TOTAL pour 22 outils.............. 206.25

C'est à Birmingham que se font les meilleurs

outils anglais pour le drainage; on recherche surtout un tranchant qui ne se brise ni ne se torde. Les outils doivent s'user en restant brillants; la bonne qualité diminue la main-d'œuvre et rend relativement des outils bon marché.

La figure 192 représente le lot d'outils de la fabrique de M. Lyndon, qui a remporté le prix de 125 fr. de la Société d'agriculture d'Angleterre au concours de Northampton, en 1847 :

1. Drague de fond........................ 3^f.75
2. Pose-tuyaux et manchons............... 3.12
3. Bêche, de 0^m.30 de long sur 0^m.20 de large.. 4.37
4. Louchet, ayant 0^m.38 de long, 0^m.18 de large en haut et 0^m.13 en bas............ 5.31
5. Bêche de fond, ayant 0^m.50 de long, 0^m.14 de large en haut et 0^m.08 en bas.......... 7.50
6. Pelle.................................. 3.75
7. Pioche, 4^f.06; le manche 0^f.94 ; le tout..... 5.00
8. Pic, 4^f.06; le manche, 0^f.94; le tout....... 5.00

Dans la figure 193 nous avons réuni les dessins, faits sur la même échelle, d'outils divers choisis dans les fabriques de Birmingham à la même époque de 1847; voici les noms et les prix de ces outils :

1. Bêche de fond , ayant 0^m.50 de long, 0^m.14 de large en haut et 0^m.08 de large en bas...... 7^f.50
2. Louchet, ayant 0^m 33 de long, 0^m.13 de large en haut et 0^m.08 de large en bas......... 4 65
3. Louchet, ayant 0^m.43 de long, et 0^m.17 de large en haut et 0^m.13 en bas................ 5.31

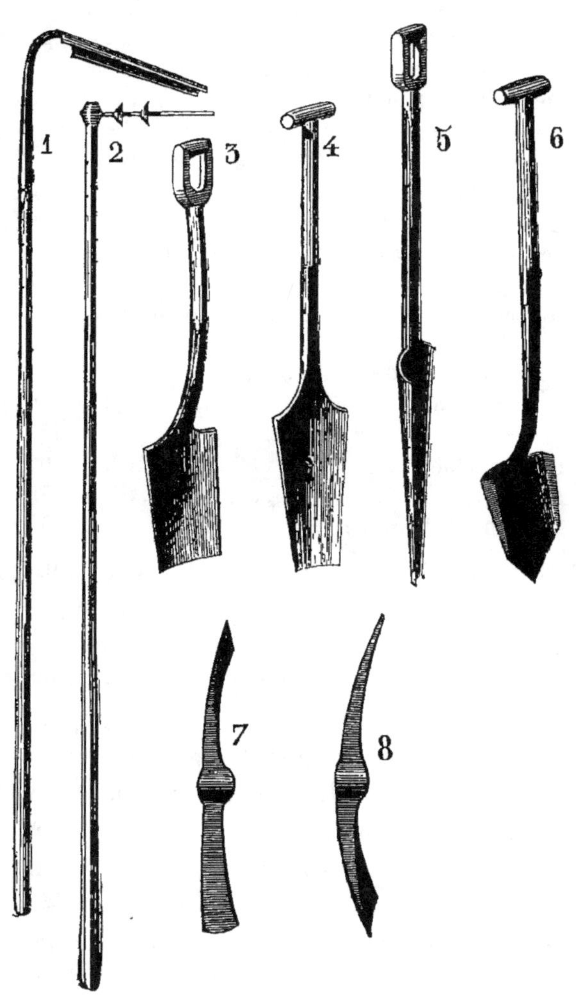

Fig. 192. — Collection primée au Concours de Northampton.

4. Louchet, ayant 0^m 46 de long, et 0^m.18 de large
en haut et 0^m.10 en bas................ 5.62
5. Bêche, ayant 0^m.33 de long, 0^m.18 de large en
haut et 0^m.08 en bas.................... 5.31
6. Forte bêche pour les terres glaises profondes,
ayant 0^m.43 de long, 0^m.10 de large en haut
et 0^m.06 en bas......................... 6.25
7. Louchet pour ôter les pierres............. 5.00
8. Bêche de fond, ayant 0^m.53 de long, 0^m.10 de
large en haut et 0^m.06 en bas........... 6.87
9. Louchet, ayant 0^m.038 de long, 0^m.10 de large
en haut et 0^m 08 en bas................. 5.00
10. Louchet, ayant 0^m.38 de long, 0^m.08 de large
en haut et 0^m.09 en bas................. 5.00
11. Pelle..................................... 4.37
12. Drague plate............................. 4.06
13. Écope.................................... 3.75
14. Pelle en col-de-cygne.................... 4.06

Cette année (1853), au Concours tenu à Gloucester par la Société d'agriculture d'Angleterre, le fabricant de Birmingham qui a remporté le prix pour la meilleure collection d'outils de drainage, M. Winton, avait exposé des instruments remarquables par leur légèreté, leur solidité et leur poli; ils étaient un peu meilleur marché que les précédents. Un seul lot, composé d'une bêche de fond, d'un louchet, ou outil à entailler, d'une bêche de surface, d'une pelle à enlever l'eau, d'une drague plate, d'une drague courbe et d'un pose-tuyaux, en tout, 7 outils, ne coûtait que 43 fr. 75. Pour servir de renseignement à nos

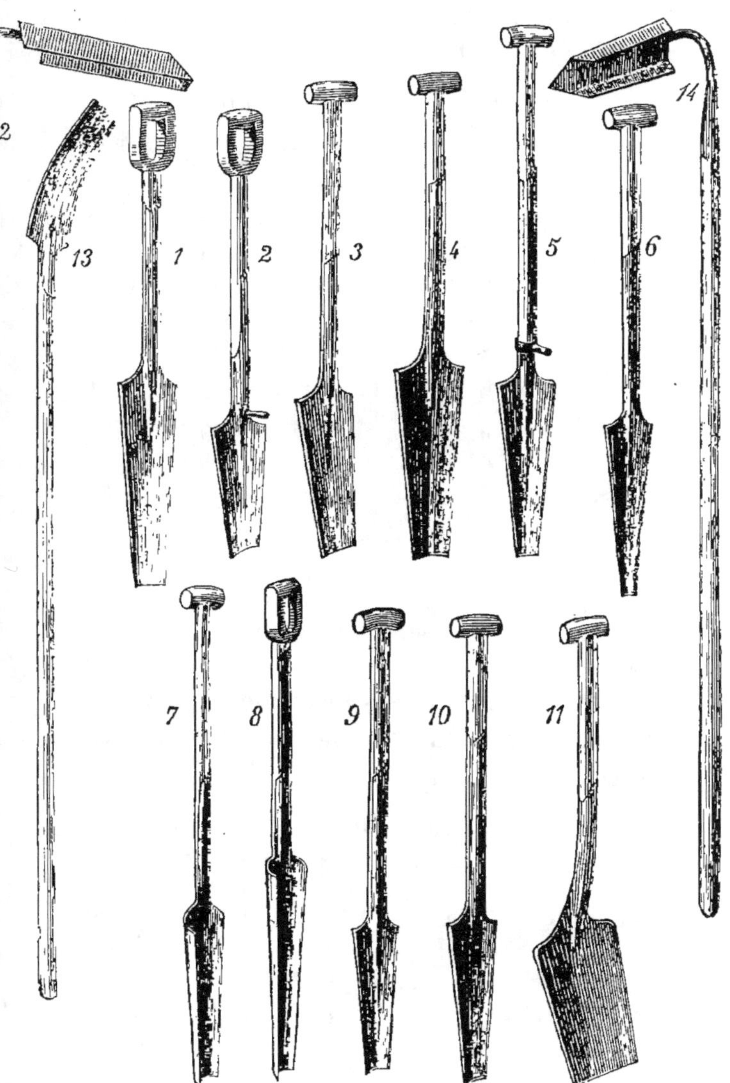

Fig. 193. — Outils divers des fabriques de Birmingham.

fabricants, nous placerons ici un extrait du catalogue de M. Winton :

Louchets ou bêches à entailler.

Nos.	Longueur.	Largeur		Prix.
	m.	en haut. m.	en bas. m.	fr.
1.....	0.33	0.18	0.13	5.00
2.....	0.38	0.18	0.11	5.62
3.....	0.46	0.18	0.11	6.87
4.....	0.51	0.19	0.11	7.50
5.....	0.46	0.19	0.13	7.50

Bêches de fond.

1.....	0.38	0.15	0.09	5.00
2.....	0.41	0.16	0.09	5.62
3.....	0.48	0.16	0.09	6.87

Pelles de fond.

	Longueur.	Largeur.	Prix.
1.....	0.28	0.17	4.06
2.....	0.30	0.19	4.37
3.....	0.35	0.20	4.70

Les manches de ces instruments sont rivés et indifféremment terminés par des poignées à œil ou en croix.

Dragues-écopes courbes.

Nos.	Longueur. m.	Largeur. m.	Longueur du manche. m.	Prix. fr.
1.....	0.33	0.07	1.83	4.68
2.....	0.35	0.08	1.83	5.00

Drague-écope plate.

| | 0.35 | 0.13 | 1.83 | 5.31 |
| Pose-tuyaux................ | | | | 3.12 |

CHAPITRE XLII.

Prix de revient des travaux de drainage.

Le prix de revient des travaux de drainage
dépend évidemment de la difficulté que présente le terrain à déblayer, de la profondeur
et de l'écartement des tranchées, du prix d'a-
chat des tuyaux, du prix de leur transport,
du prix moyen de la main-d'œuvre dans la
contrée, des émoluments attribués à la direction du travail. Tous ces éléments de la dépense peuvent varier avec les lieux, avec le
temps. Cependant, en prenant en considération les cas extrêmes qui se sont déjà présen-
tés, et en calculant des prix moyens sur un
nombre suffisamment grand d'hectares déjà
drainés, on peut avoir des renseignements extrêmement utiles pour les propriétaires ou
les agriculteurs ayant conçu le projet de faire
drainer leurs terres.

C'est toujours une chose assez délicate,
que d'avoir des détails sur les prix de revient réels; les entrepreneurs de travaux de
drainage cherchent à les élever dans l'intérêt de leur industrie; les propriétaires

n'aiment pas à annoncer des dépenses trop fortes. Nous allons cependant donner des chiffres dont nous pouvons à peu près répondre; ils sont pour la plupart choisis sur des exemples pris en France; ce sont ceux qui sont les plus précieux pour la propagation du drainage dans notre pays. Nous citerons ensuite, à titre de renseignements, des prix de revient de drainages exécutés en Belgique et en Angleterre.

1º FRANCE.

Premier exemple. — La figure 123 (p. 410) représente une pièce de terre dont tous les détails du drainage ont été donnés à nos lecteurs. Ce travail, effectué à forfait par M. Lauret, maire de la Chapelle-Gauthier (Seine-et-Marne), a été exécuté pour la partie A, d'une contenance de 3.60 hectares, au prix de 230 fr. l'hectare; pour la partie B, d'une contenance de 2.33 hectares, au prix de 260 fr. l'hectare, plus 1 fr. 25 c. pour chaque mètre cube de pierres extraites.

D'après ce marché, M. Lauret a reçu 828 fr. pour la partie A; 605 fr. 80 c. pour la partie B, plus 33 fr. 60 c. pour 26^{mc}.88 de pierres extraites; soit en totalité 1,467 fr. 40 c.

Le drainage lui est revenu au prix de 1,299 fr., suivant le détail ci-contre :

Prix de revient des travaux de drainage.

Prix de 12,900 tuyaux, à 22^f.65 le mille.	293^f.50
Ouvriers à la journée................	488.00
Ouvriers à la tâche................	361.00
Charroi des tuyaux................	30.00
Nivellement, tracé, surveillance.......	85.50
Usure des outils................	18.50
Faux frais................	22.50
Prix de revient..............	1,299.00
Prix payé par le propriétaire....	1,467.40
Bénéfice de l'entrepreneur......	168.40

De là on tire :

Prix de revient net à l'hectare........	219^f.05
Bénéfice de l'entrepreneur à l'hectare...	28.40
Prix de revient brut à l'hectare.......	247.45

Le nombre total de mètres linéaires de drains posés, a été de 4,378^m.4; d'où on déduit par mètre linéaire posé à une profondeur moyenne de 1^m.20 :

	centimes.
Tuyaux....................	6.73
Main-d'œuvre à la journée............	11.14
Main-d'œuvre à la tâche............	8.24
Charroi des tuyaux...............	0.68
Nivellement, tracé, surveillance.........	1.93
Usure des outils................	0.42
Faux frais................	0.51
Prix de revient net par mètre......	29.65
Prix de revient brut.............	33.52
Bénéfice de l'entrepreneur........	3.87

D'après les explications que nous avons

données, on sait que l'ouverture de la tranchée s'effectue à la journée, et que la pose des tuyaux et de la couche de terre immédiatement superposée se fait à la tâche. Le bénéfice de l'entrepreneur peut être regardé ici comme le taux de la direction et de la rédaction du projet.

On n'a pas fourni aux ouvriers les outils courants, tels que la bêche de surface, les pelles et la pioche.

Deuxième exemple. — Nous venons de donner un exemple qui est un peu au-dessus de la moyenne. Voici maintenant un drainage très-facile, exécuté chez M. de Courcy, commune de Nelle, près de Rozoy (Seine-et-Marne), par le même entrepreneur. Le sol de la pièce est argilo-sableux compacte; il s'est laissé entièrement travailler à la bêche, sans présenter de pierres. Sa contenance est de 4.10 hectares. Le nombre des mètres linéaires a été de 2,700, ayant 15 mètres d'écartement moyen et 1^{m}.30 de profondeur. Les tuyaux ont été conduits sur le terrain aux frais du propriétaire. Le détail du prix de revient est le suivant:

Tuyaux de 0^{m}.030 de diamètre intérieur, 7,800 à 22 fr. le mille...... 171^{f}.60 ⎫
Tuyaux de 0^{m}.045 de diamètre inté-   ⎬ 200^{f}.00
rieur, 1,000 à 27 fr. le mille....... 27.00 ⎪
Faîtières......................... 1.40 ⎭

    A reporter........................ 200.00

Report.	200.00
Travail à la journée.	253.15
Travail à la tâche.	189.45
Nivellements et levé du plan, etc.	153.20
Usure des outils.	7.00
Prix de revient net.	802.80
Prix payé à l'entrepreneur.	902.00
Bénéfice de l'entrepreneur.	100.80

On calcule par hectare :

Prix de revient net.	195.80
Prix de revient brut.	24.20
Bénéfice de l'entrepreneur.	220.20

Et on trouve par mètre linéaire de tranchées ouvertes :

	centimes.
Tuyaux.	7.41
Journées.	9.37
Tâches.	7.02
Nivellements, tracé, etc.	5.67
Usure des outils.	0.30
Bénéfice de l'entrepreneur ou direction. . .	3.73
Prix de revient total.	33.50

Troisième exemple. — L'exemple suivant est pris sur un terrain très-difficile, rempli de pierres meulières, où tout le travail a dû être exécuté à la journée.

La pièce de terre est celle de la Mailloterie, commune de Bréau (Seine-et-Marne), appartenant à M. Gareau. La direction et les frais de nivellement et de tracé ne sont pas compris

dans le compte suivant, parce qu'ils n'ont pas
été un débours pour le propriétaire.

Contenance du terrain, 4.4 hectares ;
Mètres linéaires de tranchées, 2,812 ;
Écartement moyen des drains, 15 mètres ;
Profondeur moyenne, 1ᵐ.30.

Prix de revient.

8,970 tuyaux de 0ᵐ.030 de diamètre
intérieur, à 22 fr. le mille........ 197ᶠ.35 ⎫
680 tuyaux de 0ᵐ.45 de diamètre in- ⎬ 215ᶠ.70
térieur, à 27 fr. le mille...... ... 18.35 ⎭
Charroi des tuyaux......................... 15.00
Journées d'ouvriers..................... 1,251.05
Usure des outils......................... 84.00
Faux frais............................... 40.00

    Prix de revient net.............. 1,615.75
    Prix de revient par hectare........ 367.20

Il est vrai que 500 mètres cubes de pierres
ont été extraites, et que le propriétaire ayant
pu en trouver emploi à 1 fr. le mètre cube,
il faut défalquer 500 fr. du prix total, ce qui
ramène le prix de revient par hectare à
253 fr. 60 c.

On trouve, en rapportant au mètre linéaire :

                                           centimes.
    Tuyaux......................... 7.66
    Charroi des tuyaux............. 0.54
    Journées d'ouvriers............ 44.48
    Usure des outils.............. 2.98
    Faux frais.................... 1.42

    Prix de revient net.......... 57.08

Quatrième exemple. — Nous nous trans-

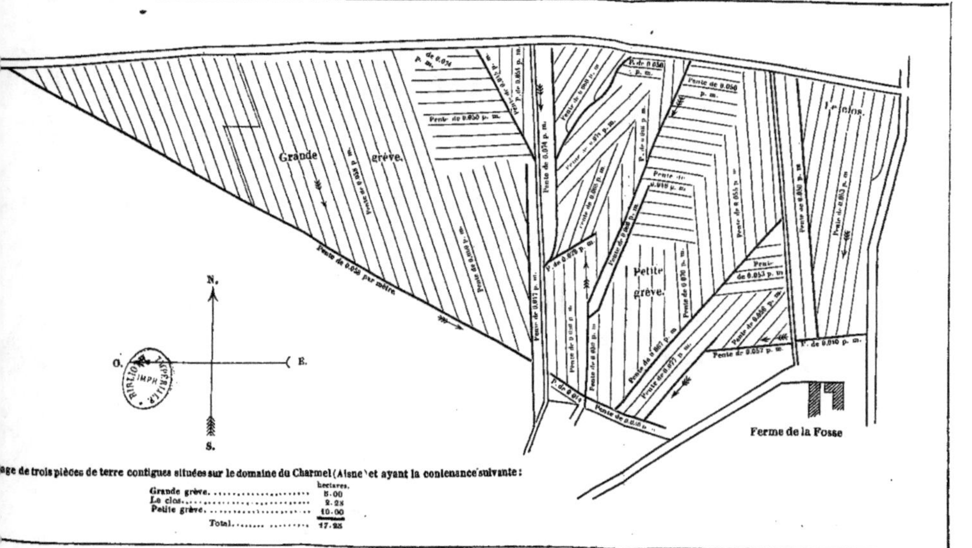

age de trois pièces de terre contiguës situées sur le domaine du Charmel (Aisne) et ayant la contenance suivante :

	hectares.
Grande grève.	5.00
Le clos.	2.28
Petite grève.	10.00
Total.	17.28

porterons maintenant sur le sol argileux au sous-sol glaiseux du domaine du Charmel (Aisne).

Là, M. de Rougé a fait drainer, par les soins de la Compagnie anglaise de drainage (West of England and South-Wales landes drainage Company), du 10 juillet au 15 novembre 1851, environ 33 hectares de terre ainsi répartis :

	Hectares.	Mètres linéaires de drains.
Pièce de Courmont (Pl. V, p. 460).	15.46	par 151,61
Planche VII. { Petite grève.	10.00	
Le clos.	2.25	} par 16,439
Grande grève. . . .	5.00	
Total.	32.71	par 31,600

Il avait été convenu qu'on payerait aux ouvriers anglais 12 1/2 centimes par mètre courant de tranchées ouvertes à 1 mètre de profondeur ; que les tuyaux seraient portés par les soins et aux frais de M. Rougé au bord des tranchées ; que l'ouverture des tranchées, la pose des tuyaux et le remplissage des tranchées se feraient par les soins des ouvriers anglais ; que nulle tranchée ne serait reçue si elle n'avait en moyenne $1^m.16$ de profondeur. Un compte spécial était ouvert à chaque ligne de drains, et on multipliait sa longueur par sa profondeur et par $12^c.5$, pour avoir le prix à payer en centimes. M. Parkes, ingénieur de la Compagnie anglaise, est venu lui-même

faire dresser les projets, et ordonner le commencement des travaux. Le prix de revient a
été le suivant :

Fouille, pose des tuyaux, remplissage de
    31,600 mètres de tranchées de 1^m.16 de pro-   fr.
    fondeur moyenne...................... 5,125
98,000 tuyaux à 20 fr. fabriqués et apportés par
    M. de Rougé....................... 1,960
Frais de voyage de l'ingénieur et des ouvriers
    anglais pour aller et retour de Londres à Paris.   510
Achat des outils des ouvriers anglais, au départ
    de ces ouvriers......................... 70

          Total.................... 7,665
      Prix de revient par hectare... 234^f.33

En calculant par mètre de tranchée, et en
regardant les frais de voyage comme frais de
direction, l'achat des outils anglais comme
l'équivalent de l'usure, on trouve :

                                    centimes.
Fouille, pose des tuyaux, remplissage.... 16.22
Tuyaux et leur charroi 6.20
Direction...................... 1.61
Usure des outils.................... 0.22

      Prix de revient total........... 24.25

Dans les travaux que M. de Rougé fait maintenant exécuter par des ouvriers français ins-
truits dans l'art du drainage par les ouvriers
anglais qui leur ont servi de maîtres, il paye
de 10 à 14 centimes le mètre pour la fouille
des tranchées et leur remplissage, selon qu'il
s'agit de petits drains ou de maîtres drains,

et selon qu'il y a plus ou moins de pierres ; il paye en outre la pose des tuyaux 60 centimes les 100 mètres.

Cinquième exemple. — *L'Instruction sur le drainage*, publiée par la Commission hydraulique de la Sarthe, s'explique ainsi sur le prix des travaux dans ce département :

« Les travaux déjà exécutés dans la propriété de M. Thoré, et dans celle de M. Monnoyer, dit cette Instruction, nous font penser que, pour la plupart des cas, la dépense n'excédera pas 30 c. par mètre courant de drains.

« A la fabrique de M. Damoiseau, à Alençon, les tuyaux de $0^m.305$ de longueur coûtent 25 fr. et 35 fr. le mille, selon que le diamètre intérieur est de 28 ou de 56 millimètres. Le millier de petits tuyaux pèse 375 à 450 kilogrammes.

« Supposons qu'il s'agisse de les transporter à la distance de 60 kilomètres au prix de 25 c. par 1,000 kilog. et par kilomètre :

<pre>
1,000 tuyaux coûteront : achat... 25ᶠ.00
Transport.....................   6.75
                 Total........   31.75
</pre>

Pour 1,000 mètres courants de drains ordinaires, il faudra 3,300 tuyaux, à 31 fr. 75 le mille. 104ᶠ.78
Façon de 1,000 mètres de tranchée de $1^m.20$ de profondeur, pose des tuyaux et remplissage, à 16 centimes le mètre courant............ 160.00
                              Total.. .... 264.78

Ajoutons 12 pour 100 pour les lignes de reprise
  et pour la casse, qui est presque nulle avec
  les tuyaux d'une excellente fabrication..... 31.77
Nous aurons, pour 1,000 mètres courants..... 296.55
Soit 30 c. environ par mètre courant.

« Selon que l'écartement des lignes sera, par exemple, de 10, de 15 ou de 20 mètres, il faudra, par hectare, respectivement, 1,000 ou 750 ou 500 mètres de drains, et la dépense sera de 300, de 225 ou de 150 fr. par hectare. »

Sixième exemple. — M. de Lescoët a publié une excellente brochure intitulée : *Le Drainage en Bretagne*, dans laquelle il décrit quelques opérations de drainage exécutées dans le Finistère, notamment pour la transformation de marais en prairies ; il établit ainsi le prix de revient d'un pareil travail :

2.500 tuyaux, à 30 fr. le mille............... 75f.00
100 mètres de grande tranchée à ciel ouvert,
  destinée à recevoir toute l'eau des drains
  couverts, à 20 centimes le mètre........... 20.00
Fouille de 875 mètres de drains, à 7 centimes le
  mètre................................... 61.25
Transport, pose des tuyaux et autres travaux
  qui accompagnent cette opération.......... 22.50
Remplissage de 875ᵐ de drains, à 1 c. le mètre. 8.75
Honoraires du draineur..................... 37.50
    Total de la dépense pour le drainage... 225.00
A ajouter pour défrichement, conversion en
  prairie, engrais, graine de foin........... 200.00
Total de la dépense pour drainage et conversion
  d'un hectare de marais en prairie......... 425.00

M . de Lescoët établit en outre, de la manière
suivante, le prix de revient du drainage d'un
hectare de terres arables partout où un fossé d'é-
coulement à ciel ouvert n'est pas praticable :

3,000 tuyaux, à 30 fr. le mille............. 90f.00
Fouille de 1,050 mètres de drains, à 7 cent. le
    mètre.............................. 73.50
Transport, pose des tuyaux, etc............. 28.50
Remplissage de 1,050 mètres de drains, à 1 cent.
    le mètre. 10.50
Honoraires du draineur.................... 37.50
             Total........ 240.00

Septième exemple. — **M.** Lupin, qui est,
comme nous l'avons vu, l'importateur du drainage complet et perfectionné en France, rend
compte ainsi du prix de revient d'un grand
nombre de travaux de drainage qu'il a effectués dans le département du Cher :

« La main-d'œuvre pour creuser les lignes
à 1^m.20 de profondeur, placer les tuyaux et
combler, me coûte 15 c. le mètre courant dans
un sous-sol assez compacte et souvent mêlé de
pierres ; ce prix est réduit à 12 c. 1/2 dans les
terrains faciles. Quand il se rencontre de
gros blocs à briser, il y a une indemnité à
payer en dehors du prix ordinaire. Sur ces
bases, un hectare assaini de la manière la
plus énergique, c'est-à-dire par des lignes placées à la distance de 10 mètres l'un de l'autre,
coûtera :

1,000 mètres de tranchées, à 15 cent. le mètre.. 150 fr.
3,000 tuyaux, à 20 fr...................... 60
                               Total.......... 210

« Si le drainage est fait à raison de 20 mètres entre les lignes, ce qui suffira souvent, la dépense se réduit à moitié ou à 105 fr. »

Huitième exemple. — A côté des travaux précédents, déjà un peu anciens, nous citerons ceux exécutés avec beaucoup d'intelligence et sur une très-grande échelle, en 1850, 1851 et 1852, par M. Dufour, fermier de la ferme des Corbins, appartenant aux hospices (Seine-et-Marne). M. Dufour a drainé, durant ces trois années, 140 hectares de terres pour la somme de 12,000 fr., ce qui donne le prix de revient moyen de 85 fr. 70 c. par hectare. Ce prix paraîtra certainement très-peu élevé, mais il faut bien se garder d'en conclure que le drainage a été fait avec parcimonie. Nous l'avons visité, et nous donnerons, dans un autre chapitre, des détails sur les résultats obtenus, qui montreront tout le bien que ce travail a produit dans une ferme qui ne passait pas pour bonne avant l'administration de M. Dufour.

Le terrain drainé est composé de la terre franche argilo-siliceuse de la Brie, et son sous-sol est argilo-calcaire ou un tuf argilo-siliceux.

M. Dufour, en 1850, a commencé par des tranchées de 0^m.80 de profondeur, et 20 mètres d'écartement. Ayant reconnu l'insuffisance de la profondeur, il creusa ensuite les tranchées à 1^m.30 et même à 1^m.40, en portant à 28 mètres leur écartement. Quoiqu'il eût obtenu ainsi de bons résultats, il s'arrêta, pour toutes les tranchées qu'il fit ensuite, à une profondeur de 1^m.10 à 1^m.20, et à un écartement de 15 à 20 mètres. C'est ainsi qu'a été exécutée la plus grande partie de ses travaux de drainage.

Les tuyaux ont été pris à la fabrique de M. Vincent, près Lagny, aux prix de 25 fr. les petits, de 0^m.04 de diamètre intérieur, et de 28 fr. les gros, de 0^m.06 de diamètre intérieur; le transport coûtait, en outre, 3 fr. 33 le mille. Dans la presque totalité de ses travaux, M. Dufour n'a employé que les tuyaux de la petite dimension; pour les drains collecteurs, il plaçait deux ou trois de ces tuyaux au fond des tranchées.

Le prix de la fouille des tranchées, pour une profondeur de 0^m.80, a varié de 5 à 15 c. le mètre courant, et celui des tranchées de 1^m.10 à 1^m.20, de 8 à 15 c., et même, dans quelques parties très-pierreuses, à 25 c. La charrue passait jusqu'à trois fois pour faciliter l'ouverture de la ligne de drain. Les tuyaux

entrent pour 7 c. 1/2, et leur transport pour 1 c.
dans le prix de revient des tranchées. Cette fraction devient double ou triple dans les drains
collecteurs où il entre deux ou trois tuyaux
que M. Dufour a placés toujours dans le même
plan horizontal, les uns à côté des autres, et
non pas superposés. Les drains collecteurs,
plus larges et plus profonds, ont coûté davantage que les drains ordinaires, dans les
proportions qu'indiquent les détails suivants,
qui sont le relevé des travaux de 1852.

Durant cette année, M. Dufour a exécuté
16,421 mètres de petits drains pour la somme
totale de 3,391 fr. 32 c.; ce qui donne le prix
moyen de 20^c.6 par mètre courant.

En même temps ont été établis 2,453 mètres courants de drains collecteurs pour la
somme totale de 873 fr. 93 c.; ce qui donne
le prix moyen de 35^c.6 par mètre courant.

Le rapport de la longueur des drains collecteurs à la longueur totale des drains est
de 13 pour 100.

Les prix de revient se sont ainsi répartis :

Drains ordinaires.

8,406 mètres de drains à..........	0^f.17
7,628 —	0.24
387 —	0.34

Drains collecteurs.

69 mètres à 1 tuyau de 0^m.06, à..	0^f.19
643 — — —	0.27

517 mètres de drains à 2 tuyaux, à.   0^f.28
146   —   —   —   .   0.33
618   —   —   —   0.38
 82   —   —   —   1.30
238 mètres de drains à 3 tuyaux, à.   0.37
140   —   —   —   0.47

Dans ces chiffres, la direction, la surveillance, le nivellement préalable du terrain et la rédaction des projets ne sont pas compris, M. Dufour s'étant chargé de cette partie du travail.

Neuvième exemple. — Nous ne donnerions pas un tableau fidèle des dépenses auxquelles le drainage peut quelquefois entraîner les propriétaires, si nous ne placions ici un exemple exceptionnel ayant occasionné des frais extraordinaires par suite de circonstances qui peuvent se présenter quelquefois.

Nous avons choisi, parmi les travaux exécutés avec zèle et intelligence par M. Vitard, dans l'arrondissement de Beauvais (Oise), le cas extraordinaire que nous avons voulu mettre sous les yeux de nos lecteurs, à côté des faits habituels que nous leur avons montrés, et qu'ils peuvent vérifier dans les diverses localités que nous avons citées. Nos lecteurs remercieront avec nous M. Vitard d'avoir consenti à cette publication, car il est nécessaire que l'on ne se fasse pas d'illusion, tout en sachant bien que d'ordinaire les frais sont très-modérés, et que rarement on est exposé à des travaux très-dispendieux.

Il s'agit du drainage d'une pièce de terre d'une contenance de 2.78 hectares, nommée *les Glaises*, sise sur la commune de Noailles, et appartenant à M. le duc de Mouchy. De cette pièce on extrait de l'argile smectique qu'on emploie au dégraissage des draps, ce qui démontre combien le terrain en est imperméable. Le relief du sol présentait de grandes difficultés, à cause de l'existence de cinq pentes différentes et de la nécessité d'évacuer les eaux à travers des propriétés voisines.

La partie A'B de la pièce (fig. 194) forme cuvette, et se trouve en contre-bas des points C et D d'une hauteur de 0^m.90; elle n'avait pu être cultivée depuis plusieurs années et restait improductive, parce qu'elle était couverte d'eau pendant six mois de l'année. On avait pensé d'abord à évacuer les eaux de cette partie à l'aide du drain collecteur CF creusé dans la portion sud de la pièce, drain prolongé dans la direction FG sur une longueur de 140 mètres, à travers une propriété voisine de celle de M. de Mouchy. Mais il n'a pas été possible d'opérer ainsi, et on a dû creuser de D en E un drain de 2^m.20 de profondeur, dans lequel les drains numérotés sur le plan 1, 2, 3, 4, 5 déversent leurs eaux à l'aide de tuyaux cou-

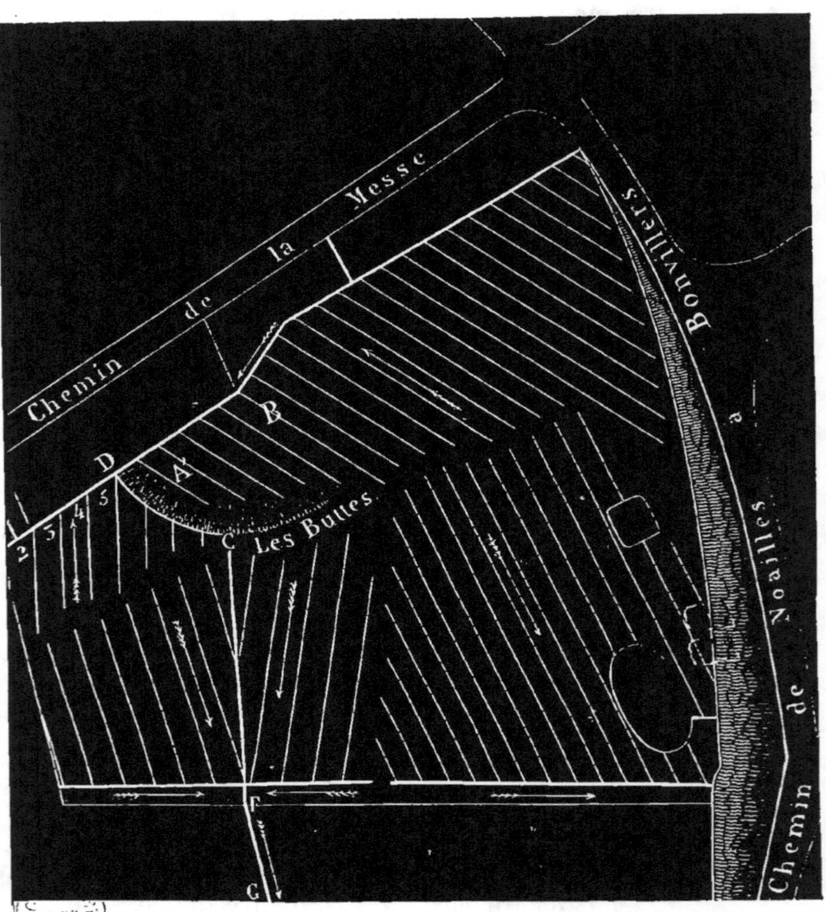

94. — Drainage de la pièce de terre dite *les Glaises*, sise sur la commune de Noailles (Oise).

dés. Ce drain collecteur se prolonge dans la direction EA, à travers une propriété voisine, sur une longueur de 75 mètres, dans un fond d'une très-grande dureté, formé d'argile empâtant un silex en rognons.

Voilà déjà deux grands travaux qui, pour une étendue aussi petite que moins de 3 hectares, devaient considérablement augmenter le prix de revient. Mais il s'est en outre présenté des accidents que nous avons déjà eu l'occasion de signaler. Dans une seule nuit, celle du 12 au 13 décembre 1852, des éboulements se sont produits et ont comblé les tranchées déjà ouvertes, dont la largueur, à la partie supérieure, s'est trouvée portée de $0^m.40$ jusqu'à $1^m.10$ ou $1^m.20$.

Les drains ordinaires sont espacés à 7 mètres les uns des autres et creusés à $1^m.10$.

Prix de revient.

Études préalables, surveillance, inspection [1].   135^f.96
Fouille de 2,124 mètres de petits drains dans
    l'argile, à 13 centimes............   276^f.80
Fouille de 765^m.80 de petits drains
    dans la pierre, à 26 c...........   198.85
Fouille de 495^m.50 de drains collec-
    teurs dans l'argile, à 15 c.......   74.32
Fouille de 357^m.50 de drains collec-
    teurs dans la pierre. à 30 c......   107.25
                                          ‾‾‾‾‾‾
                                          657.22   657.22
                                                      ‾‾‾‾‾‾
        A reporter...........   793.18

(1) Dans les cas ordinaires, pour les travaux exécutés sous la direction de M. Vitard, cette dépense ne s'élève que de 25 à 30 fr. par hectare ; elle consiste uniquement dans le remboursement des frais de transport sur les lieux.

Report.. . .. . ·		793.18
Remplissage de 3,747^m.05 de tranchées, à 5 c.		187.35
Soudages, déplacement des tuyaux, etc.....		84.90
8,200 petits tuyaux, à 20 fr. le mille.	164^f.00	
2,905 gros tuyaux, à 40 fr. le mille.	116.20	
2,400 demi-manchons, à 6 fr. le mille.	14 40	
600 gros manchons, à 11 fr. le mille.	7.70	
	302.30	302.30
Éboulement, 94 journées.		227.00
		1,593.73

Le transport des tuyaux a été effectué par le fermier; on peut l'évaluer à 50 fr., ce qui porte le prix total à 1,644 fr., soit 591 fr. par hectare. Mais on doit faire attention que les drains sont très-rapprochés, que leur nombre total forme une longueur de 3,747 mètres courants, dont le prix moyen, en fin de compte, malgré tous les frais extraordinaires qui ont dû être faits, ne s'élève qu'à 44 centimes.

Résumé. — En prenant les chiffres extrêmes des neuf exemples que nous venons d'exposer, on obtient par mètre courant, les prix suivants, qui ont le mérite d'être donnés par des expériences de drainage exécutées en France même, dans les circonstances les plus diverses :

Prix de revient par mètre courant.

	Minima.	Maxima.
	Centimes.	Centimes
Étude préalable du terrain ; nivellements, rédaction du projet de drainage.	1.93	3.0
Direction et honoraires du draineur..	1.61	5.67
A reporter.	3.54	8 67

Report............	3.54	8.67
Tuyaux.......................	6.00	10.48
Charroi des tuyaux.................	0.54	1.00
Fouille des tranchées.............	5.00	44.48
Pose des tuyaux, et premier remplis-sage......................	3.00	8.24
Second remplissage..............	1.00	5.00
Usure des outils.................	0.30	2.98
Totaux......	19.38	80.85

Lorsque l'on sait le prix du mètre courant du drainage, il est facile de calculer le prix de revient de l'hectare, pourvu que l'on connaisse l'écartement des lignes des drains. D'après les tables que nous avons données précédemment (p. 497 à 499), on sait que l'écartement peut varier de 5 à 20 mètres, selon les natures des divers terrains, c'est-à-dire qu'on peut avoir de 500 à 2,000 mètres courants de drains à l'hectare. En conséquence on a les chiffres extrêmes qui suivent :

Prix de revient à l'hectare.

Écartement des lignes de drains. Mètres.	Prix minima. fr.	Prix maxima. fr.
5	387.60	1,617.00
20	96.90	404.25

Les agriculteurs voient bien, d'après ces chiffres, dans quelles dépenses peuvent les entraîner les travaux de drainage; ils devront seulement se souvenir que, dans la majorité des cas, les frais seront plus voisins des prix minima que des prix maxima; mais avant une étude du terrain, et en comptant tous les frais possibles, on ne peut pas dire si la dépense s'arrêtera à 100 fr. par hectare, ou si elle ne s'élèvera pas à 1,600 fr. En général, cependant, elle sera comprise entre 200 et 250 fr. par hectare.

L'élément le plus variable, dans le prix de revient, est celui de la main-d'œuvre pour la fouille des lignes de drains; il dépend de la profondeur et de la largeur des tranchées, de la difficulté du travail, du prix de la main-d'œuvre dans la contrée. Il faut noter, en outre, que dans les terrains pierreux, c'est-à-dire dans les plus difficiles, le déblai est plus considérable que dans les terrains argileux ordinaires. Ainsi, pour la même profondeur de $1^m.20$, d'après les dimensions indiquées précédemment, nous avons :

	Déblais. Mètre cube.
Tranchée moyenne pour les terrains argileux (fig. 130, p. 429)......................	0.342
Tranchée pour les terrains pierreux (fig. 132, p. 430).............................	0.438

Or, on sait, d'après les expériences des travaux de terrassement, quel temps il faut employer pour fouiller et jeter sur la berge un mètre cube de terres de diverses natures. En rassemblant les données connues, nous avons calculé la table suivante, qui pourra être très-utile pour l'entreprise des travaux de drainage :

Nature des terres.	Temps nécessaire à un ouvrier pour fouiller et jeter 1 mètre cube. Heures.	Mètres cubes fouillés et jetés en une journée de 10 heures par un ouvrier.
Argile ordinaire............	2.32	4.32
Argile forte...............	3.60	2.78
Argile forte avec pierres....	4,48	2.43
Tuf ordinaire............	5.40	1.78
Tuf dur avec pierres.......	7.20	1.39

Nature des terres.	Mètres courants de tranchées de 1ᵐ 20 de profondeur et 0ᵐ.47 de largeur à l'orifice, qu'un ouvrier peut ouvrir en une journée de 10 heures de travail effectif. Mètres.	Prix du mètre courant de la fouille de la tranchée de drainage, pour qu'un ouvrier gagne 1 f 25c. par journée de 10 h. de travail effectif. Centimes.
Argile ordinaire..........	12.6	9.9
Argile forte.............	8.1	15.4
Argile forte avec pierres...	6.5	19.2
Tuf ordinaire...........	5.2	24.0
Tuf dur avec pierres......	4.1	30.5

Ces calculs sont faits pour des ouvriers ordinaires ; des ouvriers habiles feront facilement, à la tâche, dans les mêmes conditions, des journées de 1 fr. 50 c. à 2 fr.

On devra remarquer que, les volumes semblables variant comme les cubes des arêtes homologues, les prix ci-dessus décroîtront rapidement, si on diminue la profondeur des tranchées. Ainsi, pour une profondeur de 1ᵐ, ces prix devraient être réduits aux 0.58, ou à 6, 9, 11, 14 et 18 centimes au lieu de 10, 15, 19, 24 et 31 centimes, selon la nature du terrain.

2° BELGIQUE.

La Belgique est plus avancée que la France pour le drainage, si on considère le peu d'étendue de ce royaume et le nombre total d'hectares qui y sont aujourd'hui drainés. Mais on n'y trouve pas des travaux de drainage exécutés sur une aussi grande échelle qu'en France, où, sur certaines propriétés, plus de 150 hectares ont été assainis par le drainage complet le plus perfectionné.

M. Leclerc, chef de service du drainage en Belgique, donne les prix suivants pour la main-d'œuvre, par mètre courant, pour la même profondeur de $1^m.20$ que nous prenons pour type :

Nature du terrain.	Prix de la main-d'œuvre par mètre courant. Centimes.
Sable boulant.	11.5
Terre vaseuse et sable boulant.	11.0
Argile sablonneuse.	7.2 à 9.6
Argile ordinaire.	9.3 à 16.1
Argile, glaise et gravier.	11.1
Argile forte et schiste.	10.0

Ces prix sont très-voisins de ceux auxquels nous sommes arrivé, par le calcul, pour l'argile ordinaire et l'argile forte.

Le même ingénieur donne les détails suivants sur des drainages exécutés en Belgique dans des circonstances très-variées :

Nature des terrains.	Profondeur des drains. m.	Espacement des drains. m.	Drains par hectare. m.	Coût des tuyaux. fr.	Transport des tuyaux. fr.	Main-d'œuvre. fr.	Frais divers. fr.	Frais totaux. fr.
Argile ordinaire........	1.20	11.0	1,096	67.41	7.79	102.75	5.75	183.70
Id.............	1.20	12.0	1,125	73.24	8.77	73.34	1.00	156.35
Id.............	1.20	12.0	922	75.55	9.87	82.05	2.00	169.47
Id.............	1.20	10.0	1,204	90.92	9.25	80.16	1.00	181.33
Id.............	1.30	12.5	945	103.81	4.30	83.99	0.30	192.40
Argile forte.........	1.35	9.0	1,351	88.34	5.00	80.85	5.75	179.94
Glaise compacte.......	0.60	5.0	1,834	167.07	9.77	87.24	1.00	262.08
Argile et schiste.......	1.10	10.0	849	63.84	12.00	127.35	3.25	206.44
Argile sablonneuse....	1.20	11.5	980	83.29	10.00	68.60	3.00	154.89
Id.............	1.20	12.0	923	77.18	10.00	85.61	5.80	178.59
Id.............	1.25	14.0	836	68.32	19.35	67.42	5.21	160.30
Sable argileux compacte.	1.25	11.0	1,118	91.27	41.32	97.41	5.57	235.57
Argile, sable et tourbe..	1.20	11.0	1,070	107.95	31.54	95.57	12.80	247.86
Glaise compacte.......	0.75	5.5	1,885	136.99	30.41	90.38	2.00	259.78
Argile et gravier.......	1.20	13.0	963	75.99	11.00	93.00	3.30	183.29

Les frais divers qui sont contenus dans ce tableau, et dont nous n'avons pas parlé jusqu'ici, proviennent des dépenses faites en certains cas pour de la paille mise au-dessous ou au-dessus des tuyaux, pour les grilles que l'on place à l'embouchure des collecteurs, et pour les travaux de maçonnerie de construction des puisards ou de traverse des haies; ils sont, comme on voit, très-peu importants.

3° ANGLETERRE.

M. John Girdwood, agent de l'État pour les travaux agricoles exécutés en Angleterre avec des subventions, s'explique ainsi, sur les frais du drainage, dans l'Encyclopédie d'agriculture de Morton :

« On a des exemples de travaux complets de drainage exécutés à une profondeur de $1^m.07$, dans de la terre glaise pierreuse, où il fallut constamment employer le pic, excepté pour la couche superficielle, d'une épaisseur de $0^m.20$, qui ne coûtèrent que $13^c.4$ par mètre courant. Des tranchées de même profondeur, dans de la glaise où se trouvaient çà et là des lits de gravier exigeant l'usage du pic, ne sont revenues qu'à 11 centimes le mètre courant. M. Pusey cite un exemple de tranchées pratiquées à $0^m.86$ pour 6 centimes [1]. D'après une moyenne de nombreux

(1) *Journal of agricultural Society*, t. VII, p. 521.

exemples, pour le creusement de la tranchée, la pose des tuyaux et le remplissage pour une profondeur de $0^m.91$ à $1^m.07$, la plus grande étant dans de la glaise ou du gravier, et la plus petite dans des sols pierreux, le prix total peut être évalué à $13^c.4$.

« Le prix des tuyaux étant de $6^c.2$, on peut regarder le prix total des travaux de drainage comme étant en moyenne de $19^c.6$ par mètre courant; ce prix se réduit à $16^c.3$, quand on fait soi-même les tuyaux sur place. La table suivante donne alors le prix du drainage par hectare, non compris le transport des tuyaux :

Écartement des drains.	Mètres linéaires de drains par hectare.	Prix du drainage par hectare pour une profondeur de $1^m.07$.
m.		fr.
4.27	2,185	356
5.18	1,821	297
6.10	1,561	254
7.01	1,365	222
7.92	1,226	200
8.83	1,092	178
9.75	993	162
10.66	911	148
11.58	840	137
12.49	781	117

« Il est arrivé, pour des tranchées ayant moins de 1^m de profondeur et ouvertes dans des terrains faciles, que le prix du travail ne s'est pas élevé au delà de $8^c.2$, c'est-à-dire à moitié des chiffres donnés par le tableau précédent.

« Au contraire, des tranchées très-profon-
des de $2^m.4$ à $3^m.6$ ont coûté de 50 à 75 centimes le mètre courant. Comme les dépenses
sont subordonnées à un grand nombre de circonstances diverses, il est impossible d'établir
des règles fixes. On peut seulement se conduire
dans le règlement des prix du drainage, d'a-
près les indications adoptées dans la contrée
pour le creusement des fossés découverts.
L'usage des tuyaux en poterie diminue le
prix de revient, en permettant de faire des
tranchées moins larges et en donnant plus
de sécurité aux agriculteurs sur la durée de
l'assainissement pratiqué. »

CHAPITRE XLIII.

Des charrues de drainage.

Le génie des mécaniciens est aujourd'hui trop plein de ressources pour qu'on n'ait pas songé à faire effectuer par une seule machine toutes les opérations, quelque compliquées qu'elles soient, que l'homme exécute à la main pour opérer le drainage. On a d'abord essayé seulement d'ouvrir les tranchées, c'est-à-dire de remplacer la bêche, la pelle, et la curette par une charrue; plus tard, on a été jusqu'à vouloir faire poser en même temps les tuyaux au fond de la tranchée à peine ouverte, et à les combler aussitôt.

La première charrue à ouvrir les tranchées a été employée en Écosse, par M. Ewan, fermier à Stirling. Dans la contrée habitée par ce cultivateur, le sol est presque entièrement formé de terre glaise ferme et onctueuse, sans pierres, et par conséquent très-propre à l'application d'un instrument tel que celui représenté par la figure 195.

Fig. 195. — Charrue de drainage d'Ewan.

Outre le coutre de la charrue ordinaire, il y en a un second *c* supporté par deux bras de fer attachés au timon en *a* et en *b*. Au moyen de ces deux coutres et du soc en forme de pelle, la première couche de terre est coupée, sur la largeur que doit avoir la tranchée, à une profondeur de $0^m.36$ environ. On abaisse graduellement l'appareil au moyen d'un plan incliné qui forme la partie inférieure d'un moule en planches qu'on dépose à une petite distance de l'extrémité de l'ouverture ainsi pratiquée. Le poids cylindrique *d* est alors ajouté sur l'avant pour maintenir l'appareil au centre de la tranchée, et suffisamment incliné pour que l'on puisse creuser à $0^m.61$ plus avant, et arriver ainsi successivement à une profondeur de plus de 1 mètre environ.

M. Ewan employait douze chevaux pour n'enlever qu'une profondeur de terre de $0^m.46$ à $0^m.57$ de terre ; huit hommes aidaient à finir le fond de la tranchée, dirigeaient la charrue et les chevaux. Des tranchées ainsi pratiquées à cette profondeur coûtaient 7 centimes pour 10 mètres courants. M. Green, fermier du comté de Cambridge, et M. Pearson, du comté de Kent, ont perfectionné la première charrue de drainage, de manière à ce qu'une tranchée de $0^m.71$ de profondeur ne coûtât que 2 centimes le mètre.

Mais toutes ces charrues, fabriquées par les meilleurs constructeurs anglais, dont le talent est venu en aide à l'idée première des agriculteurs que nous venons de nommer, ne peuvent être employées que dans des terrains sans pierres. Leur cherté, la série très-restreinte des sols où elles peuvent convenir, le nombre considérable de chevaux qu'elles exigent à la fois, doivent nécessairement les empêcher d'être d'un usage général, comme le deviendrait une machine parfaite, applicable à tous les terrains, et pouvant achever complétement les tranchées à la profondeur de $1^m.10$ à $1^m.20$, qu'on demande avec raison aujourd'hui.

M. Paul, de Thorpe-Abbots, près Scole, dans le comté de Norfolk, a fait faire un pas à la question en imaginant l'ingénieuse machine que représente la figure 196. Elle se compose, comme on voit, d'une roue armée de dents destinées à piocher le terrain, et qui est mise en mouvement à l'aide d'une chaîne s'enroulant sur un cabestan que fait tourner un manége mû par des chevaux. En même temps que la roue avance, entraînée par la chaîne, elle fouille le sol, le soulève, et jette la terre sur l'un des côtés de la tranchée, qui se trouve ainsi ouverte à une profondeur réglée par la chaîne-levier qu'on voit à l'arrière,

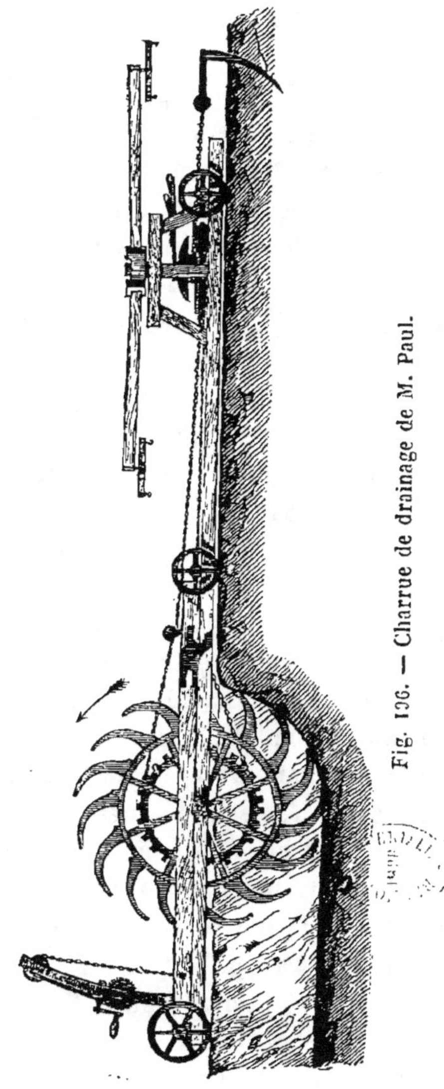

Fig. 196. — Charrue de drainage de M. Paul.

et qui permet d'élever ou d'abaisser la roue fouilleuse.

Avec cet appareil, on pratique une tranchée de 0^m.91 à 1^m.52 de profondeur, sur une largeur d'environ 1^m.22, par minute, et le fond est convenablement nivelé, dit-on, si on a un ouvrier assez habile pour manœuvrer le régulateur de l'arrière.

Il est évident pour nous qu'une machine construite d'après cette idée doit parfaitement réussir à creuser tous les sols, et qu'elle pourra rendre des services. Nous avons en France une machine, la défonceuse de M. Guibal (de Castres), qui nous paraît fondée sur le même principe que la charrue de M. Paul, et qui pourrait être employée à fouiller les tranchées de drainage. Il faudrait, dans ce but, enlever la palette c (fig. 197), située à l'arrière de la machine, et qui est destinée à faire retomber la terre dans le fossé creusé; cette manœuvre se fait facilement par les écrous d. Cette défonceuse se compose d'une roue armée de deux ou plusieurs rangées de dents tournant autour de l'essieu a, porté par le brancard b. Cette roue, dans son état actuel, est en fonte, a 0^m.80 de diamètre, et pèse 300 kilogrammes; les 32 dents ou pioches placées sur sa circonférence ont 0^m.30 de longueur. Une ou deux paires de

bœufs la mènent facilement dans une raie ouverte par une charrue qui marche en avant.
La terre est entraînée en l'air quand la palette *c* est enlevée, et cette terre divisée par
la palette *f* retombe sur deux plans inclinés *k*,
soutenus par les tiges *gh* de chaque côté de la
roue, de manière à laisser le fossé ouvert.

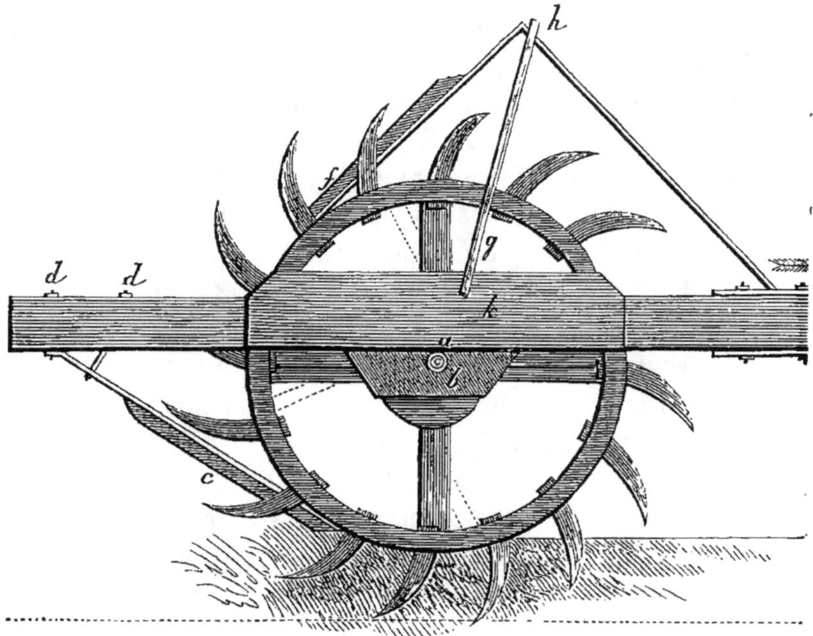

Fig. 197. — Défonceuse Guibal.

Pour transporter la machine d'un terrain
dans un autre, on la monte sur deux grandes
roues de voiture. Il n'y a d'autre limite à la

profondeur de la tranchée que le diamètre de la roue, qu'on peut augmenter à volonté; on atteint facilement 0^m.80 ou 1 mètre. Le prix de la machine ne dépasse pas 300 fr. Nous sommes convaincu que l'essai en donnera de bons résultats, après quelques modifications que l'expérience suggérera.

Bien des inventeurs se sont encore occupés de résoudre le même problème, d'effectuer le drainage complet à l'aide des machines. On cite particulièrement les charrues de Georges Cord, Ransome, Cotgreave, Fowler et Fry. La machine de ces derniers constructeurs nous paraît celle qui ait le plus approché du but jusqu'à présent.

M. Pusey, dans son Rapport général, au nom du jury international de Londres, sur les instruments agricoles de l'exposition universelle de 1851, parle ainsi de cette machine, représentée par la figure 198 :

« Sans les machines à moissonner américaines, la charrue de drainage de MM. Fowler et Fry, de Templegate (Bristol) eût été certainement la chose la plus remarquée parmi les instruments aratoires de l'exposition universelle. S'il est merveilleux de voir le blé sur pied coupé tout à coup avec une égalité parfaite par deux chevaux qui se promènent le long du champ, ce n'est pas un spectacle

moins surprenant et moins attachant que celui donné par deux chevaux qui, travaillant
sur un cabestan à l'extrémité d'un champ,
font avancer une corde métallique invisible,
qui entraîne à l'autre bout, sous le sol, tout
un attirail, sans laisser à la surface d'autre
vestige de son passage qu'un sillon étroit semblable à celui du navire sur une mer tran-
quille. Si l'on vient examiner de près ce qui
se passe, on voit une série de tuyaux s'enfoncer sous terre à mesure que marche la charrue. Celle-ci fait des trous de plus de 1 mètre
de profondeur, analogues à des terriers, dans
lesquels se tortille sous terre, comme un
ver gigantesque, une corde revêtue de
tuyaux. En quelques minutes, quand la charrue a atteint le cabestan, on retire la corde,
et le collier de tuyaux est resté au fond d'une
tranchée invisible, qui cependant a été ouverte et refermée sous vos yeux ébahis. »

Le cabestan est à manége; il est monté sur
une plate-forme supportée par des roues basses qui facilitent son transport. La charrue
est formée par deux armatures en fer parallèles de 8 centimètres sur 14 centimètres environ, et de 4 mètres de long. Ces armatures
forment un arc qui s'appuie sur les roues
de devant et de derrière; elles sont reliées
ensemble par des traverses et de forts bou-

Fig. 198. — Charrue de drainage de MM. Fowler et Fry.

lons; elles ont, en outre, un écartement de 33 centimètres pour se rejoindre en avant, où elles sont attachées à la corde métallique du cabestan. A l'arrière, ces armatures sont reliées, par des montants verticaux, à deux autres armatures placées plus bas, et qui supportent un coutre. Ce coutre est une pièce d'acier trempé, de $2^m.6$ de haut sur 27 centimètres de large au milieu, aminci à l'avant en forme de couteau, et ayant 34 centimètres d'épaisseur au talon. Ce talon est crénelé en forme de crémaillère, et couronné par une roue d'engrenage qu'on fait monter ou descendre à l'aide d'un volant. Ce coutre est armé à sa partie inférieure d'un soc de forme conique, dont la pointe pénètre dans le sous-sol, et dont un œillard entraîne une corde revêtue de tuyaux, qui y sont enfilés comme des perles pour constituer un collier. On place la charrue à environ 130 mètres en avant du cabestan, qu'on amarre fortement à l'aide d'un épais madrier qui descend dans une tranchée pratiquée dans le sol. Un second madrier, raccordé avec le premier par un arc dans le prolongement de celui-ci, entre légèrement dans le sol en avant, de manière à donner au système une solidité suffisante.

La corde qui relie le cabestan à la charrue est de chanvre recouvert en fil de laiton : elle a 22 millimètres de diamètre au plus. On ouvre une tranchée de $1^m.03$ de profondeur sur autant de largeur et ayant $0^m.33$ de large. On engage le coutre au fond, en attachant à l'œillard une corde revêtue de son chapelet de tuyaux.

Ces dispositions prises, sur un signal donné, on met les chevaux en mouvement. Le cabestan tourne; au même moment, la charrue s'avance, le coutre fend le sol, le soc ouvre le sous-sol, et traîne dans les flancs de la terre les tuyaux, au nombre de 30 ou de 40. A cet instant, on ajoute une corde revêtue d'un même nombre de tuyaux, et ainsi de suite, jusqu'à ce que la charrue ait rejoint le cabestan; alors on ouvre une seconde tranchée semblable à la première. Là, on s'arrête; le maître-ouvrier fait mouvoir le volant, tourner l'engrenage, et le coutre se relève en même temps que le soc se dégage. On détache la corde, et on tire doucement les cordes successivement, en bouchant avec un peu de paille l'ouverture du dernier tuyau, pour que rien ne s'y engage.

Pendant toute la pose, le chef ouvrier manœuvre l'engrenage en l'abaissant ou en le relevant, selon les inégalités du terrain, de manière à faire en sorte que la ligne des tuyaux soit droite, et conserve autant que possible

31.

une pente régulière. Mais c'est là la difficulté, comme le fait sentir le passage suivant du Rapport du jury de Londres :

« L'instrument a très-bien fonctionné dans l'essai qui a été fait, en ce sens que les tuyaux ont été facilement placés. Deux chevaux l'ont fait manœuvrer en agissant sur le cabestan, solidement et aisément fixé dans le sol, qui a imprimé un vigoureux mouvement de traction à la charrue, à l'aide d'une corde métallique et d'une poulie. Depuis son exposition au Concours d'Exeter, la machine a été perfectionnée, en ce que le niveau du fond de la tranchée est devenu indépendant, à un certain degré, de celui de la surface. Mais il y a encore un perfectionnement à lui apporter, c'est de faire en sorte que l'inclinaison de la tranchée soit parfaitement régulière. »

La récompense décernée a été une mention honorable qui a été renouvelée aux Concours de Lewes et de Gloucester. On a soumis l'instrument à quelques épreuves pour reconnaître les défauts ou les avantages du drainage qu'il opère. En premier lieu, on a ouvert les tranchées sur une longueur convenable, et on a reconnu que les tuyaux avaient été placés en ligne bien droite, qu'ils étaient bien juxtaposés les uns aux autres, mais qu'il y avait quelque reproche à faire à la régularité de la pente ; ce qui était un grave inconvénient dans le sol complétement plat où se faisait l'expérience. Au concours d'Exeter, on avait constaté que les inégalités du terrain étaient fidèlement reproduites par les ondulations de la ligne de tuyaux posée. La vis qui a été ajoutée depuis ne peut remédier à cet inconvénient que par l'habileté d'un ouvrier très-soigneux, quoiqu'un niveau à balancier rende visibles à l'œil tous les changements de pente de la surface du terrain. On a aussi réduit à quatre chevaux la force à dépenser par jour, et on a cherché à n'avoir besoin de changer de place le cabestan qu'une seule fois en une journée, quoique l'on exécute de 1,200 à 1,500 mètres de tranchées. Cependant, il nous semble que l'achat d'une pareille charrue est toujours trop coûteux, même pour une vaste propriété, car il s'agit de 3,000 à 4,000 fr. Il est vrai que les inventeurs proposent de louer leur machine à l'année, ou d'exécuter des opérations de drainage à leurs risques et périls, à des prix inférieurs d'un tiers aux prix de revient des travaux effectués à la main. M. Pusey rapporte avoir vu un drainage ainsi exécuté à $0^m.76$ de profondeur et à 10 mètres d'écartement, qui n'avait coûté que 98 fr. par hectare, y compris la dépense des chevaux et celle de la location de la machine. Elle a fonctionné dans les fermes suivantes, en laissant des tuyaux au fond des tranchées, ou en y creusant seulement un vide :

	Hectares.	Profondeur.
		Avec tuyaux.
MM. Fowler, à Melksham...,...	5.67	0.76
Newman, —	4.05	0.61
Blandford, —	12.15	1.06
		Avec tuiles.
Purch, à Down Ampney. .	40.47	»
		Avec et sans tuyaux.
Hall, à Brentwood.	80.94	0.76
		Avec tuyaux.
» à Wormwood Scrubbs.	16.20	0.61 à 1ᵐ.22

Dans les sous-sols argileux, sans pierres, à pente douce et régulière, le succès de la charrue que nous venons de décrire paraît certain; mais de telles circonstances sont malheureusement l'exception.

CHAPITRE XLIV.

Du drainage sans tuyaux.

Quoique nous donnions tout à fait la préférence aux travaux de drainage exécutés à l'aide des tuyaux cylindriques, selon les méthodes à la description desquelles ce livre est consacré, nous ne proscrivons cependant pas d'une manière absolue tous les autres modes de drainage. Nous devons en conséquence en parler dans un chapitre spécial. Toutefois, l'emploi des tuiles courbes et des soles plates, dont il a été question à titre historique au commencement de notre ouvrage [1], nous semble ne devoir jamais être recommandé aujourd'hui, parce que cela revient à employer une poterie plus coûteuse que les tuyaux. Nous traiterons donc seulement des drains en pierres, des drains en fascines, de ceux en bois, de ceux en gazon ou en tourbe, et enfin de ceux en coulée de taupes.

1° *Drains en pierres.*

Les drains consistant en fossés couverts, dont le fond est garni de pierres, ne nous pa-

(1) Voir p. 30.

raissent pouvoir être employés que dans les cas où l'on a affaire à des terrains très-pierreux, qui présentent la matière première de leur exécution sur place, et tout extraite par cela seul qu'on y ouvre des tranchées. Dans quelques cas, des drains empierrés peuvent revenir à meilleur marché, ou au moins ne doivent pas coûter plus cher que des drains garnis de tuyaux, et ils peuvent rendre les mêmes services, s'ils sont bien systématiquement disposés avec pentes régulières et drains collecteurs convenablement dirigés. Ces drains peuvent être formés de pierres cassées jetées pêle-mêle au fond de la tranchée (fig. 199);

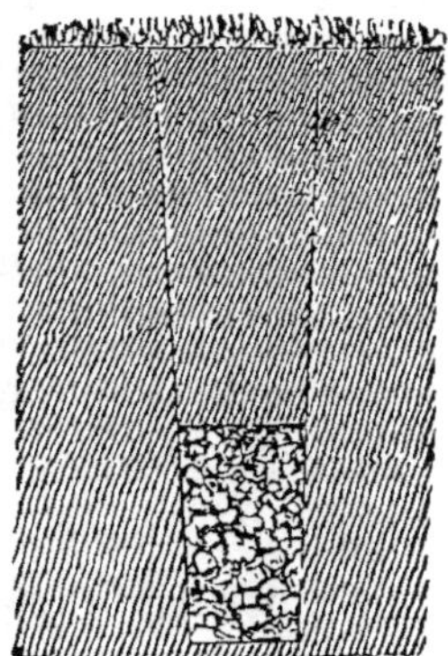

Fig. 199. — Tranchée à pierres perdues.

ou bien ils peuvent constituer de véritables canaux plus ou moins artistement construits, tels par exemple que le drain représenté par

la figure 200, assez ordinairement employé.
Nous croyons, avec l'Écossais Smith, qu'on
doit donner la préférence au premier système,
qu'on appelle celui des *drains à pierres perdues*. Nous allons entrer dans quelques dé-

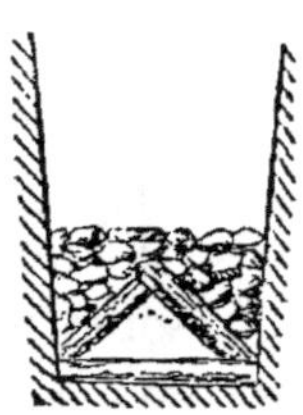

Fig. 200. — Tranchée garnie d'un canal construit avec des
pierres.

tails très-brefs sur les soins à prendre pour
leur exécution; ces détails sont extraits de
l'article de M. John Girdwood, inséré dans
Morton's Cyclopedia of agriculture.

Les tranchées garnies de pierres cassées, de
gros gravier ou de galets, doivent avoir environ 0^m.18 de largeur au fond, et s'élargir légèrement, de manière à ce qu'à 0^m.38 au-dessus du fond, point où s'arrête la couche de
pierres, la largeur soit devenue de 0^m.23. La
profondeur totale doit être le triple de la hauteur de la couche de pierres, ou 1^m.12. La largeur à l'orifice est d'environ 0^m.30.

Lorsqu'on peut se procurer des cailloux
bien propres ou des galets, on doit préférer
ces matériaux. Dans le cas contraire, on em-

ploie des pierres parfaitement nettoyées de
l'argile qui y était adhérente par une exposition suffisamment longue à l'action de l'air
et de la pluie, et on les casse, de manière que
les plus grosses puissent passer à travers les
mailles d'un crible ayant 0^m.076 d'ouverture.
De plus gros matériaux tombant au fond de
la tranchée, pourraient y former de véritables
barrages. Les pierres de la grosseur indiquée
ne se tassent pas assez pour arrêter l'écoulement de l'eau, et elles soutiennent suffisamment les parois de la tranchée.

Le cassage des pierres ne doit pas se faire
sur les bords des drains, mais dans des chantiers spéciaux où on vient les prendre à l'aide
de charrettes à un cheval, ou de camions à
bras, quand la distance n'est pas trop considérable. Le derrière des charrettes ou camions est garni (fig. 201) d'une planche à re-

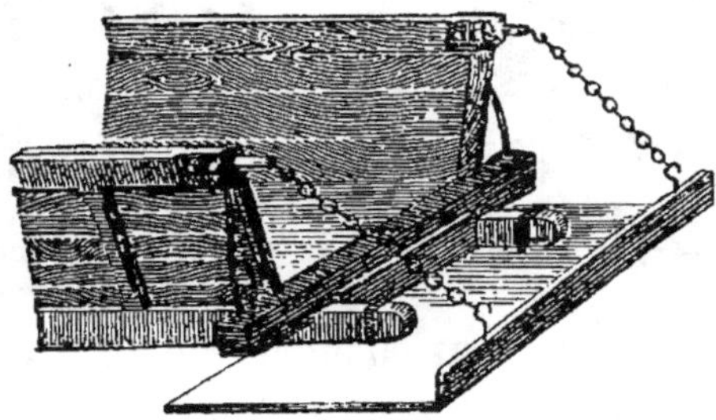

Fig. 201. — Camion pour transporter les pierres cassées.

bord, afin d'arrêter les pierres qui pourraient

se répandre sur le sol, quand on les jette avec
une pelle de l'intérieur de la caisse de la voiture dans le fond de la tranchée.

L'expérience a démontré qu'il y avait avantage à faire subir aux pierres cassées un triage
et un dernier criblage au moment de leur emploi. Pour cela, on se sert du double crible
représenté par la figure 202. Il est supporté
par quatre montants verticaux de 1^m.50 de
hauteur environ, fixés aux côtés d'une brouette
ordinaire qui entraine tout l'appareil dans son

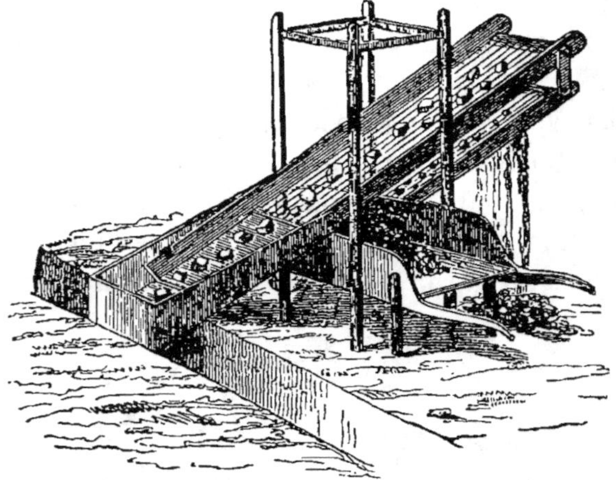

Fig. 202. — Crible pour trier les pierres sur le bord des
tranchées.

transport. On peut changer l'inclinaison du
plan incliné qui forme le fond à claire-voie
du crible, au moyen de vis qui le fixent au
châssis. Une planche verticale est attachée aux

côtés prolongés du crible, qui se termine par une auge placée au-dessus de la tranchée à remplir ; cette planche s'appuie contre la paroi opposée au côté sur lequel se trouve la brouette. On verse les pierres cassées de dessus le camion ou le tombereau dans le crible ; les parties trop petites traversent le premier crible pour tomber sur un second crible placé au-dessous. Ce dernier ne retient que les petites pierres, qui glissent dans la brouette ; la terre et les poussières passent à travers ce dernier, et tombent sur le sol. Les pierres les plus grosses seules glissent le long du crible, et tombent verticalement dans la tra...chée à travers l'auge qui est au bout du plan incliné. Les parois de la tranchée sont protégées par la planche verticale formant l'extrémité de l'auge. L'écartement des fils du crible supérieur est de $0^m.040$ à $0^m.050$, et celui des fils du crible inférieur de $0^m.010$ à $0^m.015$.

On se sert d'une pelle en fer pour faire tomber les pierres sur la partie supérieure du crible, dont les parois sont garnies de tôle, afin d'éviter une trop prompte détérioration des planches qui le constituent. Dès que les grosses pierres, qui tombent seules au fond de la tranchée, sont arrivées à une hauteur suffisante, on déplace la brouette pour continuer le remplissage un peu plus loin. On régularise la surface de l'empierrement à l'aide d'un râteau sur une petite longueur, et on jette par-dessus les petites pierres amassées dans la brouette du crible. On pilonne au-dessus, avec une dame en bois, une petite couche de terre, et on remplit le drain, comme nous avons vu que cela s'exécute pour les drains à tuyaux.

Un drain empierré ainsi établi, exige environ 0.76 mètre cube de pierres cassées pour 10 mètres courants. Deux ouvriers occupés, le premier à décharger les tombereaux, le second à manœuvrer le crible, à égaliser l'empierrement et à le damer, emploient par heure 2.5 à 3 mètres cubes de pierres cassées, c'est-à-dire exécutent de 330 à 400 mètres courants de tranchées par journée de dix heures ; ce qui, à raison de 1 fr. 25 la journée d'un ouvrier, porte à $0^c.7$ environ le prix de revient de la pose du mètre courant. On estime en Angleterre que le mètre cube de pierres revient, pour l'extraction et le cassage, à 1 fr. 40. Il en résulte que le prix de revient des pierres par mètre courant est de $10^c.6$, sans compter le transport, qui peut être très-variable selon les circonstances. D'après la moyenne d'un grand nombre de travaux, M. Smith, de Deanston, porte à 4 centimes le prix du chargement et du transport par mètre courant de drain empierré, à la même somme de 4 centimes celui de l'ouverture de la tranchée, et à 24ᶜ.9 en tout le prix total de 1 mètre courant de tranchée construite à pierres perdues, selon le système que nous venons de décrire. Cet ingénieur établit en conséquence la table suivante pour représenter le prix du drainage empierré par hectare, suivant les divers écartements des lignes de drains :

Écartement des drains.	Mètres linéaires de drains par hectare.	Prix du drainage empierré par hectare pour une profondeur de 1 m.07.
m.		fr.
4.27	2,185	538
5.18	1,821	453
6.10	1,561	389
7.01	1,365	340
7.92	1,226	305
8.83	1,092	272
9.75	993	247
10.66	911	228
11.58	840	207
12.49	781	194

Si on rapproche ces chiffres de ceux que nous avons donnés précédemment[1] pour des travaux exécutés en Angleterre, dans les mêmes circonstances de profondeur et d'écartement, mais avec des tuyaux, on trouve que ces derniers sont d'un tiers meilleur marché que ceux exécutés avec des pierres cassées.

En France, comme nous l'avons démontré

(1) P. 536.

au début de cet ouvrage, les drains empierrés sont usités depuis plusieurs siècles dans maintes contrées. Nous trouvons dans l'*Instruction sur le drainage* de la Commission hydraulique de la Sarthe, que nous avons déjà eu occasion de citer plusieurs fois, quelques détails à cet égard que nous croyons utile de reproduire.

« Pour les drains entièrement garnis de pierrailles, dit cette Instruction, recouverts de mousse ou de gazon renversé et de terre, les prix les plus avantageux dont on trouve l'indication sont les suivants. Ils se rapportent à des fossés de $0^m.70$ à $0^m.80$ de profondeur, ayant $0^m.15$ à $0^m.20$ au fond, et des talus aussi forts que le comporte la nature du terrain :

	centimes.
Fouille des terres, arrangement des pierres et remblais..	40
Extraction de la pierre, cassage et transport..	25
Total par mètre courant de fossé couvert.....	65

« Quant aux fossés où l'on établit des *nocs* ou aqueducs en pierres, ils exigent des soins particuliers et coûtent en général plus cher encore. »

Ce prix est beaucoup plus élevé que celui fixé par l'ingénieur Smith, quoiqu'il ne s'agisse que d'une profondeur de $0^m.75$ en moyenne, au lieu de celle de $1^m.07$.

Il est vrai que nous trouvons aussi les détails suivants, donnés par M. Hubert, architecte à Laval, sur un genre de drainage que l'on exécute depuis longtemps dans le département de la Mayenne :

« On fait, dit M. Hubert, une rigole de $0^m.40$ à $0^m.50$ de largeur sur $0^m.50$ à $0^m.60$ de profondeur, suivant que le point où l'on veut faire écouler les eaux est plus ou moins bas; on fait ensuite dans la rigole un canal avec trois moellons, dont deux placés des deux côtés, et le troisième sur les deux autres, de manière à laisser un vide ayant une section de $0^m.10$ sur $0^m.14$; la hauteur du canal en pierre est de $0^m.20$ environ ; on le recouvre de $0^m.30$ de terre, pour que la charrue ne le détériore pas.

« Ce travail coûte, par mètre courant, en main-d'œuvre............ 15

« Le propriétaire n'a à payer, en sus, que le prix d'extraction de la pierre qu'il prend sur la ferme, parce que le fermier est tenu de faire le transport des matériaux sans indemnité. Cette extraction lui coûte 75 centimes le mètre cube ; et avec un mètre cube, il peut faire, en moyenne, de 9 à 10 mètres courants ; c'est donc, par mètre courant. 8

« *A reporter*........ 23

centimes.

centimes.

Report.......... 23

« Si le propriétaire devait acheter et faire transporter la pierre à ses frais, il aurait en outre à payer :

« 1° Pour la valeur de la pierre, non compris l'extraction déjà comptée ci-dessus, 50 centimes par mètre cube, soit par mètre courant............. 5

« 2° Pour le transport du mètre cube, moyennant 75 centimes, soit par mètre courant.............. 8

« Total par mètre courant de drain. 36 »

On remarquera que la profondeur du drainage ainsi exécuté est extrêmement faible; que, par conséquent, on doit être loin d'obtenir un assainissement suffisant, quoique le prix de 36 cent. soit encore très-supérieur au prix moyen par mètre courant du drainage avec les tuyaux.

Nous verrons plus loin que c'est une question de savoir si les tuyaux peuvent être employés dans les terrains plantés en vigne. Peut-être devra-t-on recourir constamment dans les vignobles aux drains empierrés. Pour cette raison, nous reproduirons ici une description des travaux exécutés dans le département du Var par M. Henri Laure. En 1834, la Société centrale d'Agriculture avait mis au Concours deux prix de 3,000 et de 1,500 fr.

pour le desséchement de terrains d'une contenance de 50 et de 25 hectares, au moyen des rigoles souterraines. M. Laure a reçu le prix de 1,500 fr. pour le desséchement de sa terre dite *des Moulières* d'une contenance de 25 hectares.

« En Provence, dit M. Laure, on nomme *moulière* tout terrain recevant pendant l'hiver les infiltrations pluviales des montagnes qui l'avoisinent, et qui, en été, devient sec et dur. On comprend qu'un pareil terrain est incultivable. Il n'est guère de communes dans le département du Var, à cause des nombreuses montagnes dont il est couvert, qui n'ait son quartier des moulières. Cependant ces quartiers sont souvent les meilleurs, les mieux cultivés et les plus productifs. C'est que, depuis plus ou moins de temps, ils ont été desséchés par des *ouïdes* ou des *touns*, noms vulgaires du pays auxquels le mot *drain* est substitué de nos jours.

« La commune de la Valette, près Toulon, avait aussi son quartier des moulières, et ce quartier est possédé par ma famille depuis près de cent ans. En 1827, ces moulières ayant fait mon lot, lors du partage de la succession de mon père, je me plaignis bientôt à mon fermier de ce qu'un terrain d'environ 3 hectares était couvert de chiendent et autres mauvaises plantes, et dans un état complet d'inculture. Là, me dit-il, il ne viendrait pas de seigle. C'est bien, répondis-je, nous le verrons dans quatre ou cinq ans. En effet, quelques années après, on y voyait, et on y voit surtout aujourd'hui des vignes, des oliviers, des arbres fruitiers d'une belle venue, et les intervalles ou soles qui séparent les rangées de vignes couverts de froment et de légumineuses magnifiques. Plusieurs autres parties de la même propriété étaient aussi presque en friche, à cause de nombreuses moulières qui s'y trouvaient, et aujourd'hui une végétation vigoureuse montre ce que peut produire un desséchement fait avec intelligence.

« En faisant d'abord nos plantations de vignes sur les points les plus élevés, je fis d'amples provisions de pierres que j'employai à la construction de mes ouïdes. Je creusai des tranchées de 1 mètre à $1^m.30$ sur une largeur au fond de $0^m.40$. Des pierres de $0^m.12$ à $0^m.14$ d'épaisseur furent placées le long des deux côtés du fond de la tranchée, en laissant entre chaque rang de pierres un intervalle de $0^m.10$ à $0^m.12$. Des pierres longues de $0^m.30$ à $0.^m40$ furent posées sur les pierres déjà placées de champ au fond de la tranchée, et de manière qu'un vide d'environ

32

0^m.12 restât entre ces diverses pierres pour servir à l'écoulement des eaux qui s'y infiltreraient durant l'hiver. Un amas de pierrailles d'environ 0^m.25 à 0^m.30 d'épaisseur combla en partie les tranchées; des feuillages furent ensuite jetés sur ces pierrailles, et finalement les tranchées furent comblées avec la terre qui en avait été extraite.

« Mes premiers ouïdes ont été construits en 1829, et le terrain est encore aujourd'hui aussi bien asséché qu'à l'origine; mon drainage en empierrement a donc duré déjà 24 ans. »

2° *Drains en bois.*

Le bois de pin a été proposé, il y a quelques années, en Angleterre, pour la construction des drains. En France, l'usage de ce bois pour le drainage remonte à une époque reculée. Voici ce que dit à ce sujet M. Laure, que nous venons déjà de citer : « Dans les terrains privés de pierres, on construisait anciennement les ouïdes avec des pins. Je n'en ai jamais établi ainsi; mais, dans mes défoncements, j'en ai trouvé qui, certainement, avaient été faits depuis plusieurs siècles. On sait que les pins enfouis tout verts sont impérissables. Voici comment on opérait, à en juger par ceux que j'ai trouvés. On coupait dans les forêts, ou bien on achetait des pins d'un diamètre moyen de

0^m.10 à 0^m.12, et le nombre en était déterminé par l'étendue du terrain à dessécher. On plaçait ces pins, sans les écorcer, un de chaque côté au fond de la tranchée et un troisième au-dessus des deux autres, en ayant soin de mettre le gros bout de ce troisième sur les petits bouts des deux autres. Nécessairement, il restait un vide entre les trois pins. Ces ouïdes eussent été éternels, si on avait mis sur les pins 0^m.25 à 0^m.30 de pierrailles. Par le manque de ces pierres, ils s'étaient engorgés de terre. »

En Angleterre, M. Scot, de Craigmuie, construit les tuyaux de bois de pin en clouant ensemble quatre planches de 0^m.025 d'épaisseur, de manière à en former un canal rectangulaire de 0^m.05 de côté intérieurement et de 0^m.10 extérieurement. Les planches sont percées de trous d'intervalle en intervalle, pour permettre l'introduction de l'eau dans le drain.

M. Fowler, de Melksham, dans le Wiltshire, a réalisé à cet égard une idée qu'avait eue quelques années auparavant M. Saul, de Garstang, dans le Lancashire. Il a construit des drains en débitant, à l'aide d'une scie circulaire, des billes de bois commun en parallélipipèdes rectangulaires de 0^m.065 de côté. Les billes découpées sont ensuite entraînées par un chariot mobile sur un banc de tour où

elles sont présentées à une mèche mue par le
tour qui les fore dans toute leur longueur sur
un ou plusieurs pieds anglais. Les tuyaux obtenus sont en outre percés de trous de distance
en distance, pour faciliter l'introduction de
l'eau. Avant d'être employés, ils sont plongés
dans un bain de goudron pour augmenter leur
durée. Ces tuyaux sont introduits dans le sol à
l'aide de la charrue de drainage de MM. Fowler et Fry que nous avons décrite précédemment (fig. 198, p. 547). Ces tuyaux de bois
ne reviennent, chez M. Fowler, qu'à 10 fr. les
1,000 bouts de 0ᵐ.30 de longueur. A ce prix
le drainage en tuyaux de bois est moins cher
que le drainage à tuyaux de poterie. Nous ne
doutons donc pas que, dans certaines contrées
où le bois est presque sans valeur, on ne puisse
se servir de pareils tuyaux. Il resterait à savoir
s'ils auraient la même durée que les tuyaux
en poterie cuite.

3° *Drains en fascines.*

Nous avons vu, par une citation détaillée de
notre grand agronome Olivier de Serres [1], que
la paille, les branchages ou les fascines, ont
été très-employées pour les anciens drainages. On se sert encore de ces matériaux dans
plusieurs parties de la France, de l'Angleterre et surtout de l'Allemagne. Les travaux

(1) Voir p. 25 et suivantes.

ainsi effectués sont loin d'avoir la durée de
ceux exécutés avec des tuyaux en poterie.
Cependant dans quelques cas particuliers où
soit les tuyaux, soit les pierres seraient très-
rares ou très-coûteux, on peut avoir recours
aux fascines.

« On fabrique, dit M. Mangon, les fascines sur
un métier (fig. 203), formé de trois ou quatre

Fig. 203. — Métier pour fabriquer les fascines.

croisillons en bois enfoncés de 0^m.90 environ
dans la terre et s'élevant à 0^m.60 au-dessus
du sol. Les croisillons sont espacés de 0^m.60
à 1^m.20 les uns des autres, et formés de ron-
dins de 0^m.15 à 0^m.20 de diamètre. On les
charge de la quantité de branches nécessaires
à la fabrication d'un saucisson. Pendant qu'un
ouvrier serre fortement ce fagot avec une
corde nouée à deux bâtons (fig. 204), un au-

Fig. 204. — Mode de lier les fascines.

tre ouvrier les lie avec un hart de bois flexi-
32.

ble, préalablement passé à la flamme pour lui donner plus de souplesse. »

Les drains garnis de fascines n'ont pas une profondeur aussi grande que ceux destinés à recevoir des pierres, et surtout des tuyaux; on se contente ordinairement de leur donner une profondeur de $0^m.55$ à $0^m.75$. Leur forme varie avec les localités. Quelquefois leur section transversale est un trapèze sur le fond duquel les fascines sont simplement posées ou bien supportées par des croisillons en bois. Le plus souvent, on ménage (fig. 205)

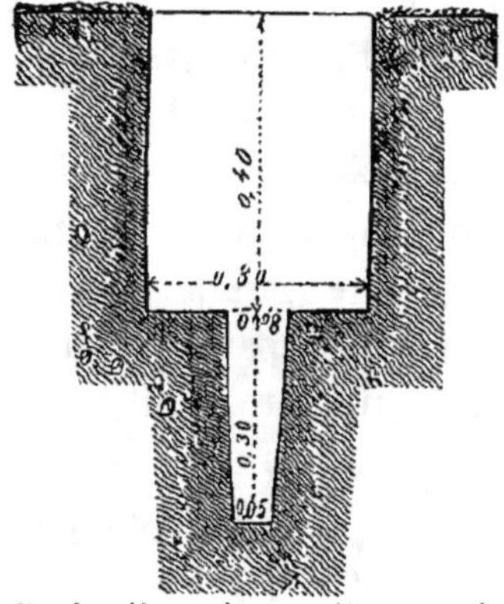

Fig. 205. — Drain disposé pour être garni de fascines.

un double épaulement à une distance de $0^m.40$ du sol, et ce n'est qu'à partir de ce point qu'on creuse une tranchée très-étroite, profonde, par exemple, de $0^m.30$, large en haut de $0^m.08$, et en bas de $0^m.05$. C'est ainsi qu'a

opéré M. Gallemand pour les travaux qu'il a
exécutés dans la Manche, et dont nous avons
parlé précédemment [1]. La grosseur des fascines est telle qu'elles n'entrent que de force
dans la petite tranchée. Avant de remplir le
reste de la tranchée avec de la terre tassée,
on met sur les fascines une petite couche de
paille, des joncs ou des genêts, destinés à empêcher la terre fine d'engorger le canal qu'on
veut conserver au-dessous.

Les drains garnis de fascines n'ont qu'une
durée très-limitée. Nous en présenterons un
exemple dans un drainage effectué par M. Demesmay, dans l'arrondissement de Lille
(Nord). Le champ sur lequel le drainage a eu
lieu était *surgeonneux*, c'est-à-dire que son
sous-sol, composé d'argile sablonneuse et de
sable, contient une nappe d'eau qui venait
sourdre à la surface partout où le sol s'a-
baisse. La pluie qui y tombait ne trouvait pas
à s'écouler, retenue qu'elle était non pas par
une couche imperméable, mais par une couche noyée dans laquelle l'eau tendait à monter plus qu'à descendre, attendu qu'elle était
pressée par celle qui arrivait des terrains en-
vironnants ayant un niveau plus élevé. Ce cas
se présente dans un grand nombre de cultures
de l'arrondissement de Lille. Le champ drainé

______
(1) Voir p. 275.

par M. Demesmay, d'une superficie de 5ʰ.5, et formé par la réunion de six parcelles, avait d'abord été coupé par beaucoup de fossés qui s'opposaient aux charrois. M. Demesmay crut pouvoir supprimer ces fossés en en remplissant le fond avec des fagots. Ce drainage imparfait donnait lieu à l'écoulement d'une partie de l'eau ; mais le dégagement obtenu était loin de se trouver suffisant. On fut forcé d'y creuser des *travers,* c'est-à-dire des rigoles d'un fer de bêche de profondeur, qu'on exécute en travers du sens du labour, lorsque les rigoles qui séparent les planches de 3 mètres formées par la charrue ne suffisent pas à l'écoulement des eaux. Malgré toutes ces précautions, les semailles du printemps étaient fort retardées, non pas que tout le champ restât humide, mais il suffisait de quelques points surgeonneux pour condamner à l'inaction, bien que l'époque des semailles fût arrivée. M. Demesmay prit en conséquence le parti de drainer avec des tuyaux placés en moyenne à une profondeur de 1 mètre, dans les directions où il y avait autrefois des fossés ou des travers, comme le représente la figure 206. Les tranchées ne furent pas creusées précisément à la place des anciens fossés, mais à une distance de 2 mètres, afin d'éviter les fagots qui ne se seraient point laissé

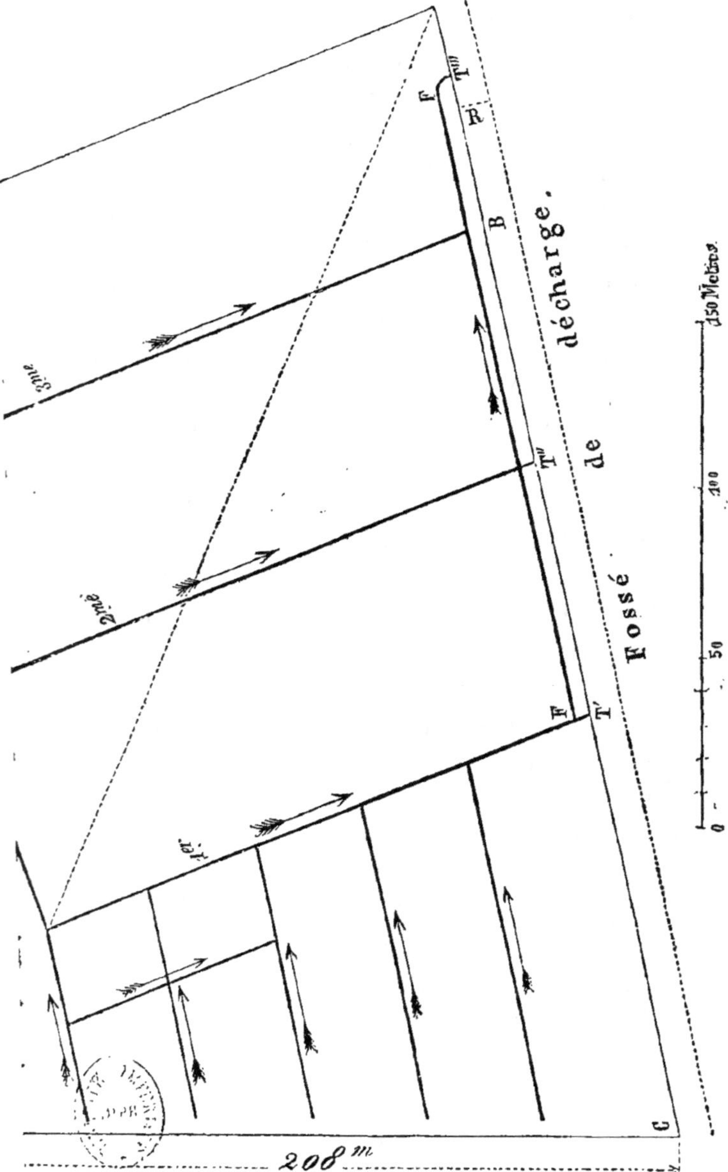

Fig. 206. — Plan du drainage d'une pièce de terre sise à Templeuve, par Pont-à-Marcq (Nord).

attaquer par la bêche et qui eussent rendu le sol très-*éboulant*.

A est le point le plus élevé du champ, et B en est le point le plus bas ; entre ces deux points, il y a une différence de niveau de $2^m.60$. FF est un drain qui recueille l'eau des bas de *fourrières ;* les premier et deuxième drains se vident en T' et T'' dans le fossé de décharge qui longe le champ ; mais en R il se trouve une retenue d'eau pour une petite prairie située de l'autre côté du fossé, ce qui a forcé à conduire en T''' la décharge du troisième drain qui eût dû être en B. On a dû approfondir le drainage en ce point à $1^m.50$, afin d'être certain de se débarrasser de toute l'eau excédante.

Ce drainage a parfaitement réussi ; dix jours après une pluie abondante, il est vrai, chaque bouche T', T'' et T''', au mois d'août 1852, donnait 100 hectolitres d'eau par 24 heures ; au mois d'octobre, les bouches coulaient à gueule-bée et versaient chacune 1,300 hectolitres par 24 heures.

La pièce est parfaitement assainie, quoiqu'on n'ait exécuté que 1,268 mètres courants de drainage en tout, c'est-à-dire 227 mètres par hectare.

Le prix de revient a été très-faible, ainsi qu'il suit :

1,248 mètres courants de terrassements,
à 60 cent. par mètre.............. 74^f.88
4,160 tuyaux, à 30 fr. le mille........ 124.80

Total................ 199.68
Soit 35 fr. par hectare.

Tout le drainage a coûté quarante journées de travail, savoir, 10 journées pour le chef ouvrier, à raison de 2 fr. 16 c. par jour; et 10 journées pour chacun de ses trois manouvriers, payés un sixième en moins, ou 1 fr. 80 c. par jour.

Voilà donc un exemple de drainage très-peu coûteux exécuté avec des tuyaux, qui a parfaitement réussi là où un drainage avec fascines n'avait pu durer.

Aux détails que nous venons de donner, M. Demesmay a ajouté ce renseignement très-intéressant : « L'eau qui s'écoule, nous a-t-il écrit, de l'ancien drainage aux fagots a une saveur styptique insupportable; celle qui coule des tuyaux de poterie placés à 2 mètres de distance est absolument sans saveur. La première donne un dépôt considérable d'oxyde de fer; l'autre n'en fournit aucun. L'explication de ce fait n'est pas difficile : en présence du bois en décomposition, le peroxyde de fer des argiles passe à l'état de protocarbonate soluble dans un excès d'acide carbonique; arrivé à l'air, le protocarbonate absorbe de l'oxygène et se précipite. C'est là un phénomène connu, mais qui a beaucoup étonné les personnes étrangères à la science qui en ont été témoins. »

4° *Drains en gazon.*

Dans le cas de pénurie de tous les matériaux dont nous venons de parler, on a proposé de construire des drains avec de simples morceaux de gazon enlevés de la surface du sol. On creuse la tranchée en donnant une certaine inclinaison aux parois, et en ménageant deux épaulements quand on approche du fond (fig. 207). On chasse ensuite la motte de

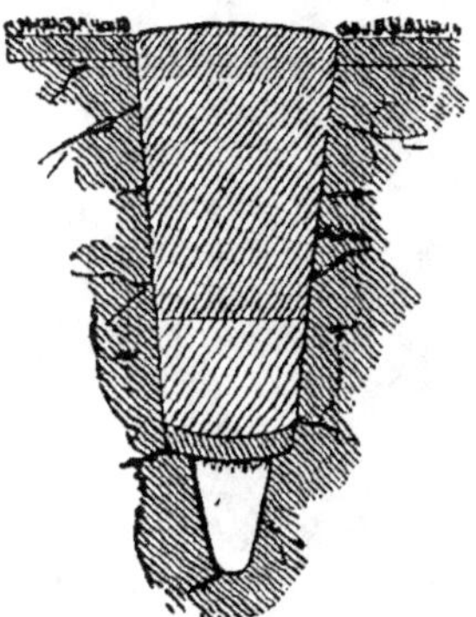

Fig. 207. — Tranchée garnie de gazon.

gazon enlevée de la surface, de manière à l'enfoncer à force jusqu'à ce qu'elle pose sur les épaulements en conservant un vide en dessous; on achève de remplir avec de la terre pilonnée, puis avec de la terre simplement extraite par la fouille. Un pareil travail ne revient pas à beaucoup meilleur marché que le drainage en tuyaux de poterie, et il présente évidemment beaucoup moins de chances de durée.

5° *Drains en conduits de tourbe.*

Le drainage des marais tourbeux a beaucoup préoccupé les ingénieurs anglais. La mobilité du terrain faisant changer facilement l'inclinaison, on évite d'employer de lourds matériaux, à moins que l'on ne puisse atteindre le sous-sol solide à une profondeur de $1^m.80$ à $2^m.45$; dans ce cas, le meilleur parti

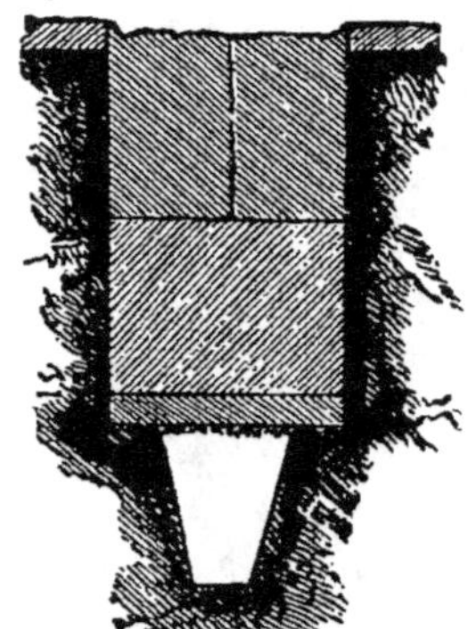

Fig. 208. — Tranchée garnie de tourbe.

à prendre consiste à creuser les tranchées jusqu'à cette profondeur, et à employer les tuyaux de poterie. Mais lorsque l'épaisseur de la couche tourbeuse rend ce travail impraticable, on peut obtenir un bon assainissement en construisant des drains avec de la tourbe elle-même. On opère de deux manières différentes.

Dans le premier procédé, on taille verticalement les parois de la tranchée, comme cela est représenté par la figure 208, où l'on voit un drain de 1^m.05 de profondeur exécuté en ménageant au bas deux épaulements qui précèdent une rigole plus étroite. On jette sur ces épaulements, la surface herbée en dessous, la première motte enlevée de la tranchée. On place ensuite les deux mottes détachées par le second coup de bêche. On remplit enfin avec la terre extraite par le béchage suivant. Ce travail peut s'exécuter avec une grande précision dans les terrains tourbeux, qui se découpent bien à la bêche.

Dans le second procédé, on fait des tuyaux en tourbe en se servant d'un louchet d'une forme particulière (fig. 209), inventé par M. Calderwood. Ce louchet, à cause de la courbure qu'il présente, permet de découper dans le terrain des prismes de tourbe ayant une cavité, comme on le voit dans la partie inférieure

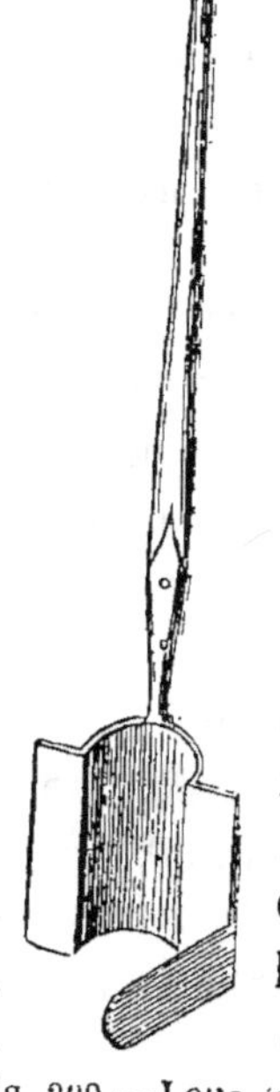

Fig. 209.—Louchet pour découper les conduits en tourbe.

de la fig. 210. On fait sécher ces prismes au soleil. En retournant le premier des deux prismes qui ont été découpés à la suite l'un de l'autre, de manière à l'appliquer sur le second, on forme le tuyau que montre la partie supérieure de cette même figure 210. On obtient ainsi un vide cylindrique. Un ouvrier fait de 2,000 à 3,000 prismes de cette forme en un jour.

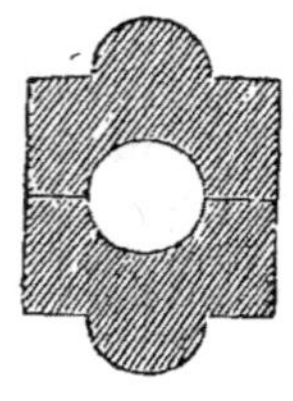
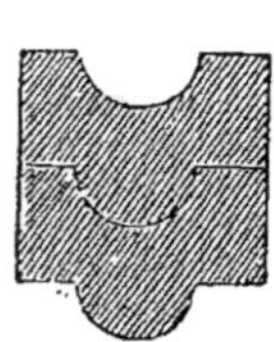

Fig. 210. — Prismes de tourbe découpés de manière à former des tuyaux.

Les tubes de tourbe ainsi fabriqués sont placés au fond des tranchées ordinaires, qu'on remplit comme pour les tuyaux en poterie. Ils reviennent à assez bon compte, et rendent des services dans le desséchement de marécages où il n'existe souvent ni pierres, ni argiles propres à la fabrication des tuyaux de poterie cuite.

6° *Drains moulés.*

Nous entendons par *drains moulés* des conduits souterrains pratiqués profondément avec l'argile seule du terrain, sans avoir recours à d'autres matériaux. Ce genre de drainage n'est absolument applicable que dans des terrains entièrement formés de terre glaise. Il exige des instruments particuliers. D'abord, avec une bêche de surface ordinaire, on enlève la première couche de terre, et on la place sur l'un des côtés de la tranchée. La seconde couche de terre est enlevée à son tour, et placée de l'autre côté de la tranchée à l'aide d'une bêche longue et étroite. Enfin, on achève la fouille en se servant d'un instrument particulier appelé *mèche de fer* (fig. 211). Il consiste en une bêche étroite de $1^m.07$ de longueur, ayant une largeur de $0^m.038$, et une épaisseur de $0^m.013$ à la partie inférieure, qui se termine en un biseau affilé. Du côté droit de la poignée et perpendiculairement à la lame, se trouve une aile en acier de $0^m.15$ de long et $0^m.064$ de haut, également terminée par un biseau tranchant inférieur. Du côté gauche de la poignée et dans son plan, à une distance du tranchant inférieur de $0^m.36$, se trouve fixée une sorte de pédale de $0^m.076$ de long. On enfonce d'abord cet instrument à la profondeur voulue et sous l'angle le plus convenable au travail, l'aile latérale étant

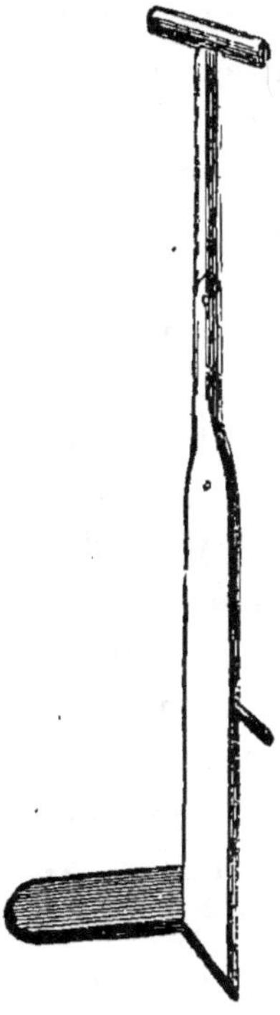

Fig. 211.—Louchet dit *mèche de fer* pour enlever les tranchées des drains moulés.

maintenue parallèle à la direction du drain et
en appuyant du pied sur la pédale. On retire
l'instrument et on lui fait faire un demi-cercle
sur lui-même pour l'enfoncer de nouveau de
la même quantité que la première fois, en
mettant le talon à l'extrémité de la tranchée
faite d'abord par l'aile. Par cette double opération, on détache sur ses quatre faces un
prisme d'argile parfaitement régulier, qu'on
enlève avec l'instrument et qu'on dépose à
côté de la seconde terre extraite. On recommence ces opérations jusqu'à ce qu'on ait
formé une tranchée dont on nettoie le fond à
l'aide d'une écope ou d'une drague.

Quand le fond de la tranchée est bien régulier sur une certaine longueur, on prend un
chapelet de 4 à 6 pièces de bois, ayant chacune $0^m.30$ de long, $0^m.18$ de haut, $0^m.051$
d'épaisseur à la base et $0^m.064$ au sommet.
Ces billes de bois sont réunies les unes aux
autres par des lames de tôle posées sur les
jointures, mais ne serrant pas, de telle sorte
que le système forme une barre un peu flexi-
ble à l'une des extrémités de laquelle on attache une forte chaîne (fig. 212). On arrose ce
mandrin avec de l'eau, et on le place, la partie
la plus étroite en bas, au fond de la tranchée
qu'il doit remplir complétement. On jette par-
dessus la terre glaise ôtée, et on la pilonne

par couches successives avec un pilon de
$0^m.08$ de large, jusqu'à ce que la tranchée
soit en partie remplie. A l'aide d'un levier en-
filé dans le dernier anneau de la chaîne et
enfoncé dans le fond de la tranchée, on tire
le mandrin en avant jusqu'à ce qu'on ait retiré toutes les pièces de bois, excepté la der-

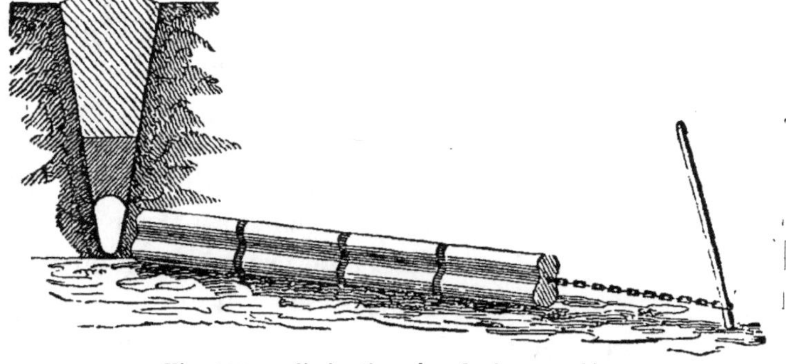

Fig. 212. — Exécution des drains moulés.

nière. Sur la partie du mandrin retiré, on pilonne de nouveau de la terre glaise, et ainsi
de suite. Il est bien évident que, de cette manière, on laisse derrière le mandrin un canal
en argile, moulé sur ses formes extérieures.

Un tel système ne saurait être pratiqué
dans des terrains d'où l'eau s'écoulerait en
abondance. A cause du soin qu'exige son
exécution, son prix doit être aussi assez élevé.
Maintenant que, grâce aux chemins de fer et
au perfectionnement des autres voies de com-

munication, le transport des matériaux nécessaires à la fabrication des tuyaux en poterie cuite est possible dans la plupart des cas,
le nombre des circonstauces où des drains
ainsi moulés pourraient rendre des services
est nécessairement très-restreint. Dans les
fermes laitières du Gloucestershire, où ce mode
de drainage a été beaucoup employé, on
l'estime de $6^c.2$ à $7^c.3$ par mètre courant
pour une profondeur de $0^m.61$ seulement.

7° *Drains en coulée de taupe.*

La forme la plus simple des conduits couverts destinés à donner écoulement à l'eau en
excès, est certainement celle produite par un
instrument laissant dans le sous-sol une trace
de son passage semblable à la galerie creusée
par le travail souterrain d'une taupe. Les
instruments qui produisent ces sortes de drains
sans tuyaux, sans pierres, sans fascines ni autres matériaux, sans aucun autre travail que
leur simple passage dans le sol, ont été nommées *charrues-taupes* à cause de leur mode
d'action.

Ces machines sont analogues à la charrue
sous-sol que nous avons précédemment décrite
(p. 456, fig. 166). Seulement, le coutre, extrêmement fort, est terminé à sa partie inférieure par
une pièce conique en fer ou en fonte, attachée

horizontalement de manière à servir de soc (fig.
213). Le coutre traverse une poutre horizontale dans laquelle on le fixe par un coin, de
manière à ce que le soc conique inférieur soit
maintenu à une profondeur uniforme pendant

Fig. 213. — Charrue taupe.

la marche de l'appareil. Le mouvement est
transmis à la poutre, qui se traîne à fleur de
terre, par une chaîne qui s'enroule sur un cabestan manœuvré par des chevaux (fig. 214).
La partie inférieure de la poutre est garnie de
fer, pour éviter que son usure ne soit trop
rapide.

On comprend qu'un pareil instrument ne
peut fonctionner que dans une terre argileuse
sans pierres, et que ce n'est que dans la glaise
qu'on espère de garder les conduits souter-

Fig. 214. — Travail de la charrue taupe.

rains semblables aux galeries de taupes que le soc conique a tracés profondément.

On doit reconnaitre dans la machine que nous venons de décrire, l'origine de la charrue de drainage de MM. Fowler et Fry, dont il a été question précédemment (p. 547, fig. 198).

On rapporte que les drainages par la charrue taupe exécutés dans des pâturages situés sur un sol fortement glaiseux, et qui n'ont coûté qu'une vingtaine de francs par hectare, ont rendu de grands services, et que leur durée est même considérable. Nous ne voudrions pas cependant conseiller l'achat d'engins, tels que le cabestan, ses ancres, sa chaîne, etc., en présence des procédés si simples du drainage complet et perfectionné que nous nous sommes attaché à exposer dans cet ouvrage.

CHAPITRE XLV.

Effets du drainage sur le rendement des récoltes.

Dans ce chapitre, nous n'avons pas pour but de montrer par des aperçus théoriques quels avantages il y a pour le cultivateur à avoir constamment ses terres à l'abri d'une humidité stagnante qui paralyse tous ses efforts à bien coordonner les travaux d'une exploitation rurale. C'est là une vérité trop bien sentie pour qu'on ait besoin de faire autre chose que de la signaler. Nous voulons grouper et résumer les expériences sérieuses qui ont été faites jusqu'à ce jour sur les diverses sortes de terrains soumis au drainage, et sur les diverses récoltes recueillies sur des terrains de même nature drainés et non drainés. Nous donnerons la parole aux faits, sauf à faire comprendre dans un autre chapitre comment ces faits ont pu se produire sous l'influence du drainage.

1° *Récoltes de céréales.*

Première expérience. La première expérience dont nous présenterons les résultats, parce que nos lecteurs ont sous les yeux le plan de la pièce drainée (pl. V), parce que nous avons donné des détails sur la nature argileuse de son sol (p. 460) et sur le prix de revient de son drainage (p. 517), a été exécutée, par M. de Rougé, sur la pièce dite *fond de Courmont,* située sur le domaine du Charmel (Aisne).

Un procès-verbal, dressé par les autorités du lieu avant l'exécution des travaux, constate que, « vers le milieu de la pièce, à la partie du nord, la terre, limon argileux mélangé de glaise, est en partie recouverte d'eau suintant et séjournant à la surface, même par les plus grandes sécheresses; que, dans les parties hautes, où l'eau ne séjourne pas, la couche de terre est tellement dure et serrée, que la culture en est extrêmement difficile par les temps secs; que les récoltes y ont de tout temps été très-médiocres en qualité et en quantité, remplies d'herbes marécageuses que faisait croître l'eau contenue dans le sol. »

Toute la pièce fut marnée à raison de 45 mètres cubes par hectare; la partie haute reçut 28 mètres cubes de fumier par hectare; la partie basse, composée de 6ʰ. 5, jadis toujours couverte d'eau, ne reçut aucun engrais. La pièce fut semée le 20 octobre 1851.

M. de Rougé établit ainsi le compte de la

récolte et des frais de culture avant et après le drainage :

Récolte.

	Avant le drainage.	Après le drainage.
Gerbes par hectare.	400	760
Grain en hectolitres........	7	17
Grain en kilogr.	518	1,258
Paille en kilogr.	2,000	4,180

Produit en argent.

	Avant le drainage. fr.	Après le drainage. fr.
Grain, à 16 fr. l'hectolitre....	112	272
Paille, à 4 fr. les 100 kilogr...	80	167
Totaux........	192	439

Frais de culture.

Avant le drainage.		Après le drainage.	
Trois labours, à 30 fr. l'un..............	fr. 90	4 labours à 2 chevaux, à 20 fr. l'un.......	fr. 80
Hersage.	10	Hersages...........	18
Ensemencement.....	45	Ensemencement.....	45
Total......	145	Total......	143

Excédant du produit sur les frais de culture.

Avant le drainage.	Après le drainage.
47 fr.	296 fr.

Bénéfice dû au drainage par hectare.   249 fr.

Le prix du drainage, avons-nous vu (p. 518), ne s'est élevé qu'à 234 fr. par hectare : en une seule année l'opération s'est donc trouvée payée et au delà. Il faudrait peut-être cependant, dans ce compte donné par M. Rougé, tenir compte du marnage et de la fumure.

Deuxième expérience. Dans la pièce de 10 hectares, dite *Petite grève*, dont nos lecteurs ont aussi le plan sous les yeux (pl. VII), et qui se compose partie d'argile mêlée de pierres siliceuses reposant sur la glaise, et partie d'argile mêlée de pierres calcaires, M. de Rougé a fait ensemencer, sans aucun engrais, la partie haute, à la date du 29 octobre 1851, en jarosse (gesse) mêlée de seigle, et la partie basse en seigle seul, le 26 septembre. Les résultats obtenus sont les suivants :

Partie haute. — Gesse mêlée de seigle.

Produits. — 1,000 gerbes à l'hectare ayant donné :

17 hectol. de grain pesant 1,360 kil. et valant, à 14 fr. l'hectol.............................. 238ᶠ 00
5,630 kil. de paille et fourrage, à 4 fr. 40 c. les 100 kil 247.80

Total........................ 485.80

Frais de culture. — Deux labours à 4 chevaux, à 36 fr. l'un............................ 72 fr.
Hersages................................ 20
Semence.................................. 25

Total............ 117
Excédant du produit sur les frais............ 368.80

« La récolte languissait pendant l'hiver, dit M. de Rougé ; au mois d'avril elle avait une apparence si maladive, et promettait un produit si peu considérable, que les cultivateurs disaient ne vouloir pas assurer, au moment de la moisson, plus de 500 gerbes à l'hectare. Néanmoins la terre s'assainissait de plus en plus, et, le moment de la fauchaison venu, nous avons récolté 1,000 gerbes à l'hectare, du poids de 7 kil. chacune. Ce résultat est celui des meilleures terres du pays, bien fumées, bien cultivées, et semées en bonne saison. La pièce n'avait eu que deux labours et n'avait pas été fumée. C'est donc au drainage seul qu'on doit attribuer les résultats obtenus.

Partie basse. — Avant le drainage.

Seigle seul.

Produits. — 600 gerbes ayant donné : 15 hectol.
de grain pesant 1,050 kil., à 12 f. l'hectolitre. 180 fr.
3,300 kil. de paille à 4 fr. les 100 kil......... 132

Total. 312

Frais de culture. deux labours, à 30 fr. l'un.... 60
Hersage.................... 5
Ensemencement............. 30

Total......... 95
Produit net............................... 217

Après le drainage.

Seigle seul.

Produit. — 1,200 gerbes ayant donné : 12 hectolitres de grain pesant 3,024 kil., à 13 fr.
l'hectolitre............................ 546 fr.
7,000 kil. de paille, à 4 fr. 60............. 322

Total......... 868

Frais de culture. Deux labours à 2 chevaux, à 20 fr.   fr.

              l'un   40

              Hersages   15

              Ensemencement   30

                            Total   80

Produit net   783

           Bénéfice dû au drainage . . . .   566 fr.

Le drainage n'ayant coûté que 234 fr. 33 c., il a été payé la première année avec un bénéfice de 332 fr.

Quatrième expérience. — M. Vandercolme, agriculteur de l'arrondissement de Dunkerque, a entrepris sur ses terres, sises dans les communes de Rexpoëde, Lefferinckhouke et Killem, des expériences extrêmement intéressantes sur le drainage, qui doivent lui valoir la reconnaissance de ses compatriotes et de tous les amis du progrès agricole. Déjà, à l'exposition du Congrès des agriculteurs du nord à Valenciennes, en 1852, M. Vandercolme avait envoyé des gerbes de blé et d'avoine venues dans des terrains drainés et non drainés, et dont la comparaison démontrait, à cause de la hauteur de la paille et de la grosseur des épis des gerbes des terrains drainés, l'immense avantage de l'amélioration foncière que nous voulons vulgariser en France. Cette année, M. Vandercolme a fait connaître les résultats comparatifs de trois cultures de blé

exécutées sur un même champ, d'une contenance totale de 2^h.23 , divisé en trois parties
égales. L'une des parties n'a pas été drainée ;
les deux autres parties ont été drainées, mais
sur l'une d'elles on a fait un labour profond
avec la charrue sous-sol [1]. Voici les chiffres
que des mesures prises avec soin ont fournis
à l'agriculteur éminent que nous sommes heureux de signaler à l'attention publique ; ces
chiffres sont ramenés à l'hectare :

	Sans drainage.	Avec drainage,	Avec drainage et labour avec la charrue sous-sol.
Gerbes...............	1.086	2,224	2,733
Grain en hectolitres....	17	22	27
Grain en kilog.........	1,355	1,740	2,197
Paille du kilog.	6,200	7,612	9,343
Valeur en grain à 18 fr.	fr.	fr.	fr.
l'hectolitre.	306	396	486
Valeur de la paille à 3 fr.			
les 100 kil.	186	228	280
Valeur totale du produit.	492	624	766
Profondeur des racines..	0^m.10	0^m.15	0^m.33

Les trois récoltes sont entre elles :

Pour le grain en poids..   :: 100 : 128 : 162
Pour la paille en poids..   :: 100 : 123 : 150
Pour la valeur totale...   :: 100 : 127 : 155

On voit que le drainage et le labour profond, tout en augmentant à la fois le rende-

(1) Voir cette charrue, p. 456, fig. 166.

ment en grain et en paille, favorisent cependant davantage la production en grain.

Cinquième expérience. — L'expérience précédente montre que le labour par la charrue sous-sol joint au drainage augmente le rendement de la terre autant que le drainage seul. L'emploi du labourage du sous-sol est pratiqué en grand en Angleterre. Nous allons citer une expérience faite dans ce pays. Cette expérience a l'avantage d'embrasser plusieurs années, et d'avoir été effectuée sur une ferme tout entière. On ne pourra pas lui reprocher de ne donner que l'état des récoltes immédiatement après le drainage, et, par conséquent, d'induire peut-être en erreur, parce que le surcroît de fertilité obtenu d'abord ne se soutiendrait pas les années suivantes. On remarquera que nous quittons la France. Nous aimons surtout à y prendre nos exemples, parce que chacun peut plus facilement vérifier l'exactitude des renseignements que nous fournissons à tous, et aussi parce que nous échappons ainsi aux objections que l'on a faites aux autres auteurs de travaux sur le drainage, de citer des faits particuliers à un climat, à des conditions agricoles, à des terres que l'on ne rencontre pas chez nous. Nous voulons atteindre encore un autre but que celui que nous avons eu principalement en vue en parlant du drainage; nous voulons que les agriculteurs français reconnaissent tout ce que peuvent des améliorations foncières de toute nature. En conséquence, nous n'hésitons pas à emprunter à l'Angleterre des exemples dont on reconnaîtra la haute portée en présence des négations du progrès agricole, que quelques-uns affectent d'opposer à toutes les démonstrations de la possibilité de faire rendre à la terre plusieurs fois ce qu'elle rapporte aujourd'hui.

Il s'agit du drainage profond et du labourage du sous-sol effectués sur la ferme de Poles, appartenant à l'honorable sir Robert Henry Clive. Ces opérations sont décrites par M. Richard White, dans cinq articles du journal de la Société royale d'agriculture d'Angleterre [1].

La ferme a l'étendue suivante :

	hectares.
Terres arables.	50.93
Prairies.	18.28
Anciens herbages.	20.31
Prairies de 1 et de 2 ans pour le pâturage permanent.	8.86
Bâtiments d'exploitation, bergeries, cours des meules, cottages, etc.	1.16
Total.	99.54

(1) T. I, p. 33 et 248; t. II, p. 346; t. IV, p. 372; t. VI, p. 229.

Une grande partie de cette ferme a été drainée de 1838 à 1842 à l'aide de drains empierrés. La figure 215 représente la section d'une tranchée ordinaire, et la figure 216 celle d'une tranchée de drain principal. Au fond de chaque tranchée, comme on le voit dans ces figures, se trouvent disposées des

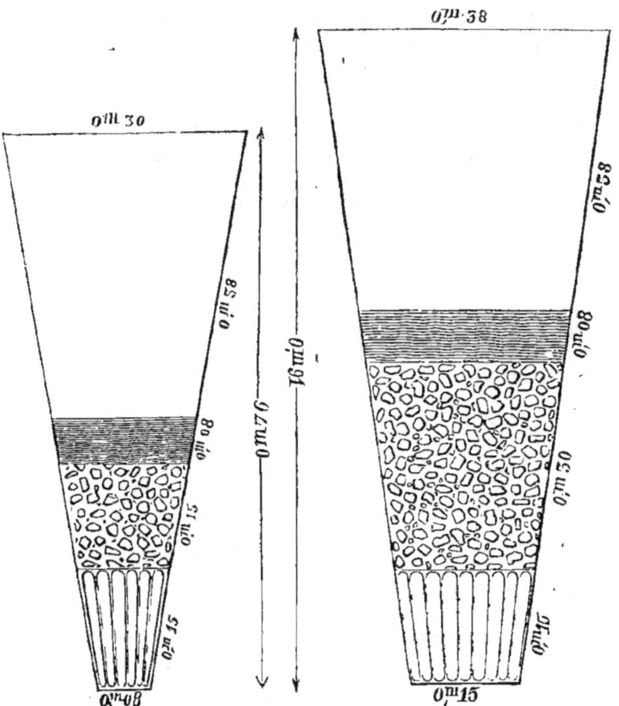

Fig. 215. — Tranchée empierrée ordinaire.

Fig. 216. — Tranchée empierrée principale.

pierres de champ sur une hauteur de $0^m.15$;
ensuite on a placé une couche de pierres cassées sur une épaisseur de $0^m.15$ pour les petits drains et de $0^m.30$ pour les maîtres drains ;
enfin vient une couche de gazon de $0^m.08$
d'épaisseur, et le reste des tranchées est rempli simplement avec la terre extraite sur une
épaisseur de $0^m.38$. La profondeur moyenne
de ces tranchées est de $0^m.91$ pour les drains
principaux, et de $0^m.76$ pour les drains ordinaires. Selon la nature du terrain et du sous-
sol, qui varie depuis celle d'une argile très-
glaiseuse jusqu'à celle d'un sable collant, on a
adopté un écartement des drains changeant
de $5^m.50$ à 12 mètres.

Le prix de revient a été le suivant :

Hectares drainés.	Longueur totale des drains en mètres.	Longueur moyenne des drains par hectare. mètres.
69.34	109,230	1,575

Prix total du drainage et de l'achat des pierres. fr.	Prix du drainage par hectare. fr.	Prix du mètre de tranchée. centimes.
18,000	260	16.4

Le charroi des pierres, dont le cassage a été
effectué suivant les méthodes que nous avons
décrites plus haut[1], a été fait par les chevaux
de la ferme, et il est compté ci-dessous. La
propriété a été améliorée, en outre du drainage,

(1) Voir p. 555 à 560.

par le labourage à l'aide de la charrue sous-sol. Six chevaux étaient employés à conduire cette charrue, ainsi qu'on le voit par la figure 218. La dépense de chaque cheval était de 4 fr. 37 c., et on ne labourait en un jour que 0ʰ.405, de telle sorte que le labourage à la charrue sous-sol est revenu à 64 fr. 74 c. par hectare. La profondeur moyenne du labour obtenu a été de 0ᵐ.38.

Pour pouvoir conduire avec facilité la charrue sous-sol, on s'est servi d'un avant-train à deux roues, représenté par la figure 217. Les

Fig. 217. — Avant-train de la charrue sous-sol.

roues avaient 1ᵐ.02 de diamètre, et la largeur des jantes était de 0ᵐ.15. On voit en arrière

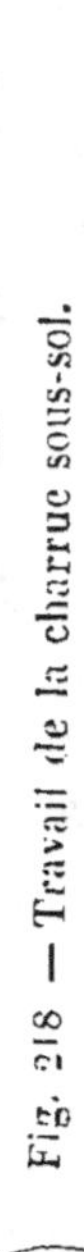

Fig. 218 — Travail de la charrue sous-sol.

une barre de fer, longue de $0^m.76$, large de $0^m.08$, épaisse de $0^m.02$, et percée de trous dans l'un desquels on met à volonté le crochet de la chaîne attachée à la charrue; cette barre est supportée sur l'essieu de l'avant-train par deux crochets à vis.

Une portion seulement des terres drainées a été labourée avec la charrue sous-sol; cette portion s'élève à 51 hectares 93 ares. A la dépense de drainage, il faut donc ajouter :

Pour labour à la charrue sous-sol....	3,360 fr.
Pour charroi des pierres aux drains..	2,978
Total.................	6,338 fr.

L'ensemble des améliorations effectuées tant par le drainage que par le labour profond s'est donc élevé en tout à 24,338 fr., ou, en moyenne, à 351 fr. par hectare.

Voici maintenant quelles ont été, durant huit années, du 25 mars 1836 au 31 octobre 1843, les dépenses effectuées sur la ferme.

Nature des dépenses.	1836.	1837.	1838.	1839.
	fr.	fr.	fr.	fr.
Salaires des laboureurs..	1,927.08	3,605.78	4,849.27	5,478.02
Engrais, chaux et os....	1,592.50	2,730.62	1,931.27	1,051.25
Semences de blé, d'orge et de turneps.........	400,00	151.25	525.00	819.57
Graine de trèfle........	483.96	625.00	385.00	444.48
Réparation des instruments...............	93.78	511.77	140.94	89.79
Forgeron.............	262.60	433.02	480.94	501.06
Sellier.............	292.08	280.51	287.71	123.84
Irrigation des prés....	"	474.73	271.25	287.50
A reporter.........	5,051.07	8,810.45	8,844 58	8,655.01

Nature des dépenses.	1836.	1837.	1838.	1839.
	fr.	fr.	fr.	fr.
Report.	5,031.97	8,810.45	8,544 38	8,655.01
Charroi de la chaux, . . .	»	2,437.50	1,432.50	693.12
Taxe des pauvres et de l'Église., ...	442.71	554.06	256.25	504.57
Contributions.	»	26.25	26.25	26.25
Dime..	783.75	783.75	783.75	783.75
Malt et houblon.	»	»	»	529.17
Frais divers.	105.00	43.12	57 50	292.81
Dépenses totales...	6,585.45	12,655.13	11,100.63	11,562.48

Nature des dépenses.	1840.	1841.	1842.	1843.
	fr.	fr.	fr.	fr.
Salaires des laboureurs.	5,101.69	6,464.58	6,428.85	5,494.79
Engrais, chaux et os. . .	2,195.75	610.00	5,270.21	1,416.87
Semences de blé, orge et turneps.	364.57	750.00	437.50	562.50
Graine de trèfle.	572.08	581.77	595.83	710.73
Réparation des instruments.	105.44	1,078.53	272.66	598.44
Forgeron.	443.44	676.55	468.23	479.69
Sellier.	455.94	83.85	113.23	41.14
Irrigation des prés. . . .	586.25	»	512.50	30.83
Charroi de la chaux . .	230.75	»	201.25	1,276.56
Taxe des pauvres et de l'Église...	584.57	384.57	448.23	520.51
Contributions.. . , ...	27.50	27.50	140.73	208.55
Dime..	808.75	808.75	808.73	808.75
Malt et houblon..	»	591.87	252.92	327.92
Frais divers.	192.81	198.53	270.00	26.25
Dépenses totales...	11,150.10	12,255.70	16,220.83	12,105.11

Le tableau suivant, qui donne les rendements à l'hectare en blé, orge et avoine, pour les années comprises de 1836 à 1843, comparés aux rendements des trois années 1822, 1825 et 1828, montre quels sont les résultats des améliorations foncières en drainage et en labours profonds que nous venons de décrire, et de la culture améliorante dont le lecteur a les détails sous les yeux.

Avant le drainage.

Récoltes en hectolitres par hectare.

	1822.	1825.	1828.
Blé	11.25	15 30	11.25
Orge	10.35	//	11.25
Avoine	17.10	20.25	14.63

Après le drainage.

Récoltes en hectolitres par hectare.

	1836.	1837.	1838.	1839.
Blé	14.63	18.45	16.88	14.18
Orge	//	28.58	30.38	23.85
Avoine	19.13	26.10	29.70	39.60

Après le drainage.

Récoltes en hectolitres par hectare.

	1840.	1841.	1842.	1843.
Blé	18.23	23.63	25.88	18.90
Orge	36.45	29.70	38.25	34.20
Avoine	36.90	38.25	39.60	47.70

En prenant les moyennes des récoltes des trois années 1822, 1825 et 1828, et en les comparant aux moyennes des récoltes des cinq dernières années de la seconde période de 1839 à 1843, nous obtenons le résumé suivant :

	Avant le drainage. Hectolitres.	Après le drainage. Hectolitres.	Augmentation du rendement par hectare. Hectolitres.	Augmentation du rendement p. 100.
Blé	12.60	20.17	7.57	60
Orge	10.80	32.49	21.69	201
Avoine	17.33	40.41	23.08	133

M. Richard White établit ainsi le bilan de la ferme de Poles pour l'année finissant au 31 octobre 1843, en prenant la moyenne des cinq années précédentes :

Doit.

	fr.
Fermage de la ferme pour une année......	5,300.00
Dépenses pour salaires, dîmes, engrais et autres débours d'un an...............	12,590.42
Avoine pour 8 chevaux, pendant 30 semaines, 36^l.3 par semaine pour chacun, à 12 fr. 4 l'hectolitre.	1,048.92
Intérêts de 18,000 fr. dépensés pour le drainage, à 5 pour 100....................	900.00
Intérêt du capital d'exploitation de 22,500 f., à 5 p. 100......................	1,125.00
Graines de semences non comprises dans les dépenses ordinaires..................	763.10
Total......	21,727.44
Balance au profit de l'*avoir*...	624.68
Total......	22,352.12

Avoir.

	fr.
Valeur de la récolte de blé, d'orge et d'avoine.	9,179.12
Entretien de 42 bêtes de bétail en pâture, turneps, foin et paille, à 3 fr. 12 chaque tête par semaine.....................	6,814.08
Entretien de 220 bêtes à laine avec trèfle et turneps, à 31 cent. par tête et par semaine.	3,546.40
Laine des troupeaux, à 3 fr. 12 par tête....	686.40
Élève de 20 porcs.	750.00
11,188 kilogr. d'os en magasin, entrés en 1842, à 12 fr. 30 les 100 kilogr.	1,376.12
Total...........	22,352.12

Le fermage de cette ferme n'est pas, à beaucoup près, aussi élevé que celui de beaucoup de terres en France, puisqu'il ne s'élève qu'à 53 fr. par hectare.

Sixième expérience. Nous venons de citer des exemples d'accroissement de fécondité extrêmement considérable. Nous ne devons pas éviter de parler de quelques-uns où on n'a constaté aucun effet immédiat après l'emploi du drainage opéré sur une terre en chaume, mais sans un labour énergique et sans fumure. Dans les enquêtes qui ont eu lieu en Angleterre sur les résultats que donne le drainage, nous trouvons ce fait constaté par M. Georges Bell, de Woodhouseless : deux parties d'une même terre, l'une drainée, l'autre non drainée, ont été semées en avoine succédant à un blé; on a obtenu :

	Contenance. Hectares.	Produit en grain total. Hectolitres.	Produit en grain par hectare. Hectolitres.
Partie drainée....	3.65	93.65	25.66
Partie non drainée.	2.73	69.70	25.53

La différence de rendement entre les deux parties est de 13 litres en faveur de la terre drainée, c'est-à-dire, vu l'approximation possible dans de telles expériences, sensiblement nulle. Mais n'est-il pas bien évident que le drainage ne saurait par lui-même rien donner à la terre, et qu'il met seulement l'agriculteur en état de mieux tirer parti des éléments de fécondité que le sol renferme? Dans le cas dont il est question ici, on sait qu'une terre qui ne produit que de 25 à 26 hecto-litres d'avoine est une terre médiocre.

Septième expérience. Jamais, dans les terres bien fumées et bien labourées, on n'a trouvé le drainage en faute. Nous citerons à l'appui de cette assertion un exemple pris en Belgique et rapporté par M. l'ingénieur Leclerc. Il s'agit de deux terres contiguës, composées d'une même argile sabloneuse de bonne qualité, et cultivées par M. Brogniez sur la ferme de Tout-y-faut, près de la Lou-vière (Hainaut). En 1851, les deux parcelles furent enblavées en seigle. Dans la première, drainée l'année précédente, le seigle ne reçut qu'une demi-fumure, et succédait à une ré-colte d'avoine légèrement fumée. La pièce non drainée, au contraire, reçut une pleine fumure; elle avait produit l'année précé-dente une récolte de froment bien fumée. Dans ces circonstances, voici quel a été le produit des deux terres à l'hectare :

	Nombre de gerbes.	Nombre d'hectol. de grain.	Poids de l'hect. Kil.	Poids total du grain. Kil.
Terre drainée....	2,000	30	75	2,250
Terre non drainée.	1,550	19	70	1,330
Augmentation....	450	11	5	920

Ainsi, en même temps qu'une forte écono-mie de fumier, le drainage a donné, dans cet

34.

exemple, un accroissement de 22 pour 100 sur le nombre de gerbes, de 40 pour 100 sur le poids du grain, et de 7 pour 100 sur le poids de l'hectolitre.

Huitième expérience. On voit, par l'expérience précédente, que le drainage du terrain a augmenté la densité du grain, ou, en d'autres termes, son poids à l'hectolitre. Le même résultat est mis en évidence par une seconde expérience faite par le même agriculteur sur la ferme de Tout-y-faut. Sur une pièce de terre drainée en 1850, où on croyait que la culture de l'orge d'hiver (escourgeon) ne produirait pas assez pour payer les labours et la semence, on se résolut à mettre cette céréale. On fut étonné de voir combien l'orge était remarquable par la hauteur et la force de ses tiges, la longueur et le poids de ses épis. On obtint à l'hectare 45 hectolitres d'orge, du poids de 60 kilogrammes à l'hectolitre. L'année précédente, sur une terre voisine, beaucoup plus élevée et moins humide, l'orge n'avait donné que 35 hectolitres à l'hectare, du poids de 56 kilogrammes à l'hectolitre. Si ces deux récoltes avaient été faites sur le même sol durant la même année, c'est-à-dire dans des circonstances tout à fait comparables, on en conclurait, avec une certitude que nous n'osons pas affirmer dans le cas actuel, que le drainage a donné une augmentation de 28 pour 100 dans le volume de la récolte, et de 7 pour 100 dans le poids de l'hectolitre du grain.

2° *Racines et tubercules.*

Plus les plantes ont des racines profondes, plus le drainage est favorable à leur culture. Aussi, en Angleterre, admet-on que les turneps profitent d'une manière toute spéciale des bienfaits du drainage. A cet égard, cependant, on rencontre plus d'assertions que d'expériences reposant sur des pesées ou des mesures exactes. Nous citerons cependant les chiffres fournis par M. Georges Bell, de Woodhouseless, qui rapporte que, dans le comté d'Aberdeen, deux pièces de terre de même nature, l'une drainée, l'autre non drainée, ont fourni les quantités suivantes de turneps :

	Contenance des pièces de terre. Hectares.	Poids des turneps récoltés. Kil.	Récolte à l'hectare. Kil.
Terre drainée. ...	0.81	17,063	42,130
Terre non drainée.	0.81	6,297	15,558
Augmentation due au drainage.			26,572

L'augmentation est de 170 pour 100.

Les deux parcelles de terre avaient été fumées avec de la poussière d'os.

En parlant des expériences entreprises sur les effets comparatifs des drainages plus ou moins espacés, plus ou moins profonds, nous reviendrons sur les effets obtenus avec les turneps.

Le même agriculteur rapporte qu'un champ drainé, planté en pommes de terre, a produit 21,960 kil. par hectare, tandis qu'un terrain de même nature, non drainé, n'a fourni que 8,778 kil. de tubercules à l'hectare. L'augmentation due au drainage est de 150 pour 100.

En France, le drainage a été appliqué dans le département du Pas-de-Calais à la culture des betteraves, par M. Decrombecque ; nous avons vu des champs revêtus de betteraves magnifiques, qui auparavant étaient des prairies marécageuses vouées aux plus mauvaises herbes des terrains toujours humides. Nous regrettons seulement de ne pas avoir de chiffres comparatifs de récoltes faites la même année dans deux terrains, dont l'un eût été drainé et dont l'autre n'eût pas encore reçu cette amélioration foncière.

3° Cultures oléifères.

Parmi les cultures oléifères, nous n'avons à citer qu'une expérience exécutée en Irlande par M. Gray, sur le colza. Elle a été faite sur un champ dont on pouvait à peine cultiver la septième partie avant qu'il eût été soumis au drainage. Sa contenance était de 5^h.9 ; il a été

écobué, drainé et défoncé à la charrue sous-
sol, et ensuite semé en colza. Les résultats de
l'opération ont été les suivants :

fr.
Drainage.. 1,196
Écobuage, défoncement, frais de culture de
toutes sortes l'année suivante............. 1,247
                   Dépense totale............ 2,443
Le colza récolté fut vendu...................... 2,735
                   Bénéfice................ 292

Ainsi, en moins d'un an, le drainage a été
payé et il y a même eu encore bénéfice sur la
récolte du colza.

4° *Cultures fourragères*.

Le drainage améliore les prairies les plus
grossières dans les terrains de la nature la
plus défectueuse. Cependant, c'est à la condition qu'on restituera au sol une partie de sa
fécondité par des fumures. Sans cette condition,
il pourrait arriver qu'une belle prairie existant sur un fond médiocre, ferait place à un
maigre pâturage. Le drainage pourrait donc,
par une sorte d'abus, avoir des inconvénients
dans des prairies permanentes qui ne seraient
jamais fumées; mais il n'en saurait être de
même dans les prés d'une terre faisant partie
de la rotation d'un assolement régulier. On ne
devra jamais, en tout cas, laisser en prairie
une terre de nature chétive, immédiatement

après que le drainage y aura été pratiqué, sans auparavant la fertiliser par un assolement convenable.

Ces réserves faites, nous allons citer des expériences qui montreront à quel point les récoltes fourragères se trouvent bien du drainage.

Première expérience. — M. Pierre Thomson, du comté de Linlithgow, en Angleterre [1], donne les détails suivants sur les produits de trois rotations obtenues, l'une avant le drainage, les deux autres après cette amélioration du sol, tant dans un terrain de qualité inférieure que dans un terrain de bonne qualité ; le foin est évalué en argent ; l'orge et l'avoine sont évaluées en hectolitres :

Sur un terrain de qualité inférieure, par hectare.

	Avant le drainage. Hectolitres.	Après le drainage.	
		1re rotation. Hectolitres.	2e rotation. Hectolitres
Orge.	21.32	29.60	26.32
Avoine.	32.05	42.72	39.85
	fr.	fr.	fr.
Foin.	73.36	159.06	122.56

Sur un terrain de bonne qualité, par hectare.

	Avant le drainage. Hectolitres.	Après le drainage.	
		1re rotation. Hectolitres.	2e rotation. Hectolitres.
Orge.	24.93	34.12	32.76
Avoine.	34.12	47.00	44.90
	fr.	fr.	fr.
Foin.	97.90	244.77	220.36

(1) *Guide du drainage de Stephens,* traduit par M. Faure, p. 303.

L'accroissement de la valeur de la récolte fourragère dû au drainage a été :

Pour le terrain de qualité inférieure.
De 119 p. 100 à la 1re rotation,
De 66 p. 100 à la 2e rotation.

Pour le terrain de bonne qualité.
De 150 p. 100 à la 1re rotation,
De 125 p. 100 à la 2e rotation.

Si l'accroissement de produit a été un peu moindre à la seconde rotation qu'à la première, il faut peut-être l'attribuer aussi bien à une année moins favorable qu'à une diminution dans l'amélioration donnée au sol; en tout cas, on voit que cette diminution de fertilité s'est fait beaucoup moins sentir sur la terre de bonne qualité que sur le terrain de nature médiocre.

Deuxième expérience. — La seconde expérience que nous allons citer est rapportée [1] dans un mémoire de M. Andrew Dowie, qui a obtenu, en 1852, le prix, consistant en une médaille d'or, proposé par la Société des *Highland*, pour le meilleur travail sur les effets du drainage. Le champ dont il s'agit, situé sur le domaine de Blair-Adam, appartenant à sir Charles Adam, lord lieutenant du comté de Kinross, et gouverneur de l'hôpital

(1) *Transactions of the Highland and agricultural Society of Scotland*, octobre 1852, p. 371.

de Greenwich, est formé d'un sol tourbeux d'une épaisseur de quelques mètres, reposant sur un sous-sol d'argile compacte froide, ne produisant, avant le drainage, que des joncs ou autres herbes grossières. Le drainage a été effectué durant l'hiver et le printemps de 1848. Mais le champ étant divisé par un petit cours d'eau en deux parties égales, les systèmes employés pour drainer les deux moitiés ont varié, tant par la profondeur des drains que par leur écartement.

Nous nous occuperons d'abord de la partie méridionale du champ, d'une contenance de 7.09 hectares. Dans le sens du cours d'eau que nous venons d'indiquer a été creusé un drain principal, distant du bord de ce cours d'eau de $4^m.57$, et profond de $0^m.91$, dans lequel les petits drains ont été conduits. Une semelle a été placée dans le fond de ce drain principal, et on y a construit un conduit large de $0^m.20$, haut de $0^m.25$, et ayant au-dessus une couche de petites pierres jusqu'à une distance de la surface de $0^m.41$, c'est-à-dire sur une épaisseur de $0^m.25$. Les petits drains, creusés à une profondeur de $0^m.76$ et à une distance les uns des autres de $5^m.50$, ont été formés avec des tuiles courbes ordinaires en forme de fer à cheval, posant sur des semelles de bois larges de $0^m.12$, et ayant un rebord de $0^m.2$.

Le prix de revient de ce drainage a été le suivant :

Fouille, pose et remplissage de 660 chaînes (mesure de 20^m.12) de drains de 0^m.76 de profondeur, à 2^f.07 la chaîne. 1,375.00

36,400 tuiles, à 33^f.12 le mille, transport compris. 1,205.51

Semelles de bois. 437.50

Total. 3,018.01

Soit en moyenne par hectare. .. 425.70

Établissons maintenant les résultats obtenus.

Récolte de 1848.

Le champ ayant été, l'année précédente, semé en avoine, on lui a fait, immédiatement après le drainage, porter une seconde récolte d'avoine, dont le labour à la charrue et après le hersage a coûté par hectare. 30.86

Grain pour semence. 38.57

Rente annuelle du champ par hectare avant le drainage. 30.86

Coût du drainage. 425.70

Total. 525.99

A *déduire* le produit de la récolte, la paille étant comptée comme prix de la moisson et du battage, 28^{hectol}.72, à 6^f.87 l'hectol... 197.31

Balance au compte du drainage, à la Saint-Martin 1848. .... 328.68

1849.

Le champ étant en jachère d'été, les labours à la charrue et les hersages coûtent. 92.60

37,600 kil. de fumier, à 5 fr. les 1,000 kil... 188.00

A *reporter*..... 609.28

	fr.
Report........	609.28
90 hectol. de chaux, à 1 fr. 70 c. l'hectolitre..	153.00
Semence du foin semé de manière à ne pouvoir faire de coupe en 1849.............	37.00
Rente annuelle avant le drainage...........	30.86
Balance au compte du drainage à la Saint-Martin 1849............................	830.14

Récolte de 1850.

	fr.
Avoir. 6,270 kil. de foin, à 8 fr. 75 les 100 kil.	548.63
Doit. Fauchage et fanage................	20.00
Rente annuelle avant le drainage.....	30.86
Balance précédente au compte du drainage...........................	830.14
Total.............	881.00
Balance au compte du drainage............	332.37

Récolte de 1851.

	fr.
Avoir. Seconde coupe de foin..............	370.61
Doit. Fauchage et fanage................	20.00
Rente annuelle avant le drainage.....	30.86
Balance précédente au compte du drainage...........................	332.37
Total.............	383.23
Balance au compte du drainage à la Saint-Martin 1851............................	12.62

Ainsi, en quatre années, les frais de drainage ont été à peu près entièrement payés, et on a fait d'une terre où l'on ne récoltait que du jonc, un terrain qui donne plus de 6,000 kil. de foin à l'hectare.

La partie septentrionale du champ de la même contenance de 7.09 hectares, est limitée au midi par le petit cours d'eau dont il a été question. On y a établi un drain principal le long du bord opposé, c'est-à-dire de son bord nord, à une distance de 4^m.57 de ce bord, profond de 1^m.22, et rempli avec des pierres. Dans ce drain se rendent les petits drains, distants de 9^m.14, et profonds de 1^m.07, construits avec des semelles en bois sur lesquelles reposent des tuiles courbes en forme de fer à cheval. Le prix de ce drainage a été le suivant :

	fr.
Fouille, pose et remplissage de 360 chaines (20^m.12) de drains, à 3 fr. 75 la chaîne....	1,350.00
21,600 tuiles, à 33 fr. 12 le mille, transport compris...................................	715.39
Semelles en bois.........................	437.50
Total............	2,502.89
Soit par hectare..................	353.00

Récolte de 1848.

	fr.
Avoir. La pièce de terre a été louée pour son foin............................	163.58
Doit. Ancienne rente du sol avant le drainage.........................	30.86
90 hectolitres de chaux, à 1 fr. 70 l'hectolitre, transport compris....	153.00
Coût du drainage................	353.00
Total du *doit*.....	536.86
Balance au compte du drainage à la Saint-Martin 1848........................	373.28

Récolte de 1849.

		fr.
Avoir. Vente du foin sur pied............		163.58
Doit. Ancienne rente du sol..............		30.86
Compte du drainage..............		373.28
Total du *doit*.....		404.14
Balance au compte du drainage..........		240.56

Récolte de 1850.

		fr.
Avoir. Vente du foin.		163.58
Doit. Ancienne rente du sol.		30.86
Balance au compte du drainage.		240.56
Total du *doit*.....		271.42
Balance au compte du drainage.		107.84

Récolte de 1851.

		fr.
Avoir. Vente du foin...................		163.58
Doit. Ancienne rente du sol.............		30.86
Balance au compte du drainage.......		107.84
Total du *doit*.....		138.70
Balance en faveur du drainage........,......		24.88

Ainsi, en quatre ans, le prix de revient du drainage a été payé avec un léger bénéfice, et la rente de la terre a été portée de 31 fr. à 163 fr., c'est-à-dire quintuplée.

On comprend, d'après ces chiffres, la haute estime que l'on fait en Angleterre du drainage pour les prés humides, où le sol argileux entretient une humidité stagnante et par conséquent pernicieuse. Le drainage remplace un herbage grossier, où domine le jonc, par le fourrage le plus succulent. Les herbes funestes au bétail disparaissent, comme cela a été remarqué par les éleveurs anglais, qui constatent que les moutons cessent de contracter la cachexie aqueuse sur des terrains drainés, où cette maladie, si terrible pour la race ovine, faisait auparavant de grands ravages.

5° *Cultures forestières.*

Nous avons rencontré presque partout un préjugé très-enraciné à l'égard de l'impossibilité d'appliquer utilement le drainage aux cultures forestières. Cependant, il paraît démontré que le drainage doit être pris en sérieuse considération dans une spéculation qui aurait pour but le boisement d'une contrée, par exemple celui de la Sologne. M. Mangon cite à ce sujet quelques expériences que nous croyons utile de reproduire.

« Les forestiers anglais, dit cet ingénieur [1], s'accordent à admettre, en moyenne, que l'accroissement annuel d'un arbre étant de 3 pour 100 par an sur un terrain humide et non drainé, s'élève à 6 pour 100, toutes choses égales d'ailleurs, sur un terrain drainé, et à 12 pour 100 sur une terre à la fois drainée et irriguée. Les arbres des terrains drainés

(1) *Études sur le drainage,* p. 120.

sont d'une plus belle venue, plus robustes, leur écorce est lisse et dépourvue de mousse. Des arbres plantés en 1833, par M. Oswald, sur un terrain drainé, mais le plus mauvais d'un canton, sont maintenant plus beaux que ceux plantés à la même époque dans les meilleures terres du même canton, que l'on avait cru, par cela même, pouvoir se dispenser de drainer.

« On doit à M. Smith une expérience comparative remarquable sur l'application du drainage à la culture forestière. Un champ de la ferme de Deanston, partagé en deux parties, fut drainé sur la moitié de son étendue, puis entièrement planté de chênes, ormes, sycomores, larix et sapins. Après six ans, les arbres de la partie drainée avaient une hauteur double des autres. On draina alors la seconde partie du champ ; la végétation y devint bientôt plus active ; mais cependant les arbres ne purent rattraper, en hauteur et en force, ceux qui s'étaient développés sur le terrain drainé avant la plantation.

« Les drains peuvent être plus éloignés dans une forêt que dans une terre arable. Il est bien entendu d'ailleurs que l'on doit renoncer à drainer un bois anciennement planté, et assez touffu pour qu'il soit impossible de l'assainir sans couper les grosses racines dont l'existence est nécessaire à la vie ou à la santé d'arbres d'un certain âge. On doit aussi éviter de placer des tuyaux de drainage à une certaine distance des arbres à bois blanc, tels que les saules, les peupliers, les osiers, les aulnes, les saules pleureurs, etc., parce que le chevelu des racines de ces végétaux ne tarde pas à gagner les tuyaux, à s'y introduire et à les obstruer rapidement d'une manière complète. »

6° *Culture de la vigne.*

De temps immémorial les vignerons savent que l'humidité du sol est défavorable à la culture de la vigne, et dans tous les pays de vignobles, on est habitué, par tradition, à assainir les vignes humides à l'aide de fossés empierrés, construits avec tous les matériaux qu'on trouve à sa disposition au meilleur marché possible. Les sols humides sont, il est vrai, les plus productifs en vins, mais ils font courir aux vignes le risque de la gelée ; sous l'influence d'une humidité excessive, les vignes poussent en bois, éprouvent la coulure, et la maturité du raisin est souvent retardée à l'automne par l'effet des pluies d'août d'abord, et d'une température trop basse ensuite. Mais faut-il regarder comme un problème soluble celui de drainer les terrains plantés en vignes à l'aide de tuyaux placés d'une manière méthodique ? Les racines de la vigne n'engorgeront-elles pas rapidement les tuyaux de façon à annuler tout le travail souterrain d'assainissement? Les pentes souvent escarpées des vignobles, les difficultés nombreuses des sols recouverts de vignes, ne rendront-elles pas le drainage méthodique extrêmement coûteux ? M. Duchâtel ne s'est pas laissé arrêter par ces objections, et il a drainé, en 1852-1853, quelques petites parties de ses vignes du Médoc, en tout 1^{hect}.80. Les drains ont été creusés à une profondeur de 1^{m}.15 à 1^{m}.20, et il a fallu environ 800 mètres de tranchées ordinaires par hectare, plus 100 mètres de drains collecteurs. L'effet a été immédiat : le sol a changé d'aspect d'une manière merveilleuse, mais on n'a pas encore pris de mesure des résultats obtenus; on n'a pas constaté de faits positifs par le rendement comparé de vignes drainées et non drainées plantées sur le même terrain. On ne sait pas davantage encore, par expérience, si l'engorgement des tuyaux sera à redouter.

CHAPITRE XLVI.

Résultats financiers du drainage.

Il y a à résoudre une question importante. On ne peut élever aucun doute, d'après les détails dans lesquels nous sommes entré dans le chapitre précédent, sur l'efficacité du drainage. Mais on doit se demander si l'effet obtenu est en rapport avec la dépense effectuée; en d'autres termes, il faut déterminer quel est le plus petit produit en argent qu'on peut obtenir du drainage, et le comparer à la plus grande dépense d'argent qu'il peut entraîner. On verra ensuite si on doit courir le risque de l'opération que nous avons prônée.

Rappelons d'abord que le drainage par hectare coûte en général de 200 à 250 fr., mais que le prix peut varier de 100 à 1,600 fr., lorsque les difficultés du terrain deviennent tout à fait exceptionnelles.

Nous avons vu, d'un autre côté, que les augmentations de produits ont été les suivantes, dans les divers exemples que nous avons cités:

35.

I. *Expériences de M. de Rougé.*

                                    Hectolitres.
Blé. Après le drainage....... 17
       Avant le drainage....... 7
                                    ——
       Augmentation.......... 10, ou 143 p. 100.

                                    Hectolitres.
Seigle. Après le drainage..... 42
          Avant le drainage..... 15
                                    ——
          Augmentation........ 27, ou 180 p. 100.

II. *Expériences de M. Vandercolme.*

                                    Hectolitres.
Blé. Après le drainage...... 22
       Avant le drainage...... 17
                                    ——
       Augmentation......... 5, ou 29 p. 100.

III. *Expériences de M. Richard White.*

                                    Hectolitres.
Blé. Après le drainage....... 20
       Avant le drainage...... 13
                                    ——
       Augmentation......... 7, ou 60 p. 100.

                                    Hectolitres.
Orge. Après le drainage.......... 33
        Avant le drainage......... 11
                                    ——
        Augmentation............ 22, ou 200 p. 100.

                                    Hectolitres.
Avoine. Après le drainage........ 40
          Avant le drainage....... 17
                                    ——
          Augmentation.......... 23, ou 133 p. 100.

IV. *Expériences de M. Brogniez.*

Hectolitres.

Seigle. Après le drainage. . . . 30
Avant le drainage. . . . 19
——
Augmentation. . . . . . . 11, ou 58 p. 100.

V. *Expériences de M. Bell.*

Kil.

Turneps. Après le drainage. 42,130
Avant le drainage. 15,558
——
Augmentation. . . . 26,522, ou 170 p. 100.

VI. *Expériences de M. Andrew Dowie.*

Foin. La rente de la terre est portée de 31 fr. à 163 fr. ; augmentation : 132 fr., ou 420 pour 100.

On voit que les augmentations des récoltes causées par le drainage sont très-variables, et quand on veut les exprimer en *valeur argent* on rencontre une nouvelle difficulté, c'est la variation du prix commercial de l'unité de mesure de chaque denrée. Dans des années de cherté comme les années 1846-1847 ou 1853-1854, on aperçoit nettement que le prix du drainage est beaucoup plus que payé par l'excédant d'une seule récolte. Aux exemples précédents, nous pourrions en ajouter plusieurs tout récents qui le prouveraient surabondamment. Dans le département de Seine-et-Marne, M. Gareau estime à 7 hectolitres par hectare l'excédant de récolte que lui ont donné les terres drainées par rapport aux rendements des terres non drainées; au prix actuel de 28 fr. l'hectolitre, c'est une somme de 196 fr., c'est-à-dire le prix du drainage payé par cette seule récolte. A côté de M. Gareau, M. Lauret est rentré dans une fois et demi le prix de revient de l'un de ses drainages. Toutefois, il faut bien remarquer que dans les temps ordinaires, on ne devra espérer l'amortissement de la dépense première du drainage, que d'un certain nombre d'années, qui variera selon l'abondance ou la rareté générale des récoltes et selon la valeur commerciale des denrées agricoles.

Mais nous ne devons pas nous contenter de ces appréciations isolées; nous devons examiner les résultats en argent constatés dans plusieurs grandes opérations de drainage. Parmi ces opérations, il en est une exécutée sur une grande échelle, qui a excité tout spécialement l'attention. On l'a déjà citée plusieurs fois dans des publications faites en France sur le drainage, mais sans y joindre des détails qui rendent l'exemple que nous choisissons extrêmement remarquable pour ceux qui veulent apprendre tout ce qu'on peut tirer de l'industrie agricole envisagée d'un point de vue élevé. Nous extrayons nos renseignements d'un mémoire de M. French Burke, inséré dans le journal de la Société d'Agriculture d'Angleterre [1]. Il s'agit du drainage d'une grande partie du domaine de Teddesley Hay, dans le Staffordshire, appartenant à lord Hatherton. La ferme, située à 5 kilomètres de la rivière de Penk, est composée d'un sol léger reposant sur un sous-sol d'argile forte. Sur 742 hectares qu'elle contient, il en a été drainé, de 1830 à 1840, à l'aide de tuiles courbes, 189 hectares. L'eau provenant du drainage est employée à l'irrigation de 36 hectares de prairies et à faire mouvoir une roue hydraulique. Cette roue conduit une machine à battre, des hache-foin et paille, des concasseurs d'avoine et d'orge pour 250 têtes de gros bétail ou chevaux, des meules pour le malt, une scie circulaire pour le bois. L'eau est reçue dans un réservoir où elle est mélangée, avant de se rendre sur les prés, avec les purins, les balayures de cour, etc.

Les drains principaux ont été creusés à la profondeur de $0^m.91$, et les drains ordinaires à celle de $0^m.76$. La fouille et le remplissage des tranchées a coûté 17 centimes par mètre, pour les grandes, et 14 centimes pour les petites. En quelques endroits on a dû atteindre la profondeur de $1^m.5$ à $2^m.4$.

(1) T. II, p. 273.

Le détail des résultats financiers obtenus est le suivant :

Contenance des pièces de terre. hectares.	Rente ancienne des pièces. fr.	Coût du drainage. fr.	Rente actuelle des pièces. fr.
31.76	981.30	6,568.75	2,648.44
7.87	243.15	1,862.08	850.94
15.38	760.05	1,317.71	1,900.94
33.40	1,547.08	8,670.42	3,094.17
12.50	386.25	3,032.08	1,351.87
32.97	814.14	3,845.20	2,240.21
14.92	461.00	3,560.00	1,381.87
13.36	330.00	2,006.45	1,072.50
4.33	0.00 }	2,260.00	{ 669.06
4.07	0.00 }		{ 263.75
3.64	135.00	1,912.08	337.50
6.10	301.45	1,036.46	621.56
6.73	404.37	1,650.00	808.54
189.03	6,363.79	37,720.23	17,241.35

L'accroissement de la rente de la terre est de 10,877 fr. 56 c. pour une dépense de 37,720 fr. 23 c., c'est-à-dire que l'argent placé en travaux de drainage rapporte, sur le domaine de Teddesley Hay, 28.84 pour 100.

En moyenne, dans l'exemple que nous citons, on trouve par hectare :

	fr.
Coût du drainage.	199.05
Rente de la terre après le drainage.	91.22
Rente de la terre avant le drainage.	33.67
Accroissement de la rente produit par le drainage.	57.55

L'accroissement de revenu est de 171 pour 100.

Nous avons dit que les eaux du drainage, amoncelées dans un réservoir, étaient employées à l'irrigation de 36 hectares de prairies, après être tombées sur une roue hydraulique donnant le mouvement aux outils de la ferme. La dépense totale de toutes ces améliorations a été la suivante :

		fr.
Drainage.		37,720.23
Établissement de la roue hydraulique et de toutes les machines.		25,000.00
Irrigation.		5,617.50
	Total.	68,337.73

Les produits annuels que fournit ce capital engagé dans l'exploitation rurale de lord Hatherton, montent aux sommes suivantes :

		fr.
Excédant de rente des terres drainées.		10,877.56
Produits de la roue hydraulique.		10,000.00
Accroissement de rente des prairies irriguées.		4,450.00
	Total.	25,327.56

Ainsi, le drainage de 189 hectares a permis d'irriguer 36 hectares de prairies, et a fourni de la force motrice de manière à ce que le capital employé dans une exploitation rurale produisît un intérêt annuel de plus de 37 pour 100.

Mais nous devons nous hâter de dire que l'on n'a pas toujours trouvé, en Angleterre, un si haut intérêt de la dépense. Toutefois, on doit remarquer que les fermiers et les propriétaires anglais acceptent avec empressement les fonds que le gouvernement leur avance au taux de 6 1/2 pour 100 d'intérêt, amortissement compris. Les travaux d'assainissement leur rapportent donc évidemment au delà ; et on doit fixer à 8 ou 9 pour 100 le minimum de l'intérêt de l'argent engagé dans l'exécution du drainage. Dans les enquêtes auxquelles la question des bills de prêts par l'État aux particuliers pour le drainage a donné lieu devant le parlement britannique, on rencontre l'unanimité à cet égard. Nous réunissons ici quelques-uns des chiffres allégués par les agriculteurs :

M. Spooner indique un revenu moyen de 10 pour 100, et dit que ce revenu s'élève parfois à 25 pour 100 ;

M. Beatie déclare que le revenu des sommes dépensées en drainage est en moyenne de 10 à 20 pour 100, et qu'il s'élève à 33 et même 50 pour 100 dans les terres riches ;

M. Scott affirme que, dans la pratique, il a obtenu 10 pour 100 des sommes dépensées ;

M. Maccaw prend pour exemples des drainages très-coûteux, et affirme les résultats suivants :

Sol très-humide drainé en 1845.

Dépense par hectare. fr.	Rente ancienne par hectare. fr.	Rente actuelle par hectare. fr.	Accroissement du revenu par hectare. fr.	Intérêt pour 100 de la dépense.
335	62.34	112.30	49.96	14.60

Sol formé d'argile franche avec sous-sol tenace, drainé en 1843, soumis à la rotation suivante : pommes de terre, blé, foin, pâture et avoine.

Dépense par hectare. fr.	Rente ancienne par hectare. fr.	Rente actuelle par hectare. fr.	Accroissement du revenu par hectare. fr.	Intérêt pour 100 de la dépense.
393	37.47	93.59	56.17	13.25

Sol profond d'alluvion et marais, ayant nécessité un canal de décharge très-coûteux.

Dépense par hectare. fr.	Rente ancienne par hectare. fr.	Rente actuelle par hectare. fr.	Accroissement du revenu par hectare. fr.	Intérêt pour 100 de la dépense.
627	46.78	124.78	78.00	12.44

Sol formé de terre franche avec sous-sol d'argile, présentant des sources et ayant exigé un drainage à une profondeur de 1ᵐ.22.

Dépense par hectare. fr.	Rente ancienne par hectare. fr.	Rente actuelle par hectare. fr.	Accroissement du revenu par hectare. fr.	Intérêt pour 100 de la dépense.
459.62	62.34	99.82	37.48	8.45

Sol formé de landes et marécages avec sous-sol argileux mis en avoine et en pâturage.

Dépense par hectare. fr.	Rente ancienne par hectare. fr.	Rente actuelle par hectare. fr.	Accroissement du revenu par hectare. fr.	Intérêt pour 100 de la dépense.
502.28	7.79	43.66	35.87	7.50

Nous n'avons pas encore, en France, de détails précis sur les résultats financiers obtenus par une longue gestion faisant suite au drainage. En Belgique et en Allemagne, on est encore bien moins avancé que nous sous ce rapport. Mais, en se reportant à ce que nous avons dit, dans le chapitre précédent, sur les effets qu'ont montrés les récoltes dans quelques-unes des propriétés françaises où le drainage a été employé sur une grande échelle, on reconnaîtra qu'on ne saurait élever aucun doute sur l'évidence de résultats tout à fait comparables à ceux constatés dans les trois royaumes-unis.

Dans l'appréciation du revenu que doit produire le drainage, il y a mille circonstances dont il est nécessaire de tenir compte, afin de pouvoir poser un chiffre ayant quelque valeur. A cet égard, nous ne saurions mieux faire que de reproduire ici un passage d'une lettre que nous a écrite M. Decauville, fermier à Égrenay, par Brie - Comte - Robert, qui a drainé actuellement (fin de 1853) 200 hectares de sa ferme.

« Dans les années humides, dit M. Decauville, la récolte peut être doublée dans certains sols; tandis que dans les années saines, l'augmentation de rendement peut n'être qu'insignifiante.

« La nature du sol vient encore modifier les résultats que donne le drainage. Il y a des sols où le desséchement est immédiat, tandis que, dans d'autres, il faut plusieurs années pour qu'il se produise d'une manière complète. On comprend facilement que, dans le premier cas, on est déjà rentré dans ses avances, alors que, dans le second, on n'a encore profité d'aucune amélioration sensible.

« L'assolement adopté dans l'exploitation du sol vient encore faire varier les bénéfices que l'on peut obtenir du drainage. Les bénéfices seront moins grands si on pratique l'assolement triennal avec jachère, que si l'on a un assolement plus productif, mais exigeant plus d'engrais. L'assainissement d'une terre permet d'y pratiquer la culture que l'on croit la plus avantageuse dans la localité où l'on se trouve. On ne craint pas de faire beaucoup de frais d'engrais et de culture dans une terre saine; la récolte y étant beaucoup plus assurée, on a une probabilité beaucoup plus grande de rentrer dans ses avances que quand on a affaire à une terre humide.

« Durant les deux premières années qui ont suivi mes assainissements, mes récoltes n'ont pas été beaucoup augmentées. Cependant, dans la ferme que j'exploite, presque partout le desséchement a été immédiat. C'est que ces deux années ayant été sèches, les récoltes n'ont pas assez souffert dans les terres non assainies pour que la différence fût appréciable.

« Mais j'estime qu'en 1853, il faut porter à 25 pour 100 l'augmentation que m'a procurée le drainage. Mes blés ont beaucoup moins versé qu'ailleurs; le grain a plus de qualité et pèse de 2 à 3 kilogrammes de plus par hectolitre que celui venu sur les terrains de même nature non drainés. Mon produit à l'hectolitre est en poids celui d'une année moyenne.

« Dans certaines parties, ma récolte de pommes de terre a été doublée, ainsi que celle des fourrages. Mais je crois qu'il arrivera rarement une année où l'augmentation de la récolte due au drainage soit aussi considérable qu'en 1853. »

Nous n'ajouterons plus qu'un mot, c'est que le drainage donne des résultats financiers plus avantageux dans les terres riches que dans les terres pauvres. On constatera, par exemple, qu'une mauvaise terre fournira par le drainage une récolte double ou triple, passera de la 4e à la 3e ou à la 2e classe ; mais cet accroissement de valeur ne donnera qu'un intérêt de 7 à 8 pour 100 du capital dépensé. Dans des terres riches, où on ne négligera ni labours profonds, ni abondante fumure, ni soins de toutes sortes, la dépense du drainage rapportera souvent au delà de 20 pour 100.

CHAPITRE XLVII.

*Part du propriétaire et du fermier dans
l'exécution du drainage.*

Nous avons montré quels sont les résultats
financiers que l'on peut attendre du drainage.
Sauf dans un exemple, où cette opération n'a
rien produit durant la première année de son
exécution, on a vu que les sommes dépensées
ne rapportent pas moins de 8 pour 100 ; on
peut dire qu'il y a cent à parier contre un
qu'on ne rencontrera pas d'échec, c'est-à-dire
que le drainage réussira, et en second lieu
qu'il produira, eu égard aux frais qu'il aura
coûtés, un revenu très-supérieur à 8 pour 100.
Comme les expériences extrêmement nombreuses faites en Angleterre démontrent que les
effets du drainage ont déjà duré 20 ans, et que
8 pour 100 représentent à la fois et l'intérêt
à 5 pour 100 et l'amortissement du capital
engagé, on voit que nulle affaire ne présente

autant de certitude que celle que nous conseillons aux propriétaires et aux agriculteurs dont les terres sont dans les conditions que nous avons indiquées. Cela est d'autant plus vrai, qu'au bout de 20 ans le drainage paraît devoir continuer à produire pour ainsi dire indéfiniment les mêmes effets. Le propriétaire d'un fonds drainé demeure donc, après 20 ans, possesseur d'un revenu de 8 pour 100 d'un capital dans l'avance duquel il est complétement rentré.

Ces faits posés, nous croyons très-facile de répondre à des questions qui ont été diversement agitées :

1° Lorsque le propriétaire fait entièrement les frais du drainage, que doit lui payer le fermier?

2° Lorsque le propriétaire et le fermier concourent à l'œuvre, quels arrangements doivent-ils conclure?

3° Lorsque le fermier ne veut ni participer au travail, ni payer aucune rente pour le drainage exécuté, que doit faire le propriétaire?

4° Lorsque le propriétaire, au contraire, refuse de concourir au drainage, le fermier doit-il l'entreprendre?

Première question. — Il semblerait, d'après les chiffres que nous avons posés, que nous devrions déclarer que la redevance à payer par le fermier au propriétaire doit monter à 8 pour 100 du coût du drainage; mais il faut tenir compte de la résistance que feraient certains fermiers, même très-éclairés et très-convaincus de l'importance du drainage, si on leur imposait une telle condition. Nous réduisons à 6 pour 100 le montant des exigences des propriétaires, ou, mieux encore, à une rente de 15 fr. par hectare drainé; ce qui correspond à l'intérêt à 6 pour 100 d'une dépense de 250 fr., coût moyen d'un hectare de drainage. Dans de telles conditions le propriétaire fera un bon placement, car il obtiendra de son argent un revenu momentané suffisant, et il n'éprouvera aucune difficulté, lorsque le fermier arrivera à fin de bail, à obtenir par hectare drainé non plus 15 fr. de rente en plus, mais bien 20 fr. et au delà, si l'opération donne des résultats très-avantageux. Le drainage en outre sera ainsi adopté sans objection de la part des cultivateurs, qui en reconnaîtront rapidement tous les avantages.

Deuxième question. — Il est une manière simple d'obtenir, dans une certaine mesure, le concours du fermier, c'est de lui demander seulement tout ce qui peut se réduire de sa part à une main-d'œuvre qui ne constituera pas une dépense directe, une mise de fonds en argent comptant. Ainsi on peut lui demander d'effectuer le transport, le chargement et le déchargement des tuyaux; le transport des pierres, soit à enlever des pièces drainées dans certains cas, soit à amener dans d'autres cas où il faut construire quelques travaux exceptionnels; l'ouverture des tranchées à l'aide d'une charrue profonde, et ensuite son approfondissement à 50 centimètres, à l'aide d'une charrue fouilleuse; le dernier remplissage des lignes de drains à l'aide de herses que l'on a imaginées dans ce but, et qui peut-être finiront par bien marcher et par remplacer le remplissage à la main tel que nous l'avons décrit.

Dans de telles conditions, on peut estimer que le fermier prendra à sa charge environ le sixième de la dépense; et, en conséquence, la rente à payer au propriétaire, par hectare drainé, serait réduite à 12 fr. 50.

Le propriétaire doit-il surveiller lui-même ou faire surveiller par un agent spécial le drainage, ou s'en rapporter à la surveillance du fermier entièrement chargé de la direction de l'opération? C'est là une question de confiance qu'il est délicat de toucher. Nous avons vu des propriétaires dire à leurs fermiers : Faites drainer les champs qui vous paraîtront avoir besoin de cette amélioration foncière, en effectuant vous-mêmes tous les transports et tous les travaux susceptibles d'être exécutés par vos chevaux ; nous avancerons les fonds de l'opération , et vous nous en payerez l'intérêt à 4 ou à 5 pour 100. Les propriétaires et les fermiers ont trouvé qu'ils faisaient également une bonne affaire. Mais il peut arriver que les fermiers cherchent à faire des économies, afin d'avoir le moins possible à payer, tout en effectuant une amélioration suffisante pour la durée de leurs baux. Le drainage, pour être durable, pour rendre tous les services qu'il est susceptible de fournir, exige qu'on ne cherche pas certaines économies qui paraissent naturelles à beaucoup de cultivateurs. Ainsi quelques-uns croient que des levés de terrains préalables, des nivellements exacts et des projets suffisamment arrêtés et dessinés à l'avance ne sont pas indispensables. D'autres se figurent qu'on peut se passer de vérifier les pentes des drains avec beaucoup de soin, immédiatement avant la pose. Ce sont là des fautes dont la conséquence probable sera un amoindrissement dans la bonté des effets immédiats, et ensuite une diminution notable dans la durée des drains. Les chances d'obstruction seront ainsi beaucoup augmentées, en même temps que les tuyaux ne débiteront pas toute l'eau qu'ils devraient enlever.

Les fermiers peuvent calculer que peu leur importe ce que deviendra la terre lorsqu'ils ne l'exploiteront plus, et mépriser des détails entraînant de petites dépenses qui suffiraient cependant pour que l'opération du drainage équivalût à l'achat d'une propriété qui, au bout de quelques années, serait elle-même tout entière un bénéfice, sans avoir coûté de frais d'entretien et sans donner jamais aucun souci. Ainsi le propriétaire ne doit pas apporter de négligence dans la question; il doit être sur le terrain pour surveiller l'entrepreneur du drainage, et c'est avec celui-ci qu'il doit traiter directement.

Troisième question. — Lorsque le fermier ne veut ni entrer pour une part de travail dans l'exécution du drainage, ni payer une rente pour l'amélioration des terres qu'il tient à bail, le propriétaire ne peut que chercher à l'éclairer par un essai fait sur une petite échelle sur les terres les plus mauvaises du domaine. Nul doute que l'expérience ne vienne bientôt vaincre la résistance des plus obstinés dans la routine, qui, après s'être moqués des *remueurs du sol*, demanderont avec instance de pouvoir profiter des avantages constatés. Après un pareil essai, un propriétaire demanda à son fermier : « Donneriez-vous 12 fr. par an par hectare, si on voulait drainer vos terres humides? » Celui-ci de s'écrier étourdiment : « Je n'hésiterais pas à donner davantage. »

Quatrième question. — Si l'obstination à refuser de drainer les terres humides vient du propriétaire, le fermier se trouve dans une situation difficile. Il ne doit pas renoncer à une telle opération par ce fait seul qu'il ferait à un propriétaire routinier, ennemi du progrès ou peut-être empêché par le manque de capitaux, un cadeau pur et simple, dont celui-ci voudrait peut-être encore abuser pour obtenir une augmentation de fermage, à la fin du bail. De pareilles iniquités se sont vues plus d'une fois, et elles pourront se présenter tant que le tenancier ne sera pas intéressé en France aux améliorations foncières, à l'aide d'une clause dans le genre de celle instituée en Angleterre sous le nom de *clause de lord Kames.*

Pour se décider à drainer une partie des terres qu'il a affermées dans de telles conditions, le fermier devra voir si son bail a encore une durée assez grande pour qu'il puisse avoir la chance de rentrer avec des *bénéfices* dans ses avances. Ce n'est plus un simple placement de capital qu'il fait; il se lance dans une véritable opération industrielle, où il court des chances diverses. En conséquence, il faut que l'argent qu'il consacre au drainage puisse lui rapporter une rente égale à celle de tout placement commercial ou industriel présentant des chances de perte aussi bien que des chances de gain.

L'argent que l'on aventure dans les affaires commerciales vaut pour le négociant 15 pour 100; c'est la rente que le fermier doit demander au drainage quand il l'exécute lui-même. Si le drainage peut lui rapporter ce taux d'intérêt, soit par l'augmentation des récoltes, soit par les économies de transport et de frais de labours que nous énumérerons dans le chapitre suivant, le fermier ne doit pas hésiter. Il aura peut-être travaillé pour un propriétaire ingrat, mais il aura fait une opération fructueuse. Or, le drainage rapporte souvent plus de 15 pour 100 des sommes qu'il coûte. Souhaitons donc seulement que des institutions de crédit permettent au cultivateur de trouver à emprunter à des conditions modérées? Appelons l'attention du Gouvernement ou des grands capitalistes sur la question. La Grande-Bretagne a placé plus de 700,000,000 dans des travaux de drainage; dans dix ans, ce capital énorme sera amorti; dans trente ans, il aura produit une valeur de 2 milliards. Les édifices somptueux que l'on construit dans les grandes villes de France avec tant de luxe, à des prix si élevés, ne produiront rien que l'augmentation de la dette publique et l'aggravation des impôts, dont une part sera consacrée à réparer les injures du temps sur des œuvres fragiles et stériles. Combien ne serait-il pas désirable qu'un peu de cet argent enfoui en pure perte et prélevé sur le travail des populations, servît à augmenter la valeur foncière du sol français et à accroître ses revenus !

CHAPITRE XLVIII.

Résultats économiques du drainage.

Dans la lettre de M. Decauville, que nous avons citée dans l'avant-dernier chapitre, se trouve ce passage : « Il est une amélioration produite par le drainage, dont on est certain de profiter tous les ans : c'est l'économie apportée dans la culture par la suppression des sillons, des raies d'écoulement et des fossés. On peut employer moins de semence dans les terrains drainés que dans les terrains humides. Les labours sont toujours beaucoup plus faciles ; ils sont possibles en tout temps et avec moins de force motrice. La diminution dans les frais de culture qui résulte de ces avantages, suffit pour que le drainage soit une très-bonne opération. »

Tous les fermiers qui cultiveront des terres drainées seront unanimes à reconnaître la vérité de ces affirmations.

M. Mangon, ingénieur des ponts et chaussées et de la Compagnie générale de drainage, s'exprime à cet égard dans des termes équivalents :

« La facilité, dit-il [1], de labourer à loisir, pendant une plus grande partie de l'année, constitue à elle seule pour le fermier une économie notable. Ainsi, M. Neilson estime que le drainage lui a permis de supprimer deux chevaux de labour sur une ferme de 89 hectares. Un fait du même ordre s'est produit cet hiver sur des terres dont nous avons dirigé le drainage. Les parties drainées d'une vaste pièce ont été labourées avec la plus grande facilité, tandis que les pluies exceptionnelles de cette année (1853) ont rendu impossible le labourage des autres parties de la pièce. »

Dans les enquêtes du parlement anglais, on trouve les constatations des mêmes faits dans des termes analogues. Voici, par exemple, ce que dit M. Spooner : « Le drainage permet de labourer pendant une plus grande partie de l'année, de semer et de récolter plus tôt, de faire des économies de fumier, et de réaliser enfin une foule d'autres petits avantages dont la réunion offre un intérêt considérable. »

M. Gareau, dont nous avons eu plusieurs fois à invoquer l'expérience, nous a remis

(1) *Études sur le drainage au point de vue pratique et administratif*, p. 145.

la note suivante, où il résume les avantages que le drainage procure aux cultivateurs :

« 1° Les terres drainées sont plus faciles à cultiver ;

« On laboure et on sème plus tôt au printemps et plus tard à l'automne dans les terres drainées que dans les terres non drainées ;

« Les terres drainées sont moins humides pendant l'hiver et moins sèches pendant l'été.

« 2° Par la suppression des planches étroites et des raies d'écoulement, la surface consacrée aux plantes est plus étendue.

« 3° Les eaux de pluie s'écoulent par la filtration et ne se répandent plus à la surface ; les terres les meilleures et les fumiers ne sont plus entraînés dans les fossés.

« 4° Les eaux inférieures ne peuvent plus remonter à la surface, soit par la capillarité, soit par la pression qui tend à leur faire reprendre le niveau d'où elles proviennent.

« 5° Une terre drainée n'est jamais saturée d'eau, et les plantes, en conséquence, y poussent avec plus d'énergie.

« 6° La maturité des plantes est avancée de quinze jours environ par le drainage. »

Dans la question que nous traitons en ce moment, il est difficile d'arriver à des appréciations numériques, sur tous les points, à l'aide d'expériences directes. Aussi croyons-nous qu'il est nécessaire de faire entendre un grand nombre de témoins, afin que l'unanimité de leurs dépositions puissent convaincre l'agriculteur. Les témoignages sur des questions pratiques valent toujours mieux que des préceptes dérivant seulement d'idées théoriques, que l'intelligence humaine imagine toujours facilement, mais qu'elle ne saurait instituer sûrement qu'en les appuyant sur des faits bien constatés. Aux opinions que nous venons de citer sur les avantages économiques du drainage, nous joindrons donc encore un passage extrait de l'ouvrage anglais *Morton's Cyclopedia of agriculture.*

« Dans les terrains humides non drainés, dit M. Girdwood, auteur de l'article *drainage,* l'agriculteur a bien des soucis qui naissent de la difficulté d'exécuter en saison utile les travaux de la terre. Pour pouvoir profiter du moindre temps favorable, d'une bonne marée, comme on dit quelquefois, on a pris le parti d'entretenir une force motrice considérable en hommes et en chevaux. Il s'agit d'achever en quelques semaines d'un automne avancé ou d'un printemps tardif, les travaux que le cultivateur d'un terrain sec ou drainé pourra faire à sa convenance pendant la plus grande partie de l'hiver. Ce dernier peut travailler la terre avec tout le soin désirable, et à un prix bien moindre qu'il n'est permis de le faire à son voisin moins riche ou moins empressé de réaliser un progrès qui l'eût empêché de se laisser surprendre par le temps, et d'abandonner sans être ensemencés des champs bien préparés et bien fumés pour n'y mettre, plus tard, que des récoltes moins productives.

« Ce ne sont pas seulement les labours qui demandent ce travail extraordinaire d'hommes et de chevaux pendant un temps très-court, dans les terrains humides non drainés. On rencontre les mêmes difficultés pour les transports des engrais, pour l'enlèvement des récoltes, pour toutes les opérations d'une exploitation rurale.

« Différentes autorités ont diversement calculé l'économie que procure le drainage relativement au nombre de chevaux d'une ferme. L'estimation du quart des bêtes d'attelage ou de 25 pour 100, nous semble raisonnable. Même avec des attelages ainsi diminués, on prépare mieux le sol dans les terrains drainés que dans les terrains non drainés de même nature.

« La faculté de laisser la terre à plat sans danger, est un des avantages considérables du drainage. Les billons qu'exige la culture des terres non drainées sont flanqués de raies nues et stériles qui rendent à peine la semence qu'on y a jetée. Au contraire, après un drainage complet, par le nivellement graduel de toutes les planches billonnées, on fait produire également à toutes les parties du sol, et les champs présentent l'aspect de jardins revêtus partout d'une végétation également luxuriante. »

Dans le nord de la France, on a creusé une multitude de fossés destinés à l'assainissement des terres humides. Les fossés absorbent une immense quantité de terrain dont l'agriculture tirerait un parti avantageux. M. Vandercolme, dont nous avons, dans un chapitre précédent, cité les intéressantes expériences sur le drainage, donne à cet égard les renseignements suivants : « On n'évalue pas, dit-il, à moins d'un trente-cinquième des terres labourables, la superficie des terres employées en fossés d'écoulement et de division intérieure de pièce à pièce. Or, entre Lille et Dunkerque seulement, l'étendue des terres labourables est d'environ 180,000 hectares ; soit pour $\frac{1}{35}$ au delà de 5,000 hectares. Les terres ont une valeur de 5,000 à 6,000 francs l'hectare. Mais calculons, pour éviter jusqu'à l'apparence de l'exagération, sur une valeur moyenne de 4,000 francs par hectare. Si le problème de l'assèchement des fossés et de leur mise en culture au moyen du drainage, est aussi facile à résoudre qu'aujourd'hui cela m'est démontré par des faits, voilà, sur ce seul point de la France, une valeur acquise de plus de 20 millions de francs ! »

M. Vandercolme pense qu'il suffit de placer des tuyaux au fond des fossés existants, à la profondeur de $1^{m}.30$ à $1^{m}.40$, et de les combler, pour assurer un parfait assainissement du terrain. Il a fait, à cet égard, deux expériences. L'une a consisté à supprimer un fossé de 230 mètres de longueur et de 2 mètres de largeur ; le prix de l'opération a été :

	fr.
800 tuyaux, à 21 fr. le mille...............	16.80
Remblai du fossé, à raison de 5 centimes le mètre.	11.50
Menus frais...............................	2.70
Total........	31.00

Sur les $4^{a}.6$ de terrain conquis, on a récolté, la première année, 12 hectolitres de pommes de terre, qui, au prix de 6 fr. l'hectolitre, ont donné un produit de 72 fr., c'est-à-dire un excédant de valeur de 41 fr. sur la dépense.

La seconde expérience de M. Vandercolme a été faite sur une plus grande échelle. Il a supprimé 1,450 mètres courants de fossés existant à des distances de 50 à 60 mètres les uns des autres, sur une pièce de terre de 10 hectares environ. L'opération n'a coûté que 250 fr. ; or, en comptant 1 mètre de largeur

et un demi-mètre de chaque côté, on trouve
pour le terrain conquis une superficie de 29
ares. Dans une localité où la terre vaut 4,000 fr.
l'hectare, c'est une valeur de 1,160 fr. acquise
par une dépense de 250 fr. ! Notons que M. Vandercolme a constaté que les terres situées dans
les intervalles des fossés ont été plus saines
qu'auparavant. Par conséquent, les drains,
quoique espacés de 50 à 60 mètres, ont
atteint beaucoup mieux que les fossés le but
que les agriculteurs flamands poursuivent
en établissant l'assainissement par les fossés
découverts. Et cependant, que d'avantages
obtenus, que d'inconvénients évités ! Nous dirons avec M. Vandercolme, aux cultivateurs
de la Flandre : « Pensez, non-seulement à la
perte du terrain noyé sous les eaux, mais encore à l'imperfection des moyens d'égoutte-
ment que les fossés vous procurent ; aux grands
frais que cependant ils exigent, soit pour leur
établissement, soit pour leur entretien ; aux
travaux incessants auxquels ils vous assujet-
tissent, pour le curage, pour le remaniement
des rigoles, pour les sarclages difficiles et coûteux, nécessités par la crue des mauvaises
herbes qui foisonnent sur leurs bords, et bientôt infestent vos champs par la dispersion de
leurs semences. Pensez aux entraves que les
fossés apportent aux opérations de la culture ;

à la nécessité de suspendre assez loin du bord
l'action de la charrue, et d'achever lentement,
à la main, à la bêche, cette partie du labourage, en vous tenant encore à distance, afin
d'éviter les éboulements. Suivez des yeux,
avec regret, ces parcelles précieuses, les plus
fertilisantes de vos fumures, que les eaux en-
traînent dans ces fossés, et que vous ne re-
trouvez qu'en bien faible partie par un curage
dispendieux. Enfin, que vos esprits s'attristent
en songeant à ces causes si nombreuses d'in -
salubrité que présente un pays tenu, pour
ainsi dire, à l'état perpétuel de marécage ; aux
miasmes pestilentiels qui s'en élèvent ; à ces
fièvres périodiques qui déciment ou affaiblis-
sent les populations de nos campagnes. »

M. Decauville, que nous avons cité au commencement de ce chapitre, a aussi constaté les
avantages notables que procure le drainage, en
permettant de supprimer les fossés ; un extrait
d'une communication qu'il a faite sur ce sujet,
en juin 1852, à la Société centrale d'agriculture, viendra clore, par un nouveau fait dû à
l'observation d'un praticien, la démonstration
des résultats économiques du drainage.

« J'ai supprimé, dit M. Decauville, 6,000
mètres de fossés à ciel ouvert ayant, compris
les berges, 2 mètres de largeur, ce qui donne
une superficie de 1ʰ.2.

« J'ai desséché 22 mares d'une contenance chacune d'environ 15 ares, en somme de 3.3 hectares; elles sont maintenant cultivées : c'est donc en tout 4.5 hectares que je vais rendre à la culture. Pour vider ces mares, j'ai donné aux drains jusqu'à 2^m.50 de profondeur.

« Les pierres des tranchées m'ont permis d'empierrer une grande partie des chemins d'exploitation. »

CHAPITRE XLIX.

Effets du drainage sur la végétation.

Ne considérons le sol, pour un moment, que comme un milieu dans lequel les racines des plantes vont puiser la nourriture nécessaire à l'accroissement du végétal, et nous apercevrons à l'instant un immense avantage du drainage. Dans une terre plus meuble, où le niveau de l'eau souterraine est fortement abaissé, les racines prendront un plus grand accroissement; elles iront plonger leur nourriture à une profondeur plus considérable et sur une étendue de terrain plus forte, quoique en épuisant moins la tranche superficielle du sol.

A l'égard de la profondeur des racines, nul doute ne peut exister après les expériences de M. Vandercolme, que nous avons citées en parlant des effets du drainage sur le rendement des récoltes[1]; voici les longueurs mesurées des racines du blé :

Sans drainage.............................. $0^m.12$
Avec drainage seul......................... 0.15
Avec drainage et labour à la charrue sous-sol.. 0.33

(1) Voir p. 595.

Il est du reste très-facile d'expliquer les effets divers qui se produisent dans les terrains non drainés et drainés.

On sait que si l'on plonge verticalement dans l'eau des tubes étroits, l'eau s'élève dans ces tubes, au-dessus de son niveau primitif, à une hauteur d'autant plus grande que le diamètre du tube est plus petit. La figure 219 donne une idée de ce qui se passe dans une

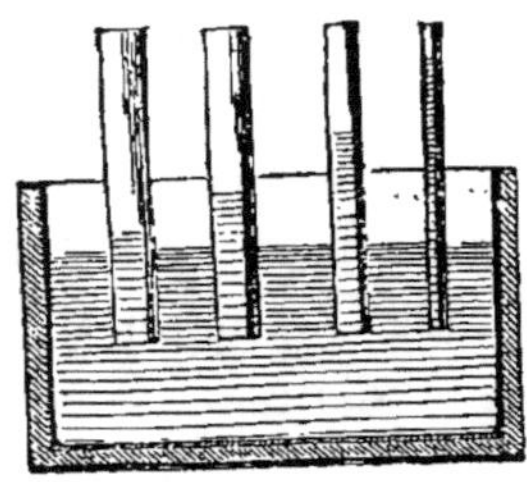

Fig. 219. — Élévation de l'eau par la capillarité.

pareille circonstance. Si le tube est tellement fin que l'on puisse le comparer à un cheveu, l'ascension de l'eau atteindra des hauteurs considérables. Ainsi l'expérience a montré à Gay-Lussac que l'eau monte dans les tubes en verre aux hauteurs suivantes :

Diamètres des tubes.	Hauteurs de l'élévation de l'eau.
0^m.0019	0^m.016
0 . 0013	0 . 023
0 . 0001	0 . 151

Ainsi on comprend que l'eau placée sous le sol à une certaine profondeur remonte à travers les interstices du terrain pour être absorbée par les racines ou s'évaporer dans l'atmosphère. Mais dans une eau stagnante, les racines ne peuvent exister; elles se pourrissent. Les racines ne descendent donc dans le sol que jusqu'à une certaine distance au-dessus du niveau de la couche saturée d'un excès d'eau, là où la capillarité amène une quantité d'humidité suffisante, mais n'en amène pas un excès qui saturerait la terre. C'est ce que montre la figure 220 ; les racines vivent dans les couches (1, 3), (2, 4). La couche (1, 3) est la

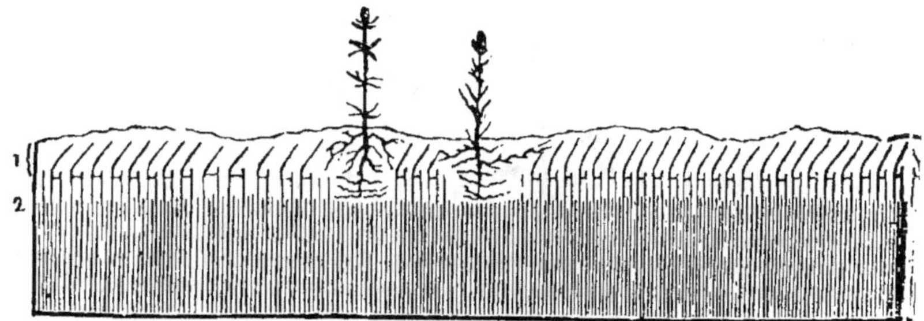

Fig. 220. — État des racines des plantes dans un terrain non drainé.

couche superficielle où l'évaporation se produit; la couche (2, 4) est celle où l'humidité entretenue par la capillarité gêne à un certain point le développement des racines; dans la couche 5 l'eau stagnante défend aux racines de pénétrer.

Dans le terrain drainé (fig. 221), le plan (4)
de l'eau stagnante est abaissé à peu près à la
profondeur des drains, et le plan (2, 3) à la
couche saturée par l'eau élevée par capillarité, se maintient à une profondeur d'environ 40 centimètres pour permettre aux ra-

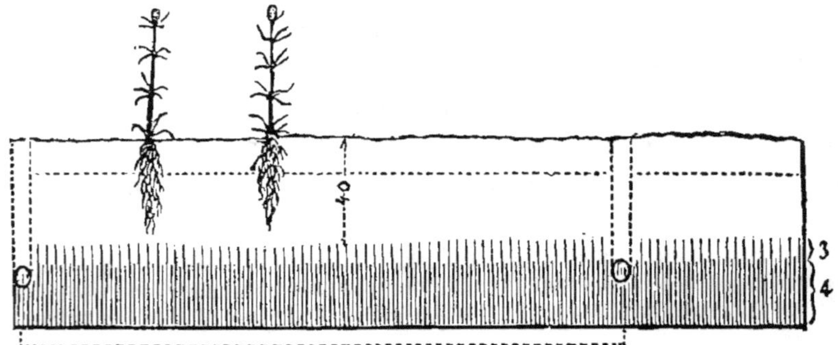

Fig. 221. — État des racines des plantes dans un terrain drainé.

cines de prendre tout leur développement dans
la couche où l'humidité est moyenne ; la
couche d'évaporation (1) reste la même.

Un sol argileux a pour l'eau une affinité
beaucoup plus grande qu'un sol siliceux ; il
résulte de cette propriété que l'eau étant retenue par une force plus grande, relie les molécules les unes aux autres, de manière à en
augmenter la cohésion. Lorsque l'eau s'évapore, les molécules argileuses qui n'ont pas
été séparées les unes des autres par l'ad-
mission de l'air se resserrent de manière à

former des mottes compactes et dures. Dans un tel milieu, les racines ne peuvent vivre en bon état, car elles sont tantôt noyées dans un sol pâteux, tantôt resserrées dans un sol durci. Les graines jetées dans la terre comme semences ne peuvent davantage germer et fructifier, car elles ont besoin de l'oxygène de l'air pour changer leur matière amylacée en acide carbonique, et vivre aux dépens de leur propre substance. L'air ne pouvant pas intervenir à travers les pores du sol, ne peut pas non plus agir sur l'humus qui y est contenu, pour changer également cet humus en acide carbonique que les plantes élaborent pour s'en assimiler le carbone.

Or, la quantité d'acide carbonique qui se forme dans le sol à l'aide de l'oxygène de l'air est très-considérable. Jusqu'aux récentes recherches de MM. Boussingault et Lévy, on n'avait d'idée très-nette ni sur la quantité d'air contenue dans la terre ni sur la composition de cet air. Ces recherches ont démontré que la somme du volume de l'oxygène de cet air et du volume de son acide carbonique, formait un peu moins que l'oxygène contenu dans l'air atmosphérique normal. Ce résultat démontre que l'air engagé dans le sol donne de l'acide carbonique en brûlant lentement le carbone des matières organiques qui y sont contenues, telles que l'humus, les débris des plantes, l'engrais, et que cet air brûle aussi sans doute un peu de l'hydrogène de ces mêmes matières organiques.

Voici maintenant quelques-uns des résultats obtenus par ces très-habiles observateurs :

Terres.	Air dans 1 mètre cube de terre végétale. Litres.	Acide carbonique dans 100 p. d'air confiné en volume.
Sol très-riche en humus.	420.6	3.64
Terre légère récemment fumée.	235.3	9.74
Terre d'un champ de betteraves assez argileuse.	225.3	0.87
Sol sablonneux d'un carré d'asperges récemment fumé.	223.5	1.54
Sol sablonneux d'un carré d'asperges anciennement fumé.	223.5	0.79
Terre d'une luzernière argileuse et calcaire.	220.6	0.80
Terre argileuse d'une prairie.	161.8	1.79
Sol sablonneux d'une forêt.	117.6	0.86
Sable sous-sol de la forêt.	88.2	0.24
Loam sous-sol de la forêt.	70.6	0.82

On voit que la quantité d'air contenue dans les différents sols varie considérablement, sans qu'il soit possible encore d'établir des lois relativement à un phénomène trop peu étudié. Un autre fait important, c'est que l'acide carbonique de l'air confiné dans le sol varie de 0.24 à 9.74 pour 100, tandis que l'acide carbonique de l'air atmosphérique ne s'élève que de 0.04 à 0.06 pour 100. On reconnaît ainsi quel rôle important doit jouer dans la végétation l'oxygène de l'air qui pénètre dans le sol. Toute cause qui tend à augmenter la porosité du sol arable et sa pénétration par l'air atmosphérique, doit exercer la plus heureuse influence sur la végétation. Le drainage, à cet égard, doit produire des effets que l'on pourra mettre en évidence par des expériences directes.

Des chiffres que nous venons de donner on conclut le tableau suivant, pour représenter la quantité d'air que contient une couche de terre de 1 hectare d'étendue et d'une épaisseur de 35 centimètres seulement.

Terres.	Air dans 1 hectare pour une couche de 35 centim. d'épaisseur. Mètres cubes.	Acide carbonique dans 1 hectare pour une couche de 35 centim. d'épaisseur. Mètres cubes.
Sol très-riche en humus..........	1,472	54
Terre légère récemment fumée..	824	80
Terre d'un champ de betterraves assez argileuse...............	824	7
Sol sablonneux d'un carré d'asperges récemment fumé......	782	12
Sol sablonneux d'un carré d'asperges anciennement fumé...	782	6
Terre argileuse d'une prairie....	566	10
Sol sablonneux d'une forêt......	412	4
Sable sous-sol de la forêt.......	309	1
Loam sous-sol de la forêt.......	247	2

Le drainage augmentant l'épaisseur de la

couche terreuse ameublie aussi bien que le volume des pores, doit accroître, dans une proportion que l'expérience directe pourra seule déterminer, la quantité d'air pénétrant dans le sol. Le labour profond doit à lui seul produire un effet analogue; mais le résultat nous paraît devoir être beaucoup plus manifeste lorsque les deux opérations sont exécutées ensemble.

Ce fait important explique pourquoi les racines des plantes descendent, dans un sol drainé, dans des couches plus profondes, où elles trouvent non-seulement une plus grande facilité de pénétration, mais encore une nourriture absente des sols non drainés. La plus grande longueur des racines, leur direction plus verticale doivent aussi avoir pour conséquence la possibilité des semis plus serrés dans les sols drainés que dans les sols non drainés.

CHAPITRE L.

Expérience sur le drainage à courant d'air.

On admettra facilement que, tandis que l'eau coule dans les drains qui descendent le long de la plus grande pente du terrain, en suivant des tuyaux qui ne sont pas remplis de liquide en entier, il peut y avoir une circulation d'air en sens contraire. Cet air doit entrer par la partie inférieure des drains collecteurs pour remonter, comme dans les cheminées, vers la partie supérieure du champ, en se disséminant dans le sol à travers les interstices laissés entre les bouts de tuyaux tous les 30 ou 33 centimètres. L'oxygène de cet air, d'après ce que nous avons vu dans le chapitre précédent, pourrait être appelé à augmenter le rendement des récoltes en hâtant la décomposition des engrais. Nous avons entendu des chimistes illustres au Congrès de Valenciennes, en 1852, s'appuyer sur ces vues théoriques pour conseiller l'emploi de cheminées verticales placées au haut des champs drainés, et mises en communication avec les drains, de manière à faire un appel d'air énergique. Nous avons même entendu parler de ventilateurs qui injecteraient de l'air dans les drains à leur partie inférieure. De pareilles propositions, qui semblent au premier abord de véritables jeux de l'esprit, ne doivent pas être rejetées sans examen. En effet, la très-curieuse expérience que nous allons rapporter démontre qu'une circulation d'air plus hâtive dans un terrain drainé en augmente les produits.

Cette expérience a été faite par M. Simon Hutchinson [1], sur une terre exploitée par M. Stafford, de Marnham, près Newark.

Un champ de 4 hectares consistant en un fort loam reposant sur un sol argileux, a été drainé en 1843, par 25 drains parallèles profonds de $0^m.61$, espacés de $4^m.57$ les uns des autres, et se rendant tous dans un même drain principal.

Au commencement de l'automne de 1846, ce champ a été divisé en 5 parcelles contenant chacune 5 drains. Rien n'a été changé à l'état des deux parcelles des deux bouts ni à la parcelle du milieu. Mais, dans les deux parcelles numéros 2 et 4, les cinq drains ont été réunis à leur partie supérieure par un canal permettant de hâter la circulation de l'air, comme on

(1) *Journal of the royal agricultural Society of England*, t. IX, p. 340.

le voit par la figure 222, où la ligne pleine la plus forte représente les clôtures, où les lignes ponctuées représentent les petits drains, où la ligne pleine moyenne est le drain collecteur ayant sa décharge en B; et où enfin les lignes pleines les plus petites figurent les canaux souterrains à circulation d'air.

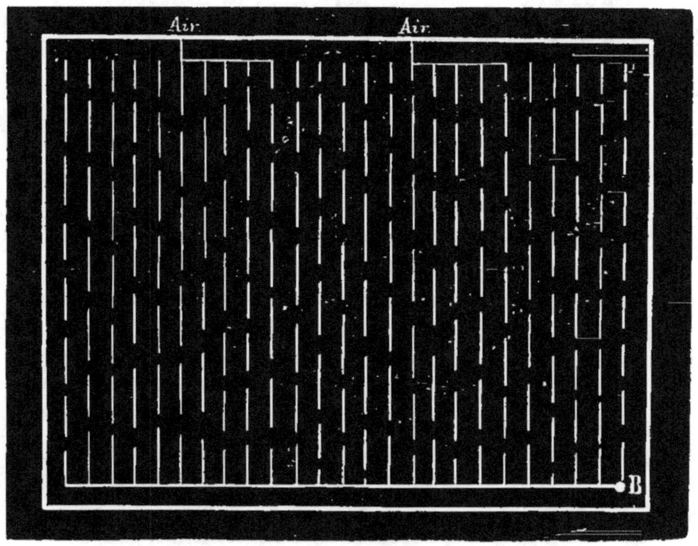

Fig. 222. — Plan d'un drainage à circulation d'air.

Le champ tout entier fut cultivé en turneps et ensuite en blé ; les labours, les engrais, et toutes les façons données à la terre furent identiquement les mêmes pour chacune des cinq parcelles; voici les résultats obtenus par hectare :

	Turneps. Kil.	Blé. Grain. Hectol.	Blé. Paille. Kil.
Champ drainé avec circulation d'air....................	26,080	25.8	3,470
Champ drainé sans circulation d'air.....................	17,300	18.8	2,600
Avantage en faveur de la circulation d'air.................	8,780	7.0	870

Dans une seconde expérience, le même observateur a obtenu :

	Turneps. Kil.	Blé. Grain. Hectol.	Blé. Paille. Kil.
Champ drainé avec circulation d'air.....................	40,626	31.4	4,500
Champ drainé sans circulation d'air.....................	34,105	26.7	3,785
Avantage en faveur de la circulation d'air.................	6,521	4.7	715

M. Hutchinson ajoute que le blé recueilli sur le sol drainé avec courant d'air, eut à la vente une faveur de 0f.85, et que la paille en était plus belle et meilleure.

Il est vrai de dire que, dans l'expérience dont il s'agit, la profondeur des drains n'était peut-être pas assez grande, et qu'en conséquence le courant d'air, en facilitant l'évaporation, a pu avoir une influence physique et non pas l'action chimique de l'introduction de l'oxygène qu'il serait désirable de voir mettre en évidence par des expériences nouvelles tout à fait décisives.

CHAPITRE LI.

Effets hygiéniques du drainage.

Dès que les labours s'effectuent plus facilement dans les champs, il en résulte, pour le
cultivateur attaché aux durs travaux de la
terre, un soulagement qui lui permet de mieux
répartir ses peines. Mais une telle influence,
attribuée au drainage, peut difficilement s'é-
valuer. Il n'en est pas de même de l'action
qu'exercerait sur l'état sanitaire d'une contrée
le drainage de toutes les terres humides. Si l'assainissement général d'un pays au sous-sol argileux, au sous-sol imperméable, s'effectuait tout
d'un coup, nul doute qu'on n'éprouvât presque intantanément une très-sensible diminution
dans les maladies endémiques de la contrée.
En France, en Belgique, en Allemagne, le drainage des terres arables ne s'est pas encore effectué sur une assez vaste échelle pour qu'il ait
été possible d'y observer rien de semblable.
Mais les soulagements obtenus des desséche-
ments des marais ne peuvent laisser aucun doute
sur ce que produirait, dans toute l'Europe, le

drainage méthodique du sol. Cependant, si
quelques incrédules pouvaient prétendre qu'il
n'appartient pas à l'homme de modifier d'une
manière grave le milieu dans lequel il vit, et
que les maladies sont un fléau qui frappe nécessairement les populations pour des causes
placées en dehors du domaine physique, nous
citerions les faits bien observés en Angleterre
à l'aide d'enquêtes plusieurs fois renouvelées,
soit par les comités d'hygiène publique, soit
par les commissions médicales du droit des
pauvres, etc. Dans ces enquêtes, entourées de
toutes les garanties imaginables de fidélité et
où ont été entendus les médecins les plus distingués, des philanthropes, véritables amis du
progrès et du bien-être des masses, on trouve
constatés les effets suivants :

Plus de rareté dans les brouillards, qui sont
à la fois moins nombreux, moins élevés et
moins denses ;

Diminution considérable dans l'action des
fièvres rémittentes et intermittentes ;

Disparition presque complète des rhumatismes, si fréquents dans les contrées humides ;

Amélioration notable de la santé générale
des populations rurales.

La diminution du nombre et de l'intensité
des brouillards se constate facilement par la
météorologie agricole, dont l'importance est,

depuis un siècle, parfaitement comprise en
Angleterre. La disparition successive des fièvres endémiques et des rhumatismes est un
fait que la statistique médicale peut parfaitement démontrer. A l'égard de ces phénomènes,
on conçoit que des enquêtes peuvent facilement mettre la vérité en évidence. Mais ne
trouvera-t-on pas que prétendre que l'état de
santé des habitants de la campage peut être
heureusement influencé par le drainage, c'est
se montrer partisan trop fanatique d'une amélioration foncière, dont on risque de compro-
mettre le succès en faisant un éloge exagéré
de sa valeur? Cependant, les états de mortalité, dans les districts qui ont été drainés,
montrent que l'assainissement du sol a bien
réellement des conséquences d'une si haute
portée. Alors que la population croissait dans
une forte proportion, on a trouvé que la
mortalité annuelle tombait, par exemple, de 1
sur 31 habitants à 1 sur 40, puis à 1 sur 47,
en comparant une période de dix ans précé-
dant le drainage, avec les deux périodes dé-
cennales qui ont suivi. Partout où il y a eu
drainage général de la contrée, ce fait est si-
gnalé, tandis qu'on ne reconnaît rien de semblable en compulsant les états civils des contrées argileuses où le drainage n'est pas
encore effectué sur une vaste échelle.

Nous ne citerons qu'un seul exemple emprunté à M. Pearson, qui donne le relevé suivant des cas de fièvre et de dyssenterie, observés, à une année de distance, dans une partie du district de Woolton, où des opérations de drainage avaient été exécutées sur une grande étendue de terrains.

	Cas de fièvre et de dyssenterie.	
Mois.	1847.	1848.
Juillet.....	25	"
Août.......	30	2
Septembre..	17	7
Octobre....	9	4
Novembre..	9	3
Décembre..	12	"
Totaux...	102	16

Rien n'est plus éloquent que de pareils chiffres.

A côté de la santé des hommes, il est bien permis de parler aussi de celle des animaux et des plantes. Le bétail, dans les pays drainés, est moins fréquemment atteint des épizooties qui le déciment d'une manière si fâcheuse pour le succès des spéculations agricoles. La cachexie aqueuse ne ravage plus l'espèce ovine, et la péripneumonie n'atteint pas d'une manière aussi grave l'espèce bovine dans les pays drainés. Les récoltes elles-mêmes sont moins sujetes à être envahies par la rouille, surtout dans les bas-fonds, où les brouillards détériorent les grains au moment où l'approche de leur maturité faisait espérer une moisson abondante tout à coup perdue.

Mais si les bons effets du drainage pour l'hygiène publique sont manifestes, il n'en est pas moins vrai, malheureusement, que l'exécution elle-même de tranchées étroites, durant la mauvaise saison, dans des terrains humides, est très-pernicieuse à la santé des ouvriers employés à enlever le dernier fer de bêche, à achever le fond des drains, à assurer la solidité des rangées de tuyaux. Ces ouvriers ont les hanches, les cuisses et les bras en contact permanent avec une argile mouillée, qui leur donne des rhumatismes et peut altérer gravement leur santé. La partie gauche du corps s'appuyant plus spécialement sur l'une des parois des tranchées dans l'enlèvement des dernières parties de la terre à déblayer, on a eu recours, en plusieurs endroits, à des pièces de cuir pour recouvrir la culotte de la cuisse gauche. Cette précaution ne suffit pas, et nous n'hésitons pas à recommander les culottes et les brassarts de cuir que le marquis de Westminster a fait employer aux ouvriers qui ont exécuté le drainage de ses terres, et qu'il a décrits dans un article du *Journal de la Société royale d'agriculture d'Angleterre* [1].

Ces vêtements de l'ouvrier draineur sont destinés aux parties du corps. Il y a donc une paire de culotte et une paire de brassarts, qui n'embrassent que la partie extérieure des hanches, des cuisses, des épaules et des bras.

La figure 223 représente la culotte droite.

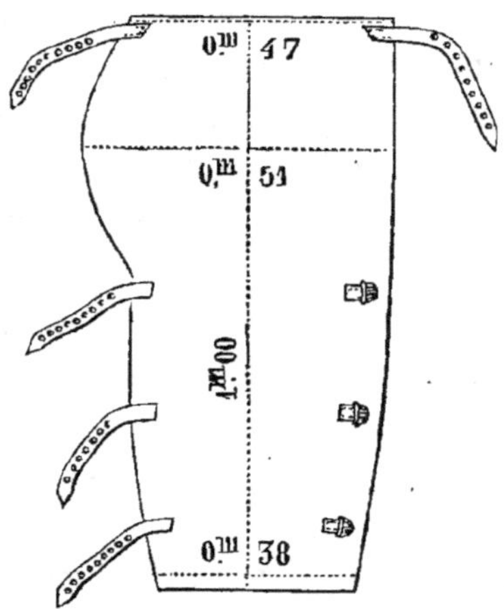

Fig. 223. — Culotte droite.

Cette culotte est formée d'une pièce de cuir ordinaire, ayant 1ᵐ de haut, 0ᵐ.47 de large

(1) Tome X, p. 51 (1849).

à la hauteur de la taille, 0^m.51 à l'endroit des hanches, et une largeur de 0^m.38 seulement pour la cheville du pied. Deux courroies, attachées à l'avant et à l'arrière de la culotte de droite, s'enfilent dans deux boucles de la culotte de gauche. Trois autres courroies à diverses hauteurs s'agrafent à trois boucles placées en face dans la même culotte.

Les brassarts (fig. 224) ont 0^m.76 de haut,

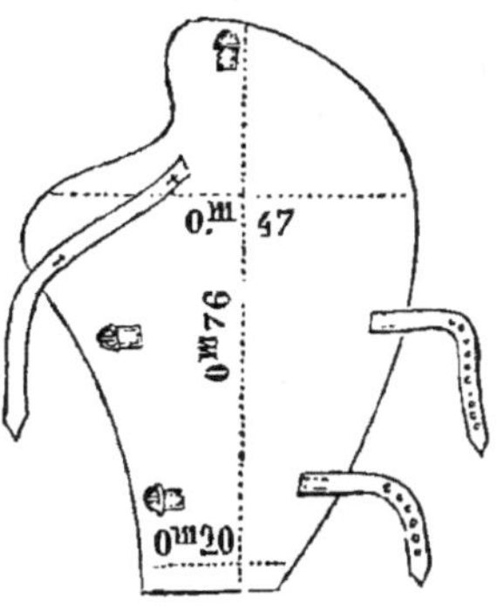

Fig. 224. — Brassart droit.

0^m.47 de large à l'épaule et 0^m.20 de large aux poignets. Une courroie passe sous le bras pour s'attacher à une boucle sur l'épaule ; deux autres courroies se fixent vers le coude et vers le poignet à des boucles convenablement placées.

La paire de culottes ne coûte que 25 fr., et

celle de brassarts que 12 fr. 50. On ne doit pas hésiter à conseiller l'emploi de ces vêtements, dont a seulement besoin un ouvrier sur quatre draineurs.

CHAPITRE LII.

Effets mécaniques du drainage.

Les travaux auxquels le cultivateur soumet le sol arable ont pour but : 1° de diviser la terre en parcelles qui permettent aux filaments des racines des plantes de s'étendre avec facilité dans des pores nombreux où elles rencontreront plus de matières assimilables tant à l'état liquide qu'à l'état gazeux, tout en y trouvant un support suffisant ; 2° de mélanger, avec le moins de dépense possible, les engrais à la couche où s'élabore la nourriture des végétaux ; 3° de purger les champs des plantes parasites. L'effet qu'on obtient en gâchant le mortier, donne une idée exacte de l'action exercée par les instruments aratoires dans un terrain humide. Il est évident que, bien loin d'atteindre le but pour lequel on les exécute, les labours, dans une terre chargée d'eau, produiront une action directement opposée : ils rendent la terre plus ferme et plus compacte au lieu de donner un sol mieux divisé et plus poreux, condition indispensable pour la santé et la pousse vigou-

reuse des plantes. Quand un tel sol se dessèche, il devient une masse dure où les végétaux cultivés ne peuvent trouver qu'à grand
peine une chétive subsistance.

Un des principaux effets des premiers labours, consiste surtout à retourner le sol de
manière à recouvrir les semences des plantes
parasites restées à la surface, de manière à les
faire germer et à détruire les jeunes plantes
naissantes par les seconds labours. Ce résultat n'est obtenu qu'autant que les mottes de
terre peuvent se diviser, soit par l'action de
la herse, soit par celle du rouleau. Dans les
champs drainés, on constate toujours que les
mottes s'émiettent facilement. Au bout de
quelques mois après le drainage, la terre
prend un aspect particulier qu'on ne peut
mieux comparer qu'à celui que produisent les
lombrics ou vers de terre; les mottes les plus
tenaces se fendillent et s'émiettent, sans doute
par suite du passage alternatif de l'eau et de
l'air. L'eau s'égouttant peu à peu, laisse des
vides que l'air remplit pour être chassé à son
tour au moment d'une pluie. Peut-être aussi,
l'air ayant pénétré dans le sol, se produit-il
un effet chimique donnant naissance, par
suite de l'action de l'oxygène sur le carbone
de l'humus, à une certaine quantité d'acide
carbonique qui se dégage en brisant l'adhé-

rence des particules d'argile, auparavant sou-
dées les unes aux autres.

La physionomie des terres change ainsi
après le drainage ; elles ne se laissent plus
battre de la même manière par les fortes
pluies ; elles ne se tassent plus, parce que l'air
qui y a pénétré ne saurait en être chassé
brusquement ; elles deviennent une sorte de
filtre qui ne s'obstrue jamais, au lieu d'être
une sorte de brique toujours compacte.

En d'autres termes, le drainage effrite la
terre à la manière des labours très-multipliés ;
il ouvre ses pores, et facilite l'évaporation des
parties les plus volatiles produites par la fermentation ; il détruit l'adhésion des molécules
argileuses et rend le sol friable. De tels effets
font comprendre pourquoi les agriculteurs ont
constaté que les champs drainés exigent une
force motrice moindre, appliquée aux instruments aratoires ; ils expliquent aussi en partie
pourquoi le drainage augmente le rendement
des récoltes , *mais à la condition seulement
qu'on emploiera des engrais abondants.* On
ne saurait trop insister sur ce point important.

Mais il est un autre effet mécanique du
drainage que l'expérience peut mesurer plus
facilement que celui de la division du sol que
nous venons d'examiner ; c'est la quantité
d'eau que les drains écoulent du sol, suivant

les différents terrains et selon les climats. La question, malheureusement, exigerait un grand nombre de données numériques qu'on ne s'est pas encore occupé de rassembler en beaucoup de lieux. Nous allons rapporter les deux seules observations venues sur ce point à notre connaissance.

La plupart des auteurs qui ont écrit sur la question, se contentent du calcul pour déterminer la quantité d'eau que le drainage peut ou doit enlever. Ils raisonnent ainsi : des expériences directes montrent que la pluie donne en un an une hauteur d'eau a, et que l'évaporation rend à l'atmosphère une hauteur b ; en conséquence, le drainage enlèvera $a-b$. Ce raisonnement est faux pour deux raisons. D'abord la filtration naturelle à travers le terrain ne cessera pas complétement ; toute l'eau de pluie qui ne sera pas évaporée ne sera donc pas nécessairement enlevée par le drainage ; ce qui peut tendre à diminuer l'eau que le drainage écoulera. D'un autre côté, il peut arriver dans le sol qu'on considère, des eaux supérieures et des eaux souterraines qui remontent à la manière des eaux artésiennes ; ces eaux peuvent tendre à augmenter la quantité dont le drainage procurera l'écoulement. On comprend bien, d'après cela, que tous les calculs qui reposent uniquement sur la valeur de $a-b$, ne peuvent mener à aucune détermination absolue, quoiqu'on ait voulu en conclure et les dimensions des tuyaux de drainage et les longueurs des drains. Nous invitons donc les agriculteurs qui drainent leurs terres, à faire effectuer des jaugeages des eaux écoulées, en mesurant en outre par des udomètres la quantité de pluie tombée durant le même temps. Des expériences comparatives sur l'évaporation des terres drainées et des terres non drainées devraient aussi être faites simultanément; nous démontrerons dans le chapitre suivant l'importance de cette question.

La première détermination de l'eau déchargée par le drainage dont nous avons à parler, a été faite en Angleterre par M. Milne, de Milne-Graden, qui a fait durer ses expériences de jaugeage du milieu de juin 1848 au milieu d'avril 1849, c'est-à-dire pendant 10 mois. Les mesures directes ont montré que le drainage a fourni une décharge d'eau s'élevant à 521,720 litres par hectare. Ce chiffre, tout considérable qu'il paraisse, ne représente qu'une hauteur d'eau de 51 millimètres, et c'est là un résultat remarquable qui confirme complétement les observations que nous présentions tout à l'heure sur l'inexactitude de calculs reposant sur la différence existant entre la hauteur d'eau de pluie et la hauteur d'eau d'évaporation. En effet, d'après les travaux de Dalton, dont nous parlerons, la filtration eût dû s'élever à 169 millimètres, et d'après ceux de Dickinson, elle eût dû atteindre 276 millimètres. Le drainage, dans certains terrains, n'enlève donc qu'une fraction de l'eau filtrant à travers le sol et provenant de la pluie.

Voici maintenant la seconde expérience que nous avons annoncée ; elle a été faite en France par M. de Courcy, président de la Société d'agriculture de Rozoy (Seine-et-Marne). La pièce, d'une contenance de 1.58 hectares, a été drainée en décembre 1850. L'hiver ayant été très-sec, l'eau sortait à peine du tuyau de drainage jusqu'au moment où le mesurage a été entrepris, le 28 mars 1851 ; à dater de ce moment, l'eau n'a pas discontinué jusqu'au 23 mai, jour où le mesurage a cessé. La pluie avait commencé à tomber le 10 mars, et le temps a été successivement de plus en plus pluvieux. On a mesuré l'eau s'écoulant durant cinq minutes chaque jour. Les résultats obtenus peuvent être considérés comme provenant de toute l'eau écoulée pendant la saison pluvieuse de l'année. M. de Courcy fera continuer ses expériences, qui présenteront des conséquences importantes. On a trouvé, en 1851 :

Dates.	Indication des pluies.	Quantité d'eau tombée	
		par 5 minutes. Litres.	par 24 heures. Litres.
28 mars.	Pluie.	338	68,344
29.	"	240	69,120
30.	"	287	82,656
31.	"	147	42,336
1er avril.	"	98	28,224
2.	"	63	18,144
3.	"	63	18,144
4.	"	47	13,536
5.	"	42	12,096
6.	"	35	10,080
7.	"	35	10,080
8.	"	28	8,064
9.	"	27	7,770
10.	"	23	6,624
11.	"	23	6,624
12.	"	23	6,624
13.	"	23	6,624
14.	"	18	5,184
15.	"	15	4,320
16.	Pluie 4 heures.	15	4,320
17.	Id.	15	4,320
18.	Id.	15	4,320
19.	Pluie 3 heures.	15	4,320
20	Orage et trombe d'eau à 3 h.	14	4,032
21.	"	173	49,824
22.	Pluie.	87	25,044
23.	Id.	142	40,895
24.	"	105	30,240
25.	Pluie.	95	27,360
26.	"	85	24,480
		A reporter.........	673,752

Dates.	Indication des pluies.	Quantité d'eau tombée	
		par 5 minutes Litres.	par 24 heures. Litres.
	Report....................		673,752
27 avril.	Pluie.	55	15,840
28.	//	75	21,600
29.	Pluvieux.	74	21,600
30.	//	75	21,600
1er mai.	//	75	21,600
2.	Pluvieux.	72	20,736
3.	Id.	150	47,200
4.	Pluie.	175	50,400
5.	Pluvieux.	200	57,600
6.	Id.	150	47,200
7.	//	51	14,685
8.	//	38	10,944
9.	//	20	5,760
10.	Un peu de pluie.	10	2,880
11.	Id.	10	2,880
12.	//	10	2,880
13.	//	10	2,880
14.	//	10	2,880
15.	//	8	2,304
16.	//	6	1,728
17.	//	6	1,728
18.	//	3	864
19.	//	2.8	806
20.	//	1.4	403
21.	//	0.7	201
22.	//	0.8	230
23.	//	0.5	144
24.	//	0.0	0
	Total...........		1,026,323

On voit que l'écoulement a cessé 13 jours

après la dernière pluie ; on reconnaît aussi
que l'effet d'une pluie, une fois que l'eau a
commencé à couler, se fait sentir le lendemain.
Ce dernier résultat est surtout rendu sensible
par l'orage et la trombe d'eau du 20 avril :
l'orage survenu à trois heures, a été accompagné d'une trombe d'eau pendant 20 minutes environ ; la terre a été, en cet instant,
couverte d'une nappe d'eau telle que, dans la
campagne, tous les fossés et rigoles furent
remplis et débordèrent ; l'eau écoulée du drainage n'étant que 4,032 litres le 20 avril, s'est
élevée à 49,824 litres le 26. On voit de même,
que la pluie du 27 augmente l'écoulement le
28 ; que la pluie du 4 mai augmente l'écoulement du 5.

La pièce de terre en expérience était plantée
en *luzerne* âgée de 3 ans ; avant d'être drainée, elle conservait presque entièrement son
eau, étant située dans un terrain extrêmement
plat. On peut regarder l'eau écoulée comme
provenant uniquement de la pluie tombée sur
la pièce de terre elle-même.

La quantité d'eau mesurée correspond à
649,571 litres par hectare, et équivaut à une
hauteur de 65 millimètres. On n'a pas mesuré à Rozoy, durant le même temps, la
hauteur de pluie tombée. Nous sommes donc
forcé de prendre les chiffres constatés à

Paris ; ils ne doivent pas être très-différents de ce qui a dû se passer en Seine-et-Marne. On trouve ainsi :

	Eau tombée. Mill.
Mars.	76.77
Avril.	74.89
Mai.	36.21
Total.	187.87

Ainsi, sur 188 millimètres de pluie, il s'en est écoulé par le drainage 65 millimètres ou 34 pour 100.

Il sera curieux de rechercher si la même terre drainée donne le même écoulement à toutes les époques de la végétation et pour les diverses espèces de récoltes.

CHAPITRE LI.

Effets physiques du drainage.

Plusieurs expériences ont été faites pour apprécier les effets physiques produits par le drainage ; ces expériences ont eu en vue de déterminer 1° l'influence exercée sur la température du sol ; 2° les modifications éprouvées par le pouvoir évaporatoire de la couche arable. Nous allons les examiner successivement.

La question a été principalement traitée par M. Josiah Parkes, dans deux Mémoires insérés dans le *Journal de la Société royale d'agriculture d'Angleterre*[1] ; plus tard, M. Charnock lui a donné de nouveaux développements dans le même Recueil[2]. Les deux Mémoires de M. Parkes sont connus en France ; le premier a été publié par M. Thackeray, sous son propre nom ; nous avons déjà dit qu'il fallait restituer à l'ingénieur anglais son œuvre remarquable. Le second Mémoire de M. Parkes a été traduit par M. Saint-Germain Leduc, qui a eu soin de laisser à l'auteur an-

(1) T. V. et VII (1844 et 1846).
(2) T. X (1849).

glais tout l'honneur du travail, et inséré dans le *Journal d'Agriculture pratique* [1]. Le Mémoire de M. Charnock n'a encore été analysé dans aucune publication française.

Les deux questions de la température et de pouvoir évaporatoire du sol ont entre elles une relation évidente; mais nous pensons qu'il est important de constater les faits isolément, sauf à voir plus tard comment ils sont liés les uns aux autres et concourent à s'expliquer mutuellement.

1° *Température.*

L'importance, au point de vue agricole, de savoir la différence d'action de la chaleur solaire sur les sols secs et les sols humides, n'a échappé à aucun agriculteur cherchant à se rendre compte des phénomènes qui se passent sous ses yeux. On n'a besoin d'en citer d'autre preuve que la distinction faite par le vulgaire entre ce qu'on appelle les terres froides et les terres chaudes. Les savants éminents qui ont été les promoteurs de la science agricole, science née dans notre siècle, Schubler, Leslie, Davy, de Humboldt, Arago, Boussingault, de Gasparin, se sont préoccupés de la nécessité de déterminer la température de la cou-

(1) 3ᵉ série, t. 1, p. 431.

che terrestre à diverses profondeurs. Plusieurs expériences directes ont été tentées dans ce but. Il en résulte que la température estivale de la couche superficielle est plus élevée que celle de l'air; que la température diminue ensuite jusqu'à une certaine profondeur, pour recommencer à croître régulièrement, mais lentement, d'un degré par 30 mètres environ de profondeur. Par exemple, les expériences faites en 1796 à Genève par Schubler pendant six mois, d'avril à septembre, ont donné les chiffres suivants, pour la température moyenne :

Température de l'eau à l'ombre................ 15°.4
—   de la surface du sol................ 22.9
—   du sol à 0^m.08 de profondeur...... 20.0
—   du sol à 1^m.22 de profondeur....... 15.6

De là on tire cette conséquence, que si la pluie tombe à la température de l'air pour pénétrer dans le sol, elle enlève à la couche superficielle 7°.5 de température; qu'elle n'enlève que 4°.6 à la couche qui est à 8 centimètres de profondeur, et seulement 0°.2 à la couche située à une distance de 1^m.22 de la surface. Il faut donc en conclure que les pluies froides refroidiraient le sol en coulant à la surface; mais qu'elles restituent à la terre la chaleur enlevée à la couche superficielle, en pénétrant verticalement dans le sol. Les pluies plus chaudes que l'air, exerceraient une action réchauffante plus énergique en pénétrant dans le sol qu'en s'écoulant à la surface.

Les expériences de Leslie, faites en 1816 et en 1817, et insérées dans l'article CLIMAT du supplément de l'*Encyclopédie britannique*, ne permettent pas plus que celles de Schubler de résoudre la question directe de l'influence du drainage sur la température du sol; elles conduisent seulement à des déductions théoriques semblables à celles que nous venons d'émettre. Aussi on doit un très-grand gré à M. Parkes d'avoir donné le premier exemple, le seul que l'on ait encore sur ce point important, d'expériences dirigées de manière à fournir expérimentalement des faits positifs.

M. Parkes a opéré dans une tourbière située près de Bolton-le-Moors, dans le Lancashire, et nommée *Red-Moss*, à cause de son caractère semi-fluide. La profondeur à laquelle les thermomètres furent placés dans cette tourbière s'éleva jusqu'à 9 mètres, et les indications qu'ils donnèrent à cette profondeur, aussi bien qu'à celle de $0^m.30$ seulement, furent uniformément de 7°.8. « Je n'ai jamais remarqué, dit M. Parkes, de variations dans les thermomètres placés à $0^m.30$ au-dessous de la surface, durant trois ans que j'ai fait mes observations, si ce n'est dans l'hiver de 1836, où le thermomètre le moins profond descendit pendant quelques jours à 6°.7. » Cette invariabilité de la température à une si petite profondeur était importante à constater, à cause des effets qui ont été plus tard observés après le drainage.

Le sous-sol du marais sur lequel la tourbe repose à *Red-Moss* est formé d'une marne blanche retentive, abondamment mélangée d'un gravier calcaire. La température de l'eau tirée d'une mine contiguë, à une profondeur de 90 mètres, était de 12°.2, et celle de l'eau d'un puits artésien, d'une profondeur de 49 mètres, était invariablement de 11°.1.

Le champ d'expériences était très-plat; il ne s'en élevait pas un buisson plus haut qu'une touffe de bruyère dans un rayon de plus de 800 mètres; il était donc admirablement choisi pour qu'il ne se perdît pas un seul rayon de soleil, et on vient de voir qu'on ne devait soupçonner l'affluence d'aucune source, puisque les eaux environnantes étaient plus chaudes que la tourbe, qui restait d'ailleurs à une température constante.

Le sol fut labouré en 1836, à l'aide de la charrue à vapeur, à une profondeur de 0^m.23, et bien pulvérisé. Une portion du champ, d'une étendue de 180 mètres carrés, fut divisée en douze planches de 5^m.48 de long sur

0.^{m}91 de large. Chacune de ces tranchées fut isolée, soit de ses voisines, soit du reste du champ, par des fossés ouverts de 0^m.61 de largeur en haut, de 0^m.30 de largeur au fond, et profonds de 0^m.91. Avant l'ouverture de ces fossés, le lot de terre avait été séparé du marais par une tranchée de ceinture d'une profondeur de 0^m.96, se rendant dans un fossé d'écoulement principal profond de 1^m.01. La surface pulvérisée du lot a été amoncelée en un tas, puis chaque lot a été pioché à une profondeur de 0^m.31, après quoi la couche supérieure a été replacée. Le champ est resté dans cet état durant l'hiver 1836-1837, et il n'a reçu aucune semence, afin de ne pas faire intervenir l'influence de la végétation. Les observations thermométriques ont commencé en juin 1837.

Les thermomètres, au nombre de cinq, furent enfermés, sur toute la partie de leur longueur enfouie dans le sol, dans des tubes en fer-blanc ouverts au fond et percés de trous de distance en distance. Ils étaient reliés les uns aux autres par des crampons en fer, et le tout formait un cadre rigide et portatif. Les tiges du verre, sortant de terre sur une hauteur de 0^m.25, étaient protégées par un châssis en métal, portant les échelles graduées sur lesquelles les lectures devaient se faire, à un dixième de degré Fahrenheit près. Le cadre fut placé dans un trou pratiqué au milieu de l'un des lots, et où on remit soigneusement la terre extraite dans ce but; il était disposé dans la direction du méridien, afin que les tiges des thermomètres projetassent le moins d'ombre possible.

Un sixième thermomètre a été enterré en même temps dans le marais naturel voisin, à une profondeur de $0^m.18$. Ce dernier thermomètre a marqué constamment, pendant toute la durée des expériences, la température de $8°.3$, tandis qu'au-dessous de $0^m.30$, la température de ce marais était de $7°.8$. Les résultats qu'ont donnés les cinq thermomètres du champ expérimental sont contenus dans les tableaux qui suivent, où nous avons laissé toutes les remarques faites par M. Parkes.

Sans vouloir donner aux chiffres que renferment ces tableaux une importance exagérée et une signification générale, que M. Parkes n'a pas d'ailleurs eues en vue, on n'en doit pas moins tirer des conséquences très-curieuses pour la théorie des effets du drainage. Aussi, nous n'hésitons pas à recommander des expériences analogues aux amis de la science; il faudrait qu'elles fussent faites dans des circonstances variées, en ce qui concerne les terrains, les récoltes et les climats.

Dates. Juin 1837.	des thermomètres placés à des profondeurs de :					Heures des observations.	Direction du vent.	Température de l'air à l'air au-dessus du sol et à l'ombre	Observations.
	m. 0.78	m. 0.65	m. 0.43	m. 0.33	m. 0.18	h.		°	
7	7.8	8.3	9.1	10.0	11.1	9 m.	S.O., S.	"	"
	"	"	"	10.3	12.8	2 s.	O.	"	
8	"	"	"	10.0	10.6	9 m.	S. E.	"	Journée froide.
	"	"	"	"	11.4	2 s.	"	"	
9	7.8	8.4	"	9.4	9.4	9 m.	E.	"	Temps froid et brumeux.
	"	"	9.2	9.7	11.5	2 s.	O. S. O.	"	Temps clair et chaud.
10	7.9	"	9.2	10.0	11.7	9 m.	S.	"	Pluie pendant la nuit précédente ; soleil
	"	"	"	10.3	12.2	2 s.	"	21.1	éclatant toute la journée.
11	8.0	8.5	"	10.6	12.8	9 m.	"	18.3	Journée sans nuages et plus chaude que
	"	"	"	11.1	13.3	10	"	20.0	celle de la veille ; mais malheureusement
	"	"	"	"	13.9	11	"	"	le thermomètre, placé dans l'air, a été
	"	"	"	"	14.2	12	"	"	brisé à 10 heures du matin.
	"	"	"	11.5	14.4	1 s.	"	"	
	"	"	"	"	15.1	2	"	"	
	"	8.6	9.3	"	15.0	3	"	"	
	"	"	"	11.3	14.2	4	"	"	
	8.1	"	9.3	11.1	13.9	5	"	"	
	"	"	"	10.8	13.3	6	"	"	
	"	"	"	"	13.1	7	"	"	
	"	"	"	10.7	12.8	8	"	"	
	"	"	"	10 6	12.8	9	"	"	

Expériences sur l'action calorifique du drainage.

Dates. Juin 1857.	Température des réservoirs des thermomètres placés à des profondeurs de :					Heures des obser-vations.	Direction du vent.	Température de l'air à 1ᵐ.22 au-dessus du sol et à l'ombre.	Observations.
	m. 0.78	m. 0.65	m. 0.48	m. 0.55	m. 0.18				
	°	°	°	°	°	h.		°	
12	8.1	8.5	//	10.6	12.8	9 m.	O.S.O.	//	Chaudes ondées.
13	8.2	8.9	9.3	11.1	15.0	2 s.	O.S.O.	//	Temps chaud ; ondée à 11 heures du matin.
14	8.4	9.1	10.2	11.7	15.8	12 m.	S.	//	Temps chaud et sec.
15	8.5	9.2	10.4	11.7	14.2	9 m.	S.O.	//	Temps très-chaud et sans nuages.
16	8.7	9.4	10.8	12.3	15.6	9 m.	S.O.	20.6	Temps étouffant et sans nuages.
	8.8	9.8	11·1	12.8	17.2	1 s.	//	22.2	Légers nuages très-élevés.
	//	//	//	//	17.8	2	//	23.3	Épais nuage amené par le vent.
	//	//	11.0	12.2	16.9	3	O.	25.6	Fort orage avec éclairs pendant 1/2 heure.
	//	9.9	11.1	12.8	18.3	3ʰ. 15ᵐ.	//	24.4	Température de la pluie 25°.6.
	//	//	11.1	13.9	18.9	3. 30	//	22.2	//
	8.8	9.9	11.4	13.1	17.2	4	S.	20.0	Soleil brillant ; légères vapeurs qui s'élèvent des étangs et des fossés.
17	8.9	50.0	11.6	13.1	14.4	9 m.	S.	19.4	Très-belle matinée.
	9.0	10.1	//	13.2	15.8	3 s.	//	23.3	Temps chaud et sans nuages.
18	9.0	10.2	//	12.8	13.3	10 m.	E.S.E.	17.8	Temps brumeux.

Tandis que les thermomètres placés dans le marais non drainé marquent invariablement :

à une profondeur de 0ᵐ.50	à une profondeur de 0ᵐ.18
7°.8	8°.3

on trouve qu'aux mêmes profondeurs les thermomètres placés dans le terrain drainé marquent :

de 9°.4 à 13°.9	de 10°.6 à 18°.9

Et comme nous avons reconnu que le sous-sol ne pouvait pas apporter de chaleur au sol , on voit que cette forte élévation de température est due à l'échauffement météorologique dont le drainage permet la propagation à une profondeur assez grande , puisque à $0^m.78$ le thermomètre s'élève encore de 7°.8 à 8°.8.

On devra remarquer aussi que la couche la plus voisine de la surface (à $0^m.18$ de profondeur) est soumise à des variations diurnes de température , à des accroissements et à des abaissements alternatifs, qui se font encore sentir à une profondeur de $0^m.37$, mais qui cessent à une profondeur de $0^m.48$. A partir de cette profondeur jusqu'à $0^m.78$, on voit un accroissement presque continu , qui dépend probablement de la saison à laquelle les expériences ont eu lieu.

Enfin un fait considérable s'est manifesté ;

c'est celui de l'échauffement produit par la pluie d'orage chaude du 16 juin, qui a élevé tout d'un coup de plus de 1 degré la température de la couche située à une profondeur comprise entre $0^m.18$ et $0^m.33$.

Ainsi, il est incontestable que le drainage, dans certaines circonstances, permet l'échauffement de couches qui, autrement, resteraient à des températures constantes très-basses.

2° *Évaporation.*

Le drainage augmente-t-il ou diminue-t-il la propriété que possède un sol d'une nature déterminée de céder à l'atmosphère, par évaporation, une partie de l'eau dont ses molécules sont imbibées? Cette question, posée par M. Parkes, n'a été attaquée directement que plus tard par les expériences remarquables de M. Charles Charnock, l'un des vice-présidents de la Société météorologique de Londres. Des considérations théoriques ne peuvent pas l'éclairer d'un jour complet; le fait doit être appelé nécessairement à prononcer.

Toutefois, les expériences faites par Th. de Saussure, et celles plus récentes de M. de Gasparin, avaient déjà établi ce fait, que l'évaporation d'une terre est d'autant plus rapide par rapport à celle de l'eau que cette terre est plus complétement imbibée. Le drai-

nage augmentant la filtration de l'eau à travers le terrain, il doit nécessairement en résulter une moindre imbibition, et conséquem-
ment une diminution dans l'évaporation. Mais
quelle est la valeur de cette diminution pour
une terre drainée dans les différents temps, et
comment se comportent à cet égard les divers
sols? Ce sont des questions que l'observation
seule peut conduire à connaître.

Avant de voir comment les problèmes que
nous indiquons peuvent être résolus expérimentalement, nous devons en faire ressortir
l'importance pour la physiologie végétale et
l'agriculture.

Chaque fois que l'eau s'évapore, c'est-à-
dire s'échappe sous forme gazeuse ou de vapeur dans l'atmosphère, elle emporte avec
elle une très-grande quantité de chaleur,
qu'elle doit prendre aux corps avec lesquels
elle est en contact. Quand rien ne restitue à ces
corps la chaleur dont ils sont ainsi privés, ils
se refroidissent d'une façon très-notable. Quand
de la chaleur leur arrive, elle est employée
non pas à les échauffer, mais seulement à réparer les pertes de calorique causées par le
phénomène de l'évaporation de l'eau.

Si nous fixons par des chiffres la valeur de la
perte de chaleur que cause l'évaporation, nous
trouvons que, comme l'eau, pour passer à l'état

de vapeur, exige 640 unités de chaleur, et que la houille moyenne en brûlant dégage 7,000 unités de chaleur, on peut compter que la combustion de 100 kilogr. de houille est nécessaire pour volatiliser un mètre cube d'eau.

Supposons, par exemple, comme M. de Gasparin l'a observé en 1821-1822 à Orange, que, sur une hauteur de pluie de 722^{mill}.1, la terre laisse évaporer 596^{mill}.7 ou 82 pour 100, cela équivaudra à une quantité d'eau évaporée en un an qui, par hectare, s'élèverait à 5,967 mètres cubes. La perte de chaleur pour cet hectare de terre serait égale à celle qu'eût dégagée 596,700 kilogr. de houille, le sixième environ de la consommation de Paris en 1853.

Qu'on imagine maintenant que le drainage puisse diminuer l'évaporation d'un tiers ou d'un quart, et on comprendra quelle énorme quantité de chaleur pourra ainsi être conservée à la terre, et on admettra facilement que le drainage pourra apporter une modification importante dans le climat d'une contrée. En effet, si la quantité totale de chaleur que la terre reçoit du soleil, dans le cours d'une année, était uniformément répartie sur tous les points du globe, et si elle y était employée, sans perte aucune, à évaporer de l'eau, elle ne pourrait faire passer à l'état de vapeur qu'une épaisseur de 3,875 millimètres d'eau, à peine cinq fois plus que la pluie tombée à Orange. De la sorte, on calcule qu'une diminution d'un tiers ou d'un quart dans l'évaporation, équivaut à une économie de la dix-neuvième à la vingt-sixième partie de la chaleur envoyée en un an par le soleil à la terre. Qui oserait dire que ce n'est pas là un fait considérable ?

Arrivons maintenant aux mesures comparatives de l'évaporation annuelle dans des terrains de même nature drainés et non drainés.

Les premières expériences que nous pouvons citer ont été effectuées en 1796, 1797 et 1798, en collaboration, par le docteur John Dalton et Thomas Hoyle [1]. Ces deux célèbres météorologistes se servaient d'un vase cylindrique en fer étamé, ayant $0^m.254$ de diamètre et $0^m.914$ de hauteur. Avec ce cylindre communiquaient latéralement deux tubes recourbés pour recevoir dans des flacons l'eau qui s'écoulerait. L'un de ces tubes était placé près du fond du cylindre, l'autre à une distance de $0^m.025$ de la base supérieure. Le cylindre était rempli, sur une hauteur d'environ $0^m.15$, avec du gravier et du sable et ensuite avec de la terre arable humide. On inscrivait régulièrement l'eau sortie par les

(1) *Memoirs of the Literary and Philosophical Society of Manchester*, t. V, part. II.

deux tuyaux, c'est-à-dire l'eau de pluie qui s'écoulait de la surface du sol par le tuyau supérieur et l'eau de pluie qui, ayant traversé une épaisseur de $0^m.914$, s'écoulait par le tuyau inférieur. Un udomètre indiquait la quantité de pluie tombée dans le même temps. La différence entre la hauteur de pluie tombée et la hauteur d'eau filtrée à travers les deux tubes indiquait l'évaporation de la terre. On a obtenu les résultats suivants, comme moyenne des années 1796, 1797 et 1798. On devra remarquer que cette expérience équivalait à la mesure de l'eau écoulée par un drainage imparfait, et que c'est l'évaporation de la terre qui était obtenue par une différence et non par une mesure directe.

Mois.	Pluie.	Évaporation de la terre.	Filtration.
	mill.	mill.	mill.
Janvier. . . .	62.4	25.6	36. 8
Février. . . .	45.7	12.7	33. 0
Mars.	22.9	15.8	7. 1
Avril.	43.6	37.7	5. 9
Mai.	106.1	68.3	37. 8
Juin.	63.2	55.6	7. 6
Juillet.	105.5	104.0	1. 5
Août.	90.3	86.0	4. 3
Septembre. .	83.3	74.9	8. 4
Octobre. . . .	73.6	67.8	5. 8
Novembre. .	74.2	51.9	22. 3
Décembre. .	81.3	37.7	43. 6
Totaux. .	852.1	638.0	214.1

La filtration totale d'un an est de 25.1 pour 100, et l'évaporation de 74.9 pour 100, par rapport à la pluie tombée.

M. Maurice, à Genève, a fait pour deux ans seulement, mais pour deux ans qui correspondent précisément à 1796 et 1797, c'est-à-dire à la même époque où Dalton et Hoyle opéraient, la mesure de l'évaporation du sol directement, en calculant la filtration par une différence. Ce savant opérait en prenant, tous les jours, le poids d'un vase de tôle vernie, ayant $0^m.33$ de hauteur, 42 décimètres carrés de surface d'évaporation, rempli de terre, et dont le fond était garni de petits trous, ce qui équivaut à un drainage énergique. M. Maurice prenait en même temps l'évaporation d'un vase plein d'eau ; il a trouvé :

Mois.	Pluie. mill.	Évaporation de la terre. mill.	Filtration. mill.	Évaporation de l'eau. mill.
Janvier. ...	53.5	5.6	+ 47.9	4.5
Février. ...	111.7	27.3	+ 84.4	5.0
Mars.	10.4	35.6	— 25.2	46.0
Avril.....	9.2	23.2	— 14.0	136.3
Mai.	23.7	31.8	— 8 1	109.4
Juin......	97.2	66.1	+ 31.1	116.2
Juillet. ...	79.2	58.2	+ 21.0	147.5
Août.	42.9	47.4	— 4.5	219.7
Septembre.	40.8	33.4	+ 7.4	165.5
Octobre...	95.4	35.4	+ 60.0	191.7
Novembre.	42.9	20.3	+ 22.6	63.4
Décembre.	46.7	17.9	+ 28.8	7.0
Totaux..	653.6	402.2	+251.4	1,212.2

La filtration totale d'un an est de 38.5 pour 100, et l'évaporation de 61.5, par rapport à la quantité d'eau de pluie tombée. L'évaporation de la terre n'a été que de 33.1 pour 100, par rapport à celle d'une surface d'eau.

M. de Gasparin a fait à Orange (Vaucluse), en 1821 et 1822, les mêmes expériences que celles de M. Maurice, mais en enfonçant le vase dans le sol jusque près de son ouverture; il en résultait l'absence de drainage, ou à peu près. Les résultats des pesées ont été les suivants :

Mois.	Pluie.	Évaporation de la terre.	Filtration.	Évaporation de l'eau.
	mill.	mill.	mill.	mill.
Janvier...	46.1	12.3	+ 33.8	57.2
Février...	52.7	56.0	— 3.3	88.2
Mars.....	41.4	77.0	— 35.6	159.0
Avril.....	57.6	66.2	— 8.6	186.7
Mai......	61.5	68.0	— 6.5	227.7
Juin......	47.1	85.2	— 38.1	297.3
Juillet....	28.1	21.7	+ 6.4	378.5
Août.....	49.2	17.7	+ 31.5	306.1
Septembre.	105.0	35.4	+ 69.6	180.7
Octobre...	101.5	76.0	+ 25.5	181.2
Novembre.	82.6	45.2	+ 37.4	103.3
Décembre.	49.3	36.0	+ 13.3	115.4
Totaux..	722 1	596.7	+125.4	2,281.3

La filtration est de 17.5 pour 100, et l'évaporation de la terre s'élève à 82.5 pour 100 de la pluie tombée. Cette dernière quanlité n'est que de 26.2 pour 100 , par rapport à celle d'une surface d'eau.

M. John Dickinson , fabricant de papier à Abbot's-Hill , près King's-Langley, a enregis·tré , pendant une période de huit années , de 1836 à 1843 [1], la quantité d'eau filtrée à travers une terre arable, en se servant d'un appareil dont nous allons donner une description rapide. Ce qu'il y a de remarquable, c'est que le but de cet industriel éminent était de se rendre compte de la quantité d'eau dont il pouvait user, en différentes saisons, pour plusieurs usines qu'il avait sur la rivière Colne et ses affluents , et de juger dans quelle mesure il devait avoir recours à l'emploi de machines à vapeur. Au lieu d'opérer sur une terre nue, il remplit un vase cylindrique de terre argilo-siliceuse du pays, sur laquelle il mit un gazon. Ce vase avait $0^m.30$ de diamètre et $0^m.91$ de hauteur. Un faux fond, percé de petits trous, tenait la terre à une petite distance du fond véritable ; celui-ci communiquait par un petit tube recourbé avec un tube vertical, où l'eau filtrée à travers la terre venait occuper une hauteur correspondante à sa quantité. Le vase et le tube étaient enfoncés dans le sol jusqu'à leur niveau supérieur ; mais un petit flotteur en

(1) *Journal of the royal Agricultural Society of England*, t. V, p. 147.

liége, plongé dans le tube, faisait monter ou descendre une tige fine dont l'élévation indiquait la hauteur occupée par l'eau de filtration. Une différence avec la quantité de pluie, donnée par un udomètre placé à côté, indiquait la valeur de l'évaporation d'un sol couvert de gazon. Par un robinet placé au bas du tube, on laissait écouler l'eau après chaque mesure, ce qui équivalait à un drainage intermittent. Voici les résultats constatés, en prenant la moyenne des huit années d'observation :

Mois.	Pluie.	Évaporation de la terre couverte de gazon.	Filtration.
	mill.	mill.	mill
Janvier. . . .	46.9	13.7	33.2
Février. . . .	50.1	10.8	39.3
Mars.	41.0	13.6	27.4
Avril.	36.9	29.1	7.8
Mai.	47.1	44.4	2.7
Juin.	56.1	55.1	1.0
Juillet.	58.1	57.0	1.1
Août.	61.5	60.6	0.9
Septembre .	66.9	31.4	9.3
Octobre. . .	71.6	36.1	35.5
Novembre .	87.5	7.3	80.2
Décembre..	41.6	—4.2	45.8
Totaux...	665.3	381.1	284.2

Le rapport de la filtration à la quantité de pluie est de **42.7** pour 100, et celui de l'évaporation de 57.3 pour 100.

Il est certainement impossible de comparer
avec rigueur et exactitude des expériences
faites sous des climats aussi différents que
ceux d'Angleterre, d'Orange et de Genève, à
des époques très-éloignées, avec des terres de
diverses natures, et avec des drainages mal
définis et faits à des hauteurs, en outre, très-
variables. La température, plus froide ou
plus chaude; la répartition inégale des jours
de pluie, plus isolés les uns des autres, ou
groupés à des intervalles divers; l'affinité plus
ou moins grande de la terre pour l'eau, sont
autant de circonstances qu'il faudrait faire intervenir dans les expériences, afin de voir l'influence de chacune d'elles. Cependant un rap-
prochement entre les résultats que nous venons de présenter ne laissera pas que d'être
curieux; on trouve :

Noms des expéri- mentateurs.	Filtra- tion p. 100 de pluie.	Évapo- ration p. 100 de pluie.	Observations sur le drainage et sa profondeur.
Dalton et Hoyle.	25.1	74.9	Drainage imparfait à 0^m.91
Maurice.	38.5	61.5	Drain. énergique à 0^m.33
De Gasparin.	17.5	82.5	Absence de drainage.
Dickinson.	42.7	57.3	Drainage à 0^m.91.

Ainsi, on voit que le drainage semble diminuer fortement l'évaporation du sol, cette
cause énorme de refroidissement que nous
avons signalée. Cependant des expériences directes sur l'évaporation comparée de terres

drainées et des mêmes terres non drainées, étaient encore nécessaires; ce sont elles que M. Charles Charnock, l'un des vice-présidents de la Société météorologique de Londres, ainsi que nous l'avons dit, a effectuées durant cinq années, de 1842 à 1846, à Holmfield, près de Ferrybridge, dans le comté de York. Ce savant a noté en même temps :

1° La hauteur d'eau de pluie tombée;

2° L'évaporation d'une surface d'eau exposée au soleil et au vent;

3° L'évaporation d'une surface d'eau mise à l'ombre, mais exposée au vent;

4° L'évaporation d'une terre drainée;

5° L'évaporation de la même terre saturée d'eau ;

6° La filtration due au drainage.

La pluie et l'évaporation de l'eau étaient obtenues par les appareils ordinaires employés à cet effet par les physiciens.

M. Charnock avait renfermé la terre qui devait donner les résultats d'un sol drainé dans un vase de plomb de 0^m.91 de hauteur et de 9 décimètres carrés de base, dans lequel, sur une épaisseur de 0^m.61, il avait placé un sable calcaire formant le sous-sol de la contrée, et par-dessus, jusqu'à une distance de de 0^m.025 de la surface, une couche de la terre arable moyenne cultivée. Du fond partait un tuyau qui menait l'eau filtrée à travers le sol dans un flacon régulièrement vidé.

Le vase était enfoncé dans un gazon jusqu'à une distance de $0^m.025$ de son bord, de manière à ce qu'il ne pût y rien tomber tout autour. Toutes les mauvaises herbes étaient arrachées avec soin, et la surface était binée de façon à être entretenue dans l'état moyen d'une terre arable.

Pour mesurer l'évaporation d'une terre saturée d'humidité, M. Charnock s'est servi d'un vase en plomb, de $0^m.33$ de hauteur et de 9 décimètres carrés de surface, enfoncé dans un gazon jusqu'à une distance de $0^m.025$ de son bord, de même que le précédent, et rempli de terre arable jusqu'à la même distance du bord supérieur. On y versait chaque jour la même quantité d'eau qui était évaporée par la surface aqueuse exposée au soleil et au vent, et un tube partant de la surface menait l'excès d'eau non évaporée par le sol dans un vase où elle était mesurée. On devra remarquer qu'un sol saturé d'humidité ne peut pas être considéré comme étant identique à un sol non drainé. Sous ce rapport, M. Charnock n'a pas complétement résolu la question qu'il s'était posée.

Les moyennes des résultats obtenus, mois par mois, pour les cinq années des observations, sont réunies dans le tableau suivant :

Mois.	Pluie.	Filtration à travers le sol drainé.	Évaporation du sol drainé.	Évaporation du sol saturé.	Évaporation de l'eau exposée au soleil et au vent.	Évaporation de l'eau exposée au vent, mais à l'abri du soleil.
	mill.	mill.	mill.	mill.	mill.	mill.
Janvier..........	47.7	18.8	28.9	42.6	48.0	33.0
Février..........	37.8	9.9	27.9	40.4	43.2	25.1
Mars.	48.3	13.3	35.0	50.8	63.7	41.6
Avril..........	58.2	21.3	36.9	44.0	94.0	56.2
Mai..........	47.0	5.1	42.9	94.0	102.6	68.9
Juin..........	52.3	2.7	49.6	110.7	114.8	76.5
Juillet..........	79.2	6.6	72.6	94.2	98.5	65.3
Août..........	79.2	6.6	72.6	83.6	88.4	59.4
Septembre........	39.9	5.9	34.0	73.4	78.4	51.8
Octobre.........	56.4	15.8	40.6	63.5	58.9	42.1
Novembre.......	49.3	12.4	36.9	51.0	53.3	35.0
Décembre.......	34.5	9.1	25.4	42.4	55.1	40.4
Totaux.......	629.8	126.5	503.3	790.6	898.9	595.3

On conclut de ce tableau les résultats suivants :

Filtration, pour 100 de pluie, à travers le sol drainé à 0^m.91 .... 20.0
Évaporation, pour 100 de pluie, du sol drainé.. 80.0
Évaporation du sol drainé par rapport à celle du sol saturé, supposée égale à 100............ 63.7
Évaporation du sol drainé par rapport à celle de l'eau exposée au vent et au soleil, supposée égale à 100.............................. 56.0
Évaporation du sol drainé par rapport à celle de l'eau exposée au vent, mais à l'abri du soleil, supposée égale à 100........................ 84.5
Évaporation du sol saturé par rapport à celle de l'eau exposée au vent et au soleil, supposée égale à 100............................... 88.0
Évaporation du sol saturé par rapport à celle de l'eau exposée au vent, mais à l'abri du soleil, supposée égale à 100.................... 132.6
Évaporation de l'eau exposée au vent et au soleil, par rapport à celle de l'eau exposée au vent, mais mise à l'abri du soleil, supposée égale à 100.............................. 151.2

Ainsi, on reconnaît bien nettement qu'un sol drainé est soumis à une évaporation de 36.3 pour 100 inférieure à celle du même sol supposé complétement saturé d'humidité. Cette conséquence s'accorde avec le fait que nous avons cherché à mettre en évidence dans ce chapitre. Peut-être seulement, répéterons-nous, M. Charnock, pour vouloir trop prouver, n'a-t-il pas donné la démonstration expérimentale du fait qu'il s'agissait de constater, à savoir, qu'un champ drainé avait une moindré évaporation que le même champ *non drainé*, et non pas *saturé*, comme cela a été fait dans les observations que nous venons de résumer.

Les chiffres précédents indiquent aussi pour la filtration d'un champ drainé une quantité bien moindre que celle donnée par nombres déduits des observations antérieures, ce qui peut s'expliquer par des différences dans la nature des sols mis en expérience.

On voit aussi qu'il reste à chercher ce qui adviendrait pour des terres couvertes de diverses récoltes. L'influence de la rosée sur des sols drainés ou non drainés n'est pas davantage déterminée. Il serait impossible, en outre, dans l'état actuel de la science, de dire exactement quelle quantité d'eau réelle peuvent avoir à débiter des tuyaux de tel ou tel diamètre, telle ou telle profondeur, tel ou tel écartement, comme ont prétendu le faire certains ingénieurs-draineurs, d'après de simples considérations théoriques n'ayant aucune espèce de base.

Il y a des expériences faites pour comparer les quantités d'eau écoulées par le drainage à des profondeurs diverses. Nous les décrirons ici de manière à compléter les détails que

nous avons donnés dans le chapitre LII,
p. 672, sur les effets mécaniques du drainage. Nous avons cité alors les mesurages effectués par M. Milne et par M. de Courcy.
Depuis que la feuille qui contient ces citations
est tirée, il nous est parvenu, sur les expériences faites par ces agriculteurs, de nouveaux détails qui méritent d'être connus.

M. de Courcy a fait mesurer en 1852-1853
les eaux écoulées du drainage de la même
pièce de terre sur laquelle il avait obtenu en
1851 les résultats rapportés p. 678 et suivantes. Voici le tableau des nouvelles expériences; il sera intéressant à consulter comme
renseignement sur le débit des mêmes tuyaux
évacuateurs à deux années de distance.

Dates. 1852.	Indication des pluies.	Quantité d'eau écoulée	
		par 5 minutes. Litres.	par 24 heures. Litres.
15 décembre.	"	25	7,200
16	Pluie.	35	10,140
17	Id.	42	12,096
18	Id.	75	21,500
19	"	63	18,144
20	"	52	15,456
21	"	40	11,520
22	"	35	10,140
23	"	35	10,140
24	"	32	9,216
25	Pluie.	42	12,096
		A reporter.......	137,648

Dates.	Indication des pluies.	Quantité d'eau écoulée	
		par 8 minutes. Litres.	par 24 heures. Litres.
1852.	*Report*.........		137,648
26 décembre.	Pluie.	63	18,145
27	Id.	140	40,320
28	Id.	200	54,600
29	″	135	36,880
30	″	105	31,240
31	″	75	21,600
1er janvier 1853.	″	63	18,144
2	″	60	17,270
3	″	55	15,848
4	″	45	12,960
5	Pluie.	45	12,060
6	Id.	45	36,880
7	Id.	135	34,560
8	Id.	155	44,640
9	″	140	40,320
10	″	130	37,440
11	Pluie.	150	43,200
12	Id.	125	36,000
13	Pluie torrentielle.	200	54,600
14	Pluie.	200	54,600
15	Id.	180	51,840
16	Id.	180	51,940
17	″	150	43,200
18	″	150	43,200
19	″	105	51,240
20	Pluie.	105	31,240
21	Id.	251	72,288
22	Id.	255	73,440
23	Id.	251	72,288
24	″	255	73,440
	A reporter....		1,363,071

Dates.	Indication des pluies.	Quantité d'eau écoulée	
		par 5 minutes. Litres.	par 24 heures. Litres.
1853.	*Report........*		1,363,071
25 janvier.	//	135	36,880
26	//	105	31,240
27	Pluie.	105	31,240
28	//	75	21,600
29	//	75	21,600
30	//	75	21,600
31	//	55	15,840
1er février.	//	45	12,960
2	//	45	12,960
3	//	45	12,960
4	//	44	12,960
5	//	30	10,140
6	//	25	8,640
7	//	25	8,640
8	//	25	8,640
9	//	18	5,184
10	//	18	5,184
11	//	15	4,320
12	//	15	4,320
13	//	15	4,320
14	Gelée.	11	3,168
15	Id.	15	4,320
16	Id.	19	5,472
17	Id.	17	4,896
18	Neige et gelée.	20	5,760
19	Id.	15	4,320
20	Id.	14	4,032
21	Id.	7.50	2,160
22	Dégel.	14	4,032
23	Pluie et neige.	15	4,320
	A reporter....		1,697,073

Dates.	Indication des pluies.	Quantité d'eau écoulée	
		par 3 minutes. Litres.	par 24 heures. Litres.
1853.	*Report.*		1,697,073
24 février.	Pluie et neige.	52	15,456
25	Id.	75	21,600
26	Id.	120	34,560
27	Id.	235	36,880
28	Gelée.	120	34,560
1er mars.	"	95	27,300
2	"	95	27,300
3	Neige.	60	17,280
4	Dégel et neige.	42	12,096
5	Id.	65	17,280
6	Id.	180	51,840
7	Id.	180	51,840
8	Id.	165	43,200
9	"	165	43,200
10	"	95	27,300
11	"	90	25,920
12	"	75	21,600
13	"	45	12,960
14	"	45	12,960
15	"	40	11,560
16	"	40	11,560
17	Gelée.	30	10,140
18	Id.	25	8,640
19	Id.	21	6,048
20	Id.	20	5,760
21	Id.	20	5,760
22	Dégel sans pluie.	20	5,760
23	"	20	5,760
24	"	18	5,184
25	"	18	5,184
	A reporter. . . .		2,317,553

Dates.	Indication des pluies.	Quantité d'eau écoulée	
		par 5 minutes. Litres.	par 24 heures. Litres.
1853.		Report.......	2,317,553
26 mars.	"	18	5,184
27	"	15	4,320
28	"	15	4,320
29	"	15	4,320
30	"	15	4,320
31	"	14	4,032
1er avril.	Pluie.	14	4,032
2	Id.	14	4,032
3	Id.	14	4,032
4	Id.	15	4,320
5	Id.	90	25,920
6	Id.	150	43,200
7	"	105	31,240
8	"	90	25,920
9	"	75	21,600
10	Pluie.	75	21,600
11	"	120	34,560
12	Id.	105	31,240
13	Giboulées.	75	21,600
14	Id.	75	21,600
15	Id.	75	21,600
16	"	60	17,280
17	"	60	17,280
18	"	50	14,400
19	"	31	8,928
20	"	31	8,928
21	"	30	8,648
22	Giboulées.	45	12,960
23	Pluie.	135	36,880
24	Id.	105	31,240
		A reporter....	2,826,989

Dates.	Indication des pluies.	Quantité d'eau écoulée	
		par 8 minutes. Litres.	par 24 heures. Litres.
1853.		*Report*.......	2,826,989
25 avril.	Pluie.	190	39,800
26	Id.	150	43,208
27	"	105	31,248
28	"	90	25,920
29	"	75	21,600
30	"	75	21,600
1er mai.	"	75	21,600
2	"	75	21,600
3	"	60	17,280
4	"	25	8,640
5	"	20	5,760
6	"	15	4,320
7	"	10	2,880
8	"	10	2,880
9	"	10	2,880
10	"	8	2,304
11	"	8	2,304
12	"	5	1,440
13	"	9	2,590
14	"	9	2,592
15	"	7	2,016
16	"	7	2,016
17	"	6	1,728
18	"	5	1,440
19	"	2.50	720
20	"	2.50	720
21	"	2.50	720
22	"	2.50	720
23	"	2	576
24	"	1	288
25	"	Néant.	Néant.
		Total général...	3,075,932

En rapportant à l'hectare, on trouve 1,946,800 litres pour six mois environ, ou, en hauteur d'eau, 195 millimètres.

Pendant le même temps la pluie tombée, mesurée à l'Observatoire de Paris, a été trouvée :

	Millim.
Décembre 1852....	53.5
Janvier 1853......	80.5
Février...........	18.0
Mars.............	29.3
Avril.............	69.7
Mai...............	49.5
Total........	300.5

La quantité d'eau écoulée par le drainage a donc été de 64 pour 100 de la quantité de pluie tombée; en 1851 on n'avait trouvé que 34. Il est vrai de dire que les deux époques ne sont pas complétement comparables, puisque la première série d'expériences ne portait que sur les trois mois de mars, avril et mai, où l'évaporation est beaucoup plus active, et où, par conséquent, la filtration doit être moindre.

En calculant seulement la quantité d'eau écoulée par le drainage en mars, avril et mai, on trouve pour toute la pièce 1,276,360 litres, ou, par hectare, 807,820 litres, soit une hauteur de 81 millimètres. L'eau tombée à Paris, pendant ces trois mois, étant de 149 mil-

limètres, on voit que le drainage a écoulé 59
pour 100 de l'eau tombée, et que, par conséquent, il paraît qu'il fournit plus pendant les
années qui suivent son établissement que durant la première année de son action.

M. de Courcy ne faisant mesurer l'eau
écoulée que durant 5 minutes chaque jour, et
multipliant par le rapport de 5 minutes à 24
heures pour avoir l'eau d'un jour, on voit que
l'erreur est multipliée par 288, et que, par
conséquent, le procédé est peu exact. M. Milne
a imaginé un appareil enregistreur qui a été
installé de la manière suivante (fig. 225) à
Milne-Graden, dans le Berwickshire.

Le drain a verse son eau dans un vase divisé en deux compartiments b et f. Ce vase,
renfermé dans une boîte, est mobile autour
d'un axe d porté sur un pied agencé dans le
fond de la boîte. L'eau coule du drain dans le
compartiment b. Quand ce compartiment b est
plein, le vase fait bascule en tournant autour
de l'axe d, et laisse écouler son eau par l'orifice g. Mais, au même moment, un doigt m
pousse une roue dentée e horizontale, concentrique avec un arbre vertical c. Cet arbre engrène à sa partie supérieure avec une série
de roues dentées, calculées de façon qu'une
aiguille marque les unités et les dizaines, tandis qu'une autre marque les centaines et les

mille de litres déchargés. Au moment où le

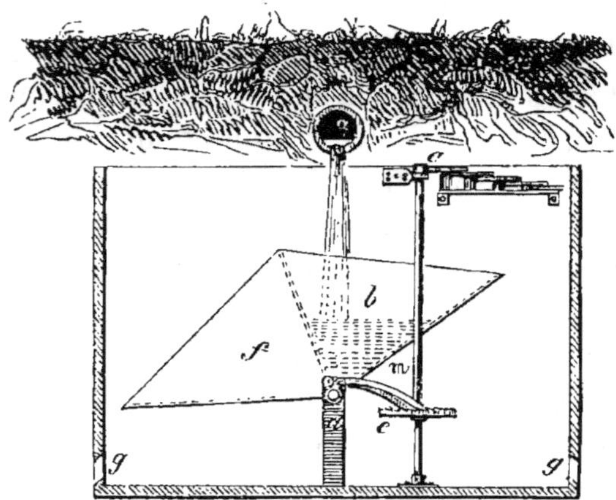

Fig. 225. — Appareil pour jauger l'eau écoulée d'un
drainage.

compartiment *b* a fait bascule pour se vider,
le compartiment *f* se présente au-dessous du
drain *a* pour recueillir l'eau ; et quand il est
plein à son tour, il bascule par son poids pour
vider son eau par le second orifice *g*, en ramenant le doigt à sa première position. On voit
que, par un jaugeage préalable, cet appareil
inscrira exactement l'eau déversée, et qu'on
n'aura qu'à venir relever de temps à autre
ses indications pour le ramener au zéro.

En plaçant deux appareils semblables, chacun en communication avec le maître-drain
de deux pièces de terre identiques, d'une contenance de 2^h.73, drainées à des profondeurs

diverses et avec des espacements différents, M. Milne a obtenu les résultats suivants, de juin 1848 à avril 1849 :

Eau écoulée
par hectare.
Litres.

A 0^m.91 de profondeur et à 4^m.57 de distance. 400,580
A 1^m 07 de profondeur et à 9^m.14 de distance. 521,715

Ce résultat très-net et très-important, démontre que des tuyaux placés à une distance donnée de la surface, sont loin d'enlever toute l'eau de filtration du sol ; qu'il en est une partie qui descend plus bas et qui ne s'écoule que par un drainage plus profond.

C'est sur des considérations de cette nature que s'appuient les partisans du drainage profond ; ils pensent qu'il faut abaisser le plus possible le niveau des eaux souterraines, et que des tuyaux placés de 0^m.70 ou 0^m.90 ne déchargent pas les terres de leur excès d'humidité.

Déjà M. Parkes avait rapporté en 1844 quelques faits d'où il résultait que des tranchées plus profondes donnaient plus d'eau. Ainsi, M. Hammond avait mesuré l'eau écoulée dans la même heure par des tranchées placées à égale distance, mais les unes à 0^m.91 de profondeur, les autres à 1^m.22 ; il avait trouvé pour les premières 4 litres, et pour les secondes 2^l.85 seulement. Dans un autre terrain, M. Hammond avait trouvé qu'aux mêmes profondeurs de $0^m.91$ et $1^m.22$, des tranchées espacées de 8 mètres avaient fourni des quantités d'eau qui étaient dans le rapport de 8 à 5, le chiffre le plus fort appartenant aux tranchées les plus profondes. On a pensé pouvoir conclure de ce résultat que l'on devrait écarter d'autant plus les tranchées qu'on les ferait plus profondes. Ainsi, admettons qu'un espacement de 8 mètres suffît pour une profondeur de $0^m.91$, l'écartement à une profondeur de $1^m.22$ serait donné par la formule $8 \times \frac{8}{5} = 12^m.8$.

Le rapport $\frac{8}{5} = 1.60$, est un peu plus grand que celui des profondeurs $\frac{1.22}{0.91} = 1.34$.

Avant qu'on cherche à généraliser de pareils résultats, il faudra posséder des expériences beaucoup plus nombreuses.

En tout cas, on voit qu'il ne suffit pas de mesurer l'évaporation d'une terre et l'eau écoulée par des drains; on devrait encore mesurer l'eau qui filtre à travers le sol et l'eau qui y séjourne, avant de tenter une explication complète des effets physiques du drainage.

3° *Conclusions.*

Il résulte de la discussion à laquelle nous nous sommes livré dans ce chapitre :

1° Qu'un sol drainé est plus chaud que le sol non drainé de même nature;

2° Que l'évaporation d'un sol drainé est moindre que celle d'un même sol non drainé, mais dans un rapport qui est à déterminer pour les divers climats, les diverses natures de terre, les diverses sortes de culture ;

3° Que la moindre évaporation d'un sol drainé explique très-bien la diminution du nombre des brouillards dans les régions drainées, puisque les brouillards naissent de préférence dans un air plus chargé d'humidité.

4° Que, toutes circonstances égales d'ailleurs, des drains plus profonds paraissent débiter une plus grande quantité d'eau, de sorte qu'on peut espacer davantage les lignes, mais dans des rapports que l'expérience n'a pas encore fait suffisamment connaître.

CHAPITRE LIV.

Effets chimiques du drainage.

Les effets chimiques du drainage nous paraissent occuper le premier rang par leur importance et par leur nombre. Ils sont liés certainement aux effets physiques, mécaniques, hygiéniques et économiques, dont nous nous sommes déjà occupé, par les relations les plus étroites. C'est le propre de l'affinité chimique que d'être modifiée constamment par les agents physiques, et notamment par la chaleur et l'électricité, en même temps qu'elle n'est jamais en jeu sans donner naissance à des phénomènes calorifiques, électriques ou même lumineux, quand les premiers ont une grande intensité.

Les réactions chimiques dans le drainage proviennent des réactions exercées par l'eau pluviale et surtout par l'air sur les matériaux du sol, sur les engrais organiques et sur les engrais minéraux ou amendements qu'on y ajoute dans toute culture perfectionnée. L'air intervient dans les effets chimiques du drainage, non pas seulement en se trouvant en

contact avec la partie supérieure du terrain
rendue plus poreuse, mais surtout parce qu'il
remonte d'en bas, à travers les fisssures des
tuyaux et celles du sol lorsque celui-ci a été
égoutté. Nous avons rapporté précédemment
(chap. L, p. 660) une expérience publiée en
1848, d'où il résulte qu'en activant le passage
de l'air à travers les tuyaux de drainage, on augmente les effets ultimes de cette amélioration
du sol, c'est-à-dire qu'on obtient des récoltes
plus abondantes. Le fait est ici d'accord avec
la théorie. Il faut donc se garder, selon nous,
de ne voir dans le drainage qu'un simple égout-
tage du sol destiné à le rapprocher simplement de ce qui se passe dans les terrains à
sous-sol perméable.

Au surplus, nul chimiste ne voudrait nier
la très-grande probabilité de l'action énergique de l'air dans le drainage. Si nous devions
abriter notre opinion sous des autorités puissantes, nous n'aurions qu'à invoquer le témoi-
gnage d'un des savants dont la parole est la
plus respectée dans la science, celui de M. Chevreul. Voici, en effet, ce que nous lisons dans
le Bulletin de la Société centrale d'Agriculture
du 19 juin 1850 : « M. Chevreul fait observer
qu'il y a dans la pratique du drainage un fait
digne d'attention, c'est le renouvellement de
l'eau, qui détermine toujours l'introduction

d'une certaine quantité d'air dans le sol ; or
cette circonstance exerce une grande influence
sur le bon résultat de la végétation. L'eau privée d'air qui séjourne dans le sol y cause toujours des effets nuisibles, ainsi qu'on le remarque pour les arbres des boulevards de Paris, dont le milieu terrestre se trouve souvent
dans des conditions telles que l'air qui peut y
pénétrer a perdu son oxygène avant de pouvoir être absorbé par les racines, l'oxygène
s'étant porté sur les matières organiques qui
pénètrent dans le sol.

« M. Chevreul ne doute pas qu'un des
grands avantages du drainage ne tienne à
cette circulation de l'air qu'il établit entre
l'atmosphère et le sol au moyen du mouvement de l'eau. »

L'oxygène de l'air, arrivant en beaucoup
plus grande abondance dans le sol, doit former de l'acide carbonique ; il doit ainsi hâter
la décomposition de toutes les matières organiques du sol et fournir aux plantes une nourriture mieux appropriée à leurs besoins ; car
l'acide carbonique paraît être le principal
dissolvant à l'aide duquel le carbonate de
chaux, le phosphate de chaux, le phosphate
de fer, et enfin l'oxyde de fer, sont charriés
dans la séve des plantes. Peut-être aussi l'azote
de l'air n'assiste-t-il pas indifférent à toutes

ces réactions. On sait enfin que, dans les terres calcaires ou renfermant des matières alcalines, il se forme, par la combustion lente des matières organiques d'origine animale, des azotates qui, à leur tour, peuvent exercer également une influence sur la végétation. En présence de tant de phénomènes qui doivent très-probablement se passer dans le sein d'une terre drainée, on s'explique bien l'accélération de la pousse des plantes, la plus hâtive maturité des récoltes, la vertu plus nourrissante des herbages, phénomènes que les draineurs proclament évidents.

Nous venons de dire plusieurs fois, *il est probable*, ou bien, *il y a une très-grande probabilité*. Cette formule d'affirmation incomplète a été employée à dessein ; car la plupart des réactions que nous venons d'énoncer, si elles sont vraies en chimie, n'ont pas été prises sur le fait dans les terrains drainés. Il reste à les vérifier directement, par des expériences comparatives, faites à la fois et simultanément, dans des terres drainées et dans des terres de nature identique, mais non drainées. Ce n'est qu'après ces dernières vérifications que les théories scientifiques passent du degré de probabilité à celui de certitude.

Les auteurs qui ont écrit sur le drainage en Angleterre s'appesantissent surtout sur l'action que l'oxygène, introduit par cette amélioration du sol, produirait en détruisant les matières nuisibles à la végétation et en oxydant le fer; mais ils ne disent nulle part quelles sont les matières nuisibles qui peuvent être détruites ni quel avantage peut produire l'oxydation du fer. Le Mémoire datant de 1846, que M. Chevreul vient de publier récemment (février 1854) dans les Mémoires de la Société centrale d'Agriculture, sur *plusieurs réactions chimiques qui intéressent l'hygiène des cités populeuses*, et les notes qui accompagnent ce beau travail, nous paraissent jeter un jour complet sur ces deux effets de drainage, trop vaguement signalés.

Nous avons cité un peu plus haut l'opinion énoncée en 1850 par M. Chevreul sur les effets de l'air dans le drainage. En reproduisant cette opinion à la fin du Mémoire dont il s'agit, M. Chevreul a ajouté : « Ayant montré l'inconvénient de la présence des matières oxygénables pour la végétation dans un sol où l'oxygène ne pénètre pas, j'ai pu envisager le drainage ainsi que je l'ai fait en 1850, dès que les bons effets en furent constatés; car la théorie de l'assainissement du sol reposant sur la réaction de l'oxygène et des matières organiques combustibles, j'ai montré la nécessité du mouvement de l'eau aérée dans le sol pour brûler ces matières, et, d'un autre côté, l'heureuse influence des puits pour concourir à ce résultat en appelant les eaux qui sont en amont de leur fond. En se représentant une série de puits sur une même ligne, il est évident qu'ils figurent une ligne de tuyaux de drainage qui serait à découvert. Si nous ajoutons la nécessité de l'eau aérée pour les racines des végétaux et le mouvement de l'eau, qui ne peut avoir lieu que dans un sol meuble ou non compacte, l'explication du bon effet du drainage sera complète. »

Nous n'ajoutons qu'un mot aux termes généraux de cette explication, à savoir, que l'eau aérée seule ne circule pas seulement dans la terre drainée, mais que l'air lui-même y pénètre directement pour produire en très-grande partie les effets énoncés par M. Chevreul. Nous reviendrons sur ce point dans un chapitre spécial ; pour le moment, nous ne parlons que des réactions chimiques de l'air atmosphérique, quelle que soit la manière dont il soit introduit dans le sein de la terre arable pour être en contact avec des matières organiques, ou naturelles, ou amenées par les engrais.

1° Ainsi que M. Chevreul l'a démontré, il y a de l'hydrogène sulfuré, ou, autrement

dit, de l'acide sulfhydrique ou hydrosul-
furique produit, lorsque des matières organiques se putréfient en présence des sulfates.
On sait que l'acide sulfhydrique, corps qui a
l'odeur des œufs pourris, et qui noircit l'argent, le plomb, le cuivre, est un poison énergique pour les animaux et les végétaux. Cet
acide sulfhydrique, il est vrai, se combine
avec les radicaux des alcalis pour former des
sulfures fixes; mais, en présence des acides
organiques que fournit aussi la putréfaction
des matières animales ou végétales contenues
dans le sol, l'acide sulfhydrique peut être mis
en liberté et nuire énergiquement à la végétation. L'influence de l'air a pour effet direct
de fournir de l'oxygène aux sulfures, s'ils
sont formés, et de les empêcher de pouvoir
donner naissance à de l'acide sulfhydrique.
Quand les sulfures ne sont pas encore produits, l'oxygène de l'air brûle directement les
matières organiques, surtout en présence des
alcalis, et alors il ne se forme aucun corps
nuisible à la végétation.

2° Quand un sol n'est pas aéré, et qu'il
contient de l'oxyde de fer, il arrive que cet
oxyde de fer abandonne de l'oxygène aux matières organiques en putréfaction pour les
brûler lentement, en se réduisant à un état
d'oxydation inférieur, jusqu'à ce qu'il ne

puisse plus céder aucune parcelle d'oxygène. Le sol devient bientôt improductif si l'air ne peut pas s'y renouveler. On aura beau y ajouter des engrais : en l'absence d'oxygène, ces engrais ne fourniront que des produits nuisibles aux plantes. Supposons qu'au bout de quelque temps l'air puisse intervenir; son premier effet sera de réparer les désastres passés, c'est-à-dire de régénérer de l'oxyde de fer.

3° Il arrive que beaucoup de sols contiennent des pyrites ou sulfures de fer. Ces pyrites ne seront pas dangereuses si de l'air peut être donné au sol, car l'oxygène de cet air transformera ses éléments; l'un, c'est-à-dire, le soufre, en acide sulfurique; l'autre, ou le fer, en oxyde de fer. C'est ce qui se produit dans la préparation des cendres pyriteuses que l'on fabrique pour l'agriculture au bord de certaines carrières, par la simple accumulation dans des tas ou l'on permet à l'air d'intervenir. Mais supprimez l'introduction de l'air dans les terres pyriteuses; vous aurez beau les fumer, elles continueront à rester, sinon stériles, au moins peu fertiles.

Tel est le développement que nous croyons qu'on peut donner, dans l'état actuel de la science, pour expliquer l'assainissement des sols humides à l'aide du drainage, et on voit bien qu'il ne s'agit pas seulement d'un écoulement d'eau, mais encore d'une circulation d'air. Le drainage, à l'aide des tubes souterrains, produit ainsi, comme nous aurons soin de le faire ressortir, un effet tout autre que celui des fossés ouverts à l'air libre ou même des fossés remplis de pierres et couverts.

Deux analyses faites par M. le professeur Johnston[1] vérifient complétement l'action exercée par le drainage sur la composition chimique des terrains. Ces analyses portent sur deux terrains tourbeux qui n'avaient de différence qu'en ce que l'un avait été drainé ; elles ont donné les résultats suivants pour 100 de matière desséchée à 100 degrés centigrades.

	Terrain tourbeux drainé.	Terrain tourbeux non drainé.
Matière cireuse et résineuse soluble dans l'alcool................	1.75	1.63
Acides ulmique et humique dissous par la potasse............	6.56	14.62
Matières organiques insolubles dans les alcalis...............	78.18	47.15
Matière minérale ou cendres.....	13.51	36.60
Totaux............	100.00	100.00

On voit que l'effet du drainage a été de diminuer d'abord dans une forte proportion les matières minérales que l'écoulement des

(1) *Transactions of the Highland and Agricultural Society of Scotland*, mars 1848, p. 237.

eaux a enlevées ; la quantité relative de matière organique de la tourbe a alors été beaucoup plus considérable, et cependant les acides humique et ulmique ont diminué de plus de moitié par rapport à la même quantité de tourbe. Ce résultat est, du reste, conforme à de précédentes observations de Sprengel, qui avait reconnu que l'exposition de la tourbe à l'air en altérait les acides. On peut en conclure que, dans des terrains tourbeux drainés, la chaux produira de meilleurs effets que dans les mêmes terrains non drainés, puisqu'une partie de la chaux de chaque chaulage ne sera plus immédiatement employée à diminuer seulement l'acidité du sol.

Il se présente ici une objection sérieuse au premier abord, mais qui disparaît après un examen plus approfondi. On doit craindre que l'écoulement des eaux du drainage n'enlève au sol arable à l'état de dissolution une partie de ses sucs fécondants, puisqu'on vient de voir notamment que, dans un terrain tourbeux, les matières minérales ont été réduites par le drainage au tiers environ de leur proportion primitive. Comme les terrains tourbeux ne sont qu'une rare exception, une telle conséquence ne pouvait pas être généralisée, et on devait avoir recours à des expériences spéciales à cet égard.

La chose la plus simple, celle qui est venue la première à l'idée des draineurs, a consisté à analyser les eaux écoulées du drainage.

Deux analyses ont été faites en Angleterre en 1844, par M. John Wilson, sur de l'eau recueillie des mêmes drains, l'une en avril, l'autre en mai : dans l'intervalle, on avait ensemencé de l'orge avec du guano; elles sont rapportées par M. Mangon [1] en mesures anglaises, et peut-être avec quelques inexactitudes ; nous les avons calculées de la manière suivante :

Première analyse. — Pour un litre d'eau, on a obtenu, par évaporation, 50 milligrammes de résidu, dont la composition a été trouvée être :

	Milligr.
Matière organique	12.3
Chlorures de sodium, de calcium et de magnésium.	21.3
Phosphate de chaux	1.1
Protoxyde de fer	7.7
Sulfate d'alumine	3.2
Silice	1.4
Total	50.0

Deuxième analyse. — Pour un litre d'eau, on a obtenu, par évaporation, 92 milligrammes de résidu sec, dont la composition a été trouvée être :

(1) *Études sur le drainage*, p. 128.

	Milligr.
Matière organique	28.2
Chlorures de sodium, de calcium et de magnésium.	19.5
Phosphate de chaux	11.2
Protoxyde de fer	9.4
Sulfate d'alumine	20.9
Silice	2.8
Total	92.0

En 1849, M. Thomas Way, chimiste de la Société royale d'Agriculture de Londres, a fait l'analyse d'une eau écoulée d'un drainage effectué avec des pierres depuis vingt ans sur un champ formé d'un terrain calcaire reposant sur un sous-sol argileux imperméable. Les drains étaient complétement bouchés en certains endroits. Voici les résultats que M. Way a obtenus; nous les transformons en mesures françaises.

Un litre d'eau a donné, par l'évaporation, un résidu sec pesant 362 milligrammes, dont la composition a été trouvée être la suivante :

	Milligr.
Matière organique	18.0
Chlorure de sodium	25.0
Carbonate de chaux	242.9
Sulfate de chaux	30.9
Carbonate de magnésie	6.6
Silice	38.6
Total	362.0

(1) *Journal of the Royal agricultural Society of England*, t. X, p. 121.

Cette eau avait abandonné une concrétion calcaire dans les tuyaux, comme nous le verrons dans le chapitre suivant.

Nous avons fait aussi une analyse d'eau de drainage provenant d'un terrain argilo-siliceux. L'évaporation de 5^{kil}.340 de cette eau a laissé un résidu sec de 1^{gr}.033, soit, par litre d'eau, 193 milligrammes ayant la composition suivante :

	Milligr.
Matière organique	5.1
Acide azotique (anhydre)	41.8
Chlore	12.7
Acide sulfurique (anhydre)	48.0
Silice	3.0
Chaux	47.6
Magnésie	10.6
Potasse	3.1
Soude	14.7
Alumine	6.4
Oxyde de fer	traces.
Total	193.0

Quand on sait que l'eau de la Seine, en amont de Paris, contient par litre 240 milligrammes, et en aval 432 milligrammes; que l'eau du puits de Grenelle en renferme 149, celle d'Arcueil 590, celle du canal de l'Ourcq 590, celle de la Moselle 116, on voit que les eaux écoulées de drainage ne sont pas plus chargées de matières étrangères que les eaux de rivière, et qu'elles n'enlèvent au sol qu'elles ont traversé

que de petites quantités de substances solubles,
soit organiques, soit minérales. Cependant nous
devons dire que les analyses précédentes ne résolvent pas complétement la question que nous
avons posée. En effet, l'évaporation à 100 degrés d'une eau quelconque, pour avoir le résidu solide, laisse échapper les sels ammonia-
caux et principalement le carbonate d'ammoniaque, sel éminemment propre à la végétation.
Or on peut craindre que l'eau du drainage
n'enlève l'ammoniaque des terrains fumés.
Nous avons démontré, d'un autre côté, par des
recherches longtemps suivies [1], que les eaux
de pluie peuvent être regardées comme appor-
tant au sol environ 3 milligrammes d'ammoniaque. Cette richesse des eaux naturelles, que
nous croyons devoir donner la véritable explication des jachères, est-elle perdue pour une
partie, à cause de l'écoulement d'une portion
des eaux de pluie à travers les tuyaux de drainage? La question méritait d'être étudiée à
l'aide d'expériences directes.

Nous avons fait en conséquence, par les
procédés de dosage particuliers que nous employons pour les eaux de pluie, l'analyse des
eaux du drainage d'un terrain situé dans les

(1) *Recherches analytiques sur les eaux pluviales*, approuvées par l'Académie des Sciences et con-
tinuées sous ses auspices.

argiles des meulières supérieures, situé à Brunoy (Seine-et-Oise), près de la forêt de Sénart, sur la propriété de M. Christofle, où nous avons aussi un **udo**mètre pour recueillir de la pluie tombée en pleine campagne. Le drainage a été exécuté à forfait par MM. Chauviteau et Campocasso, entrepreneurs de drainage et fabricants de tuyaux, route de Choisy-le-Roi, 36, Maison-Blanche, près la barrière de Fontainebleau, à Paris.

Nous avons donné plus haut l'analyse du résidu sec laissé par l'évaporation de la même eau. Nous avons reconnu que cette eau ne contenait, pour 5 litres, que 4 milligrammes, ou par litre 0.8 milligrammes d'ammoniaque, c'est-à-dire cinq fois moins que l'eau de pluie. Il y a lieu de remarquer en outre que la pièce de terre d'où provenait cette eau analysée avait été fortement fumée en novembre 1853, que l'eau a été recueillie en février 1854. M. Boussingault est arrivé à des résultats analogues en analysant des eaux de drainage recueillies par M. Gareau à Bréau (Seine-et-Marne). On peut donc dire que le drainage n'enlève rien de la fertilité propre du sol, et que même il lui laisse les matériaux fécondants charriés par les eaux pluviales.

Comment expliquer un pareil résultat? La propriété de l'argile de conserver l'ammoniaque, propriété découverte par Saussure, et que M. de Gasparin a mise en évidence dans son *Cours d'Agriculture*, est certainement la cause d'un fait si heureux; car il eût été très-fâcheux que le drainage, si plein d'avantages sous tant de rapports divers, eût l'inconvénient d'appauvrir le sol en en facilitant pour ainsi dire le lavage. Du reste, M. Thomas Way, dans un beau Mémoire publié en 1850 sur le pouvoir absorbant des sols pour les engrais [1], avait fait des expériences du plus haut intérêt à cet égard.

Déjà M. Thompson avait déclaré avoir reconnu que les terres arables séparent l'ammoniaque de ses solutions, de telle sorte que ces terres n'agissent pas seulement comme des matières poreuses qui condensent l'ammoniaque, ainsi que beaucoup d'autres substances gazeuses. La terre a la même propriété absorbante ou plutôt décomposante, selon M. Way, pour beaucoup de sels.

A ce sujet, comme on pourrait reprocher aux vues que nous développons ici de n'être pas complétement nouvelles, nous devons demander pardon à nos lecteurs de citer quelques faits historiques.

François Bacon, dans son ouvrage *Sylva*

(1) *Journal of the Royal agricultural Society of England*, t. X, p. 313.

sylvarum, rapporte que, « sur les côtes de Barbarie, on fait de l'eau potable en recevant de l'eau de mer dans des trous au bord du rivage, lesquels trous ne sont remplis que par la filtration lors de la marée montante, » et il ajoute avoir fait « l'expérience que de l'eau de mer filtrée à travers de la terre contenue dans dix vases devient presque potable, et est tout à fait fraîche après son drainage à travers vingt vases. »

Le docteur Hales, dans une note lue en 1739 à la Société royale de Londres sur différents procédés de rendre l'eau de la mer potable, rapporte, d'après Boyle Godfrey, que la première pinte de cette eau filtrée à travers certaines pierres est complétement privée de sel, mais que les pintes suivantes contiennent autant de sel que l'eau de mer commune.

On a expliqué ces effets par un simple déplacement. Ainsi, selon notre célèbre chimiste Vauquelin, si l'eau qu'on trouve dans les puits existants au bord de la mer, après la marée montante, se trouve être de l'eau douce, c'est que l'eau salée de la mer a fait refluer vers ces puits l'eau de la pluie qui imbibait les terres voisines pour se mettre à la place. Il n'y aurait donc là aucun phénomène chimique qui pourrait nous servir dans notre théorie du drainage.

Cependant Berzélius a constaté que les premières portions d'une dissolution de sel commun qui filtrent à travers du sable sont complétement privées de toute trace de chlorure de sodium, et M. Matteucci, en étendant cette observation à d'autres sels, a trouvé que les diverses dissolutions salines qui filtrent à travers du sable éprouvent de grands changements dans leur concentration ou leur densité.

Le docteur Smith, de Manchester, a pensé que cette propriété du sable de retenir les matières alcalines était liée, dans les sols arables, à l'action que l'air devait avoir de brûler les matières organiques dans les pores de la terre, et de faire naître ainsi de l'acide azotique.

M. Boussingault nous a conseillé de chercher à vérifier, par des expériences directes, ce qu'il y a de fondé dans cette vue en ce qui concerne le drainage. L'évaporation laissant perdre une partie de l'acide azotique, nous n'avons pas pu nous en rapporter à cet égard à l'analyse du résidu sec de la page 731. Nous avons donc recherché, encore par les méthodes que nous avons fait connaître dans notre travail sur les eaux pluviales, la quantité d'acide azotique existant dans un litre d'eau de drainage, et nous avons trouvé 76.6

milligrammes de cet acide supposé anhydre, c'est-à-dire douze fois plus environ que n'en contient l'eau de pluie d'orage la plus chargée en acide azotique. Ce fait très-important montre que l'air, dans le drainage, doit jouer un rôle spécial par rapport à la formation d'une plus grande quantité d'acide azotique; il explique aussi la présence dans certaines plantes, telles que le tabac, les betteraves, etc., de quantités considérables d'azotates.

En ce qui concerne l'action décomposante des terres sur les matières salines dissoutes, M. Thomas Way a repris tout l'ensemble des faits épars que nous venons de résumer, et les a soumis à de nombreuses expériences nouvelles. Il a opéré sur des sols divers, de composition connue, contenant parfois des matières organiques, et d'autres fois n'en contenant pas; renfermant, l'un des traces de carbonate de chaux seulement, l'autre 6 pour 100. Il a essayé des dissolutions diversement concentrées d'ammoniaque, de carbonate, de chlorhydrate, de sulfate et d'acétate d'ammoniaque; de carbonate, nitrate et sulfate de potasse; de chaux, bicarbonate et biphosphate de chaux; bicarbonate et biphosphate de magnésie. Il a reconnu que ces diverses matières salines ou alcalines étaient décomposées, pour les premières portions, par leur filtration à travers une épaisseur de 50 centimètres des sols essayés. Les alcalis restent, et on retrouve seulement dans le liquide filtré des acides azotique, chlorhydrique et sulfurique combinés avec une certaine quantité de chaux ou de magnésie; l'ammoniaque et la potasse ont été absorbés, ainsi que l'acide phosphorique.

L'objection faite par Vauquelin et d'autres chimistes, relativement au simple déplacement d'eau pure par les eaux salines dans les sables du bord de la mer, n'est plus applicable ici, puisque M. Thomas Way opérait sur des sols desséchés ou même calcinés au rouge, et ne contenant par conséquent aucune eau hygrométrique. On peut donc regarder le fait de la décomposition des liqueurs salines par les terres arables comme à peu près démontré.

De pareils résultats ont la plus haute importance pour l'explication des effets du drainage. Ils devront être certainement vérifiés dans des circonstances variées avant de fournir les éléments d'une théorie complète. Toutefois, l'ensemble des faits que nous venons d'exposer prouve que les matières fécondantes existant ou amenées dans le sol ne sont pas enlevées, en proportion considérable, par les eaux qui s'écoulent des drains; et d'un autre côté que l'air atmosphérique qui circule dans les sols drainés, se combinant avec les matières minérales et organiques, fournit aux plantes les matériaux les plus propres à leur nutrition.

CHAPITRE LV.

Des obstructions des drains.

Les causes d'obstruction dans les tuyaux de drainage aujourd'hui connues se réduisent à quatre :

1° Les dépôts calcaires;

2° Les dépôts ferrugineux ;

3° Les racines des arbres;

4° Les animaux souterrains.

1° *Dépôts calcaires.*

En 1849, dans la propriété de M. Goodden de Compton-House, près Sherborne, on a trouvé qu'un drainage effectué vingt ans auparavant, à l'aide de drains en gazon selon une méthode que nous avons décrite [1], se trouvait ne plus fonctionner en quelques endroits. On fit des fouilles, et on constata que les drains étaient complétement bouchés çà et là par un dépôt dur comme de la pierre. L'analyse de ce dépôt a été effectuée par

(1) Voir p. 576.

M. Thomas Way, qui a trouvé qu'il était composé[1] de la manière suivante :

Carbonate de chaux..............	86.38
Sulfate de chaux................	2.52
Magnésie, chlorure de sodium....	traces
Matière insoluble, sable, argile, etc.	10.22
Total........	99.12

On voit que la matière principale qui constitue le dépôt dont il s'agit est du carbonate de chaux. C'est aussi l'élément qui se trouvait en plus forte proportion dans l'eau du drainage du même terrain dont nous avons plus haut donné l'analyse[2]. Ce phénomène ne peut s'expliquer que par la dissolution du carbonate de chaux du sol à l'aide d'un excès d'acide carbonique dissous dans l'eau et provenant de la décomposition des matières organiques du même sol. Il sera arrivé que l'eau, séjournant ou s'écoulant très-lentement dans les drains, aura abandonné son acide carbonique à l'eau, et alors le carbonate de chaux, insoluble dans l'eau qui ne contient pas ce gaz, se sera déposé en cristaux comme cela arrive dans les stalactites et les stalagmites. Le

(1) *Journal of the Royal agricultural Society of England*, t. X, p. 121.
(2) Voir p. 731.

sable et l'argile avaient été évidemment mécaniquement entraînés au sein du dépôt.

On ne peut éviter cet inconvénient qu'à l'aide de tuyaux bien unis intérieurement et ayant une pente bien régulière et assez grande pour que l'eau s'en écoule toujours rapidement.

2° *Dépôts ferrugineux.*

Les dépôts ferrugineux ont été très-souvent trouvés en Écosse dans des terrains ocreux qui avaient été drainés avec des tuiles courbes et des semelles plates. A Drayton-Manor, dans la propriété de sir Robert Peel, M. Parkes a constaté leur présence. Des échantillons des dépôts ont été prélevés et envoyés à M. Richard Philipps, du Geological Museum, qui les a analysés. M. Philipps les a trouvés composés de la manière suivante [1] :

Silice et alumine avec traces de chaux.	49 2
Peroxyde de fer......................	27.8
Matière organique....................	23.0
Total..........	100.0

« La plus grande partie du peroxyde de fer dénotée par cette analyse, a dit M. Philipps,

(1) *Journal of the Royal agricultural Society of England*, t. VII, p. 261.

paraît être due à l'existence primitive du fer
dans un état inférieur d'oxydation , tel qu'il
pouvait être alors dissous par l'acide carbonique dû à la putréfaction des matières organiques du sol et ainsi charrié dans les eaux
du drainage. Quand ces eaux ont été exposées à l'air atmosphérique, le protoxyde de
fer a été changé en peroxyde insoluble à
l'aide de l'oxygène de l'air. Les autres matières ont dû être entraînées mécaniquement par
suite de leur existence dans un état de division très-ténue. » Nous ne rectifierons que
très-peu de chose dans cette explication : c'est
que, lors même que le fer eût existé primiti-
vement dans le sol à l'état de peroxyde mélangé aux argiles, comme cela arrive souvent,
le phénomène du dépôt n'eût pas moins pu se
montrer, attendu que les matières organiques
en décomposition de la terre arable peuvent
parfaitement réduire le peroxyde à l'état de
protoxyde, et ainsi donner naissance à du
protocarbonate de fer. C'est ce que M. Demesmay a déjà expliqué à propos d'un drainage effectué avec des fascines[1]. Dans tous
les terrains marécageux à sous-sol d'argile
ferrugineux , il se passe des phénomènes
semblables. M. Parkes a remarqué que c'est

____

(1) Voir précédemment, p. 565.

surtout vers la partie supérieure des drains, là où il y a une moindre masse d'eau, que les obstructions se produisent. Il a, en conséquence, proposé d'employer, dans ces terrains, des tuyaux de petite dimension reliés par des colliers ou manchons pour diminuer l'étendue des interstices existant entre deux tuyaux successifs. Le résultat a été conforme à ses vues ; les tuyaux coulent à gueule-bée à la suite des temps pluvieux, et, quand ils s'arrêtent, il n'y a pour ainsi dire aucune tache jaune qui trahisse la présence d'un sel de fer.

Dans les drainages pour lesquels on ne s'est pas servi d'une pente bien régulière, et où les tuyaux présentent, par exemple, des sinuosités dans le genre de celles que l'on voit dans la figure 226, les dépôts calcaires et

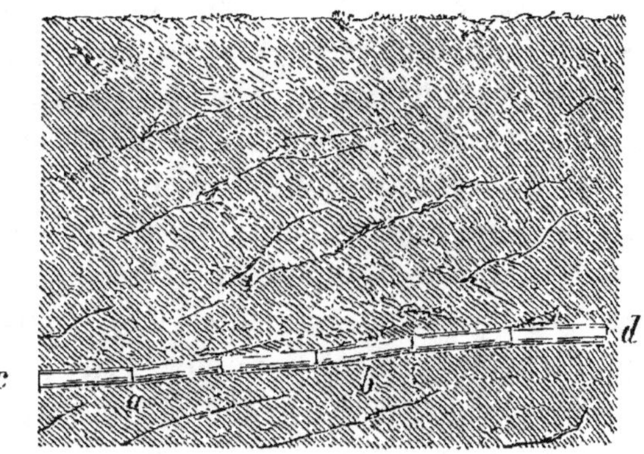

Fig. 226. — Tuyaux sinueux facilitant les dépôts calcaires ou ferrugineux.

ferrugineux auront une tendance prononcée à
se former , dans les creux ou dépressions *a*
et *b*, où l'eau séjournera de *d* en *c*. L'écoulement en ces endroits n'aura lieu que pour les
filets supérieurs , et dans la portion d'eau en
repos se déposeront les particules entraînées
d'ordinaire par la veine liquide.

Dans des cas semblables on conseille, quand
on aperçoit qu'un tuyau débite mal, de nettoyer les drains à l'aide d'une chasse d'eau
qui consiste à boucher momentanément le
tuyau inférieur ; toute la ligne du drain se remplit d'eau. Quand on ôte tout à coup l'obtura-
teur artificiel, la différence de niveau donne
une hauteur d'eau dont la pression suffit pour
entraîner les dépôts qui ne sont pas encore
très-adhérents , et qui d'ailleurs n'obstruaient
pas complétement. Les regards dont nous
avons donné la description (fig. 187, p. 492)
sont très-utiles pour ces sortes d'opérations.

Ce nettoyage des drains n'aurait aucun effet si les tuyaux n'avaient pas été posés avec
assez de soin pour ne pas pouvoir se déranger,
s'ébouler, comme on le voit dans la figure 227,
où le sous-sol s'est affaissé entre *a* et *f* au-
dessous de *h*, de manière à annuler l'effet des
tuyaux *b*, *c*, *d*, *e*. Si un dépôt se forme au-
dessous de *a*, on ne pourra plus faire de chasse
d'eau, puisque l'on n'aura plus une ligne con-

tinue dans laquelle la pression de l'eau pourrait se communiquer du point le plus haut au
point le plus bas. Un pareil accident favorise-
rait d'ailleurs les dépôts, car les détritus ras-

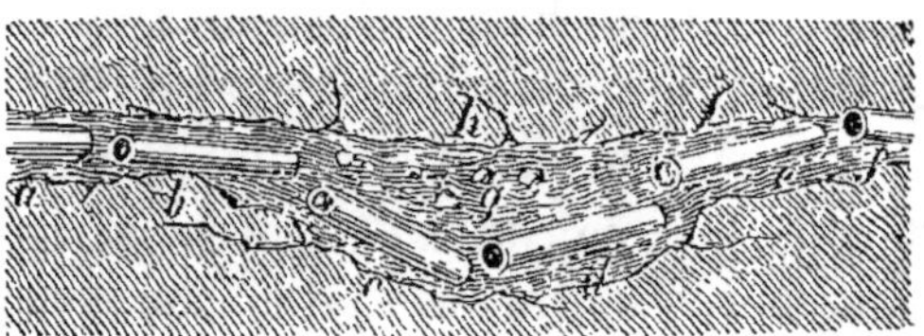

Fig. 227. — Éboulement de drains sur un terrain coulant.

semblés en *g* pourraient facilement être entraînés à travers les tuyaux *f*, où ils causeraient
des dépôts. C'est pour une raison semblable
que beaucoup de draineurs ferment le tuyau
le plus élevé de chaque drain par un bouchon
de paille. Nous avons vu que, en raison de la
nécessité de faire circuler l'air dans les drains,
il était bon de faire déboucher à l'air libre les
parties supérieures des lignes, ou bien de les
faire aboutir dans un drain collecteur.

3° *Racines des plantes.*

Les obstructions causées par les racines des
arbres ont été plusieurs fois signalées. On dit
que le saule, le frêne et le marronnier d'Inde
jettent souvent à 2 ou 3 mètres des racines

dont une fibre, parvenant à pénétrer dans une
ligne de drains par un des interstices laissés
entre les tuyaux, s'y développe en longueur
et en grosseur, et donne naissance à une
masse de chevelus, semblable à une queue de
renard. Ce chevelu bouche le drain aussi hermétiquement que s'il était fermé par de la
glaise. Les circonstances dans lesquelles ces
effets ont été constatés paraissent varier
d'une manière capricieuse, dont on n'a pas
bien saisi la loi. On a vu des tranchées rester parfaitement libres dans leur jeu pendant
des années, quoiqu'elles fussent contiguës à
des haies et à des plantations d'arbres; tandis
qu'ailleurs des racines sont venues obstruer
des tranchées placées à plusieurs mètres de
distance. M. Parkes conseille, comme mesure
de prudence, de se tenir à 18 mètres des rangées d'arbres. Il pense aussi que des regards,
de distance en distance, sont surtout nécessaires près des arbres, afin qu'on puisse vérifier si l'écoulement se fait régulièrement.

On a vu des drains engorgés par les racines de l'*equisetum palustre*, plante des marais tourbeux connue sous le nom vulgaire de
queue de cheval; mais on a constaté que le
terrain n'était pas suffisamment assaini. Nous
pensons qu'on fera la même remarque quand
on étudiera avec attention l'envahissement

des tuyaux par les racines des arbres. Si, pendant une partie de l'année, les tuyaux sont à sec ou à peu près, les racines n'y pénètrent pas, car leur chevelu y pourrirait, et elles y mourraient. C'est pour cette raison aussi que, dans un drainage bien fait, nous ne redoutons pas beaucoup les obstructions que causeraient la luzerne ou la vigne, tout en demandant cependant que des expériences viennent vérifier nos idées.

On a enfin constaté aussi qu'un drainage fait, près de Coleshill, avec des tuiles courbes, depuis trente ans, à une profondeur de 0^m.68, avait été obstrué par des racines de betteraves. Le peu de profondeur et la mauvaise qualité des matériaux du drainage expliquent cette circonstance.

4° *Animaux souterrains.*

Nous avons dit précédemment (p. 510) que les animaux des champs, tels que les taupes, les rats, les souris, les grenouilles, les crapauds, etc., peuvent former des obstacles à l'écoulement de l'eau quand ils peuvent pénétrer dans les tuyaux. Nous avons indiqué (fig. 190 et 191) les moyens d'empêcher ces animaux de s'introduire dans les drains. Nous ne pouvons ici qu'insister sur la nécessité de prendre les précautions que nous avons signalées. On a trouvé plusieurs fois des lignes de drains bouchées, notamment par des taupes. Les regards permettent de reconnaître cet accident, assez rare cependant pour qu'on ne doive pas beaucoup s'en préoccuper.

CHAPITRE LVI.

Expériences sur le drainage à diverses profondeurs et à divers écartements.

Nous avons vu qu'un drainage plus profond enlève au sol, du moins d'après les quelques expériences directes qui ont été faites, une plus grande quantité d'eau qu'un drainage effectué plus près de la surface. M. Parkes s'est fait en Angleterre le champion de ce système, par opposition à M. Smith de Deanston. Bien des écrits ont été imprimés à ce sujet, qui a donné lieu à une des plus vives polémiques agricoles que l'on puisse voir. Nous ne nous attacherons pas aux argumentations des deux camps; nous citerons seulement les expériences directes, qui se sont traduites par des chiffres sur lesquels il n'est pas possible d'élever de discussion.

M. Milne, dont nous avons décrit l'ingénieux instrument pour mesurer l'eau écoulée par le drainage [1], a divisé un champ, d'une super-

(1) Voir p. 715.

ficie totale de $9^h.72$, en quatre bandes parallèles de $2^h.43$ chacune.

La parcelle la plus occidentale a été drainée
par des lignes de tuyaux profondes de $1^m.07$ et
distantes de 9 mètres;

La parcelle suivante a reçu des drains profonds de $0^m.91$ et espacés de $4^m.50$;

La troisième a été drainée par des tuyaux de
$1^m.07$ de profondeur et également espacés de
9 mètres;

La quatrième enfin a reçu des tuyaux placés à $0^m.91$ de profondeur et $4^m.50$ de distance.

Les petits drains de chaque parcelle se rendaient dans un drain collecteur spécial. A l'extrémité de chacun de ces drains collecteurs se
trouvaient des mesureurs qui ont donné les
quantités d'eau écoulées que nous avons indiquées précédemment [1].

On a ensemencé, au printemps 1848, dans
les deux premières parcelles, de l'avoine blanche, et dans les deux autres, de l'avoine noire
venant d'Essex. Le drainage avait été effectué dans l'hiver 1847-1848. Le champ avait été
en prairie durant quatorze ans. La dernière
récolte de blé, en 1834, avait produit environ
29.5 hectolitres par hectare. Voici les résultats
constatés à la moisson de 1848:

(1) Voir p.   .

Avoine blanche.

	A $0^m.91$ de profondeur et $4^m.3$ de distance.	A $1^m.07$ de profondeur et $9^m.$ de distance.
Gerbes par hectare............	1,380	1,242
Grain en hectolitres par hectare.	39.4	56.8

Avoine noire.

	A $0^m.91$ de profondeur et $4^m.3$ de distance.	A $1^m.07$ de profondeur et 9^m de distance.
Gerbes par hectare............	1,510	1,093
Grain en hectolitres par hectare.	63.3	67.7

L'avoine blanche pesait $51^k.1$, et l'avoine noire $49^k.9$ à l'hectolitre.

La quantité d'avoine employée pour semer à la volée avait été de 4.4 hectolitres par hectare.

On voit que, si le drainage profond a été très-favorable à la production du grain, le drainage moins profond, au contraire, a fortement favorisé la production de la paille, comme le montre la comparaison des nombres de gerbes récoltées.

Nous allons maintenant rapporter des expériences faites par M. Hope, de Feuton-Barns, en Écosse; elles peuvent être invoquées en faveur d'un drainage effectué à une petite profondeur. Le champ était formé d'un riche terrain placé sur un sous-sol d'argile rétentive mélangée d'un peu de pierres. Une partie ne fut pas drainée; une autre reçut, en 1840-1841, des drains profonds de 0^m.53, distants de 5^m.5; une troisième, des drains profonds de 0^m.91 et distants de 5^m.5; une quatrième, des drains profonds de 0^m.91 et distants de 11 m. La contenance totale du champ d'expérience était de 10 hectares; il n'était infecté par aucune source, par aucune eau affluente du dessous. Pendant l'été de 1841, la moitié de la pièce fut ensemencée en turneps blancs (*white globe*) et l'autre en rutabagas. On répandit partout 1,000 kilogr. de tourteau de colza en poudre et 24 tombereaux de fumier de ferme par hectare. On enleva la récolte le 14 décembre, et on la pesa. On a obtenu les résultats suivants par hectare :

	Turneps blancs. Kil.	Rutabagas. Kil.
Parcelle non drainée	42,615	21,600
Drainage à 0^m.91 de profondeur et 11 mètres de distance.........	41,221	29,870
Drainage à 0^m.91 de profondeur et 5^m.5 de distance..............	42,615	27,382
Drainage à 0^m.53 de profondeur et 5^m.5 de distance..............	48,388	27,581

On voit que les rutabagas seulement ont paru se bien trouver du drainage profond et écarté. Les turneps ont mieux réussi dans le drainage peu profond.

Vers le milieu de février 1842, le champ fut ensemencé au semoir avec 2 hectolitres de blé à l'hectare. Les différentes récoltes furent coupées, rentrées et battues séparément, et par hectare on a obtenu, le blé pesant terme moyen 77^k.4 :

	Blé. Hectol.	Paille. Kil.
Parcelle non drainée....	34.2	3,124
Drainage à 0^m.91 de profondeur et 11 mètres de distance............	34.2	2,959
Drainage à 0^m.91 de profondeur et 5^m.5 de distance...................	32.9	3,183
Drainage à 0^m.53 de profondeur et 5^m.5 de distance....	37.0	3,436

Le drainage peu profond a seul donné un accroissement de récolte.

Le champ fut engazonné en 1843 et 1844. On n'aperçut aucune différence dans les rendements la première année; la seconde, il y eut un léger accroissement en faveur du drainage profond. Au printemps 1845, on sema de l'avoine grise d'Angus. Les effets du drainage furent extrêmement marqués avant la moisson ; le blé était plus touffu et avait mûri plus tôt dans les parties drainées peu profondément ; on coupa ces parties un peu plus tard et les autres un peu plus tôt, afin de tout récolter le même jour. On remarqua, après la moisson, beaucoup de chiendent dans la partie drainée profondément, tandis que la partie drainée à une petite profondeur était comparativement très-propre.

On a obtenu les résultats suivants par hectare :

	Avoine. Hectol.	Poids de l'hectolitre. Kil.	Paille. Kil.
Parcelle non drainée........	50.3	50.5	4,416
Drainage à 0^m.91 de profondeur et 11 mètr. de distance.	54.5	49.9	4,404
Drainage à 0^m.91 de profondeur et 5^m.5 de distance. ..	57.0	49.9	4,676
Drainage à 0^m.53 de profondeur et 5^m.5 de distance. ..	69.5	48.6	5,761

En 1846, le champ fut mis en turneps jaunes à collet pourpre, après une fumure faite avec 1,100 kil. de guano, 25 kil. de poudre d'os et 32,000 kil. de fumier de ferme par hectare. La récolte était partout si belle, qu'à la vue on ne put saisir de différence entre ces diverses parcelles. La moitié fut consommée sur place par les moutons, auxquels on donnait en outre 453 gr. de tourteaux de lin par jour. L'eau surgissait de place en place dans la parcelle non drainée. Cet inconvénient étant très-apparent à cause de la présence du troupeau, on prit le parti de tout drainer à 0^m.76 de profondeur et à 5^m.5 de distance.

Il y a une autre expérience faite avec des drains à diverses profondeurs à Thurgarton Priory, Souttewell, à 38 kilomètres de Lincoln, par M. Richard Millward. Un champ argileux, à sous-sol également argileux, de 3 hectares, partagé en 15 planches, a été drainé en 1850 de façon que 5 planches sont à $0^m.61$ de profondeur, 5 à $0^m.76$ et 5 à $1^m.22$, et tous ces drains se trouvent espacés de 6 à 7 mètres.

Le champ fut mis en avoine en 1851, et en pâturage en 1852 et 1853. On n'a pas trouvé de différence entre les trois parcelles. Après les pluies, les drains les moins profonds commençaient à couler avant les autres.

On voit, d'après ces résultats, qu'on ne saurait donner de règles précises sur la profondeur à laquelle il est le plus convenable de drainer; cela dépend de la nature du terrain. Il en est de même pour l'écartement, qui peut beaucoup plus varier qu'on ne le croit généralement. A cet égard nous nous faisons un devoir et un plaisir de publier des observations très-intéressantes d'un homme qui a beaucoup drainé, non pas des pièces très-humides disséminées çà et là, mais tout un ensemble de terrain; elles nous ont été remises par M. Decauvile, que nous avons déjà eu occasion de citer.

« Le grand point du drainage, dit cet

agriculteur, c'est l'écartement et la profondeur à donner aux tranchées. Il est bien important, avant d'entreprendre l'assainissement
d'une pièce de terre, d'en étudier préalablement la nature jusqu'à 2^m.30 de profondeur.
Il est des sols qui jusqu'à 1^m.30 sont de nature très-compacte, tandis qu'à une plus
grande profondeur la nature du sous-sol est
beaucoup plus perméable et fournit une bien
plus grande quantité d'eau.

« J'ai drainé 100 hectares de terre avec des
tranchées ayant une profondeur de 1^m. 50 à
2^m.25, et j'ai espacé les drains depuis 25 jusqu'à 100 mètres d'écartement; j'ai obtenu un
assainissement complet. Si j'avais creusé mes
tranchées de 1 mètre à 1^m. 30 de profondeur
seulement, comme on le fait ordinairement,
j'eusse été obligé de les rapprocher de 10 à 16
mètres; le travail m'eût coûté quatre fois plus
cher, et le résultat eût été beaucoup moins
satisfaisant, un sol n'étant jamais, selon moi,
assaini à une trop grande profondeur.

« J'affirme donc que, dans certains cas, il
est possible, à l'aide de tranchées ayant une
profondeur de 1^m.70 à 2^m.30, de donner aux
tranchées jusqu'à 100 mètres d'écartement.

« Il ne faut pas en conclure cependant qu'il
est toujours avantageux de faire les tranchées
à de très-grandes profondeurs; les sols, étant

de nature différente, doivent être traités dif-
féremment.

« Ainsi, dans la même pièce, il m'est arrivé
d'être obligé de placer mes lignes de drains à
7 mètres dans une partie, tandis que dans
l'autre j'ai pu les mettre à 18 mètres, en augmentant la profondeur de 20 à 30 centimètres.

« Il est des sols où une tranchée de 1^m.80
ne fournit pas plus d'eau et n'assainit pas plus
qu'une tranchée à 1^m.10 de profondeur ; dans
ces terrains, il n'est pas avantageux d'aller
plus profondément que 1^m.10 à 1^m.20.

« Je m'étends beaucoup sur cette question,
parce que je crois qu'en France personne,
jusqu'à présent, n'a osé faire du drainage à
plus de 1^m.30 de profondeur, et que presque
toutes les personnes qui se sont occupées de
drainage ne pensent pas qu'il soit possible
d'assainir une terre avec des tranchées ayant
entre elles 100 mètres d'écartement. Or, je le
répète, j'affirme avoir réussi, et je puis le faire
voir sur une étendue de plus de 100 hectares.
Il n'est pas possible d'objecter que ma terre
n'était pas humide, car mes tuyaux fournissent
de l'eau toute l'année, et au moment des
grandes pluies ils coulent pleins et donnent
proportionnellement autant d'eau que les
tuyaux des parties assainies à une profondeur
de 1^m.20 et à 14 mètres d'écartement.

« Il est même quelquefois possible d'assainir plusieurs hectares à l'aide d'une seule
tranchée; je l'ai fait et j'ai réussi. Ces cas se
présentent ordinairement dans les terrains fortement en pente. Il faut placer la tranchée au-
dessus du banc d'argile et l'éloigner assez pour
qu'elle ait au moins 1^{m}.50 de profondeur, pour
arriver sur la couche imperméable. De cette
manière on assainit toute la partie supérieure,
et, quant à la partie inférieure, elle se trouve
naturellement dans de bien meilleures conditions, n'étant plus gênée que par l'eau de surface, dont on se débarrasse facilement à l'aide
de quelques tranchées de 1 mètre de profondeur.

« Il m'est assez difficile d'indiquer les in-
dices auxquels on reconnaît qu'un terrain peut
être drainé à de grandes profondeurs : ce n'est
qu'en creusant le sol, surtout au moment où
il est imprégné d'eau, que l'on peut se rendre
un compte bien exact du parti à prendre.

« J'ai rencontré des terres bien différentes
en ce qui concerne l'action de l'humidité.
1° J'ai vu des terrains à sous-sol très-compacte qui deviennent humides à l'automne,
aussitôt qu'arrivent les premières pluies, mais
qui se dessèchent très-rapidement au printemps. Dans ces terrains l'ensemencement se
fait souvent très-difficilement ; mais les plantes

y mûrissent bien et le grain y acquiert de la qualité. 2° J'ai rencontré des terrains à sous-sol perméable, mais reposant, à une grande profondeur, sur une couche imperméable. Ces terrains deviennent rarement très-humides à l'automne; il faut pour les détremper des pluies abondantes; mais, une fois l'eau arrivée à la surface, et cela se produit ordinairement à la fin de l'hiver ou au commencement du printemps, ces terrains restent humides plus long-temps que les premiers. Quoiqu'ils soient de meilleure nature, les récoltes n'y réussissent pas mieux; les blés poussent tard au printemps et mûrissent mal; le grain, dans certaines années, n'a pas de qualité et la paille prend la rouille.

« Généralement les sols de la première catégorie doivent être assainis à des distances rapprochées, 8 à 14 mètres, avec des profondeurs de 1 mètre à $1^{m}.30$, tandis que les terrains de la seconde espèce peuvent être presque toujours débarrassés de leur humidité par des drains placés à de grandes profondeurs et avec de forts écartements, si toutefois on peut obtenir une tranchée de décharge assez profonde. »

La nature du sol et du sous-sol, et surtout la profondeur et la disposition de ce dernier, influent de telle manière sur le parti à prendre

en ce qui concerne la profondeur et l'écartement des drains qu'on ne doit pas avoir de
règle invariable, et qu'on ne doit jamais se
décider qu'après une étude préalable et attentive des localités. C'est ce qu'on a soin de faire
aujourd'hui en Angleterre, et il arrive qu'on
n'y draine pas un champ partout à la même
profondeur et à la même distance, comme
l'ont conseillé et comme le font beaucoup d'ingénieurs. Nous citerons, par exemple, le système de drainage adopté à Keythorpe, sur la
propriété de lord Berners [1]. Là, les drains parallèles ne sont pas équidistants; ils sont placés obliquement à la ligne de plus grande
pente. La profondeur la plus habituelle est de
$1^m.07$, mais elle va souvent jusqu'à $1^m.52$ et
$1^m.83$. L'écartement dans le même champ varie
entre 4 et 18 mètres. La profondeur et l'intervalle des drains sont déterminés par des trous
de sonde, qui ont pour but de chercher non-
seulement la profondeur à laquelle l'eau se tient
dans ces trous de sonde, mais encore la distance à laquelle un drain met à sec des trous de
sonde placés à des distances variables. En forant ces trous, on trouve que le banc d'argile présente des creux et des reliefs, et que les cavités

____

(1) *Journal of the Royal agricultural Society of
England*, t. XIV, p. 96.

sont remplies avec un sol plus poreux, comme cela est représenté par la fig. 228, dans laquelle on voit en a, a... les trous de sonde.

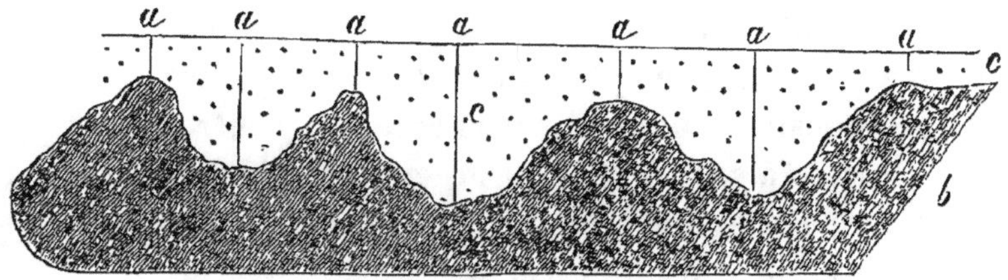

Fig. 228. — Coupe géologique de Keythorpe.

Le banc d'argile du lias est en b, et la lettre c indique le terrain poreux qui remplit les inégalités du sous-sol argileux.

Pour déterminer les distances des tranchées, on commence par ouvrir un drain diagonal à la plus grande distance des trous de sonde que cela est praticable. On constate quels sont ceux qui se trouvent assainis. Quand la pente naturelle du terrain est très-faible, on met les drains dans la direction même de cette pente ; mais, dès qu'elle dépasse 4 ou 5 millimètres par mètre, on creuse les tranchées obliquement. On avait constaté qu'un drainage effectué dans le Keythorpe avec des drains placés dans le sens de la plus grande pente, et à une profondeur de 0^{m}.60 à 0^{m}.76, avait manqué. Le nouveau système, au contraire, a eu un succès complet, et il y a eu une grande économie dans l'établissement, à cause de l'emploi de distances plus grandes que celles de 7 à 10^m, ordinairement suivies en Angleterre.

Nous avons voulu citer tous les faits un peu contradictoires qui se trouvent réunis dans ce chapitre, pour montrer quelles sont les questions qui prêtent encore à la controverse. Mais il ne faut pas que l'attention de l'agriculteur soit trop affectée par les difficultés que la pratique ou la théorie du drainage peut soulever. On doit seulement s'attacher à ce que la profondeur, l'écartement et la direction des drains soient tels que :

1° Toute la pluie qui tombe à la surface du sol s'écoule rapidement par les tranchées et soit emportée ;

2° Que dans cet écoulement les parties ténues du sol ne soient point entraînées, et que l'eau soit filtrée avant d'entrer dans les tuyaux qui garnissent le fond des tranchées ;

3° Que la tranchée soit assez profonde pour emmener les eaux souterraines et améliorer le sol à une profondeur suffisante.

Lorsqu'on remplit ces conditions matérielles, on obtient les avantages que nous avons signalés, à savoir que : la température du sol s'élève ; les plantes y mûrissent plus vite ; que la fertilité du sol s'accroît, et la terre devient plus propre à la culture de toutes sortes de plantes.

CHAPITRE LVII.

Drainage des sources.

L'eau en excès qui gêne l'agriculteur dans un champ peut provenir de deux origines différentes : ou bien de la pluie tombée à la surface, ou bien de l'eau qui remonte du fond et qui n'est pas autre chose non plus que de l'eau de pluie, mais de l'eau de pluie tombée sur des champs plus élevés et à des distances souvent très-grandes. Dans cette dernière circonstance, il arrive que l'eau qui s'est infiltrée dans le sol sur un plateau descend dans une couche perméable placée entre deux couches imperméables et prend ainsi une espèce de cours souterrain. Si en quelque endroit cette couche imperméable vient, par suite des accidents géologiques si fréquents que présente l'écorce de notre globe, à se mettre à jour, l'eau souterraine jaillit, et quelquefois en si grande abondance, qu'elle peut produire une source considérable.

En général, il arrive que, dans un terrain humide, les eaux souterraines jouent un rôle secondaire. Alors il n'y a rien à changer aux méthodes de drainage que nous avons décrites.

Lorsque les eaux de source sont prépondérantes, on ajoute canaux de décharge ou puits absorbants aux drains ordinaires, et on parvient ainsi facilement à assainir le terrain.

Quand la couche perméable contenant la source est à une profondeur de $2^m.5$ à 3^m au-dessous du terrain drainé, il est convenable d'exécuter le drainage à cette profondeur, sans rien changer aux méthodes ordinaires.

Lorsque la couche perméable aquifère est à une profondeur qui varie de 3 à 5^m, on draine à la profondeur ordinaire, en faisant de distance en distance des puits remplis de pierres, à côté du drain qui est mis ainsi en communication avec l'eau souterraine qu'il égoutte.

Si la profondeur dépasse 5 mètres, on se contente de trous de sonde qui remplissent le même but.

Dans quelques cas, on donne accès aux eaux nuisibles en un point unique par un simple drain de décharge qu'on ajoute aux drains ordinaires.

Enfin, quand, sous la couche aquifère, à une profondeur de quelques mètres, il se trouve une couche absorbante, un simple sou-dage met les deux couches en communication et débarrasse le sol de son excès d'humidité.

43.

CHAPITRE LVIII.

Diverses applications du drainage.

Les méthodes de drainage, à l'aide des tuyaux souterrains, ne sont pas seulement applicables aux terres arables. On peut les employer avec succès pour assainir les parcs, les jardins, les cours des lycées, les routes, les chemins de fer, etc. On comprendra que nous ne fassions qu'indiquer ici le genre de services que le drainage peut rendre. Nous avons vu à Chantilly drainer, par M. Vitard, de l'association de l'Oise, une prairie marécageuse de 10 hectares, de manière à la transformer en un hippodrome, dont le terrain présente la fermeté et l'élasticité nécessaires pour l'éducation des chevaux de course de M. Aumont.

Presque toutes les tranchées des chemins de fer anglais sont aujourd'hui drainées à l'aide de tuyaux d'un diamètre assez grand placés au bas des talus et dans lesquels se déversent des rigoles ou des drains convenablement placés pour enlever toutes les eaux gênantes.

Le drainage des routes ou des chemins construits dans de mauvais terrains, et dont l'entretien impose aux départements et aux communes des frais considérables, économiserait une grande partie de la dépense ordinairement employée, soit en pierres de remplissage, soit en main d'œuvre. Pour la construction des routes nouvelles, il serait impardonnable de le laisser en oubli. Une ligne de drains au milieu de la chaussée, ou deux lignes pour les routes très-larges, sous les accotements ou trottoirs, à 1 mètre de profondeur, dispenserait le plus souvent de la couche de blocage, et causeraient une économie de 30 pour 100 sur les frais d'établissement.

Dans les lycées ou colléges, nos enfants ne peuvent pour ainsi dire pas jouir de leurs récréations pendant les temps pluvieux; s'ils vont dans les cours, ils ont les pieds dans l'eau de la façon la plus fâcheuse. Un drainage peu coûteux ferait disparaître ce grave inconvénient.

CHAPITRE LIX.

Théorie du drainage.

Jusqu'à ce jour les auteurs qui ont écrit sur le drainage n'ont pas donné une théorie réelle de cette opération. En général, en partant d'idées préconçues sur ce que devait produire le drainage, ils ont cherché à expliquer par des considérations *à priori* les effets observés au fur et à mesure qu'ils étaient découverts.

Nous n'avons pas suivi cette marche. Durant plus de deux années d'études approfondies sur la question, nous nous sommes attaché à réunir tous les faits bien constatés, soit en France, soit à l'étranger. Nous avons choisi surtout les faits qui ne s'exprimaient pas par des phrases plus ou moins vagues, mais qui pouvaient se traduire en nombres ou en résultats positifs. Nous avons ensuite cherché à les rattacher aux principes connus de la physiologie, de la mécanique, de la physique et de la chimie. Nous avons spécialement donné notre attention à montrer ce qui restait encore à découvrir, en nous efforçant de ne pas aller au delà de ce qu'on pouvait regarder comme parfaitement prouvé. Il en résulte que nous n'offrons encore qu'une théorie incomplète ; mais elle a l'avantage de tracer une limite nettement définie entre ce qui est aujourd'hui connu et ce qui est encore à expliquer.

Nous avons emprunté à tous nos prédécesseurs, et nous nous empressons de rendre hommage à la bonne direction des travaux de MM. Parkes, Charnock, Thomas Way, Clutterbuck, etc. Ce sont leurs expériences qui nous ont permis d'accomplir l'œuvre que nous nous étions imposée.

Nous avons successivement, dans des chapitres spéciaux que nos lecteurs ont sous les yeux, résumé tous les faits connus relatifs :

1° Aux effets du drainage sur le rendement des récoltes, effets qui sont en quelque sorte l'intégrale de tous les autres;

2° Aux effets économiques qui se résolvent en divers résultats utiles aux exploitants du sol;

3° A l'action exercée sur la végétation;

4° A l'intervention de l'air dans le drainage;

5° Aux effets hygiéniques;

6° Aux effets mécaniques;

7° Aux effets physiques;

8° Aux effets chimiques.

Nous allons essayer, dans ce dernier chapitre, de montrer comment l'air et l'eau doivent se comporter dans le mode de drainage aujourd'hui adopté, et nous tâcherons d'exposer les règles auxquelles doit satisfaire un drainage parfait dans les différents terrains.

Pour bien comprendre ce qui se produit dans un terrain drainé avec des tuyaux, nous considérerons trois cas : celui où les tuyaux coulent pleins, celui où ils coulent à moitié, celui où ils ont cessé de couler. Ces trois cas sont représentés dans la figure 229 par les lettres A, B, C.

D'abord on sait que les tuyaux laissent surtout entrer l'eau à travers les intervalles qui restent entre chacun d'eux, à la distance de

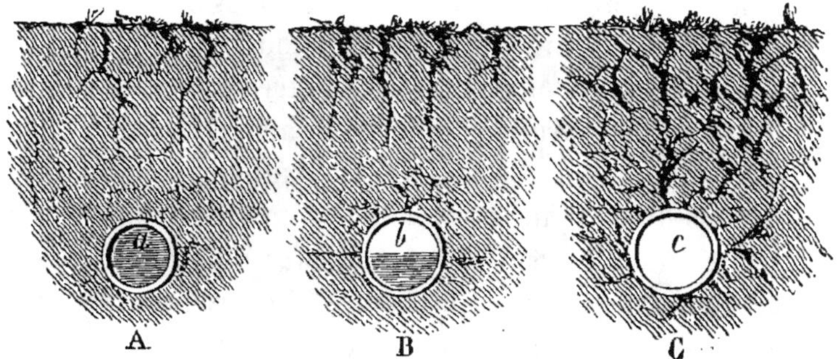

Fig. 229. — Effets de l'air et de l'eau dans le drainage.

0^m.30 à 0^m.33. Ces intervalles doivent être très-petits, afin que l'eau ne puisse s'écouler qu'après avoir été complétement filtrée. La porosité de la poterie non vernissée, dont on

se sert pour faire les tuyaux , peut bien aussi
jouer un rôle ; mais ce rôle est moins considérable que celui des interstices laissés entre
deux bouts de tuyaux. En tout cas, le rôle des
pores des tuyaux et celui des interstices est le
même , soit que les tuyaux soient pleins
d'eau , soit qu'ils soient vides. Nous n'avons
donc pas à nous préoccuper de l'entrée de
l'eau dans les tuyaux ; c'est un fait qu'elle y
arrive peu à peu, goutte à goutte, en se filtrant, se clarifiant, se purifiant de la plus
grande partie des matières étrangères, comme
fait l'eau des fleuves , de la Seine, par exemple , en passant à travers les filtres de charbon , de sable et de coton où la poussent de
puissantes machines hydrauliques ou à vapeur.

Quand un drainage vient d'être effectué
au sein d'une argile compacte, l'eau a d'abord
bien de la peine à s'écouler. Cependant, supposons qu'elle ait atteint la profondeur du
drain ; nous verrons tout à l'heure comment
cela sera possible. Elle remplit le tuyau a,
s'échappe, et alors, si de nouvelles pluies ne
surviennent pas , quelques fentes se font dans
la partie supérieure du sol, comme on le voit
en A (fig. 229), et l'air y pénètre.

Il arrive nécessairement un moment où
le tuyau n'a plus assez d'eau pour couler
plein, comme on le voit en B. Alors un es-

pace vide b se forme à sa partie supérieure; il est évident que de l'air s'introduira dans cet espace b, puisque le vide ne peut exister dans la nature. A travers les interstices des tuyaux, cet air sera nécessairement en contact avec l'argile, et dès lors celle-ci tendra à se dessécher par le bas, et il s'y formera des fissures, de telle sorte que l'amélioration du sol se fera à la fois par le haut et par le bas, comme le montre la figure. Cette amélioration continuera à se produire dans les deux sens, à mesure que l'eau diminuera de quantité dans le tuyau; et bientôt, comme on le voit en C, où l'intérieur c du tuyau est vide d'eau, les fissures du bas et du haut se rejoignent. L'air circule alors facilement. Il est d'ailleurs pompé par l'action du soleil, car on sait que la chaleur donne toujours à une masse d'air un mouvement ascensionnel.

En parlant des effets chimiques du drainage, nous avons vu que l'air agissait sur les matériaux divers contenus dans le sol, et que notamment son oxygène, agissant sur les matières organiques, devait produire de l'acide carbonique, et à la suite désagrégeait et dissolvait les calcaires, dissolvait les phosphates, oxydait le fer, etc. De là nécessairement cette conséquence, que le terrain s'émiette et acquiert la porosité nécessaire à une bonne végétation. Quand de nouvelles pluies surviendront, elles chasseront en partie l'air introduit d'abord, air altéré, ayant perdu son oxygène, et qui par conséquent sera renouvelé au grand profit de la végétation.

Ce n'est pas seulement directement au-dessus des tuyaux que ces effets se produisent; ils se manifestent à droite et à gauche, jusqu'à une certaine distance, qui dépend et de la nature du terrain et de la profondeur à laquelle est placé le drain. On comprend que l'eau qui est supérieure aux tuyaux dans le terrain tende à se mettre partout en équilibre hydrostatique, lorsqu'un écoulement s'effectue à travers la ligne des tuyaux. Mais il y a la résistance opposée par la force rétentive de l'argile, qui empêche que le niveau devienne partout une ligne droite. L'eau prend donc après une pluie des niveaux courbes, tels que ceux qui sont représentés par les figures 230 et 231.

Nous avons puisé l'idée de l'explication de cette partie des phénomènes du drainage dans une note de M. Clutterbuck, insérée dans le *Journal de la Société d'Agriculture d'Angleterre*[1]. M. Clutterbuck a fait des trous de sonde entre deux drains éloignés de 12 mètres environ, comme cela est représenté par la fi-

(1) T. VI, p. 489.

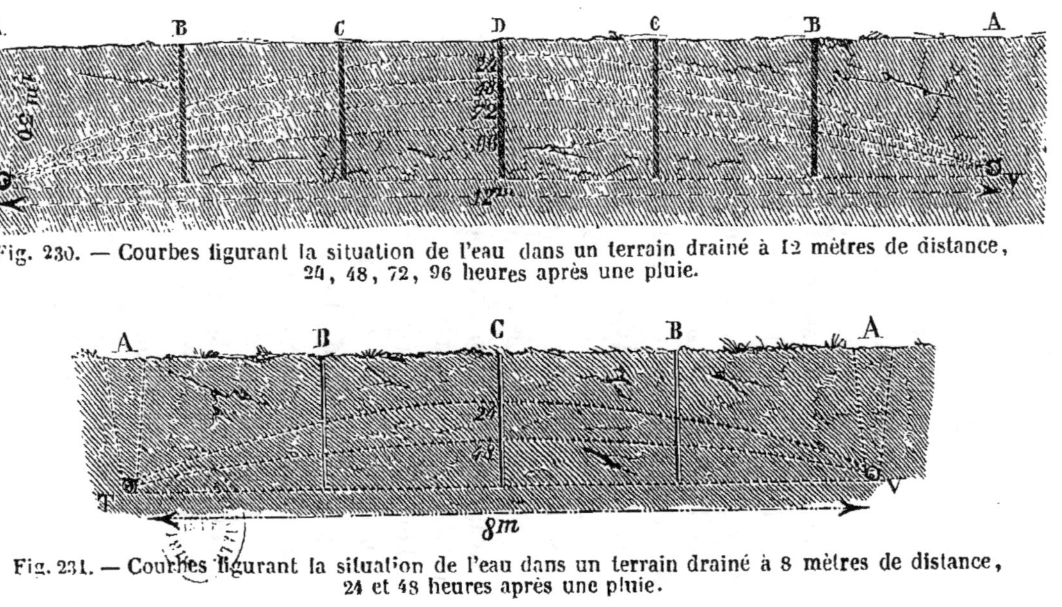

Fig. 230. — Courbes figurant la situation de l'eau dans un terrain drainé à 12 mètres de distance,
24, 48, 72, 96 heures après une pluie.

Fig. 231. — Courbes figurant la situation de l'eau dans un terrain drainé à 8 mètres de distance,
24 et 48 heures après une pluie.

gure 230. En A sont les deux drains ; en B, C et D, des trous de sonde distribués à égale distance des drains. En cherchant 24 heures, 48, 72, 96 heures, après des pluies très-abondantes, la position de l'eau dans chacun des trous de sonde, M. Clutterbuck a trouvé que, si on réunissait par des lignes continues tous les points de la situation de l'eau dans les trous de sonde, on obtenait les courbes que montre la figure.

Si on rapproche davantage les drains, ainsi que cela est représenté dans la figure 231, où l'écartement n'est que de 8 mètres au lieu de 12, on voit que les courbes du stationnement de l'eau, après chaque 24 heures, s'abaissent bien plus rapidement, pour finir par se confondre pour ainsi dire avec la ligne droite TV, perpendiculaire à deux lignes de drains parallèles.

Quand les drains sont très-éloignés, par exemple, placés à 20, 30, 100 mètres, selon la nature des terrains, il arrive que jamais la courbe ne vient, même après un temps très-long après les pluies, se confondre avec la ligne droite TV, et que même le niveau de l'eau, à une certaine distance, ne sera pas abaissé au-dessous du point où il se tenait avant le drainage. Alors il n'y aura d'assaini de chaque côté du drain A (fig. 232) que la portion du terrain placée au-dessus de la courbe AD du dernier

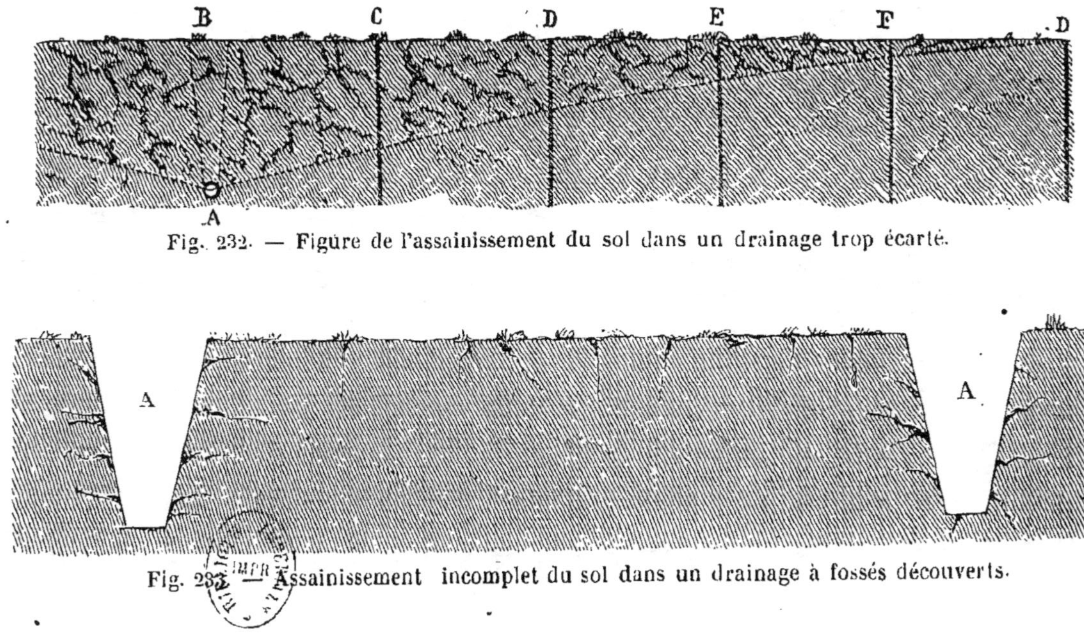

Fig. 232. — Figure de l'assainissement du sol dans un drainage trop écarté.

Fig. 233. — Assainissement incomplet du sol dans un drainage à fossés découverts.

stationnement de l'eau. Ainsi, par exemple, en B, au-dessus du drain A, placé à 1^m.30, il y a 1^m.30 d'assaini; en C, à 2 mètres de distance, il n'y a plus que 1 mètre; en D, à 4 mètres, que 0^m.60; en E, à 6 mètres, que 0^m.40; en F, à 8 mètres, que 0^m.30; en G, enfin, à 10 mètres, l'effet du drainage ne se fait plus sentir. C'est par des expériences semblables qu'on pourra seulement juger la nature des terrains et mesurer leur force de rétentivité.

Nous avons dit tout à l'heure que l'air monte du bas vers le haut, à travers le sol dont les fissures se multiplient à l'infini. Ce n'est souvent qu'au bout d'un temps assez long, de deux, trois et quatre ans, que cette dessiccation de bas en haut s'effectue, et ce fait explique pourquoi certains drainages n'ont commencé à fonctionner qu'au bout de quelques années. Cependant, une fois que l'air a pénétré dans les fissures du sol, il est très-difficile de le déloger complétement. C'est un fait bien connu de tous les physiciens; on sait qu'il faut agir par frottement sur deux plans de verre bien poli pour chasser l'air qui existe entre eux; on sait aussi que, quand on jette un corps poreux dans l'eau, un morceau de sucre, par exemple, il faut plusieurs minutes pour que l'air en soit complétement délogé et remonte à la surface. Eh bien! un phénomène analogue se produira dans le drainage avec des tuyaux souterrains. L'air ne sera jamais complétement chassé du sol, parce qu'il n'y aura pas de pluie assez diluviale pour le recouvrir, le submerger complétement, et par conséquent le sol argileux ne reprendra jamais sa consistance, sa compacité première. A droite et à gauche d'un drain, l'air pénétrera entre les particules de terre, de manière à maintenir leur ameublissement. C'est en cela surtout que le drainage à tuyaux souterrains diffère du drainage à fossés ouverts, tel que celui représenté par la figure 233. Là, l'eau s'écoule dans les drains A par sa seule pesanteur, diminuée de la force rétentive du sol, de manière à gagner un certain niveau à courbure plus ou moins prononcée; mais l'air ne peut tendre à remonter à travers le sol; les fissures qui se forment latéralement dans les fossés A tendent aussi constamment à se fermer; les parois des fossés se lissent, deviennent des espèces de murailles imperméables, et on n'a qu'un assainissement tout à fait incomplet.

Sous le même point de vue, un drainage avec de petites pierres, sans un canal souterrain continu, conservé tout du long des tranchées, ne saurait valoir un drainage fait avec des tuyaux, parce que l'air ne peut s'y

mouvoir avec facilité pour remplacer l'eau dès
qu'elle s'est écoulée ; l'eau, de son côté, ne s'en
échappe que plus lentement, parce qu'elle rencontre plus de frottement, plus de résistance
sur son parcours.

Enfin, le même principe nous montre aussi
que des drains venant aboutir dans un drain
collecteur qui se déverse, non pas dans un
fossé ouvert à l'air, mais seulement dans un
puits perdu, dans une sorte de boit-tout, ne
sauraient remplir exactement le même but que
les drainages débouchant à ciel ouvert, puisqu'alors l'air ne pourrait plus rentrer en dessous avec facilité. Dans le cas des boit-tout, on
n'a que l'effet que peuvent donner l'air dissous
dans l'eau, l'air pénétrant dans la couche supérieure, et enfin l'absence d'un excès d'humidité.

Lorsque l'air peut rentrer dans les drains,
il exerce encore une action spéciale dont nous
devons dire quelques mots. Il passe des couches plus basses vers les supérieures. Or, les
couches plus basses sont saturées d'humidité ;
il leur prend cet excès d'humidité pour la porter sur les couches plus élevées où se trouvent
les racines. Il rafraîchit donc durant la sécheresse, comme beaucoup de draineurs l'ont remarqué.

Pendant la nuit, le sol se refroidit ; en conséquence, l'air qui y est contenu diminue de volume, et cela beaucoup plus rapidement que ne sauraient le faire les pores de la terre; il en résulte que de l'air extérieur pénètre alors dans le sol et y apporte la rosée dont les draineurs disent avoir constaté l'abondance plus grande dans les terrains soumis à l'assainissement par les tuyaux.

Maintenant que toutes les circonstances de l'écoulement de l'eau et de la rentrée de l'air sont expliquées en un point donné, il faut chercher quelles relations doivent exister théoriquement entre la profondeur des drains, leur écartement, la pente et le diamètre des tuyaux, pour obtenir les effets désirés. Nous demanderons pardon à nos lecteurs de poser ici quelques formules; nous en tirerons une conséquence essentielle : c'est qu'il y a bien des expériences à faire encore, avant d'avoir résolu toutes les questions que comporte le drainage.

M. de Prony a déduit des expériences de Couplet, de Dubuat et de Bossut, la formule suivante, pour représenter la vitesse de l'écoulement de l'eau dans un tuyau de conduite où il n'y aurait ni angles ni changements brusques de direction :

$$V = 26.79 \sqrt{Di} - 0.025.$$

V étant la vitesse,

D le diamètre,

i l'inclinaison ou le rapport de la hauteur de chute à la longueur du tuyau.

Il est évident que la quantité d'eau écoulée est égale à la surface de l'orifice de sortie multipliée par la vitesse; la surface de sortie est $\frac{\varpi D^2}{4}$; on a donc, pour la quantité écoulée en une seconde :

$$\frac{\varpi D^2}{4} \left(26.79 \sqrt{Di} - 0.025 \right).$$

D'un autre côté, si *e* est l'écartement des drains, *l* la longueur d'un drain, *m* la fraction de la quantité de pluie qui ne s'évapore pas et qu'il s'agit d'écouler en 24 heures, en supposant la plus forte pluie connue dans la localité durant ce temps, on aura l'égalité :

$$(1) \quad \frac{mel}{2} = \frac{\varpi D^2}{4} \left(26.79 \sqrt{Di} - 0.025 \right).$$

On voit que plus l'écartement et plus la longueur des drains seront considérables, plus devront être grands aussi les diamètres des tuyaux.

Mais tout n'est pas dans cette formule. Nous avons vu par les figures 230, 231 et 232 que le niveau auquel l'eau d'infiltration se maintiendra dans l'argile, à cause de sa force rétentive, affecte une courbe passant par les deux drains, et dont le sommet doit être à une distance a de la surface du sol, pour que ce drainage agisse convenablement. Si nous supposons que cette courbe soit un arc de cercle, ce qui ne diffère pas sensiblement de la réalité, et si nous admettons que sur cette courbe l'eau retenue par l'argile soit en équilibre, nous trouvons, pour cet équilibre, la relation suivante :

$$(2)\quad e = \frac{2(h\text{-}a)}{f}\left(g + \sqrt{g^2 - f^2}\right).$$

Dans cette formule :

e représente l'écartement des drains ;

h, leur profondeur ;

a, la profondeur minimum à laquelle il faut que l'eau soit abaissée pour un bon drainage,

g, la pesanteur ;

f, la force rétentive du terrain.

On voit :

Que si l'on voulait que le sol fût assaini jusqu'à la profondeur même du drain, ou qu'on eût $h = a$, il faudrait que l'écartement des lignes fût nul ;

Que, si on suppose f très-petit, l'écartement serait très-grand;

Qu'en supposant la force rétentive égale à la pesanteur, ce qui est son maximum, puisqu'au delà la valeur de e devient imaginaire, on a

$$e = 2(h\text{-}a)$$

pour l'écartement minimum des drains (les appliquant à un drainage de 1^m. 20 de profondeur, pour lequel on voudrait un terrain sain au moins à $0^m.40$, on trouve $1^m.60$ pour l'é-cartement);

Que plus la profondeur h des drains est grande, plus aussi doit être considérable l'é-cartement, mais non pas exactement dans le même rapport, à cause du terme soustractif de la valeur de e.

Les formules (1) et (2), considérées ensemble, renferment toute la théorie du drainage, au point de vue mécanique et physique.

Au point de vue pratique, nous ajouterons aux considérations dans lesquelles nous sommes entré dans le courant de notre ouvrage les conseils suivants, que M. Decauville a conclus de ses nombreux travaux. « On ne doit jamais, dit M. Decauville, dans un drainage pratiqué à $1^m.20$ de profondeur avec 15 mètres d'écartement, donner plus de

180 mètres à un tuyau de 3 centimètres de diamètre intérieur, la pente étant au moins de 4 millimètres par mètre. »

M. d'Angeville, qui a fait dans le département de l'Orne, près de Nonant et du haras du Pin, du drainage sur une grande échelle et d'une manière très-distinguée, pense au contraire qu'on peut porter la longueur des drains jusqu'à 400 mètres. On voit entre quelles limites varient les opinions des praticiens.

« Lorsque les tranchées sont plus écartées, sans être plus profondes, nous dit encore M. Decauville, il faut augmenter le diamètre des tuyaux dans la même proportion que l'écartement. Mais lorsque, les tranchées étant plus éloignées, on place les tuyaux à une plus grande profondeur, il n'est pas nécessaire de faire croître aussi rapidement les diamètres, une tranchée profonde commençant en général à donner de l'eau avant une tranchée moins enfoncée dans le sol.

« Un drainage fait avec des tuyaux insuffisants est un travail complétement manqué. La terre ne se trouve alors assainie que dans les années où il tombe peu d'eau. Dans les années très-pluvieuses, l'eau ne pouvant s'écouler assez vite, la terre reste humide assez longtemps pour empêcher l'ensemencement à l'automne, ou pour nuire à la récolte au printemps.

« Il n'est pas possible d'avoir des données tout à fait exactes au sujet du diamètre des tuyaux, mais il y a beaucoup moins d'inconvénients à mettre un diamètre trop grand qu'un diamètre insuffisant, une dépense de quelques francs étant insignifiante dans une opération de ce genre.

« Lorsqu'une terre a été drainée, on doit la labourer en travers de la plus grande pente et à plat; on doit aussi combler toutes les saignées et tous les fossés qui servaient antérieurement à l'écoulement de l'eau. Il en résulte que, quand on emploie des tuyaux insuffisants, le but que l'on se propose est complétement manqué, car la terre reste plus humide après les pluies que quand celles-ci pouvaient s'écouler le long des sillons dans l'ancien assainissement superficiel. Or, c'est surtout dans les années humides qu'un bon drainage rend des services importants. Il suffit d'une seule année très-pluvieuse pour qu'on rentre dans tous les déboursés qu'a coûtés le drainage, tandis qu'il faut au moins dix récoltes dans les années saines pour obtenir ce même résultat. »

En arrivant à la fin de notre tâche, nous résumerons en quelques mots les avantages du drainage que nous regardons comme un des moyens les plus énergiques de faire pros-

pérer l'agriculture. Par le drainage, la température du sol s'élève, et le climat s'améliore;
la porosité du sol est augmentée, et sa désa-
grégation s'opère sous l'action des agents at-
mosphériques; les principes nutritifs solubles
sont fournis en plus grande abondance aux
plantes, et les matériaux nuisibles sont trans-
formés par l'action décomposante de la pluie
et de l'air. Les récoltes deviennent ainsi plus
abondantes, et les météores ne sont plus un
obstacle contre lequel lutte en vain le cultivateur.

FIN.

TABLE DES NOMS DES AUTEURS

ET DES AGRICULTEURS CITÉS.

TABLE DES FIGURES.

45

TABLE DES PLANCHES.

TABLE ANALYTIQUE.

A

B

E

J

L

M

Q

R

S

T

U

V

FIN DE LA TABLE ANALYTIQUE DES MATIÈRES.

TABLE DES CHAPITRES.

FIN DE LA TABLE DES CHAPITRES.

Paris — Typographie de Firmin Didot frères, rue Jacob, 56.

DUSACQ, Librairie agricole, rue Jacob, 26, à Paris.

JOURNAL D'AGRICULTURE PRATIQUE

MONITEUR DE LA PROPRIÉTÉ ET DE L'AGRICULTURE

FONDÉ PAR LE Dr BIXIO

PUBLIÉ PAR LES RÉDACTEURS DE LA MAISON RUSTIQUE

SOUS LA DIRECTION DE M. BARRAL,

Ancien élève et répétiteur de chimie de l'École Polytechnique.

24 Nos de 44 pages par an, paraissant le 5 et le 20 de chaque mois, avec grav. 12 fr. par an (franco)., les 24 nos formant 2 vol. de 1,060 pages.

Le *Journal d'Agriculture pratique* a été entrepris avec la conviction que le public agricole ne ferait point défaut à un journal qui, s'abstenant de théories douteuses, obtiendrait la collaboration des agriculteurs les plus éminents, renfermerait dans un même cadre l'enseignement théorique et les applications pratiques, et ne laisserait rien échapper de ce qui peut survenir en Europe de faits intéressants pour la culture.

Le succès a dépassé toute attente, car le *Journal* a bientôt constitué les véritables Annales de l'agriculture, où les savants et les agriculteurs français et étrangers les plus considérables, MM. Arago, Biot, Boussingault, le Cavour, de Gasparin, Lefour, Moll, Payen, Puvis, Ridolfi, Villeroy, Vilmorin, Yvart, etc., sont venus déposer le fruit de leurs travaux et développer les règles certaines de la pratique la plus productive.

La *Maison rustique du 19e siècle* avait recueilli tous les faits incontestés qui, au moment où elle a paru, formaient l'ensemble de nos connaissances agricoles.

Le *Journal d'Agriculture pratique* a décrit avec clarté les progrès accomplis depuis cette époque, et est ainsi devenu un recueil indispensable aux praticiens. Tous ceux qui ont besoin de connaître les faits qui concernent soit l'agriculture proprement dite, soit l'élève du bétail, soit l'une des industries qui emploient comme matières premières les produits du sol ou de l'étable, viennent lui demander des enseignements utiles sur la direction à donner à toute exploitation. Le cultivateur, le fermier, le propriétaire, l'industriel, lisent avec fruit une publication où aucun fait économique n'est passé sous silence, où toute méthode, toute invention nouvelle est décrite avec soin et appréciée avec mesure.

Outre de nombreux articles ou mémoires sur toutes les questions que peuvent présenter la culture des céréales et des plantes, l'élève du bétail, la construction des instruments aratoires, les industries annexées aux exploitations rurales, les irrigations, le drainage, etc., etc., le *Journal d'Agriculture pratique* publie régulièrement :

Tous les quinze jours : 1° Une **Chronique agricole** rédigée par M. Barral, rapportant les faits nouveaux qui se sont produits dans le monde agricole et résumant les travaux des comices ;

2° Une **Revue commerciale**, par M. Borie, contenant la seule mercuriale qui jusqu'à ce jour s'occupe des marchés de toutes les parties de la France et de l'étranger, et qui est rédigée d'après les communications qu'adressent au journal, tous les quinze jours, des agriculteurs de chaque département ;

3° Une **Revue commerciale de l'Algérie**, par M. J. Duval, afin de relier les intérêts agricoles de la France à ceux de nos possessions d'Afrique ;

4° Une **Revue bibliographique** de toutes les publications agricoles françaises et étrangères, rédigée, suivant leur spécialité, par tous les collaborateurs du recueil.

Tous les mois : 1° Une **Chronique horticole**, par M. Naudin, tenant le lecteur au courant de toutes les nouveautés que présentent l'horticulture et le jardinage ;

2° Un **Calendrier agricole** donnant successivement pour toutes les parties de la France les travaux qui doivent s'exécuter le mois suivant, calendrier dont la rédaction a été acceptée par MM. de Gasparin, Villeroy, Jourdier, Moll, Martegoute, Chrétien (de Roville), Heuzé, etc., etc. ;

3° Une **Revue météorologique agricole** du mois précédent, donnant les observations journalières de la température, du vent, etc. pour vingt points choisis sur toute la surface de la France, et indiquant exactement la situation des récoltes en terre et l'influence des circonstances météorologiques sur les plantes ; c'est le premier travail de ce genre qui ait été tenté sur une échelle aussi vaste ;

Tous les deux mois : 1° Une **Chronique séricicole** où M. Robinet raconte les progrès de l'art du magnanier et de l'industrie de la soie ;

2° Un bulletin contenant la liste des **Brevets d'invention** délivrés pour machines agricoles, engrais, systèmes d'irrigation, etc.

Tous les trois mois : 1° Une **Chronique vétérinaire**, où M. Henri Bouley fait connaître les moyens curatifs imaginés contre les maladies du bétail et les expériences tentées par les médecins vétérinaires pour perfectionner leur art ;

2° Une **Chronique des courses**, due à M. Eug. Gayot, qui s'attache à faire profiter l'agriculture des dépenses faites par l'État pour l'amélioration de la race chevaline ;

3° Une **Chronique forestière**, où M. Delbet résume tous les faits qui intéressent les propriétaires de forêts, les maîtres de forges et le commerce de bois et charbons ;

4° Une **Chronique agricole algérienne**, rédigée par M. Jules Duval de manière à faire connaître à la France les efforts que fait cette agriculture naissante ;

5° Une **Revue de législation rurale**, due à M. Victor Lefranc et destinée à tenir les agriculteurs au courant de toutes les décisions judiciaires relatives à l'administration des propriétés rurales, des fermes, des métairies et des industries agricoles.

Enfin le journal contient une **partie officielle** contenant toutes les lois, tous les décrets, arrêtés et règlements relatifs aux questions agricoles.

M. Payen rédige *tous les ans* un compte rendu des travaux de la Société centrale d'agriculture. Un article spécial est consacré à tous les **concours régionaux et généraux** d'animaux de boucherie ou reproducteurs. Les grandes expositions industrielles, les concours de la Société d'agriculture d'Angleterre, ceux des congrès agricoles de France et d'Allemagne, sont visités par des collaborateurs du journal, qui rendent compte des faits importants qui s'y produisent. — Tous LES ARTICLES SONT SIGNÉS.

Un laboratoire de chimie, où les abonnés peuvent faire pratiquer des essais ou analyses d'engrais, marnes, terres, etc., est annexé à la direction du *Journal d'Agriculture pratique.*

Un Conseil de jurisconsultes, composé de MM. Benoît-Champy, Berlin, Dufaure, Victor Lefranc, répond aux questions de jurisprudence relatives à l'agriculture qui sont adressées par les abonnés.

On s'abonne :

A PARIS, A LA LIBRAIRIE AGRICOLE, RUE JACOB, 26.

Pour les DÉPARTEMENTS et L'ALGÉRIE, en envoyant à M. Dusacq, libraire, rue Jacob, 26, un bon de poste de 12 francs ou un mandat à vue sur Paris, ou bien en s'adressant aux Libraires ou aux Directeurs de messageries.

Pour L'ÉTRANGER, chez les Directeurs des postes ou chez les Libraires.

EXTRAIT DU CATALOGUE DE LA LIBRAIRIE AGRICOLE.

AGRICULTURE.

<table>
<tr><td></td><td>fr.</td><td>c</td></tr>
<tr><td>Agriculture (Cours d'), par Gasparin. Cinq volumes in-8, et 233 gravures.</td><td>37</td><td>50</td></tr>
<tr><td>Agriculture allemande (l'), ses écoles, ses pratiques, par Royer, 566 pages in-8, et 5 planches.</td><td>7</td><td>50</td></tr>
<tr><td>Agriculture de l'Ouest de la France, par Jules Rieffel, cinq volumes in-8.</td><td></td><td></td></tr>
<tr><td>Algérie (Agriculture et colonisation de l'), par Moll, deux vol. in-8, et 100 gravures.</td><td>12</td><td>»</td></tr>
<tr><td>Amendements (Traité des), marne, chaux, etc., par Puvis, 1 vol. in-12 de 750 pages.</td><td>5</td><td>»</td></tr>
<tr><td>Animaux domestiques, par David Low, traduit par Royer; l'ouvrage complet (13 livraisons avec planches coloriées), 60 fr. Chaque livraison.</td><td>5</td><td>»</td></tr>
<tr><td>Animaux (Statique chimique des) emploi agricole du SEL, par Barral, in-12 de 550 pages.</td><td>5</td><td>»</td></tr>
<tr><td>Bibliothèque du Cultivateur, 12 vol. in-12, avec de nombreuses gravures.</td><td>15</td><td>»</td></tr>
<tr><td>Biens-fonds (Manuel de l'estimateur de), par Noirot.</td><td>3</td><td>50</td></tr>
<tr><td>Bière (Fabrication de la), par Rohart, 2 vol. in-8, et 162 gravures.</td><td>15</td><td>»</td></tr>
<tr><td>Bovine durham (De la Race), par Lefebvre-Ste-Marie, 352 pages in-8 et atlas in-folio.</td><td>15</td><td>»</td></tr>
<tr><td>Chevaline (De l'espèce) en France, par le général Lamoricière, 312 pages in-4, et 3 cartes coloriées.</td><td>3</td><td>50</td></tr>
<tr><td>Chimie agricole, par I. Pierre, 662 pages in-12 et 22 gravures.</td><td>4</td><td>»</td></tr>
<tr><td>Comptabilité agricole, par de Grange, in-8, tableaux.</td><td>5</td><td>»</td></tr>
<tr><td>Conseils aux agriculteurs, par Dezeimeris, 654 pages.</td><td>5</td><td>»</td></tr>
<tr><td>Crédit agricole et foncier (Des Institutions de) en Europe, par Josseau, 564 pages in-8.</td><td>7</td><td>50</td></tr>
<tr><td>Cuisine française (Dictionnaire de), 640 pages.</td><td>6</td><td>»</td></tr>
<tr><td>Drainage (Manuel de), par Barral, in-12 de 800 pages, 225 gravures et 7 planches.</td><td>6</td><td>»</td></tr>
<tr><td>Drainage (Traité de), par Leclerc, in-8 de 364 pages et 127 grav.</td><td>6</td><td>»</td></tr>
<tr><td>Irrigateur (Manuel de l'), par Villeroy et Muller, suivi du Code des Irrigations, par Bertin, in-8 de 384 pages et 121 gravures.</td><td>5</td><td>»</td></tr>
<tr><td>Journal d'Agriculture pratique, Directeur, M. Barral. Un n° de 44 pages in-4 avec nombreuses gravures, les 5 et 20 du mois. Un an, franco.</td><td>12</td><td>»</td></tr>
<tr><td>Maison rustique du 19e siècle. Cinq volumes in-4, équivalant à 25 vol. in-8 ordinaires, avec 2,500 gravures représentant les instruments, machines, appareils, arbres, arbustes et plantes, races d'animaux, bâtiments ruraux, etc. Prix : Un volume, 9 fr. — L'ouvrage complet.</td><td>39</td><td>50</td></tr>
<tr><td>Moniteur de la Propriété et de l'Agriculture, 18 vol. in-8, au lieu de 180 fr., net 36 fr. Le vol.</td><td>3</td><td>»</td></tr>
<tr><td>Pommes de terre (Maladie des), par Decaisne, in-8.</td><td>2</td><td>50</td></tr>
<tr><td>Statistique agricole de la France, par Royer, 1 vol. de 472 pages in-8 et atlas in-folio.</td><td>12</td><td>»</td></tr>
<tr><td>Vers à soie (Manuel de l'éducateur de), par Robinet, 1 vol. in-8 de 332 pages et 51 gravures.</td><td>5</td><td>»</td></tr>
<tr><td>Vigneron (Manuel du), par Odart, 412 pages in-18.</td><td>3</td><td>50</td></tr>
</table>

HORTICULTURE.

fr. c.

Arbres fruitiers (*Taille, mise à fruit et végétation*), par Puvis,
  1 volume in-12 de 210 pages............................ 1 75
Bibliothèque du Jardinier, publiée sous la direction de MM. Decaisne et Vilmorin, 2 vol. in-12, avec gravures.................. 2 50
Bon Jardinier (Le), almanach de 1854, par Poiteau, Vilmorin, Decaisne, in-12 de 1630 pages............................ 7 »
Bon Jardinier (Figures pour l'Almanach du), 18e édit., 450 pages
  in-12, 45 planches, et 600 gravures........................ 7 »
Botanique, par A. St-Hilaire, 930 pages in-8 et 24 planches....... 7 50
Cactées (Iconographie des), par Lemaire, 8 livraisons de 2 plan-
  ches coloriées, et texte............................... 40 »
Cactées (Monographie des) et Traité complet de culture, par La-
  bouret, 1 vol. in-12 de 732 pages....................... 7 50
Camellia (Monographie du genre), par Berlèse, 3e édition, 1 vo-
  lume in-12 de 340 pages, et 7 planches .... 5 »
Camellia (Iconographie du genre), collection des Camellias les
  plus beaux, par Berlèse, 150 livraisons in-folio.............. 375 »
  Chaque livraison de 2 gravures coloriées, et texte sur vélin...... 2 50
Champignons (Culture des), par Paquet, 1 vol. in-12............ 3 50
Culture maraîchère (Manuel pratique de), par Courtois-Gérard,
  1 vol. de 400 pages in-12............................. 3 50
Dahlias (Manuel du cultivateur de), par Legrand et Pépin........ 1 75
Herbier général de l'Amateur, description, histoire, culture
  des végétaux, cinq beaux volumes in-4, et 373 planches coloriées, 200 »
Horticulteur universel, par MM. Jacques. Neumann, Pépin, Poi-
  teau et Lemaire, sept volumes grand in-8, et 300 planches colo-
  riées.. 150 »
Horticulture, par Lindley, 1 vol. in-8, et 37 gravures........... 7 50
Horticulture (Encyclopédie d'), 512 pages in-4, et 523 gravures
  (forme le tome V de la *Maison rustique*)................. 9 »
Icones plantarum Galliæ rariorum; par de Candolle, 50 plan-
  ches et texte, in-4................................. 15 »
Jardinage (Manuel pratique du), par Courtois-Gérard, 450 pages
  in-12 et 39 gravures............................... 3 50
Jardinier des fenêtres (Le), *des Appartements, des Petits Jardins*,
  par mad. Millet, in-18 de 236 pages et 52 gravures............ 1 75
Journal d'Horticulture pratique, par Victor Paquet, cinq vo-
  lumes in-12 avec 76 gravures......................... 30 »
Maison rustique des Dames, par madame Millet-Robinet, 2 vol.
  in-12 avec 76 gravures............................. 7 »
Œillets, par Ponsort, 2 volumes in-18, et 40 gravures........... 4 ·
Plantes, Arbres, Arbustes (Manuel général des), description et
  culture de 25,000 plantes indigènes d'Europe ou de serre; chaque livraison...................................... 1 50
Pomone (La) **française**. Culture des arbres fruitiers, par Lelieur,
  1 vol. in-8 de 600 pages et 15 planches 7 50
Revue horticole, sous la direction de M. Decaisne. Paraît les 1er
  et 16 du mois. In-8 avec 24 gravures coloriées (une par n°). Un an,
  franco... 9 »
Roses (Choix des plus belles), 28 livraisons de 2 planches coloriées
  avec texte. Chaque livraison......................... 3 ·